U0206504

气候变化绿皮书
GREEN BOOK OF
CLIMATE CHANGE

应对气候变化报告（2017）

ANNUAL REPORT ON ACTIONS TO ADDRESS CLIMATE CHANGE
(2017)

坚定推动落实《巴黎协定》

Firmly Promoting the Implementation of the Pairs Agreement

主　编／王伟光　刘雅鸣

副主编／巢清尘　陈　迎　胡国权　潘家华

社会科学文献出版社
SOCIAL SCIENCES ACADEMIC PRESS（CHINA）

图书在版编目（CIP）数据

应对气候变化报告：坚定推动落实《巴黎协定》.
2017／王伟光，刘雅鸣主编 . −−北京：社会科学文献
出版社，2017.11
（气候变化绿皮书）
ISBN 978 − 7 − 5201 − 1604 − 6

Ⅰ.①应… Ⅱ.①王… ②刘… Ⅲ.①气候变化 − 研
究报告 − 世界 − 2017 Ⅳ.①P467

中国版本图书馆 CIP 数据核字（2017）第 252262 号

气候变化绿皮书

应对气候变化报告（2017）
——坚定推动落实《巴黎协定》

主　编／王伟光　刘雅鸣
副主编／巢清尘　陈　迎　胡国权　潘家华

出 版 人／谢寿光
项目统筹／周　丽　陈凤玲
责任编辑／田　康　宋淑洁　关少华

出　　版／社会科学文献出版社·经济与管理分社（010）59367226
　　　　　地址：北京市北三环中路甲 29 号院华龙大厦　邮编：100029
　　　　　网址：www. ssap. com. cn
发　　行／市场营销中心（010）59367081　59367018
印　　装／北京季蜂印刷有限公司

规　　格／开　本：787mm × 1092mm　1/16
　　　　　印　张：26.75　字　数：402 千字
版　　次／2017 年 11 月第 1 版　2017 年 11 月第 1 次印刷
书　　号／ISBN 978 − 7 − 5201 − 1604 − 6
定　　价／99.00 元

皮书序列号／PSN G − 2009 − 144 − 1/1

本书由"中国社会科学院－中国气象局气候变化经济学模拟联合实验室"组织编写。

本书由国家社会科学基金"我国参与国际气候谈判角色定位的动态分析与谈判策略研究"（编号：16AGJ011）和中国气象局气候变化专项项目"气候变化经济学联合实验室建设（绿皮书）"（编号：CCSF201741）资助出版。

感谢国家科技部改革发展专项"巴黎会议后应对气候变化急迫重大问题研究"第九课题和第十五课题（2016）、教育部重大项目"构建公平合理的国际气候治理体系研究"（编号：15JZD035）、中国清洁发展机制基金"IPCC第五次评估报告第一、二工作组报告、综合报告及清单工作组报告支撑研究"课题（编号：2013024）、中国清洁发展机制基金"碳关税及隐形碳关税对我国出口贸易的影响及其国际治理模式研究课题"（编号：2013030）、国家重点研发计划项目"服务于气候变化综合评估的地球系统模式"课题（编号：2016YFA0602602）以及国家自然科学基金项目"适应气候变化治理机制：中国东西部案例比较研究（编号：71203231）"、国家重大科学研究计划"地球工程的综合影响评价和国际治理研究"（编号：2015CB953603）、内蒙古气候变化政策研究院课题"一带一路背景下的中蒙俄绿色低碳发展国际合作前景研究"、国家社会科学基金项目"中国西部农村电气化及分布式可再生能源发展的政策分析（编号：13CJL055）"的联合资助。

同时感谢中国气象学会气候变化与低碳发展委员会的支持。

气候变化绿皮书编纂委员会

主要编撰者简介

王伟光　中国社会科学院院长、党组书记、学部主席团主席，中国地方志指导小组组长，中国社会科学院大学校长。哲学博士、博士生导师、教授，中国社会科学院学部委员。曾任中央党校副校长。中国共产党第十八届中央委员。中国辩证唯物主义研究会会长，马克思主义理论研究和建设工程咨询委员会委员、首席专家。荣获国务院颁发的"做出突出贡献的中国博士学位获得者"荣誉称号，享受政府特殊津贴。长期从事马克思主义理论和哲学、中国特色社会主义重大理论与现实问题的研究。

刘雅鸣　中国气象局党组书记、局长，教授级高级工程师。中国共产党第十九次全国代表大会代表，第十二届全国人大代表。世界气象组织（WMO）执行理事会成员，世界气象组织（WMO）中国常任代表，政府间气候变化专门委员会（IPCC）中国代表。曾任水利部水文局党委书记、局长，长江水利委员会党组书记、主任，长江流域防汛抗旱总指挥部常务副总指挥，水利部党组成员、副部长。

巢清尘　国家气候中心副主任，研究员级高级工程师，理学博士。研究领域为气候系统分析及相互作用、气候风险管理以及气候变化政策研究。现任全球气候观测系统指导委员会委员，中国气象学会气候变化与低碳经济委员会主任委员、国气象学会气象经济委员会副主任委员、全国气候与气候变化标准化技术委员会副主任委员、中国未来海洋联盟副理事长、中国绿色碳汇基金会理事等。第三次国家气候变化评估报告编写专家组副组长。曾任中国气象局科技与气候变化司副司长。长期作为中国代表团成员参加联合国气候变化框架公约（UNFCCC）和政府间气候变化专门委员会（IPCC）工作。

《中国城市与环境研究》、《气候变化研究进展》编委。主持国家科技部、发展与改革委、中国气象局项目十余项，发表合著、论文 50 余篇（部）。

陈　迎　中国社科院城市发展与环境研究所可持续发展经济学研究室主任，研究员，博士生导师。研究领域为环境经济与可持续发展，能源和气候政策，国际气候治理等。2010－2014 年政府间气候变化专门委员会（IPCC）第五次评估报告（AR5）第三工作组的主要作者。2013 年至今任中国社科院城环所创新工程项目首席研究员。承担过多项国家级、省部级和国际合作的重要研究课题，发表合著、论文、文章等各类研究成果 60 余篇，多项研究成果获奖，如第 2 届浦山世界经济学优秀论文奖（2010 年），第 14 届孙冶方经济科学奖（2011 年），中国社科院优秀科研成果二等奖（2004 年，2014 年）等。

胡国权　国家气候中心副研究员，理学博士。研究领域为气候变化数值模拟、气候变化应对战略。先后从事天气预报，能量与水分循环研究，气候系统模式研发和数值模拟，以及气候变化数值模拟和应对对策等工作。参加了第一、二、三次气候变化国家评估报告的编写工作。作为中国代表团成员参加了联合国气候变化框架公约（UNFCCC）和政府间气候变化专门委员会（IPCC）工作。本人主持了国家自然科学基金、国家科技部、中国气象局、国家发改委等资助项目十几项，参与编写专著十余部，发表论文二十余篇。

潘家华　中国社会科学院城市发展与环境研究所所长，研究员，博士研究生导师。研究领域为世界经济、气候变化经济学、城市发展、能源与环境政策等。担任国家气候变化专家委员会委员，国家外交政策咨询委员会委员，中国城市经济学会副会长，中国生态经济学会副会长，政府间气候变化专门委员会（IPCC）第三次、第四次和第五次评估报告核心撰稿专家，先后发表学术（会议）论文 200 余篇，撰写专著 4 部，译著 1 部，主编大型国际综合评估报告和论文集 8 部；获中国社会科学院优秀成果一等奖（2004 年），二等奖（2002 年），孙冶方经济学奖（2011 年）。

摘　要

国际气候治理在纷纷扰扰中又走过一年不平凡的历程。《巴黎协定》虽然于 2016 年 11 月 4 日顺利生效，但通过国际合作落实《巴黎协定》仍有很长的路要走。中国作为负责任大国，坚定履行国际义务，积极开展生态文明建设，践行绿色低碳发展。在《联合国气候变化框架公约》第 23 次缔约方会议即将在德国波恩召开之际，气候变化政策绿皮书《应对气候变化报告2017：坚定推动落实〈巴黎协定〉》又要和读者见面了。

本书共分为七个部分。第一部分是总论。简要回顾近一年来国际国内气候治理的最新进展和重大事件，强调《巴黎协定》来之不易，尽管国际气候进程之路充满坎坷，但仍要面向未来，砥砺前行。

第二部分是气候变化相关指标量化分析，绿皮书首次尝试推出了两个定量评估的指数。一是"低碳领导力指数"，以 G20 成员国为评价对象，从政治意愿、政策行动和实际成效三个维度，选取了十余个指标进行综合评价。二是"暴雨韧性城市指数"，以中国 30 个省会城市（直辖市），及 40 多个地级以上海绵城市、气候适应型城市的试点城市为评价对象，从城市适应能力指数和暴雨致灾危险度指数两个维度，分为高韧性、中等韧性和低韧性三类进行综合评价。推出指数型定量评估，其目的并不仅在于评价结果的排名，而是希望为研究和观察问题提供一个新的视角。

第三部分聚焦国际应对气候变化进程，选取 6 篇文章，从不同侧面深入分析国际气候治理的发展和影响。例如，IPCC 第六次评估有了新的进展，1.5℃特别报告备受关注，第 46 届全会通过了三个工作组报告的大纲，科学评估与政治进程之间不断互动。又如，美国特朗普政府上台后美国气候政策发生很大变化，特朗普总统宣布退出《巴黎协定》，给国际气候治理带来更

多不确定性和不利影响。再如，在《巴黎协定》后国际气候治理的新形势下，如何重新认识中国的地位和作用，推动南南合作等问题，都值得深入思考。

第四部分聚焦国内应对气候变化行动，选取8篇文章，对我国认识和应对气候变化带来的风险和不利影响，以及我国促进绿色低碳发展的相关政策进行了分析。例如，碳交易市场是利用市场促进节能减排的政策工具，2017年即将启动的全国碳市场在具体实践中面临不少挑战，需要完善顶层设计。又如，国家启动海绵城市建设和适应性城市试点以来，试点城市结合本地实际情况积极探索，取得新的进展，需要总结经验和推广应用。再如，随着共享单车的流行和一系列相关管理政策的出台，低碳交通关系每个人的日常生活，引发社会的高度关注。

第五部分设立了"一带一路"专栏，选取5篇文章，从不同方面探讨加强国际气候合作，推动绿色"一带一路"建设。例如，评估"一带一路"沿线国家面临的气候风险，探讨防灾减灾的国际合作，建设全球能源互联网等。2017年5月，中国主办的首届"一带一路"国际合作高峰论坛在北京召开，引起全球瞩目。绿色"一带一路"是"一带一路"建设的必然选择，也将大有可为。

第六部分"研究专论"选取了5篇与应对气候变化相关的研究报告，内容丰富，题材广泛。例如，2022年北京将主办冬奥会，会面临哪些气候风险，如何应对，需要未雨绸缪。2017年9月，我国主办的《联合国防治荒漠化公约》第十三次缔约方大会在内蒙古鄂尔多斯举行。应对气候变化与防治土地沙漠化联系密切，需要协同治理。气候变化引起海平面上升，严重威胁沿海地区的社会经济发展，上海作为中国最发达的大城市之一，其适应气候变化经验值得借鉴。

本书第七部分附录依惯例收录了2016年世界各主要国家和地区的社会、经济、能源及碳排放数据，以及全球和中国气候灾害的相关统计数据，供读者参考。

关键词：《巴黎协定》　国际气候治理　IPCC　减缓适应

Abstract

The international climate process has gone through an extraordinary course in the past year. Although *the Paris Agreement* took effect on 4ᵗʰ November 2016, there is still a long way to go to implement *the Paris Agreement* through international cooperation. China, as a responsible large country, firmly fulfills its international obligations, actively launches ecological civilization construction, and practices green low-carbon development. On the occasion of the 23ʳᵈ Session of the Conference of Parties (COP23) to the UN Framework Convention on Climate Change in Bonn, Germany, *Annual Report on Actions to Address Climate Change (2017): Firmly Promoting the Implementation of the Paris Agreement* is published with a new topic.

This book is divided into seven sections. The first section is general report, providing a brief review of the latest developments and important events in the international and China climate process over the past year and emphasizing that the Paris Agreement is a hard-won achievement. Although the path of international climate change is full of twists and turns, we still need to face to the future and forge ahead.

The second section isquantitative analysis of related indexes of climate change. The Green Book launched two quantitative assessment indices for the first time. Firstly, "Low-carbon Leadership Index", selects G20 member countries as evaluation objects, from three dimensions including political will, policy action and emission reduction for comprehensive evaluation by more than ten indicators. Secondly, "Resilient City Index on Heavyrain". The pilot cities of 30 provincial cities in China and more than 40 cities of sponge cities and climate adaptation cities are evaluated. From the two dimensions of urban adaptability index and storm-induced risk index, the indexes are divided into three categories: high resilience, medium resilience and low resilience. The aim of these two quantitative assessment

indexes does not only lies in ranking result, but rather providing a new perspective for the study and observation.

The third section focuses on international climate progress with six articles, deeply analyzing the development and influence of the international climate process from different perspectives. For example, the IPCC Sixth Assessment has made new progress, 1.5 ℃ special report caught much attention, the 46th plenary session adopted the report outline of three working groups, and scientific assessment and political interaction constantly interacted. As another example, after the United States Trump government came to power, the US climate policy has changed greatly. President Trump announced to with draw *the Paris Agreement*, which brings lots of uncertainty and adverse impacts on the international climate governance. In the new situation of international climate governance after *the Paris Agreement*, how to re-understand China's status and its role, promote South-South cooperation, all these issues are worth thinking in depth.

The fourth section focuses on domestic actions on climate change with eight articles, making analysis from risks and adverse effects brought by China's understanding and actions to climate change, as well as relevant policies to promote green low-carbon development in China. For example, carbon trading market, as a policy tool to promote energy conservation and emission reduction by market mechanism, needs to improve its top design, and national carbon market which will launch in 2017 is facing many challenges in concrete practices. For another example, since China starts its sponge city construction and adaptive city pilots, pilot cities actively explore and make new progress with its local real situation, and need to sum up experience and promote their application. Again, with the popularity of bicycle sharing and the introduction of a series of related management policies, low-carbon transportation relates each person's daily life, drawing high great social concern.

The fifth section is "the Belt and Road" column with five articles exploring international climate cooperation and promoting green "the Belt and Road" construction from different aspects. For example, assessing climate risks faced by countries along the routes of "the Belt and Road", exploring international cooperation in disaster prevention and mitigation, and building global energy

Internet. In May 2017, China hosted the first "Belt and Road" Forum for International Cooperation in Beijing, attracting worldwide attention. Green "the Belt and Road" is an inevitable choice of "the Belt and Road" construction, which will have bright prospects.

The sixth section selects five research reports related to addressing climate change with broad contents, which includes which climate risks will be faced by 2022 Olympic Winter Games in Beijing and how to deal with. In September 2017, the 13th session of the Parties to the United Nations Convention to Combat Desertification held in Ordos, Inner Mongolia. Addressing climate change is closely linked to the prevention of land desertification, requiring collaborative governance. Sea-level rise caused by climate change seriously threats social and economic development over coastal areas. Shanghai is as one of largest developed cities in China, its experience is worth learning from.

The last section of this book collects data of social, economic, energy and carbon emissions in selected countries and regions, as well as data of global and Chinese meteorological disasters in 2016, which will provide reference for the readers.

Keywords: *The Paris Agreement*; International Climate Governance; IPCC; Mitigation; Adaption

前　言

　　气候监测事实表明，2016 年全球气候持续变暖，平均温度是自 1880 年有现代气象观测以来最高的一年，比 1961～1990 年平均温度高出 0.83℃，比工业化前时期平均温度高出约 1.1℃。全球大气中的二氧化碳平均浓度已超过 400ppm 的警示线，甲烷浓度也飙升、破纪录，气候变化的长期指标在 2016 年上升至新的水平。在此背景下，全球范围的极端天气气候事件趋多趋强，气象灾害发生的频次、造成的死亡人口以及经济损失逐年增加，严重影响到人民生命财产安全和经济社会可持续发展。据世界粮食计划署（WFP）、联合国粮食及农业组织（FAO）、联合国难民事务高级专员公署（UNHCR）和国际移民组织（IOM）的报告，在长期气候变化的背景下，严重干旱影响了世界多地的农业及其收成，特别是在非洲南部、东部和中美洲部分地区有数百万人的粮食安全受到了威胁，几十万人流离失所；洪水严重影响了亚洲东部和南部，造成数百人死亡，数十万人流离失所，经济损失严重。联合国政府间气候变化专门委员会（IPCC）的评估报告认为，人类活动是当前全球气候变暖的主因，国际社会应采取积极行动科学应对气候变化。

　　为了应对气候变化，近 200 个国家和地区在 2015 年的巴黎气候变化大会上通过了《巴黎协定》，而该协定已于 2016 年 11 月 4 日正式生效，这充分体现了国际社会在合作应对气候变化责任和行动等方面的共识。《巴黎协定》虽然已正式生效，但落实《巴黎协定》仍面临很多严峻的挑战。特别是特朗普总统执政后，美国在气候变化问题上的立场发生了很大变化，美国宣布退出《巴黎协定》，对全球气候治理带来很大的不确定性和不利影响。

　　中国为推动《巴黎协定》生效和落实做出了巨大贡献，在国际气候治理面临困难的情况下，中国坚定地表示将继续履行《巴黎协定》承诺，并积极推动国际合作，增强了国际社会的信心，树立了负责任大国的形象。在习近平主席新的全球气候治理观的引导下，中国在全球气候治理机制的建设中强调合作共赢，以负责任和建设性态度参与气候变化谈判；在生态文明理念的引导下，中国在国内致力于生态文明建设，把气候变化作为实现可持续和绿色低碳发展的内在要求，实现了全球气候治理和国内生态文明建设的相互促进、相互支持。十九大的召开将为国家未来发展指明新的方向，勾画更美丽的蓝图。

当前，我国正处于"十三五"规划实现的关键时期，经济发展进入新常态，经济发展模式正在向绿色低碳转型。在许多方面，我国取得了令世界瞩目的成就。例如，2016 年，我国风电新增和累计装机容量继续保持全球第一的领导地位，我国光伏发电新增和累计装机容量均为全球第一，新增装机容量为 3454 万千瓦，累计装机容量达 7742 万千瓦。但中国作为一个发展中大国，绿色低碳转型的过程必然是非常复杂的，充满挑战和艰辛，还有很多问题值得深入研究。

在全球气候治理中践行习近平主席的全球治理新理念，需要在"一带一路"建设的推进过程中强化与沿线国家的气候与气候变化方面的合作。"一带一路"倡议是以习近平同志为核心的党中央统筹国内国际两个大局所提出的重大决策，事关我国和平崛起，事关我国现代化建设战略机遇期的延展。"一带一路"涉及 69 个国家，共建"一带一路"是一项长期和复杂的系统工程，各国在自然环境、社会政策、经济和文化等方面均存有明显差异，都面临复杂的可持续发展的挑战。从能源和碳排放情况分析，"一带一路"国家能源消费占世界的比重与经济总量占世界的比重相差超过 20 个百分点，能源利用效率和绿色发展水平总体较低。2017 年 5 月，中国在北京主办首届"'一带一路'国际合作高峰论坛"，令全球瞩目。会上，习近平主席发表了主旨演讲，指出"要抓住新一轮能源结构调整和能源技术变革趋势，建设全球能源互联网，实现绿色低碳发展"。全球能源互联网已经正式成为国家战略和国家行动，为"一带一路"建设注入了新内涵和新动力。

在推进"一带一路"建设的过程中突出绿色低碳发展理念，既是国内生态文明建设的内在要求和延伸，也是我国承担应对气候变化国际责任的体现。

"气候变化绿皮书"是中国社会科学院和中国气象局联合汇集国内外气候变化最新科学进展、政策、应用实践等的权威性出版物，一直深受广大读者的欢迎，作者大多是我国气候变化科研、业务、服务、决策领域乃至国际谈判一线的专家。自 2009 年出版第 1 部"气候变化绿皮书"——《应对气候变化报告（2009）：通向哥本哈根》以来，每年出版 1 部。2017 年出版的第 9 部——《应对气候变化报告（2017）：坚定推动落实 < 巴黎协定 >》，聚焦进一步推动《巴黎协定》的落实，以及我国绿色低碳发展和适应气候变化现状与未来。我们相信，与前 8 部一样，这部绿皮书一定会继续得到广大读者的欢迎。也借此机会，向为绿皮书出版做出努力的作者和出版社表示诚挚的感谢！

王伟光　刘雅鸣

2017 年 11 月

目 录

Ⅳ 国内应对气候变化行动

Ⅴ "一带一路"专论

VI 研究专论

VII 附录

皮书数据库阅读**使用指南**

CONTENTS

I General Report

II Quantitative Analysis of Related Indexes of Climate Change

III International Process to Address Climate Change

Ⅳ   Domestic Actions on Climate Change

V   The Belt and Road Column

VI   Special Research Topics

VII Appendix

总 报 告

General Report

G.1

落实《巴黎协定》：坎坷之路，砥砺前行

陈 迎　巢清尘*

摘　要：　本文回顾了2016~2017年全球气候变化和国际应对气候变化的一些最新进展和重大事件，简要分析了落实《巴黎协定》面临的挑战和机遇，强调《巴黎协定》来之不易，尽管国际气候治理之路充满坎坷，但仍要面向未来，砥砺前行。

关键词：　气候变化　巴黎协定　国际气候治理　2030年可持续发展议程　"一带一路"倡议

---

* 陈迎，中国社会科学院城市发展与环境研究所可持续发展经济学研究室主任，研究员，研究领域为全球环境治理、环境经济、气候变化政策等；巢清尘，中国气象局国家气候中心副主任，研究员，研究领域为气候变化政策、海气相互作用。

2015 年底召开的巴黎气候会议，全球瞩目。巴黎气候会议通过的《巴黎协定》树立了国际气候治理的新的里程碑。2016 年 11 月 4 日，《巴黎协定》仅用不到一年时间就如约生效，国际社会一片欢欣鼓舞。国际气候谈判的重心转向了落实《巴黎协定》的相关技术细节的谈判。接下来，各方本应紧密围绕《巴黎协定》，履行各自义务，加强国际合作，促进《巴黎协定》的落实。然而，回顾过去不平静的一年，全球气候变化的挑战更加严峻，落实《巴黎协定》之路并不平坦，绿色低碳转型充满艰辛。面对未来，国际气候治理仍将在坎坷之路上，砥砺前行。

一　全球气候变化再创新高

2017 年 8 月，美国国家海洋和大气管理局（NOAA）与美国气象学会发布了《2016 气候状况》年度报告，指出全球气候变化打破多项历史纪录，应对气候变化的紧迫性不断增强。

全球陆地和海洋表面温度打破历史纪录。2016 年全球陆地和海洋表面温度比 1981～2010 年的平均水平高出 0.45～0.56℃，连续第三年打破全球热度纪录，比 2015 年的纪录高出 0.01～0.12℃，超出 2014 年纪录 0.18～0.25℃。2016 年的热度纪录是长期全球变暖和 2016 年上半年强厄尔尼诺事件共同作用的结果。

温室气体排放量打破历史纪录。2016 年大气中二氧化碳、甲烷、一氧化二氮等主要温室气体浓度创历史新高，其中年平均二氧化碳浓度达到 402.9ppm（1ppm 为百万分之一），80 万年来大气中的二氧化碳浓度首次超过 400ppm，相比 2015 年上升 3.5ppm，是有记录 58 年来升幅最大的一次。

高温红色预警频率上升。2016 年各地区频繁出现高温、炎热天气。墨西哥和印度均出现空前高温。印度半岛北部和东部 2016 年 4 月遭到长达一周的热浪侵袭，气温超过华氏 111 度（摄氏 44 度），造成 300 人丧生。

全球对流层低层温度超出历史纪录。在地表上空的大气区域，全球平均对流层温度创造新纪录，海面温度也创历史新高。进入 21 世纪以来，2000～

2016 年全球海洋表面温度上升趋势远远高于 1950～2016 年海洋表面温度"＋1.0℃"的上升幅度。

全球上层海洋热含量接近历史新高。在全球范围内，上层海洋热量与 2015 年纪录相比略有下降，但反映了热能在 700 米内海域的持续积累。在全球变暖的趋势下，海洋吸收了地球 90% 以上的多余热量。

全球海平面升至历史新高。全球海平面上升已连续 6 年，2016 年全球平均海平面上升至新高水平，比 1993 年刚开始卫星记录时高出约 82 毫米。二十年来，海平面每年平均升高约 3.4 毫米，西太平洋和印度洋海平面的升幅最高。

全球水循环和降水频遇极端。全球变暖加速了水循环系统的过程，加上厄尔尼诺现象的影响，加剧了全球降水的变化。与此同时，太平洋赤道一带的厄尔尼诺暖流，使一些地方降水明显。如阿根廷、巴拉圭和乌拉圭一再洪水为患，东欧和中亚雨量也多于往常，美国加州则因此摆脱持续几年的干旱。

北极持续变暖、冰川面积急剧缩减。北极地表平均温度比 1981～2010 年的平均温度高出 2.0°C，冰川连续第 37 年缩小，格陵兰岛的冰盖在 2016 年失去了 3410 亿吨冰。北极冰盖厚度相对较薄，难以扭转其持续大量融化的趋势。

二　全球气候相关灾难频发

在全球气候变化再创新高的大背景下，全球极端天气事件显著增加，世界各地气候相关灾难频发，造成严重损失。

极端天气事件显著增加。根据《2016 气候状况》，2016 年在近赤道区域共出现 93 个被命名的热带风暴，比 1981～2010 年的平均水平高 13%。北大西洋、北太平洋东部和西部三大盆地的热带风暴活动异常频繁，而在澳大利亚盆地热带风暴的活动降至 1970 年以来最低水平。全球共出现 4 次达到 5 级强度的热带台风。各地区均出现气候异常。

飓风肆虐北美，造成巨大损失。2017 年 8 月 26 日，大西洋热带气旋"哈维"在得克萨斯州登陆，造成数十人死亡，多个城市出现严重洪涝，"哈维"

是美国 12 年来最强的飓风。不到半个月,飓风"艾尔玛"又席卷加勒比海地区,登陆美国南部海岸。大西洋连续生成两场超强飓风,不仅给加勒比地区和美国南部地区造成人员伤亡和财产损失,威胁旅游业,还牵扯国际能源市场,影响波及全球。世界气象组织发表的一份声明认为,人类行为对近地球表面大气中的水蒸气含量造成了影响,全球变暖可能导致强飓风出现更频繁。

三 国际气候治理增加新变数

《巴黎协定》生效后,不少人原本预期气候变化问题会暂时趋于平静,国际社会可以团结一致好好落实《巴黎协定》。然而,美国总统特朗普上台后的一系列政策转变,以及国际社会的反应,为国际气候治理增加了新变数,带来严峻挑战。

美国气候政策大转变。特朗普自 2017 年 2 月上台,就全面背弃前任奥巴马的各项政策主张,在气候变化政策上"开倒车",宣布美国退出《巴黎协定》,还废除了《清洁电力计划》。尽管美国要完成退出《巴黎协定》的法律程序还有待时日,但美国气候政策转变对国际气候合作的负面冲击是显而易见的。不过,也应该看到,全球绿色低碳转型的大势不可逆转,美国国内政治体系的复杂性和市场的选择,实际影响还待仔细观察和评估。

G20 在国际气候治理中的地位凸显。美国采取的"美国优先"立场令世界震惊和失望。2017 年 7 月召开的二十国集团(G20)领导人峰会,在气候变化问题上尽管有分歧,仍给世界带来一些安慰。至少除美国之外的其他国家通过了《G20 促进增长的气候和能源汉堡行动计划》,展示了推动落实《巴黎协定》的信心和决心。

金砖国家积极发声注入正能量。2017 年 9 月,在中国厦门召开的金砖国家领导人峰会发布"厦门宣言",承诺"致力于在可持续发展和消除贫困的框架内继续推动发展绿色和低碳经济,加强金砖国家应对气候变化合作,扩大绿色融资",同时"呼吁各国根据共同但有区别的责任原则、各自能力原则等《联合国气候变化框架公约》有关原则,全面落实《巴黎协定》"。

四 国际气候治理存在新机遇

《联合国气候变化框架公约》是应对气候变化谈判的主平台，但国际气候治理是一个相对宽泛的概念，并不局限于该公约。其他国际治理进程，如《2030年可持续发展议程》，"一带一路"建设，为推动落实《巴黎协定》带来新机遇。

《2030年可持续发展议程》。2015年通过的《2030年可持续发展议程》与《巴黎协定》密切相关，二者均是面向2030年影响未来世界发展的重要文件。应对气候变化是可持续发展目标之一，必须在可持续发展的框架下应对气候变化。推动落实《2030年可持续发展议程》与落实《巴黎协定》不仅并行不悖，还相辅相成，应相互借力，协同推进。

"一带一路"建设。2017年5月，在中国北京召开的"一带一路"高峰论坛，加深了国际社会对"一带一路"的认识，掀起了"一带一路"建设的热潮。落实《巴黎协定》与"一带一路"建设有很多契合点。以低碳环保为纽带建设绿色"一带一路"，推动世界经济绿色转型；在"一带一路"战略下积极开展应对气候变化国际合作，推动落实《2030年可持续发展议程》和《巴黎协定》，既是我国自身生态文明建设的需求，也符合沿线国家的利益。

五 中国积极践行绿色低碳发展，在全球治理中发挥引领作用

中国政府高度重视应对气候变化和生态文明建设，努力实践"创新、协调、绿色、开放、共享"五大发展理念，开拓有中国特色的社会主义发展新路。目前，中国正在通过优化产品结构、构建低碳能源体系、发展绿色建筑和低碳交通、建立全国碳排放交易市场、加强生态环境保护、发展循环经济等方式认真落实国家自主贡献目标。2016年，中国单位GDP二氧化碳

排放量比 2005 年下降约 43%，非化石能源消费占一次能源消费的比重已达 13.3%。按照习近平总书记提出的绿色发展理念，践行"绿水青山就是金山银山"，大力推进绿化工作。以塞罕坝林场为例，通过人工造林，将 100 多万亩荒山戈壁变为绿洲，有效改善了生态环境。在中国北方大力推进农村煤改气工作，减少了碳排放，改善了空气质量。此外，中国正在按计划稳步推进全国碳排放交易市场建设，计划 2017 年启动全国碳排放交易体系。同时，中国政府已累计安排约 1 亿美元用于开展应对气候变化南南合作。

中国仍将继续推动《巴黎协定》的落实，与国际社会一起，逐步加大应对气候变化行动力度，倡导维护人类共同利益，主动引领全球气候治理变革，积极在全球气候治理中贡献中国智慧和中国力量，推动建立合作共赢、全球发展的新型国际关系。

结　语

国际气候治理走过了 20 多年艰难坎坷的历程，国际气候谈判达成《巴黎协定》这一成果来之不易。落实《巴黎协定》之路还很漫长，挑战与机遇并存，机会与风险同在。我们坚信全球绿色低碳发展系大势所趋，不可逆转。中国作为负责任大国，不仅要顺应世界发展潮流，还要发挥积极的引领作用，承担更多国际义务。

气候变化相关指标量化分析

Quantitative Analysis of Related Indexes of Climate Change

G.2

G20成员低碳领导力评估研究

陈迎 蒋金星*

摘　要： 本文从低碳领导力的核心概念出发，构建了低碳领导力评价
指标体系及评价方法，并对 G20 成员进行了测算。评价结果
显示，欧盟依然是引领全球低碳发展的重要力量，中国作为
国际气候治理的重要贡献者，可以发挥更大的引领作用。美
国特朗普政府在气候变化问题上采取的一系列政策，极大地
削弱了美国在国际气候治理中的引领地位。最后，本文讨论
了低碳领导力评价指标体系的不足和改进方向。

关键词： 20 国集团（G20） 低碳领导力 国际气候治理

* 陈迎，中国社会科学院城市发展与环境研究所可持续发展经济学研究室主任，研究员，研究
领域为全球环境治理、环境经济、气候变化政策等；蒋金星，中国社会科学院研究生院博士
研究生，研究领域为全球环境治理、环境经济、气候变化政策等。

《巴黎协定》生效后，国际气候治理进入新阶段，面临新的机遇和挑战。截至 2017 年 10 月，195 个缔约方签署了《巴黎协定》，168 个缔约方批准或通过其他方式加入《巴黎协定》。推动落实《巴黎协定》需要各国加强国际合作，大国要展现气候领导力。应对气候变化的主要途径是减缓和适应，本文侧重减缓，故气候领导力也可称为低碳领导力。目前，有关国际气候治理的领导力研究，理论阐述较多[1]，但定量评价较少。考虑到 G20 成员人口、经济、能源和排放都在全球总量中占有主导地位，本文以 G20 成员为研究对象[2]，选取若干关键指标，以定量和定性相结合的方法进行低碳领导力评价，探讨如何加强低碳领导力以推动落实《巴黎协定》。

一　指标体系构建和评价方法

低碳领导力可以理解为"顺应低碳经济时代，政府、企业、组织机构或某个特定社会单元通过绿色变革，实施环境管理以及可持续发展战略谋求经济、社会和生态效益共赢的一系列新型领导行为"[3]。就国家而言，低碳领导力可以有多方面的理解，不同人的理解也不尽相同。例如，积极推动国际气候治理进程，主动承担减排任务，积极采取各种减排政策，具有较大的减排力度，低碳经济转型成效显著，低碳技术处于领先水平，在自身减排的同时提供资金技术帮助其他国家应对气候变化，等等。

本文以低碳领导力为核心概念，采用政治意愿、政策行动和实际成效三个维度的分析框架构建评价指标体系。推动落实《巴黎协定》，实现低碳经济转型，首先要有政治意愿，同时政治意愿需要政策行动来实现，政策行动

① Oriol Costa, *Beijing After Kyoto? The EU and the New Climate in Climate Negotiations* (Palgrave Macmillan UK, 2016), pp. 115 – 133；董亮：《欧盟在巴黎气候进程中的领导力：局限性与不确定性》，《欧洲研究》2017 年第 3 期，第 74～92、7 页。
② 20 国集团的成员包括中国、美国、日本、德国、法国、英国、意大利、加拿大、俄罗斯、欧盟、澳大利亚、南非、阿根廷、巴西、印度、印度尼西亚、墨西哥、沙特阿拉伯、土耳其、韩国。
③ 新能源与低碳行动课题组：《低碳领导力》，中国时代经济出版社，2011。

需要通过实际成效来检验。一个国家要发挥低碳领导力，必须在三个方面都有所建树，才能发挥表率作用，引领国际社会进行低碳转型。三者相互联系，相辅相成。

（一）政治意愿

政治意愿主要衡量一国推动国际气候治理进程和实现长期减排目标的贡献和积极性，采用以下两个指标衡量。

1. 批准《巴黎协定》落实的政治意愿

2015年12月，在巴黎召开《联合国气候变化框架公约》缔约方大会前夕，各国纷纷提出国家自主决定贡献（INDC）。12月12日，巴黎会议通过了《巴黎协定》。2016年4月22日，《巴黎协定》开放签署。2016年10月5日，《巴黎协定》达到"双55"的生效条件①；2016年11月4日，《巴黎协定》正式生效。其间，很多国家正式提交了国家自主贡献（NDC），并启动了国内批准程序。② 但也有少数国家出于不同原因，修改了原来的目标或未提交，如俄罗斯和土耳其。美国奥巴马政府未经国会核准《巴黎协定》，特朗普上台后推翻了奥巴马政府的一系列政策，于2017年6月1日宣布美国退出《巴黎协定》，并不顾国际社会的强烈批评，于8月4日向《联合国气候变化框架公约》秘书处提交了表达退出意向的正式文件。根据《巴黎协定》相关规定，未来美国是否能完成退出的法律程序，仍有待观察。

该指标采用《联合国气候变化框架公约》官网公布的信息③，依据各国是否批准《巴黎协定》的不同情况以及批准的时间的不同进行打分。提交INDC但未批准得1分，批准又要退出得2分，生效后批准得7分，生效前批准为促进《巴黎协定》生效做出贡献的得8~10分，根据具体贡献大小

---

① 《巴黎协定》规定生效需要至少55个缔约方批准，其合计排放量要占全球总排放量的55%以上。

② 《巴黎协定》有批准（Ratification）、接受（Acceptance）、核准（Approval）或加入（Accession）几种不同方式。

③ 见"Paris Agreement-Status of Ratification," United Nations Framework Convention on Climate Change（UNFCCC），http：//unfccc. int/paris_ agreement/items/9444. php, 4 November 2016。

打分。

2. 自主贡献目标的足够性

Climate Action Tracker（CAT）采用比较复杂的技术手段，综合考虑了《巴黎协定》确立的"把全球平均气温升幅控制在高于工业化前水平2℃以内，并努力将气温升幅限制在高于工业化前水平1.5℃以内"的长期目标，各国NDC，各国排放基准线，多种公平原则下的排放额度（包括累积排放和与经济实力相关的减排能力等）等因素，评估了各国NDC的足够性。以往评价结果被划分为4个等级，为反映《巴黎协定》生效后国际减排的严峻形势，2017年9月18日CAT对评估结果进行了更新①，并将评价结果划分扩展为6个等级：严重不足（Critical Insufficient）、非常不足（Highly Insufficient）、不足（Insufficient）、相容2℃目标（2℃ Compatible）、相容1.5℃目标（1.5°C Paris Agreement Compatible）、最高级别"楷模"（Role Model）。该机构的评价方法和结果虽是众多评价NDC的一种，存有争议，但在国际上比较有影响力，一定程度上代表了欧洲学者的主流观点。

本文引用该评价指标，以平衡反映中外评价的不同视角。具体打分办法是：严重不足得2分，非常不足得6分，不足得8分，相容2℃目标得9分（后两个等级，目前不存在）。

（二）政策行动

政策行动主要衡量一国国内采取减排政策和行动、促进低碳转型的积极性。减排政策行动很多，不胜枚举。本文考虑两个具体指标和一个定性的综合指标。

1. 碳市场建设

碳排放权交易市场建设是促进减排的重要政策措施之一，对排放设定上限，通过市场手段引入碳定价，有效引导经济系统向低碳转型。碳交易最早

---

① 见"Rating Countries," Climate Action Tracker（CAT），http：//climateactiontracker. org/countries，2017－09－18。

出现在欧美一些地方，属于自愿性碳交易。《京都议定书》引入基于市场的三个灵活机制，2005年欧盟启动碳市场，美国、日本等国也有区域性碳市场。近年来，不少发展中国家也在尝试建立碳市场。中国准备在7省市碳市场建设试点的基础上在2017年底建立全国性碳市场。可以预见，未来碳市场在全球范围内将有较大发展，建立各区域性碳市场之间的连接可能是发展方向。

本文基于国际碳行动伙伴组织（ICAP）发布的2017年度报告《全球碳市场进展》，按国内碳市场建设的不同阶段进行打分，无相关信息得2分，无试点但考虑实施得6分，有试点但未计划实施得7分，有试点并考虑实施得8分，有试点并计划实施得9分，正在实施得10分。

2. 可再生能源投资

发展可再生能源是促进低碳转型的重要举措。一个国家积极投资可再生能源，体现了它对未来顺应全球低碳转型道路的信心。本文采用联合国环境署（UNEP）和布隆伯格新能源金融发布的《2017全球可再生能源投资趋势报告》中主要国家2016年可再生能源投资的数据，中国为783亿美元，居世界第一位，其次是美国、英国和日本。发展中国家的印度和巴西也跻身前十名。考虑国家大小不同，数据相差上百倍，用绝对量衡量不够合理。考虑各国可再生能源投资的其他数据难以获取，本文采用了对数处理的方法，改善样本的数据分布，然后取最大最小值进行无量纲化。

3. 政策体系定性综合指标

减排政策行动涉及面很广，碳市场建设和可再生能源投资仅是有代表性的两个侧面，不足以全面评价，为使指标体系尽量简洁，设置一个定性的综合指标，反映各国减排相关的政策体系，包括相关立法、长期目标、国家规划、产业政策、科技实力、地方行动、民意支持等，采用专家咨询方式进行打分，分5个等级：很弱得2分，弱得4分，中得6分，强得8分，很强得9分。

（三）实际成效

实际成效反映一国低碳转型的程度和低碳水平。本文采用4个指标，均

为定量指标。

1. 人均碳排放量

人均碳排放量是反映各国低碳发展水平的核心指标，也是综合反映减排成效的关键指标。控制和降低人均碳排放量是各国低碳发展的方向。因此，人均碳排放量越小得分越高。

2. 可再生能源对降低人均碳排放的贡献率

对于发展可再生能源的实际成效如何，有很多指标，如可再生能源装机容量、发电量，可再生能源在一次能源中的比重等。国际可再生能源署（IRENA）数据库推出避免排放计算器，根据各国可再生能源发电量和本国发电的能源结构，测算了各国可再生能源避免碳排放的量（数据更新到2014年）①，它是一个可用的新指标。本文引用了该指标并根据需要进行了后续处理。第一步，为了避免国家大小对数据分布的影响，采用该指标和各国人口数据计算出了可再生能源的人均避免排放量；第二步，结合人均碳排放量，计算出了可再生能源对降低人均碳排放的贡献率②，该指标越高，得分越高。

3. 2015年相比2010年碳排放量的变化率

碳排放总量的变化趋势是反映一国低碳发展的实际成效的重要指标。IPCC评估报告描绘的实现2℃目标的全球减排长期路径，要求全球碳排放尽早实现峰值并随后大幅下降，到2080年左右要实现净零排放，2080年之后需要大规模的负排放。因此，需要考察各国碳排放总量变化。本文采用欧盟联合研究中心和荷兰环境评估局发布的《全球碳排放趋势2016年报告》③

---

① 见 IRENA 数据库避免排放计算器：http：//resourceirena. irena. org/gateway/dashboard/？ topic = 17&subTopic = 55。

② 例如，中国可再生能源避免排放总量为 12.45 亿吨 CO_2 当量，相当于通过发展可再生能源人均避免了 0.91 吨 CO_2 排放量，中国目前人均排放 7.73 吨，推算出可再生能源对降低碳排放的贡献率是 10.53%。

③ "Trends in Global CO_2 Emissions 2016 Report," European Commission (EC), http：// edgar. jrc. ec. europa. eu/news_ docs/jrc - 2016 - trends - in - global - co2 - emissions - 2016 - report - 103425. pdf, 2016.

中各国时间序列的碳排放总量数据，计算得到 2015 年相比 2010 年碳排放量下降率。下降趋势越明显，得分越高。

4.2015年相比2010年单位GDP碳排放量的下降率

考虑到各国发展阶段不同，经济结构和能源结构差异较大，单位 GDP 碳排放量下降也可以体现各国特别是发展中国家低碳发展的实际成效。本文采用欧盟联合研究中心和荷兰环境评估局发布的《全球碳排放趋势 2016 年报告》中各国时间序列的单位 GDP 碳排放量数据，计算得到 2015 年相比 2010 年单位 GDP 碳排放量下降率。下降趋势越明显，得分越高。

综上所述，指标体系为三层结构，包括三个维度，共 9 个指标，评价方法和权重见表 1。

表 1   G20 成员低碳领导力评价指标体系

衡量维度	指标选择	权重	评分标准
政治意愿 (0.3)	批准《巴黎协定》并表示落实	0.6	提交 INDC 但未批准得 1 分；批准又要退出得 2 分；生效后批准得 7 分；生效前批准得 8 ~ 10 分，根据贡献打分
	NDC 足够性	0.4	严重不足得 2 分，非常不足得 6 分，不足得 8 分，相容 2℃目标得 9 分
政策行动 (0.3)	碳市场建设	0.3	无相关信息得 2 分，无试点但考虑实施得 6 分，有试点但未计划实施得 7 分，有试点并考虑实施得 8 分，有试点并计划实施得 9 分，正在实施得 10 分
	可再生能源投资(2016 年,10亿美元)	0.3	经对数处理后，取最大最小值[− 2.5,5]，无量纲化到 0 ~ 10 作为得分
	政策体系定性综合指标	0.4	很弱得 2 分，弱得 4 分，适中得 6 分，强得 8 分，很强得 10 分
实际成效 (0.4)	人均碳排放量 (吨二氧化碳/人)	0.4	取最大最小值[0,20]，无量纲化到 0 ~ 10 作为得分，人均碳排放量越低，得分越高
	可再生能源对降低人均排放的贡献率(%)	0.2	取最大最小值[0,40]，无量纲化到 0 ~ 10 作为得分，贡献率越大，得分越高
	2015 年相比 2010 年碳排放量变化率(%)	0.2	取最大最小值[− 25,35]，无量纲化到 0 ~ 10 作为得分，下降越多得分越高，上升越多得分越低
	2015 年相比 2010 年单位 GDP 碳排放量下降率(%)	0.2	取最大最小值[− 30,10]，无量纲化到 0 ~ 10 作为得分，下降越多得分越高，个别上升的得分最低

二 评价结果分析

应用上述指标体系对 G20 低碳领导力进行评价，得到政治意愿、政策行动和实现成效的三个分指数，经加权合成一个总指数（见表2）。

表2 G20 成员低碳领导力排名

国家/地区	政治意愿	政策行动	实际成效	总分	排名
英　　国	7.40	8.47	7.02	7.57	1
欧　　盟	8.00	8.84	6.25	7.55	2
法　　国	8.00	7.58	6.90	7.44	3
中　　国	8.40	8.74	4.97	7.13	4
巴　　西	8.60	6.77	6.09	7.04	5
德　　国	8.00	8.23	5.23	6.96	6
意 大 利	7.40	6.64	6.60	6.85	7
墨 西 哥	8.60	6.80	5.44	6.79	8
印　　度	9.00	5.71	4.76	6.32	9
阿 根 廷	7.80	4.43	5.74	5.97	10
韩　　国	7.80	6.53	3.84	5.84	11
南　　非	7.80	4.76	4.98	5.76	12
加 拿 大	8.00	4.91	4.70	5.75	13
印度尼西亚	8.00	3.72	5.37	5.66	14
日　　本	7.20	6.07	4.02	5.59	15
澳 大 利 亚	8.00	3.68	2.42	4.47	16
美　　国	2.00	5.43	3.83	3.76	17
土 耳 其	1.40	3.76	5.00	3.55	18
俄 罗 斯	1.40	4.12	3.66	3.12	19
沙特阿拉伯	5.60	1.48	2.07	2.95	20

（一）第一集团

由表2中数据可知，在低碳领导力综合排名方面，G20 大致分为三个集团。第一集团包括英国、欧盟、法国、中国、巴西、德国、意大利。欧盟及其主要的成员都排在第一集团，说明欧盟尽管自身存在不少棘手的问题，但在推动国际气候治理和低碳转型方面的领导力仍然有目共睹。

长期以来，英国作为欧盟重要成员，在低碳转型方面走在世界前列。例如，英国是最早通过立法确定 2050 年长期减排目标的国家。英国最早提出低碳经济概念，并致力于低碳经济转型。2015 年相比 2010 年碳排放总量下降约 19%，单位 GDP 碳排放量下降约 27%。在英国政府支持下推出的《斯特恩报告》，对促进全球形成 2℃目标的政治共识起到了重要作用，也确立了气候变化经济学作为一门新兴学科的地位。尽管英国通过公投选择要脱欧，但英国在低碳转型道路上不会倒退。法国作为巴黎气候会议的东道主对促成《巴黎协定》的通过发挥了重要作用。法国以核电著称，人均碳排放量约 5 吨在发达国家中是最低的。德国科技力量雄厚，一直在欧盟中承担最多的减排量，英国脱欧后，德国在欧盟的领导地位更为突显。

跻身第一集团的中国非常抢眼。中国的主要优势在政治意愿和政策行动方面。例如，中美曾联手为促成《巴黎协定》通过和生效做出了重要贡献。中国可再生能源投资总量居世界第一位，远超其他国家。中国在健全和完善节能减排的政策体系、推动碳市场建设、通过各类低碳试点调动地方和公众参与等方面取得了积极进展，得到了国际社会的赞誉。同时，也需要看到，国际机构对中国 NDC 的足够性评分不升反降，折射出西方学者普遍对中国承担更多国际责任的期待。中国作为发展中国家，虽然在减排的实际成效方面取得了长足进步，但就低碳发展水平而言，与发达国家相比还有差距。中国的碳排放总量尚未达到峰值，人均碳排放量为 7.7 吨，高于世界平均水平。可再生能源装机和发电的绝对量很大，但人均避免碳排放量不到 1 吨，并不突出，对降低人均碳排放的贡献率仅约为 11%，而欧盟是 17%，巴西高达 36%。

第一集团中巴西的评分较高，原因除可再生能源的贡献之外，还包括政治意愿较高，人均碳排放量很低，仅为 2.34 吨等。相比其他发展中国家，巴西近年来受到金融危机的影响，经济增长乏力，碳排放总量增长十分有限。

（二）第二集团

第二集团包括墨西哥、印度、阿根廷、韩国、南非、加拿大、印度尼西亚和日本。

印度处于第二集团靠前的位置，印度人均碳排放量仅为 1.9 吨，NDC 足够性得分最高，未能进入第一集团的主要原因是碳排放总量的增长很快，2015 年相比 2010 年增长 33%，此外，在政策行动方面略有欠缺。实际上，印度虽然经济发展水平相对落后，但也很重视气候变化问题，近年来可再生能源发展也取得很大进展。印度作为发展中大国，在未来国际气候治理中的地位不可小觑。

加拿大和日本一直在气候变化问题上不太积极，出现在第二集团靠后位置也就在情理之中。一个有意思的现象是，加拿大人均碳排放量仅为 15.45 吨，可再生能源避免的碳排放人均高达 8.49 吨，可再生能源对降低人均碳排放的贡献率很高，这与加拿大地广人稀、水能资源非常丰富的地理特点有关。

（三）第三集团

第三集团包括澳大利亚、美国、土耳其、俄罗斯和沙特阿拉伯。其中，美国低碳领导力评价得分如此之低是意料之中的。

美国特朗普政府上台之后推行了一系列"去气候变化"政策，特别是宣布美国退出《巴黎协定》令国际社会震惊。美国推动国际气候治理进程的政治意愿几乎降到冰点，在国际气候治理中的领导力大大削弱。不仅如此，美国的政策行动也在全面倒退。2017 年 10 月 10 日，美国环保局局长普鲁伊特宣布，特朗普政府于 10 月 10 日正式废除《清洁电力计划》，这意味着奥巴马执政 8 年遗留的气候变化遗产被全面抛弃。从实际成效看，美国 2015 年人均碳排放量仍高达 16 吨。虽然美国碳排放总量已经达峰，2015 年相比 2010 年碳排放总量出现缓慢下降的趋势，单位 GDP 的碳排放也在持续下降，但如果美国就此放弃低碳发展的努力，可能意味着未来在全球绿色低碳转型的大趋势下，美国逆潮流而动将使低碳转型停滞甚至反弹，这对美国自身也未必是好事。

当然，还应该看到美国在整体评价悲观中也有一些亮点。例如，美国2016年可再生能源投资达464亿美元，仅次于中国。其可再生能源避免碳排放人均1.41吨，高于中国。美国政府对待气候变化的消极立场，并不能完全左右市场的选择，无论是技术还是规模，美国可再生能源的发展在全球仍有一定优势。美国在低碳科技创新方面仍处于全球领先的地位。美国一些地方政府、企业和民众还有支持低碳发展的积极力量。在国际气候治理趋于多元化的时代，非国家实体可以发挥更大的作用。

三　结论和讨论

本文构建的低碳领导力评价指标体系还只是一个初步的结果，仍有很多不足之处，有待深入研究，不断完善。

第一，指标体系的结构应相对固定，但具体指标的选取可再斟酌。例如，批准和落实《巴黎协定》的态度，可以反映美国宣布退出《巴黎协定》的不利影响，但指标是相对静态的，未来绝大多数国家的态度发生重大变化的可能性不大。静态指标不能及时更新不利于纵向比较。CAT对NDC的评估高度综合，涵盖内容广泛，可能与其他指标有重叠。政策体系的定性指标，通过专家咨询得到，咨询范围比较小，存在较大的主观随意性。

第二，限于数据可得性，各指标对应时间点不完全一致。专家对政策的判断是基于当前最新的认识，定量的统计数据一般要滞后一两年。有些直接引用的加工后数据，如可再生能源的避免排放量，只有2014年的。

第三，数据处理和权重的确定对评估结果影响较大。虽然G20成员都是全球主要经济体，但一些绝对量指标因国家大小差异巨大，可比性差。目前进行了对数化预处理。可以考虑替换成其他更合适的相对指标。权重的确

定也带有较大的主观性，可进一步征求专家意见或通过不同权重方案的比较，减少评估结果的不确定性。

第四，低碳领导力的内涵丰富，各人理解不尽相同。指数化评估仅是一种分析工具，只能反映一些侧面。因此，对评估结果的解读应谨慎，并更多补充各国具体国情和相关政策的背景信息。

G.3
中国暴雨韧性城市排名及分析

翟建青　郑艳　李莹*

摘　要：　近年来，中国许多城市频发暴雨洪涝灾害，引起学界和社会
对构建韧性城市的关注。本文基于 IPCC 气候风险评估框架，
采用暴雨致灾危险度、城市适应能力指数等指标，构建了城
市暴雨韧性指数，并分别选取中国省会城市及直辖市和海绵
城市及气候适应型城市的试点城市进行暴雨韧性排序，得到
了高韧性城市、中等韧性城市、低韧性城市三类。本文采用
的韧性城市评估方法及评估结果可供学界和城市决策者参考，
有助于推动社会积极关注在城镇化提升时期我国大中城市面
临的灾害风险。

关键词：　气候变化　暴雨灾害　韧性城市

一　背景

城市地区已经成为全球应对气候变化的热点地区。改革开放以来，中国
的城镇化水平从 1978 年的 18.1% 攀升至 2016 年的 57.4%，在城镇生活的
人口从 1.7 亿人增加到 7.9 亿人。预计到 2030 年中国城镇化水平将达到

---

* 翟建青，国家气候中心副研究员，研究领域为气候变化影响评估；郑艳，中国社会科学院城
市发展与环境研究所副研究员，研究领域为气候变化经济学；李莹，国家气候中心副研究员，
研究领域为气候变化影响评估。

70%，城镇人口总数将超过 10 亿人。城市的快速发展和扩张，高度聚集的人口和高强度的经济活动，意味着自然灾害风险的暴露度不断加大。近年来，雾霾、城市热岛、台风、城市内涝等新型、复合型城市灾害日益加剧，城市气象灾害所造成的直接经济损失的数量和占全国自然灾害总损失的比重均呈上升趋势。根据中国气象局的预测，气候变化将加剧未来中国高温、干旱、洪涝、暴雨等气候灾害的发生频率和强度，加剧城市化地区的安全风险。

为了应对气候变化引发的城市风险，国际社会提出了建设"韧性城市"的理念。韧性城市是基于韧性理论，以可持续性为目标，具有前瞻性和系统性思维的城市规划理念。2015 年以来，我国先后启动了海绵城市、气候适应型城市的试点工作。这两类试点都与提升城市韧性密切相关，即旨在提升城市系统应对各种内外部风险冲击的能力（包括经济风险、灾害风险等）。海绵城市主要针对暴雨和水资源的单一风险要素；气候适应型城市主要针对气候变化引发的灾害风险。海绵城市强调以生态型雨洪管理措施替代传统工程性措施，提升沿海和内陆城市的综合水安全能力；气候适应型城市强调科学评估气候风险、制定适应规划，提升城市系统前瞻性、系统性适应气候变化的能力，其中包括绿色建筑、防灾减灾、生态系统、低碳技术等多个领域。这两项试点工作有助于我国城市决策者关注灾害风险，提升应对气候灾害的能力。

然而，我国城市地域分布广泛、灾害类型复杂多样、发展阶段差异大，不同城市存在的问题及适用措施也千差万别。为了对我国城市目前所处的阶段、可能存在的问题有一个较为科学、客观的把握，有必要进行"城市韧性"的评价和比较。根据国家气候中心的统计，我国主要气候灾害按照发生次数、频率及经济损失统计，位居前三位的依次为：暴雨洪涝、干旱、台风（热带气旋）。因此，本文选择暴雨作为主要灾害风险进行韧性城市分类研究。本文选择全国 30 个省会城市（直辖市），及 40 多个地级以上海绵城市、气候适应型城市的试点城市，以暴雨作为致灾危险度，对我国城市应对暴雨的韧性能力进行了评价，并基于排名结果进行了分析和点评，提出了相关建议。

二 指标和方法学说明

（一）评估框架及关键指标

本文采用 IPCC 的气候风险评估框架，它包括以下三个要素：①危险性（Hazard），即致灾危险度，如极端天气/气候事件的发生频率和强度；②暴露度（Exposure），即暴露在危险中的人口、基础设施和社会财富；③脆弱性（Vulnerability），是系统暴露于某种危险之下表现出的敏感性或易损性，及应对和适应能力。它的函数形式如下：

$$风险（R）= f\{危险性（H）；暴露度（E）；脆弱性（V）\} \tag{1}$$

基于上述概念框架，结合专家研讨，依据科学、精简的指标遴选原则，本文将"韧性"界定为风险的反向概念，城市韧性多侧重于提升适应能力、减小灾害脆弱性的规划设计。构建"城市韧性指数"，如下：

$$城市暴雨韧性指数 = 城市适应能力指数 / 暴雨致灾危险度 \tag{2}$$

世界气象组织规定，以 30 年平均作为一个气候态。本文采用了约 50 年的气候周期衡量暴雨灾害的特征及其变化。将暴雨致灾危险度分解为两个层面的贡献因素：（1）1971~2016 年年均暴雨日数；（2）暴雨日数年际变化率。分别计算 80 多个评估城市代表性气象站 1971~2016 年的年平均暴雨日数（日降水量≥50 毫米），及暴雨日数的年际变化率，并进行归一化计算和算术平均加总 [见公式（3）]，通过划分等级得到每个城市的暴雨危险性等级图。

$$暴雨致灾危险度指数 = AVG（年均暴雨日数 + 暴雨日数年际变化率） \tag{3}$$

对城市韧性或适应能力的界定有不同的视角，包含多维度的内容。从提升适应能力的手段来看，经济发展水平是一个国家或城市适应气候变化的经济基础，经济发展水平的高低对于生态环境投入、公众意识、治理能力等都具有很大的影响。除了传统的防洪排涝基础设施，森林、湿地等"绿色基础设施"利用生态系统功能和服务，能在缓解高温热浪、洪水及干旱的影响方面发挥诸多积极作用。基于专家评估，构建以下三个维度的城市适应能力指数：

城市适应能力指数 = AVG（人均 GDP + 建成区排水管网密度 + 建成区绿化覆盖率）

城市适应能力指数由人均 GDP、建成区排水管网密度、建成区绿化覆盖率三个指标进行算术平均并归一化得到取值。城市暴雨韧性指数也进行了归一化处理。归一化公式均采用 min-max 标准化方法，即：

$$X = \frac{x - min}{max - min} \tag{4}$$

其中，max 为样本数据最大值，min 为样本数据最小值。

（二）确定韧性城市的阈值

依据理论和国内外经验，设置暴雨致灾危险度、城市适应能力指数的指标阈值，以便在评比中筛选出不同城市应对暴雨的"韧性"程度。

城市暴雨致灾危险度阈值：取 80 百分位数[①]对应的"致灾危险度指数"为高暴雨危险，则样本城市中共有 14 个高暴雨危险城市，依次是：珠海、深圳、东莞、广州、海口、三亚、鹤壁、重庆、武汉、南昌、厦门、萍乡、九江、南宁。需要指出的是，暴雨致灾危险度中暴雨采用国家标准《降水量等级》（GB/T 28592 - 2012）规定的 24 小时降雨量大于等于 50 毫米。鉴于我国幅员辽阔，各地降水情况复杂，采用全国统一的暴雨标准计算暴雨致灾危险度存在一定不足之处。此外，各城市仅采用代表站数据计算暴雨致灾危险度，对面积较大城市的代表性也可能存在不足。

城市适应能力阈值的设定参照了国内外城市的经验数据。例如，三个适

---

① 百分位数是这样一个值，它使得至少有 p% 的数据项小于或等于这个值，且至少有（100 - p）% 的数据项大于或等于这个值。

应能力指标中，人均 GDP 反映一个国家或地区的综合经济实力，8000 美元大约是中等发达程度的标准；我国城市的排水管网密度约为 9 公里/平方公里，一些发达国家（如美国、日本）的城市排水管网密度为 15～30 公里/平方公里；国家生态园林城市建设标准要求建成区绿化覆盖率必须大于45%。对此，分别取人均 GDP 达到或超过 8000 美元（约 5.3 万元人民币）、排水管网密度不小于 9 公里/平方公里、建成区绿化覆盖率≥45% 作为我国城市应对暴雨的高韧性标准。

城市暴雨韧性分级依据如下：（1）高韧性，三个适应能力指标均达到或超过阈值水平的城市界定为高韧性城市；（2）中等韧性，只有两个适应能力指标达到或超过阈值水平的城市界定为中等韧性城市；（3）低韧性，达到或超过阈值水平的适应能力指标低于一个的城市为低韧性城市。在每一个类别之中的城市排序依据"城市适应能力指数"与"暴雨致灾危险度指数"的比值大小，比值越大则"城市暴雨韧性指数"越高，城市韧性的排名也越前。

三 结论分析

根据上述方法，进行综合排名，将结果区分为三种韧性水平，针对不同类型城市的排序结果如下。

（一）对我国29个省会城市及直辖市的排名与分析

从表1可见，我国省会城市及直辖市中共有 4 个城市应对暴雨的适应能力达到高韧性水平，依次为：北京、合肥、贵阳、南京，这 4 个城市的三个适应能力指标均达到或超过了阈值水平。排名第 5～13 位的城市为中等韧性城市。排名第 14～29 位的城市为低韧性城市。从暴雨致灾危险性来看，4个高韧性城市都不属于高暴雨致灾危险性城市，中等韧性城市中有 3 个高暴雨致灾危险性城市：广州、武汉、南昌；低韧性城市中有 2 个高暴雨致灾危险性城市：海口、重庆。

表1　中国直辖市、省会城市暴雨韧性指数排名

省份	城市	城市暴雨韧性排名（由高到低）	韧性等级
—	北京	1	高韧性
安徽省	合肥	2	高韧性
贵州省	贵阳	3	高韧性
江苏省	南京	4	高韧性
—	天津	5	中等韧性
吉林省	长春	6	中等韧性
辽宁省	沈阳	7	中等韧性
陕西省	西安	8	中等韧性
浙江省	杭州	9	中等韧性
—	上海	10	中等韧性
湖北省	武汉	11	中等韧性
广东省	广州	12	中等韧性
江西省	南昌	13	中等韧性
内蒙古自治区	呼和浩特	14	低韧性
河北省	石家庄	15	低韧性
山西省	太原	16	低韧性
西藏自治区	拉萨	17	低韧性
新疆维吾尔自治区	乌鲁木齐	18	低韧性
青海省	西宁	19	低韧性
宁夏回族自治区	银川	20	低韧性
河南省	郑州	21	低韧性
山东省	济南	22	低韧性
云南省	昆明	23	低韧性
福建省	福州	24	低韧性
湖南省	长沙	25	低韧性
海南省	海口	26	低韧性
黑龙江省	哈尔滨	27	低韧性
甘肃省	兰州	28	低韧性
—	重庆	29	低韧性

注：部分城市有缺失指标，如四川成都。

（二）对我国44个地级以上试点城市的排名与分析

从表2可知，海绵城市、气候适应型城市试点城市中共有6个高韧性城市。这6个试点城市的三个适应能力指标均达到或超过了高适应能力的阈值水平。排名第7～14位的城市为中等韧性的试点城市。排名第15～44位的城市为低韧性试点城市。

表2　中国海绵城市和气候适应型城市试点城市暴雨韧性指数排名

省份	城市	城市暴雨韧性排名（由高到低）	韧性等级
—	北京	1	高韧性
山东省	青岛	2	高韧性
安徽省	合肥	3	高韧性
贵州省	贵阳（贵安新区）	4	高韧性
广东省	深圳	5	高韧性
广东省	珠海	6	高韧性
天津	天津	7	中等韧性
辽宁省	大连	8	中等韧性
浙江省	宁波	9	中等韧性
江苏省	镇江	10	中等韧性
—	上海	11	中等韧性
湖北省	武汉	12	中等韧性
福建省	厦门	13	中等韧性
海南省	三亚	14	中等韧性
辽宁省	朝阳	15	低韧性
内蒙古自治区	呼和浩特	16	低韧性
青海省	西宁（湟中县）	17	低韧性
云南省	玉溪	18	低韧性
河南省	郑州	19	低韧性
浙江省	嘉兴	20	低韧性
浙江省	丽水	21	低韧性
山东省	济南	22	低韧性
湖南省	岳阳	23	低韧性
江西省	九江	24	低韧性
四川省	广元	25	低韧性

续表

省份	城市	城市暴雨韧性排名(由高到低)	韧性等级
福建省	福州	26	低韧性
贵州省	六盘水	27	低韧性
海南省	海口	28	低韧性
安徽省	淮北	29	低韧性
甘肃省	兰州	30	低韧性
吉林省	白城	31	低韧性
甘肃省	白银	32	低韧性
陕西省	咸阳(西咸新区)	33	低韧性
湖北省	十堰	34	低韧性
陕西省	商洛	35	低韧性
河南省	安阳	36	低韧性
贵州省	毕节(赫章县)	37	低韧性
湖南省	常德	38	低韧性
广西壮族自治区	百色	39	低韧性
江西省	萍乡	40	低韧性
—	重庆(璧山区、潼南区)	41	低韧性
广西壮族自治区	南宁	42	低韧性
甘肃省	庆阳(西峰区)	43	低韧性
河南省	鹤壁	44	低韧性

注:"气候适应型城市"共有28个试点城市,"海绵城市"试点共有30个,双试点城市有8个。

两类试点城市中,属于高暴雨致灾危险性城市的有12个,可见这些城市意识到自身的灾害风险,期望通过试点提高适应能力。其中,深圳、珠海两城市的暴雨致灾危险度位居全国城市前10%,同时适应能力也位居前列,属于高致灾危险度、高适应能力的高韧性城市,最具有典型示范意义,建议它们在试点中积极总结经验,进一步提升韧性空间;上海、武汉、厦门、三亚4城市属于高致灾危险度、中等适应能力的中等韧性城市,需要借助试点发现并弥补短板,加强薄弱环节的适应基础设施投入;九江、海口、萍乡、重庆、南宁、鹤壁6城市的适应能力最低,但暴雨致灾风险非常突出,属于低韧性城市中的高风险类型,亟须利用试点提升城市应对暴雨的韧性。

以上分析只能粗略反映目前我国大城市、试点城市中存在的一些共性的问题，由于本文在方法、指标及阈值选择等方面的局限，上述分析只能作为评估"城市暴雨韧性"的一次积极探索和有益尝试，后续还需进一步减小评估结果的不确定性，提升评估的科学性和可比性。例如，本文采用的暴雨致灾危险度基于我国气象部门统一采用的"24小时降雨量≥50mm暴雨标准"，而实际工作中，许多北方城市采用"24小时降雨量≥20~30mm"的暴雨标准。因此，本文得到的暴雨韧性排名在一定程度上"夸大了"许多北方城市的暴雨韧性水平，也难以体现不同地域、人口规模、气候类型的城市所具有的诸多差异性和特殊性，对此在方法上尚有不少改进空间。

四 建设韧性城市的建议

综上所述，本文提出了评估"韧性城市"的一个视角，即：综合考虑灾害危险性和适应能力，应对灾害风险的适应能力越高，城市韧性越强。研究目的并非是对我国城市进行评优和排序，而是希望引起我国大城市、试点城市的决策者对于提升城市应对暴雨灾害风险的重视，在气候变化背景下，加强城市灾害风险的规划意识、积极推进韧性城市建设。基于此，本文提出以下三个方面的政策建议。

（1）推进气候适应型城市与海绵城市的协同建设。两类试点的领域和主导部门有所交叉，可以相互借鉴经验。例如，国家发改委的气候适应型试点工作可以借鉴住建部的海绵城市试点经验，加强技术指导和指标考核；海绵城市试点工作可以借鉴气候适应型城市对综合适应能力的重视，加强对长期气候变化风险的评估、防范和系统性规划设计。在城市层面，有8个城市同时入选两个试点，包括：湖北武汉、山东济南、辽宁大连、湖南常德、重庆、陕西西咸新区、甘肃庆阳、青海西宁。这些试点城市可以借此加强工作衔接和协同设计。

（2）加强对中西部地区韧性城市建设的政策支持。未来30年，中西部城市地区将吸纳近1亿农村人口。在气候变化背景下，近年来我国一些西部干旱半干旱城市地区多次出现小概率的强降雨事件，城市化引发的热岛和雨

岛效应也增大了内陆城市的暴雨概率。建议给予西部、长江中上游等气候灾害高风险性地区以更多的试点支持和政策倾斜，通过试点"雪中送炭"、提升城市应对灾害风险的软硬件能力。

（3）加强对韧性城市的理论和实践研究。首先，需要针对不同类型城市的多种灾害风险，设计不同灾害韧性的关键指标和阈值，以便指导试点城市的政策实践。其次，需要加强韧性城市的理论、风险机制研究。例如，东中部地区的高风险主要来自人口和财富的高暴露度影响；西部地区的城市风险则主要受制于社会经济发展的脆弱性驱动及资源环境制约。第三，加强长期气候变化对城市的影响研究，在大城市及试点中加强前瞻性的、系统性的城市风险规划。

国际应对气候
变化进程

International Process to Address Climate Change

G.4
"后巴黎"时代气候变化科学评估*

黄磊 巢清尘 张永香 胡婷**

摘　要：　2015 年底达成的《巴黎协定》对 2020 年后全球气候变化治
理做出了新的制度安排，但执行《巴黎协定》的相关行动细
节尚待进一步明确，"后巴黎"时代国际气候变化科学评估
的走向也引起了国际社会的普遍关注。2017 年 9 月，联合国
政府间气候变化专门委员会（IPCC）确定了第六次评估报告
（AR6）的大纲，此次评估必将深刻影响未来气候变化国际谈

＊　本文受中国清洁发展机制基金（项目编号2014097）、科技部应急项目"巴黎会议后应对气候变
化急迫重大问题研究"第九课题(2016)的资助。
＊＊　黄磊，国家气候中心气候变化室副主任，副研究员，研究领域为气候变化；巢清尘，国家气
候中心副主任，研究员，研究领域为气候变化诊断分析及政策；张永香，国家气候中心副研
究员，研究领域为历史气候、气候变化影响和政策；胡婷，国家气候中心副研究员，研究领
域为气候变化。

判的进程和各国应对气候变化的行动。本文详细介绍了 IPCC
第六次评估报告的背景、进展和 IPCC 的未来走向，深入剖析
了"后巴黎"时代气候变化科学评估及其与国际应对气候变
化制度安排的联系，并提出"后巴黎"时代我国参与气候变
化科学评估的相关建议。

关键词：　巴黎协定　IPCC　气候变化评估

联合国政府间气候变化专门委员会（IPCC）自 1990 年以来已先后发布
了五次气候变化科学评估报告，IPCC 所发布的系列气候变化科学评估报告
系统地给出了与国际应对气候变化进程密切相关的科学结论，代表了国际科
学界对气候变化及其影响、应对的认识水平，具有极强的政策导向性，历来
受到国际社会的高度关注。2015 年底达成的《巴黎协定》对 2020 年后全球
气候变化治理做出了新的制度安排，但执行《巴黎协定》的相关行动细节
尚待进一步明确，"后巴黎"时代气候变化科学评估的走向也引起了国际社
会的普遍关注。2016 年 10 月、2017 年 3 月和 9 月 IPCC 分别确定了第六次
评估周期内编写的三份特别评估报告和三个工作组报告的大纲，这些评估报
告必将深刻影响未来气候变化国际谈判的进程和各国应对气候变化的行动。
本文详细介绍 IPCC 第六次评估报告的背景、进展和 IPCC 的未来走向，深
入剖析"后巴黎"时代气候变化科学评估及其与国际应对气候变化制度安
排的联系，并提出"后巴黎"时代我国参与气候变化科学评估的相关建议。

一　IPCC 第六次评估报告的启动背景

2013～2014 年，IPCC 第五次评估报告（AR5）发布后获得了很高的国
际声誉，对国际社会应对气候变化进程产生了重要影响，IPCC 已成为以科
学知识影响公共政策的范例。通过对过去 25 年来所取得的一系列重要教训

和经验的审视，IPCC 在 2013 年初启动了关于 IPCC 未来走向的讨论，探讨 IPCC 未来前景和变化的可能性，并在此基础上考虑是否需要对 IPCC 的组织和功能进行改变或完善，涉及未来走向、产品形式、组织架构以及下一步的工作安排等。

在对 IPCC 未来走向的讨论中，各方普遍关注 IPCC 工作组和任务组的数量和授权是否需要改变（如是否有成立一个新的工作组或者任务组的可能）、IPCC 主席团的组成和规模是否需要改变（或某些特定职位是否有改变的可能）、IPCC 第六次评估报告的评估周期如何安排（如第六次评估报告何时启动、编写周期多长、产品形式如何等）、如何进一步加强各方特别是发展中国家的参与等方面。经过 2013～2014 年几次会议的讨论和磋商，IPCC 在 2015 年初就未来工作安排达成了一致，就 IPCC 未来产品形式、组织架构以及提高发展中国家参与力度等方面做出了决定。

IPCC 决定继续开展包括区域问题的气候变化综合评估，评估周期为 5～7 年，包含 3 轮政府/专家评审程序，并以特别报告作为补充；评估报告及其时间进度安排将考虑《联合国气候变化框架公约》（UNFCCC，以下简称《公约》）的相关工作；尽早启动特别报告的规划并尽早启动综合报告（SYR）和交叉议题的规划，更加重视各工作组在交叉议题上的协作；IPCC 三个工作组评估报告的发布间隔在 1 年左右，最多不超过 18 个月。IPCC 将继续编制国家温室气体清单方法学报告以及其他的方法学报告和良好做法指南，继续加强与其他相关国际科学机构的合作，应用新数字技术拓宽 IPCC 报告的发放范围和渠道，并通过多种形式加强 IPCC 产品的可读性，提高非英语文献的引用。

关于 IPCC 的组织架构，IPCC 决定保持现有三个工作组和温室气体清单工作组（TFI）的构架和职能不变，并视需要考虑调整 IPCC 主席团的规模、结构和组成。IPCC 决定在 AR6 新一届主席团中增加 3 个席位，将他们分别补充到 AR6 的三个工作组中；同时决定新一届主席团的任期从 2015 年 10 月开始，最晚不迟于 2022 年下半年结束。在 IPCC 的运行管理方面，将依照世界气象组织（WMO）和联合国环境署（UNEP）在成立 IPCC 时所签署的备忘录（MoU）延续对 IPCC 秘书处的管理，继续建立技术支持组（TSU）

以支持第六次评估周期内的各评估产品和活动；IPCC 秘书处和 TSU 成员的组成应体现多样性、公平性、协作性和包容性，选择国际化的专业团队，TSU 成员的选择、工作评价和续约由相应联合主席共同负责。

关于发展中国家的参与，IPCC 决定采取一系列措施提高发展中国家对 IPCC 事务的参与力度，包括进一步鼓励联合主席和主席团成员吸引发展中国家专家参与 TSU 和作者团队，增加在发展中国家举行的 IPCC 活动，对发展中国家政府代表和作者进行培训等。

2015 年 10 月，IPCC 选举产生了第六次评估报告新一届主席团，韩国科学家李会晟（Hoesung Lee）当选为 IPCC 新主席，三位 IPCC 副主席分别来自美国、巴西和马里。中国气象科学研究院翟盘茂研究员当选 IPCC 第一工作组联合主席，与法国科学家 Valerie Masson-Belmotte 共同组织第六次评估报告第一工作组报告的编写工作。第二工作组联合主席来自南非和德国，第三工作组联合主席来自印度和英国，TFI 联合主席来自秘鲁和日本。

IPCC 历次评估报告都成为气候变化国际谈判的重要科学支撑，对《公约》谈判进程发挥着重要影响。IPCC 第六次评估报告将继续为国际社会提供气候变化科学、影响、适应和减缓层面的最新评估成果，探索以解决全球可持续发展面临的实际问题为导向的评估，推动联合国全球可持续发展目标的实现。IPCC 第六次气候变化评估报告不仅是国际社会制定相关应对气候变化政策与行动计划的科学依据，同时也是普通公众认识气候变化的重要知识来源。

二 全球变暖1.5℃等特别报告

2013～2014 年，IPCC 先后发布的第五次评估报告（AR5）《气候变化自然科学基础》《气候变化影响、适应和脆弱性》《气候变化减缓》三个工作组报告以及在其基础上形成的《综合报告》，系统地给出了与国际应对气候变化进程密切相关的科学结论，对巴黎气候变化大会的谈判产生了重要影响。2015 年 12 月，在巴黎召开的联合国气候变化大会通过了应对气候变化的《巴黎协定》，该协定对 2020 年以后全球气候变化治理做出了新的制度安排，是具有里程碑意义的气候谈判成果，对全球气候治理模式的发展起到了关键性的引导作用。

巴黎气候变化大会还邀请IPCC在2018年就相比工业化前水平全球变暖1.5℃的影响及与其有关的温室气体排放路径编写一份特别报告。2016年4月，IPCC围绕AR6周期特别报告的数量及主题进行了讨论。IPCC在讨论前共征集到9大类31条特别报告主题的建议，考虑到特别报告的周期、组织过程及以往经验等，IPCC主席团建议特别报告的数量不应超过3个，其中根据巴黎气候变化大会相关决议的要求，"全球变暖1.5℃特别报告"的主题已基本确定。在充分平衡各方意见的基础上，考虑到时间、人力、资源以及报告质量的制约因素，IPCC最终确定在第六次评估周期内编写三份特别报告，其中，"全球变暖1.5℃的影响及排放路径特别报告"将于2018年下半年发布，另外两份特别报告将于2019年下半年发布。

2016年10月，IPCC确定了"全球变暖1.5℃特别报告"的标题和大纲。① "全球变暖1.5℃特别报告"的标题由主标题和副标题组成，其中主标题为"全球1.5℃增暖"，副标题为"在加强应对气候变化威胁、可持续发展和努力消除贫困的全球响应背景下，IPCC关于较工业化前水平相比全球变暖1.5℃的影响及全球温室气体排放路径的特别报告"。"全球变暖1.5℃特别报告"将由五章组成，包括：框架与背景，可持续发展下实现1.5℃的减缓路径，全球变暖1.5℃对自然和人类系统的影响，加强应对气候变化威胁的全球响应措施，可持续发展、消除贫困和减少不公平。除此之外，特别报告还包括前言、决策者摘要、不超过20页的专栏和10页左右的问题解答。整个特别报告的篇幅预计为225页左右，其中决策者摘要不超过10页（包括主题句、图和表）。根据IPCC确定的编写时间表，特别报告将在2018年10月召开的IPCC第48次全会上通过审议并正式发布，为2018年底召开的《公约》第24次缔约方大会（COP24）关于促进性对话的谈判

① "Sixth Assessment Report（AR6）Products, Outlines of the Special Report on 1.5℃," IPCC, http：//www.ipcc.ch/meetings/session44/l2_ adopted_ outline_ sr15. pdf, 2016.

提供科学参考。

2017年2月，IPCC完成了"全球变暖1.5℃特别报告"编写专家的遴选工作，来自39个国家的86名专家参加特别报告的编写，其中来自发展中国家和经济转型国家的专家占51%，女性占38%，我国有四名科学家入选作者团队。目前"全球变暖1.5℃特别报告"已经召开了两次主要作者会，编写工作正按计划进行。

2017年3月，IPCC确定了另外两份特别报告的大纲。"IPCC关于气候变化中的海洋与冰冻圈特别报告"① 由决策者摘要、技术摘要、6章正文和案例分析、常见问题和一个关于低地势岛屿与沿海地区的交叉章节专栏组成，篇幅约为280页。6章正文分别为框架和背景，高山地区，极地地区，海平面上升及对低海拔岛屿、沿海地区和社区的潜在影响，变化中的海洋、海洋生态系统及其依赖型社会，极端事件、突变和风险管理。"气候变化与陆地——IPCC关于气候变化、荒漠化、土地退化、可持续土地管理、粮食安全和陆地生态系统温室气体通量的特别报告"② 由决策者摘要、技术摘要和7章正文组成，报告总篇幅约为330页。7章正文分别为框架与背景，陆–气相互作用，荒漠化，土地退化，粮食安全，相互关联、协同效应、权衡与综合应对措施，风险管理、决策与可持续发展。

三　IPCC AR6三个工作组报告框架

根据《巴黎协定》的要求，各方以自主贡献的方式共同应对气候变化，

---

① "Decision: Sixth Assessment Report (AR6) Products-Decision and Outline of the Special Report on Climate Change and Oceans and the Cryosphere," IPCC, http://www.ipcc.ch/meetings/session45/Decision_ Outline_ SR_ Oceans.pdf, 2017.

② "Decision: Sixth Assessment Report (AR6) Products-Decision and Outline of the Special Report on Climate Change, Desertification, Land Degradation, Sustainable Land Management, Food Security, and Greenhouse Gas Fluxes in Terrestrial Ecosytems," IPCC, http://www.ipcc.ch/meetings/session45/Decision_ Outline_ SR_ LandUse.pdf, 2017.

从 2020 年开始各国需每五年提交一次气候行动计划（即"国家自主贡献"），从 2023 年开始《公约》每五年一次对应对气候变化行动的总体进展进行全球盘点（GST），以帮助各国提高执行力度并进一步加强国际合作。2023 年进行的第一次全球盘点将成为国际社会谈判的重点，全球盘点是否意味着各国"国家自主贡献"需要更新应对气候变化行动的目标等问题将成为谈判的焦点。根据 IPCC 的战略规划，AR6 三个工作组报告将在 2023 年全球盘点这个时间节点之前陆续发布，其评估结论必将对全球盘点的谈判产生重要影响。整体来看，IPCC 气候变化评估与全球盘点在两个层面上存在可能的联系：一是未来 IPCC 的评估周期是否需要与全球盘点的周期保持一致，二是 IPCC 的评估内容是否明确涉及全球盘点的要素。由于 IPCC 第六次评估报告的周期已经确定，IPCC 需要考虑自第七次评估周期开始与全球盘点周期的关系。IPCC 秘书处提出可考虑三种可能的评估周期：每 5 年一次以与全球盘点周期保持严格的一致，或每 10 年一次以与每 2 次的全球盘点周期一致，或继续保持 7 年左右的周期不变。IPCC 秘书处认为评估周期调整将增加额外的工作，倾向于继续保持 7 年左右的周期不变。2017 年 9 月，IPCC 对未来评估周期与全球盘点关系问题进行了简短的讨论，但由于时间限制未能展开磋商，IPCC 决定建立专门的任务组处理此问题，2018 年再行决定相关事项。

2017 年 5 月，IPCC 召开了 AR6 三个工作组报告的规划会议，此次会议讨论形成了三个工作组报告的大纲和对综合报告主题的初步考虑。2017 年 9 月，IPCC 最终确定了 AR6 三个工作组报告的大纲，关于 AR6 评估内容与全球盘点的关系成为大纲修改的焦点。第三工作组报告的评估内容与全球盘点联系最为密切，美国、沙特等国家认为目前关于《巴黎协定》执行细节的谈判尚在进行中，全球盘点等组成部分的具体做法都尚未明确，IPCC 的评估应限于科学范畴，政治性内容应谨慎纳入；一些欧盟国家则认为与全球盘点建立联系是第三工作组报告的亮点，AR6 应保留对全球盘点的明确表述。此外，在对投资和融资等内容的评估中，一些国家提出为满足全球盘点的需要，应在统计气候资金流向中明确提及向发展中国家提供的资金的情况。

IPCC 最终通过的 AR6 第三工作组报告大纲均衡反映了全球盘点可能涉及的减缓、资金、技术转让等各项要素，没有突出强调国家自主贡献的实施，并明确了需评估对发展中国家提供的资金、能力建设等方面的支持。最终通过的 AR6 第三工作组报告共 17 章①，包括介绍和框架，排放趋势和驱动力，兼容长期目标的减缓路径，近中期减缓和发展路径，需求、服务和减缓的社会因素，能源系统，农业、林业和土地利用（AFOLU），城市系统和其他人居，建筑，交通，工业，跨部门透视，国家和次国家政策和机制，国际合作，投资与资金，创新、技术发展和转让，可持续发展背景下的加速转型。AR6 第三工作组报告将于 2021 年 7 月发布。

AR6 第一工作组报告大纲②围绕国际科学界对气候变化科学研究的新进展做出了一定程度的改进，在编写上注意了与 AR5 的链接和与第二、第三工作组报告以及三份特别报告在评估内容上的平衡，对国际社会所普遍关心的全球温升目标、与可持续发展的联系等问题进行了较为全面的评估，从篇幅上看较 AR5 更为精简，从逻辑结构上看也比 AR5 更为清晰。AR6 第一工作组报告共 12 章，包括框架、背景和方法，气候系统的变化状态，人类对气候系统的影响，未来全球气候：基于情景的预估和近期信息，全球碳和其他生物地球化学循环与反馈，短寿命气候强迫因子，地球能量平衡、气候反馈和气候敏感性，水循环变化，海洋、冰冻圈和海平面变化，全球到区域气候变化的联系，气候变化下的天气与气候极端事件，区域影响和风险评估的气候变化信息。第一工作组报告包含对地球工程的评估，但在大纲要点中没有出现"地球工程"的直接表述，而是将地球工程分为温室气体移除（GGR）和太阳辐射管理（SRM）两部分分别展开评估，因《巴黎协定》中只明确了温室气体移除（GGR）作为应对气候变化的措施，并不涉及太阳

① "Decision: Chapter Outline of the Working Group Ⅰ Contribution to the IPCC Sixth Assessment Report（AR6），" IPCC, http://www.ipcc.ch/meetings/session46/AR6_WGIII_outlines_P46.pdf, 2017.
② "Decision: Chapter Outline of the Working Group Ⅰ Contribution to the IPCC Sixth Assessment Report（AR6），" IPCC, http://www.ipcc.ch/meetings/session46/AR6_WGI_outlines_P46.pdf, 2017.

辐射管理（SRM）。AR6 第一工作组报告将于 2021 年 4 月发布。

AR6 第二工作组报告共 18 章①，包括第 1 章"出发点与关键概念"和三部分主题内容。主题一为"受气候变化影响系统的风险、适应和可持续性"（共 7 章），分别为陆地和淡水生态系统及其服务功能，海洋和沿海生态系统及其服务功能，水，粮食、纤维和其他生态系统产品，城市、居所和关键基础设施，健康、福祉和社区的变化结构，贫困、生计和可持续发展等。主题二为区域部分共 7 章，分别为非洲、亚洲、澳亚、中南美洲、欧洲、北美、小岛屿；主题二还包括 7 部分交叉内容：生物多样性热点，沿海城市与居所，沙漠、半干旱区域和荒漠化，地中海区域，山地，极区，热带雨林。主题三为"可持续发展路径：适应和减缓的整合"，分别为跨部门和区域的关键风险、管理风险的决策选择和气候韧性发展路径三章。

第二工作组报告所涉及的"损失与损害"问题与《公约》框架下气候变化不利影响的赔偿问题密切相关，一些国家不希望在报告中直接使用"损失与损害"等《公约》谈判的敏感文字。小岛屿发展中国家等发展中国家认为，在《公约》下已经建立了关于损失与损害的华沙机制，《巴黎协定》也授权 IPCC 提供相关信息，但 IPCC 之前在损失与损害领域提出的"残余风险"概念非常局限，不能反映损失与损害问题的内涵，应在第六次评估中直接使用"损失与损害"的概念；美国、英国等发达国家认为，虽然《公约》和《巴黎协定》授权 IPCC 提供关于损失与损害的相关信息，但并没有明确 IPCC 在科学背景下具体使用的专业术语，并且由于损失与损害是《公约》框架下的政治术语，IPCC 无法对没有明确科学定义的模糊概念开展评估。经过多轮磋商，IPCC 最终在通过的第二工作组报告第一章中将损失与损害的概念明确为"当前和未来在科学、技术和社会经济方面残余的气候变化影响，包括残余的损害、不可避免的损失、由渐变事件和极端事件导致的经济和非经济的损失"，避免直接使用"损失与损害"的表达。

---

① "Decision: Chapter Outline of the Working Group Ⅰ Contribution to the IPCC Sixth Assessment Report（AR6），" IPCC, http://www.ipcc.ch/meetings/session46/AR6_WGII_outlines_P46.pdf, 2017.

AR6 第二工作组报告将于 2021 年 10 月发布。

AR6 综合报告（SYR）将更多地涉及交叉主题，其中在 2017 年 5 月规划会议上识别出的 8 项交叉主题分别涉及区域、情景、风险、城市、全球盘点、地球工程、适应和减缓、不同工作组之间的结合。IPCC 将于 2019 年召开专门的综合报告规划会议以形成综合报告的编写大纲，最终报告将于 2022 年上半年发布。

四 思考与建议

IPCC 第五次评估报告对《巴黎协定》的达成起到了很大的推动作用，"后巴黎"时代 IPCC AR6 的科学评估与《公约》框架下促进性对话、全球盘点的联系更为密切，AR6 的评估结论将为全球在减缓、适应、资金、技术、能力建设等不同层面上应对气候变化的行动提供科学依据。AR6 也呈现更加注重基于解决方案的科学评估特点。同时，在 AR6 中不确定性研究仍然重要，希望能够通过更多的研究和发现得出我们确定知道的是什么，比较确定的未知是什么。AR6 在评估中更加强调综合性、跨学科、跨工作组的信息，也更加重视案例研究。另外，IPCC 在 AR6 编写进程中也将更加重视和吸纳包括中国在内的发展中国家的科研人员，关注发展中国家的诉求。为提升我国在国际气候变化科学评估领域的影响力和话语权，亟须进一步加强对气候变化核心科学问题的研究能力，进一步加强国内气候变化领域研究人才队伍建设，在全球变暖 1.5℃ 的影响、气候变化检测与归因、气候系统模式研发、气候变化近期和长期预估、短寿命温室气体等关键科学问题上产出更多成果，缩小我国在气候变化核心问题研究上与国际先进水平的差距。目前，AR6 三个工作组报告的作者提名工作已经展开，我国科学家应多渠道积极参加作者遴选，提高对 AR6 的参与力度，最大限度地反映我国学术界的研究成果，满足我国全面参与全球气候变化治理的需求。

G.5
特朗普的气候变化政策与中国的应对[*]

张海滨^{**}

摘　要：　美国总统特朗普的国内和国际气候变化政策已经基本明朗，
　　　　　他正运用广泛的总统行政权力逐步系统地削弱甚至推翻奥巴
　　　　　马政府的内外气候变化政策。宣布美国退出《巴黎协定》是
　　　　　特朗普消极应对气候变化最集中的反映。特朗普政府推行消
　　　　　极的气候变化政策主要是美国国内政治因素和特朗普个人偏
　　　　　好所致，而非因为《巴黎协定》给美国造成沉重负担。这种
　　　　　消极政策将使中国和中美关系面临多重挑战，其中之一是中
　　　　　国面临急剧增加的预期自身承担全球气候治理领导责任的国
　　　　　际压力。为此，中国对内应实现国家自主贡献的上限目标，
　　　　　对外应积极重建全球气候治理集体领导体制，即用 C5 取代
　　　　　G2，同时继续努力拉住美国。

关键词：　特朗普　气候变化政策　全球领导

　　2017 年 1 月 20 日，特朗普就任美国第 45 任总统。他在选举期间众所周
知的对气候变化问题的消极言论和上任后采取的一系列"去气候变化"政
策，引发国际社会对美国未来气候变化政策的高度关注和担忧。特朗普政府

＊　本文受国家自然科学基金委员会管理科学部 2017 年应急管理项目"美国退出《巴黎协定》
对全球气候治理的影响及我国的应对策略"的资助。
＊＊　张海滨，北京大学国际关系学院教授、博士生导师，北京大学国际组织研究中心主任，研究
领域为全球环境与气候治理和国际组织。

的气候变化政策已成为 2016 年《巴黎协定》生效以来国际气候谈判和全球气候治理面临的最大不确定性之一。与奥巴马政府相比，特朗普政府的气候变化政策会后退多远，特朗普政府推行消极的气候变化政策是由哪些因素决定的，这种后退将对中国和中美关系产生什么影响，中国将如何应对，这些问题事关重大，值得认真思考和研究。本文拟对其进行分析。

一 特朗普政府的气候变化政策

特朗普自入主白宫以来，无论是在国内还是在国际层面都对奥巴马政府的美国气候变化政策进行了大幅调整。

（一）特朗普政府的国内气候变化政策

特朗普就任美国总统之后陆续推行了以下国内气候变化政策。

第一，在舆论方面控制气候变化信息的传播，公开质疑气候变化。特朗普在 2017 年 1 月 20 日就职后立即改版白宫官方网站，撤下了奥巴马任职期间重点建设的气候变化相关页面。此网站中存有大量气候变化对全球和美国影响的研究报告和相关信息，此前它是美国和其他国家公众了解气候变化信息的重要渠道。气候变化相关页面的消失对公众气候变化意识的提升无疑是一大损失。特朗普还一度下令美国环保署（EPA）删除其网站上有关气候变化的页面。迄今，他在接受媒体采访时和在推特上仍然坚持气候变化与人类行为关系不大的立场。

第二，在人事安排上任命了多位气候变化怀疑论者掌控联邦政府部门的关键岗位。美国环保署现任负责人普鲁伊特是俄克拉荷马州前总检察长。他是有名的气候变化怀疑论者，其竞选团队在 2014 年曾被曝光接受了大笔来自化石能源行业的政治捐款，他本人也是向奥巴马《清洁电力计划》提起诉讼的始作俑者之一。上任后，他已多次在公开场合否认气候变化的人为因素。能源部部长佩里系德克萨斯州前州长，曾公开质疑气候变化。国务卿蒂勒森则是埃克森美孚石油公司前首席执行官，与美国化石能源行业关系密切。特朗普的前首席战略顾问班龙也是气候变化的强烈质疑者，坚决主张美国退出《巴黎协定》。①

第三，在机构调整方面，特朗普的第一个目标就指向环保署，要求大幅缩减环保署编制，减少美国环保署 3200 个工作岗位，约占该机构现有工作岗位的 20%。他还要求解散由白宫经济顾问委员会与管理预算办公室召集的温室气体社会成本机构间工作组（IWG）等。

第四，在气候资金问题上大幅压缩资金规模。美国白宫于 2017 年 3 月 16 日公布了特朗普上任以来的第一份年度财政预算大纲，提议大幅削减政府公共项目和对外援助开支。美国环保署的预算从约 83 亿美元降至 57 亿美元，降幅高达 31%，环保署成为预算削减幅度最大的联邦机构。美国能源部研究部门所获预算将减少 31 亿美元②，减少幅度约占上一年开支的 18%；而能源部负责太阳能推广的能效与可再生能源办公室将面临 69% 的预算削减、负责碳捕捉技术的化石能源办公室的预算削减幅度为 54%、负责延长美国现有核反应堆寿命的核能办公室则面临 31% 的开支削减。气候变化科学基础研究经费也大幅缩水。美国宇航局的 4 个总经费达 1 亿美元的气候变化研究项目被取消。

第五，在能源与气候政策上，特朗普反奥巴马之道而行之，针对性极强。这主要反映在他上任伊始发布的《美国优先能源计划》以及自 2017 年 3 月份先后出台的年度财政预算大纲和《促进能源独立与经济增长》上。具体而言，其一，促进美国能源独立。大力开发本土能源，为美国能源工业松绑，降低能源价格，减少国外石油进口，继续页岩气革命，恢复奥巴马政府时期暂停的基石输油管道（Keystone XL）和达科他输油管通道（Dakota Access）两大争议输油管道项目的建设。2017 年 6 月 29 日，特朗普宣布了一系列能源计划项目，包括重新评估美国当前核能政策和确保美国煤炭厂在

---

① 王端、尉奕阳：《班农：特朗普是商人且心软，金正恩最理性最强硬》，财新网，http://international. caixin. com/2017 - 09 - 13/101144435. html，2017 年 9 月 13 日。

② "FY2018 Congressional Budget Request, Budget in Brief," US Department of Energy, https://energy. gov/sites/prod/files/2017/05/f34/FY2018BudgetinBrief_ 0. pdf, May 2017.

海外的建设。特朗普政府承诺将加大投入，保证核能在美国电力生产中的占比。特朗普政府还表示将向内华达州尤卡山核废料存储场投资1.2亿美元，将这一在奥巴马任内停建的核废料存储场恢复使用。[①]

其二，以能源增长促进美国的经济和就业。以美国能源生产的收入重建道路、学校、桥梁和公共设施；支持清洁煤技术的应用，重振美国煤炭工业，带动就业。根据该政策，美国将在未来10年内通过出售能源资源和基础设施、加大油气资源的开发力度等方式获得超过360亿美元的政府收入；还将为石油天然气开采开设专项资金，而石油天然气开采预估将为美国政府在2027年前带来超过18亿美元的收入。同时，提议将墨西哥湾域内石油天然气开采收入的37%投入路易斯安纳、德克萨斯、密西西比和亚拉巴马州的石油天然气开发中。[②]

其三，为避免"不恰当地加重美国经济的负担"，取消奥巴马政府的《气候行动计划》，重新评估、纠正，甚至取消奥巴马政府的《清洁电力计划》，呼吁成立跨部门工作组，"重新考虑"碳排放的社会成本，呼吁白宫环境质量委员会撤销要求各机构在《国家环境政策法案》（NEPA）评估中考虑气候变化影响的指导意见，要求直接撤销奥巴马签署的与气候变化相关的4项总统行政命令，其中包括"气候变化与国家安全"的行政命令。

（二）特朗普政府的国际气候变化政策

特朗普政府的国际气候变化政策集中体现在以下几个方面。

第一，放弃美国对全球气候治理领导权的追求。奥巴马政府时期，美国在《气候行动计划》和《清洁电力计划》中反复声明，在全球气候治理中发挥领导力是美国外交政策的基本目标之一。特朗普执政以来，美国政府不

---

① Larry Light, "After Trump's Paris Exit, What about Nuclear?" CBS News, http://www.cbsnews.com/news/trump – paris – exit – nuclear – power/, June 5, 2017.

② Brad Plumer, Coral Davenport, "Trump Budget Proposes Deep Cuts in Energy Innovation Programs," The New York Times, https://www.nytimes.com/2017/05/23/climate/trump – budget – energy.html, 2017 – 05 – 23.

再提及这样的目标。

第二，大幅削减国际气候援助。特朗普要求，由美国环保署执行的国际气候变化项目及气候变化研究与合作项目等将不会再获得资金支持，美国国务院将停止资助"全球气候变化倡议"项目，同时停止资助绿色气候基金等联合国气候变化项目。

第三，在《联合国气候变化框架公约》之外的其他多边机制，特别是七国集团（G7）和二十国集团（G20）机制内阻碍气候议题的讨论和相关决议的通过。在 2017 年 3 月举行的 G20 财长及央行行长会议上，美国与沙特反对为应对气候变化提供财政支持。在 2017 年 4 月举行的 G7 能源部长会议上，由于美国的反对，参会方未能就气候和清洁能源政策形成共同立场文件。在 2017 年 5 月 27 日结束的 G7 峰会上，特朗普与其他西方领导人在气候变化议题上意见相左，未能达成共识。

第四，不顾国际社会和美国国内的强烈反对，特朗普于 2017 年 6 月 1 日宣布美国将退出《巴黎协定》，自即日起停止执行该协定，也不再承担该协定给美国带来的沉重财政和经济负担，包括停止继续付款。特朗普当选之后，对《巴黎协定》的立场曾一度有所软化，表示对《巴黎协定》持"开放的态度"①，也曾多次推迟就是否退出该协定做出最后决定。几经犹豫之后，特朗普最后决定美国退出《巴黎协定》。在他的退出声明中，四个关键词值得玩味。一是"经济"。特朗普声称，履行《巴黎协定》将严重制约美国经济。二是"公平"，特朗普认为，《巴黎协定》是一个惩罚美国的协议，但对真正的污染大国没有任何有实质意义的约束，非常不公平。三是"环境效果"。特朗普强调，即使《巴黎协定》得以全面执行，也只能使全球温升在 2100 年下降 $0.2℃$，所以美国是否退出与全球温升关系不大。四是"主权"。特朗普指责《巴黎协定》严重制约美国开采本土能源的自由，侵犯美国主权。

---

① Oliver Milman, "Paris Climate Deal: Trump Says He Now has An 'Open Mind' about Accord," The Guardian, https://www.theguardian.com/us-news/2016/nov/22/donald-trump-paris-climate-deal-change-open-mind, 2016-11-22.

2017 年 8 月 4 日，美国国务院发表声明称，美国当天已向联合国正式提交退出《巴黎协定》的意向书。2017 年 9 月 17 日《华尔街日报》的一则报道引发国际舆论的高度关注。该报道援引欧盟能源高级官员透露的信息，美国总统特朗普行政团队的官员于 9 月 16 日表示，美国将不会退出《巴黎协定》，重新建立一套新的应对气候变化的国际机制，但美国会重新审查《巴黎协定》的相关条款。不过随后美国白宫出面辟谣，声称美国的相关立场没有任何变化。

综上，特朗普的国内和国际气候变化政策已经明朗，他正运用广泛的总统行政权力逐步削弱甚至推翻奥巴马政府的内外气候变化政策。宣布退出《巴黎协定》是特朗普政府气候变化政策最集中的反映。但需要指出的是，由于美国是三权分立的国家，气候变化政策的决策权为国会、行政部门和最高法院分享。加之美国近年来绿色低碳经济发展的趋势走强，美国社会的气候变化意识逐渐提高，特朗普政府的气候变化政策在实施过程中将遇到强劲阻力和压力。简言之，特朗普政府在气候变化领域想做的和实际能做到的之间存在差距。展望未来，特朗普政府的气候变化政策前景存在诸多不确定性。

二 特朗普政府推行消极气候变化政策的原因

在一般人看来，加大节能减排的力度、走绿色低碳发展道路是全球发展的大趋势，不可逆转。因此，不少人怀有这样的疑问：为什么特朗普政府要逆世界绿色低碳发展的大趋势而动，采取十分消极的气候变化政策。究其原因，主要有以下五条。

第一，从利益集团角度看，特朗普政府与美国化石能源利益集团关系密切。利益集团政治是美国政治的基本特征之一。特朗普政府及其背后的共和党与美国化石能源集团有着千丝万缕的联系。例如，据报道，特朗普政府中多人与从事石油化工的大企业科氏企业（Koch Industries）有密切关系，包括特朗普本人、副总统彭斯及环境保护署署长普鲁伊特等。一旦退出《巴黎协定》，美国将放宽有关排放的法规而不受司法干扰。这将使多年来向共和党和特朗普团队政治捐款的科氏企业获得极大的利益。[1] 2017 年 5 月 25 日，在特朗普于《巴黎协定》问题上犹豫不决之时，美国参议院的 22 位共和党重量级参议员联名致信特朗普，呼吁他兑现竞选承诺，坚决支持美国退出《巴黎协定》。据调查，这 22 位参议员 2012 ~ 2016 年接受来自煤炭和石油天然气公司的政治捐款达 1000 多万美元。[2]

第二，从美国当前的社会状况看，政治极化和社会分化现象十分严重，党派之间、社会各阶层之间对立情绪强烈，互不妥协。[3] 2017 年 8 月 21 日，在美国夏洛茨维尔市爆发的骚乱是美国种族撕裂、社会分裂现象加剧的最新证明。这种情况导致特朗普做决策时更多考虑自身阵营的立场，因为无论特朗普是否改变其气候变化政策，他的政治支持面不会有大的变化。与此同时，着眼于下一次大选，特朗普需要兑现竞选承诺以期获得此次大选中为自己投票的选民的继续支持。

第三，从个人理念和价值观上看，特朗普一直是气候变化怀疑论者，而且拒绝承认国际气候治理合作中的基石——"共同但有区别的责任"原则。尽管气候变化正在发生并且主要是人为因素导致的这两个结论已成为美国气候科学界的基本共识，但特朗普本人迄今从未正式接受过这些结论。在其宣布美国退出《巴黎协定》的声明中，特朗普声称该协定对美国不公平，将中国、印度等发展中国家的减排责任与美国等同，否定"共同但有区别的责任"原则。特朗普的气候观和国际合作观早已固

① James Mayer, "In the Withdrawal from the Paris Climate Agreement, the Koch Brothers' Campaign Becomes Overt," The New Yorker, http: //www. newyorker. com/news/news – desk/in – the – withdrawal – from – the – paris – climate – agreement – the – koch – brothers – campaign – becomes – overt, June 5, 2017.

② Tom McCarthy and Lauren Gambino, "The Republicans Who Urged Trump to Pull Out of Paris Deal Are Big Oil Darlings," The Guardian, https: //www. theguardian. com/us – news/2017/jun/01/ republican – senators – paris – climate – deal – energy – donations, June 1, 2017.

③ Jonathan Haidt and Sam Abrams, "The Top 10 Reasons American Politics Are So Broken," Washington Post, https: //www. washingtonpost. com/news/wonk/wp/2015/01/07/the – top – 10 – reasons – american – politics – are – worse – than – ever/, January7, 2015.

化，极难改变。

第四，从治国理念和方略来看，特朗普强调美国优先。分析一下奥巴马和特朗普在治国理念和方略方面的差异是很有意思的。奥巴马认为，美国加入《巴黎协定》，采取积极的气候变化政策有助于维护美国的气候安全，有助于推动美国低碳经济和新能源产业的发展，是保持美国经济竞争力和增加就业的不二选择①；特朗普则认为，美国加入《巴黎协定》，采取有力的减排行动将导致美国传统能源行业受损严重，引发大量失业，损害美国的经济竞争力②。奥巴马强调加入《巴黎协定》有助于美国捍卫其全球领导权；而特朗普坚称，加入《巴黎协定》将损害美国的国家主权。特朗普对气候变化持怀疑态度，很少看到减排带来的生态、环境和经济收益，只强调减排可能带来的经济成本。这与他片面坚持美国优先，将美国与世界其他地区人为对立起来的治国理念有关。

第五，从个人感情偏好上看，特朗普对奥巴马充满敌意，想方设法地消除奥巴马的任何政治遗产。③ 在2016年的美国大选期间，特朗普与奥巴马互相伤害，关系十分糟糕。美国纽约大学历史学家纳夫塔利表示，美国历史上在任总统与前任总统关系不好的情形并不少见，但像特朗普与奥巴马之间的相互仇恨如此之深、如此公开地暴露在公众面前在美国历史上是罕见的。④ 特朗普个性极强，上台之后采取了全面推翻奥巴马政策的做法，可谓"逢奥巴马必反"。推动美国加入《巴黎协定》是奥巴马最引以为自豪的政

① Barack Obama, "The Irreversible Momentum Of Clean Energy," *Science* 355 (2017): 6284.

② "Statement by President Trump on the Paris Climate Accord", The White House, https://www.whitehouse.gov/the-press-office/2017/06/01/statement-president-trump-paris-climate-accord, 2017-06-28.

③ Kevin Liptak and Athena Jones, "With Latest Jabs, Trump-Obama Relationship Reaches Historic Nastiness," CNN News, http://edition.cnn.com/2017/06/28/politics/trump-obama-relationship/index.html, 2017-06-28.

④ Kevin Liptak and Athena Jones, "With Latest Jabs, Trump-Obama Relationship Reaches Historic Nastiness," CNN News, http://edition.cnn.com/2017/06/28/politics/trump-obama-relationship/index.html, 2017-06-28.

治遗产之一。① 这自然也成为特朗普重点反对的领域。

总之，特朗普政府推行消极的气候变化政策的主要原因并非《巴黎协定》的条款对美国不公平，给美国带来沉重负担，而是美国国内政治因素和特朗普个人偏好。

三 特朗普政府的气候变化政策对中国的影响

特朗普政府的气候变化政策在奥巴马政府气候变化政策的基础上大幅后退，将对中国和中美关系产生重要影响，具体而言，包括以下方面。

第一，中国的生态脆弱性和面临的气候风险更加凸显。

中国是遭受气候变化不利影响最为严重的国家之一。美国在全球气候治理中的地位举足轻重。美国采取消极的气候变化政策，甚至退出《巴黎协定》将使全球应对气候变化的努力遭遇严重挫折，全球变暖的后果将更严重，中国的生态脆弱性和面临的气候风险更加凸显。

第二，中国的排放空间将被压缩，中国的减排负担和成本将增加。

美国退出《巴黎协定》将使美国很难完成其自主决定贡献（NDCs）。如果美国完不成其 NDCs，而国际社会又需要超越全球的 NDCs 目标，达到甚至超越 2℃ 的温控目标，那么就意味着将压缩中国和其他国家的排放空间，增加中国和其他国家的减排负担和成本。基于全球多部门、多区域动态可计算一般均衡（CGE）模型，可得以下研究结论。（1）NDCs 目标②下，在美国 2025 年的碳排放只比 2005 年降低 20%、13% 和 0% 的情形下，2030年中国碳排放空间的减少幅度为 0.8%～1.1%。而在 2℃ 目标下，在美国2025 年的碳排放只比 2005 年降低 20%、13% 和 0% 的情形下，2030 年中国

---

① "President Obama's Farewell Address: Full Video and Text", The New York Times, https://www.nytimes.com/2017/01/10/us/politics/obama - farewell - address - speech.html, 2017 - 01 - 10.

② 指《巴黎协定》缔约方履行其国家自主贡献（NDCs）所承诺的碳减排目标，与温控 2℃ 目标存在一定差距。

碳排放空间的减少幅度为 1.5% ~ 1.7% 。（2）NDCs 目标下，在美国 2025 年的碳排放只比 2005 年降低 20% 、13% 和 0% 的情形下，2030 年中国的碳价升高 1.1 ~ 4.6 美元/t。2℃目标下，在美国 2025 年的碳排放只比 2005 年降低 20% 、13% 和 0% 的情形下，2030 年中国的碳价升高 4.4 ~ 14.6 美元/t。（3）NDCs 目标下，在美国 2025 年的碳排放只比 2005 年降低 20% 、13% 和 0% 的情形下，2030 年中国的 GDP 损失升高 47.5 亿 ~ 97.7 亿美元，相当于 3.6 ~ 14.8 美元/人。2℃目标下，在美国 2025 年的碳排放只比 2005 年降低 20% 、13% 和 0% 的情形下，2030 年中国的 GDP 损失升高 220.0 亿 ~ 711.0 亿美元，相当于 16.4 ~ 53.1 美元/人。[①]

第三，从战略层面看，中美气候合作在中美关系中的支柱作用明显弱化。

奥巴马政府时期，气候合作已成为中美两国合作关系的一大亮点，对增进相互信任具有某种战略支撑作用。特朗普执政以来，无论是在 2017 年 3 月 19 日习近平于北京与美国国务卿蒂勒森的会晤中，还是在 2017 年 4 月初中美元首于美国佛罗里达州海湖庄园的峰会上，双方均未谈及气候变化问题。这与奥巴马执政时期形成强烈反差。中美气候合作在中美关系中的战略支撑作用显著下降。

第四，将进一步巩固中国在可再生能源开发领域的优势地位。

2006 年，中国与美国在可再生能源开发方面几乎是并驾齐驱，中美两国的可再生能源发电装机分别是 148446MW 和 107917MW。此后中国逐渐领先，至 2016 年，中美两国的可再生能源发电装机分别是 545206MW 和 214766MW。[②] 可以预言，美国退出《巴黎协定》将进一步加大中国在可再生能源开发领域对美国的领先优势。美国部分学者已对此趋势深感担忧。[③]

第五，中国面临急剧上升的重新定义自身在全球气候治理中的角色的国

---

① 戴瀚程、张海滨、王文涛：《全球碳排放空间约束条件下美国退出〈巴黎协定〉对中欧日的影响分析》，《气候变化研究进展》2017 年第 5 期。

② "Renewable Capacity Statistics 2017," International Renewable Energy Agency, 2017.

③ V. Sivaram, S. Saha, "Power Outage: Cutting Funding for Energy Innovation would be a Grave Mistake," Foreign Affairs, https://www.foreignaffairs.com/articles/united - states/2017 - 05 - 17/power - outage? cid = int - rec&pgtype = art, May 22, 2017.

际压力。

中国可能被推到全球气候治理领导的位置，"当"还是"不当"是个大问题。在巴黎气候谈判进程中，中美共同引领，贡献巨大，举世公认。特朗普政府突然放弃美国在全球气候治理中的领导权，让世界的眼光更加聚焦中国，中国发挥领导作用的期望值急剧升高。美国不少学者认为，特朗普政府的气候变化政策将导致其他国家转而跟随中国的领导，实际上是将领导地位拱手让给中国。但领导意味着责任，全球领导意味着全球责任。国际上有一种越来越强烈的声音，希望中国能填补美国退出而留下的真空地带。长期以来，中国政府一直坚持发展中国家的国际定位，强调贡献与国力相匹配、相适应，回避用领导来定义自身在全球气候治理中的角色，避免战略透支。因此，如何回应国际社会日益高涨的主张中国发挥领导作用的呼声和期待是摆在当前中国气候外交面前的一大课题。

四 中国的应对：用 C5 取代 G2 正当其时

显然，特朗普政府的气候变化政策已成为当今全球气候治理面临的最大的不确定性因素之一。由于美国宣布退出《巴黎协定》，未来该协定的履约和全球气候治理的进程面临巨大的不确定性，正处在重要的历史关头。全球气候治理向何处去，中国将如何发挥其作用，已成为当下国际社会高度关注并亟待回答的重大课题。在此背景下，对中国而言，前所未有的历史机遇和巨大的战略风险并存。如果中国应对得当，将极大彰显中国在全球治理中的作用和影响，中国在国际影响力和话语权方面将再上新台阶，而这甚至会成为中国引领全球治理的转折点；如果应对失当，中国既可能错失千载难逢的良机，也可能失去发展的节奏感，打乱自己既定的强有力的发展节奏，导致战略透支，元气大伤，犯下战略性错误。

面对新形势，中国的总体应对思路应基于习近平主席于 2017 年 1 月在访问联合国日内瓦总部时所发表的题为"共同构建人类命运共同体"演讲中的政策宣示："《巴黎协定》的达成是全球气候治理史上的里程碑。我们

不能让这一成果付诸东流。各方要共同推动协定实施。中国将继续采取行动应对气候变化，百分之百承担自己的义务。"

在当前形势下，全球气候治理千头万绪，但最紧要的是如何重建全球气候治理的领导力。可供中国选择的战略应对方案主要有三。

方案A：保持既定的发展节奏，忠实兑现自己的减排承诺，做好自己的事情，但不再为自己增加新的、额外的负担。此方案的好处在于非常稳妥，风险小，付出的短期代价较小，比较省心；弊端是当世界需要你的时候，担当意识不强，畏手畏脚，不能充分展示中国负责任的大国形象，可能丧失历史为中国发挥更大国际作用提供的难得机遇。总体上，此方案属于保守型方案。

方案B：全力以赴，填补美国退出留下的真空，勇扛领导全球气候治理的大旗。目前国内外都有一些声音，认为当下是中国从全球气候治理的参与者转变为领导者的最佳时机；中国已具备领导全球气候治理的实力，沧海横流方显英雄本色；中国应志存高远，加快节奏，全力出击，借此良机实现中国作为全球气候治理领袖的华丽转身。此方案的好处是可能使中国走向世界舞台中央的时间缩短，使中国的国际地位和影响力空前提高；弊端是高估中国的实力，低估全球气候治理的复杂性，可能打乱中国原来的发展节奏，带来战略透支的巨大风险。总体上，此方案属于激进型方案。

方案C：在国内努力应对气候变化的同时，积极回应国际社会对中国的期待，但中国决不独自扛旗，而是大力运筹重建全球气候治理的集体领导体制，即"铁肩担道义，妙手促联合"。此方案的优点是能较好地平衡收益与风险之间的关系，最大限度地趋利避害，既能展现中国作为一个大国勇于担当的责任意识，也能防止中国失去自身发展的节奏感，避免战略透支，做到进退有据。不足之处可能是未能将中国在世界上的潜力和作用发挥到极致。总体上，此方案属于积极进取型方案。

本文认为，中国的基本应对战略应采用方案C。具体而言，在国内层面，不提出新的、额外的减排目标，但可以在合适时机承诺中国将实现2030年自主行动目标的上限指标，即二氧化碳排放2030年前达到峰值，

2030 年单位 GDP 二氧化碳排放比 2005 年下降 65%。在国际层面，就是用 C5 取代 G2。

在巴黎气候谈判进程中，中美密切合作，为《巴黎协定》的达成奠定了坚实基础，被誉为全球气候治理中的 G2 领导模式。随着美国退出《巴黎协定》，中美合作的 G2 模式宣告结束。西方部分媒体提议应迅速组建新的 G2，即中国、欧盟联手发挥全球领导力。但是，中欧形成的 G2 很难有效弥补美国退出留下的真空。从欧盟方面看，欧盟如今在全球温室气体排放的格局中所占比例日益下降，更不利的是，欧盟正深陷难民危机、债务危机、金融危机、恐怖主义威胁和英国脱欧等多重危机，尤其是已经展开的英国脱欧谈判。脱欧问题的空前复杂性和谈判对手英国是极其难缠的谈判高手，必将部分转移欧盟对气候变化议题的注意力，导致欧盟在发挥全球领导力方面心有余而力不足。从中国方面看，中国的综合国力与日俱增，国际影响力快速上升，但毕竟仍是发展中国家，在议程设置、治理经验、气候科学研究等方面仍存短板。另外，中欧之间在全球气候治理模式方面也存在一些重要分歧需要化解。因此，由中欧组建新的 G2 很难形成对未来全球气候治理坚强而有力的领导。

相比之下，组建 C5 正当其时。C5 即 "Climate 5" 的简称，中文为 "气候变化五国（方）俱乐部"。五国（方）为中国、欧盟、印度、巴西和南非。组建 C5 的必要性如下。

第一，能更有效地弥补美国退出《巴黎协定》留下的真空。上文的分析已经表明，美国的退出对此协定履约和全球气候治理的负面影响是综合的，这就需要充分调动全球气候治理中有影响的大国的积极性集体加以应对。欧盟中有英、法、意等西方大国，如果把印度、巴西和南非等发展中大国包括进来，就会更加平衡。尤其是印度，无论是其温室气体当前的排放规模还是其未来巨大的增长潜力，都事关未来全球的减排效果。

第二，能更有力地促进发达国家与发展中国家加强合作，建立应对气候变化的全球统一战线。印度、巴西和南非来自不同的大洲，具有很强的地域代表性，在本地区有很强的号召力，在国际事务中发挥着重要影响，均是联

合国安理会改革中常任理事国的有力竞争者。它们的加入有利于发展中国家内部的团结，进而推动南北气候合作的进程，稳定全球气候治理秩序。

第三，能更有助于中国合理管控国际社会对中国过高的期望值。特朗普宣布美国退出《巴黎协定》将中国推向全球气候治理的风口浪尖，国际社会突然将眼光聚焦中国，期待中国能够挺身而出，收拾残局。这已明显超出中国的国力和发展水平。C5 的建立可以帮助中国适当降低国际社会对中国扮演领导角色的期望值。C5 成员群立潮头比中国独立潮头更有利于中国稳健而可持续的发展。

综上，建议中国适时出面倡议召开 C5 气候部长级会议，展开磋商。

最后，需要强调的是，我们必须保持耐心不放弃，千方百计拉住美国。

历史和现实都表明，一个没有美国参加的全球气候治理体系是很难有效运转的，美国的退出给其他缔约方，包括中国造成的损失和成本是巨大的。因此，继续对美国退出《巴黎协定》施加压力，想方设法将美国拉回来，符合各方利益。目前至少存在三个可行的办法：一是充分利用 G20 平台，巧妙转换话语体系，少谈气候变化，多谈能效和能源安全，争取积极成果，以间接的方式促使美国政府参与应对气候变化的全球努力；二是积极推动中美在能源领域的合作，以务实的方式推进中美在核能、天然气和清洁煤技术等领域的合作；三是进一步加大中美在省州、城市和非政府组织等次国家层面的绿色低碳合作力度。

G.6
G20气候治理的制度背景与发展前景

赵行姝[*]

摘　要：　本文从制度角度探讨全球气候治理的演进及其发展模式，考察 G20 气候治理机制的主要内容和发展历程，分析 G20 气候治理机制的特点和制度优势，并在此基础上研究 G20 气候治理机制与《联合国气候变化框架公约》（简称《公约》）体系的融合前景。研究发现，尽管 G20 本身并不是一个具有强制力的机制，但《公约》内外机制并行发展已成为全球气候治理的基本模式；同时，《巴黎协定》存在先天不足，不能有效应对气候变化，因此迫切需要《公约》外机制持续发挥作用，以便解决应对气候变化的全球合作问题。G20 具备领导全球气候治理所需的实力与优势，预计未来，G20 与《公约》机制会在一定程度上融合。

关键词：　二十国集团（G20）　气候治理　巴黎协定　气候变化

2008 年形成以来，G20 领导人峰会逐渐开启气候能源议程，先后达成多项重要成果，不断深入参与全球气候治理。2016 年，G20 领导人杭州峰会推动《巴黎协定》生效更是凸显其在气候变化议题上的全球领导力。《巴黎协定》生效后，应该关注的一个问题是，G20 是否会继续在操作层面上推

---

* 赵行姝，中国社会科学院美国研究所副研究员，研究领域为美国能源和气候变化政策、中美气候与能源合作、全球气候与环境治理等。

动实现关键任务，从而进入领导力新高潮；或者，G20仅仅是联合国气候谈判遇挫时凝聚政治共识、激发政治意愿的一个全球性论坛，而伴随《巴黎协定》生效，未来它的作用会降低。对该问题，国内学界关注甚少，有必要深入探讨。本文拟从制度角度探讨全球气候治理的演进及其发展模式，分析《巴黎协定》自身固有缺陷，并在此基础上研究 G20 气候能源机制与《联合国气候变化框架公约》（简称《公约》）体系的融合前景。

一 G20气候治理的制度背景：全球气候治理演进及其基本模式

历史上，联合国主导的全球气候谈判曾两次遭遇困境，对此，国际社会在《公约》机制之外曾有过两次制度建设尝试。

第一次是《京都议定书》遭到美国抵制，虽有欧盟极力推进应对气候变化，但终究因缺乏共识而导致全球气候治理行动陷入低迷。美国于2001年退出《京都议定书》后，陆续推出多项以技术合作为主要内容的自愿型多边倡议。这些多边技术倡议强调清洁技术的开发和应用，反映了美国认为技术是解决气候变化问题根本途径的传统观点。需要指出，参与上述多边技术倡议的发展中国家并不多。但是，中国加入了美国主导的所有多边技术倡议，而期望获取先进能源技术是中国参与这类技术倡议的主要动机。在第一次《公约》体系之外的制度建设尝试中，美国积极推动建立新的国际机制虽然是自愿性的、开放的，但由于美国反对"京都模式"甚至质疑《公约》渠道的有效性，加之美国的排放大国地位和小布什的单边主义，最终，引发了国际社会的广泛不满，人们怀疑美国的做法是为了逃避《公约》机制的责任。因此，第一次《公约》外的制度建设尝试总体并不成功。

第二次是哥本哈根气候大会失败后，各国纷纷构筑联盟（包括集团、对话、论坛、俱乐部等），围绕气候与能源议题开展合作。其中，很多气候联盟具有排他性，这种排他性增强了其他国家开展国际合作的动力，即各国不断加强自助努力，而不是被动依赖联合国气候谈判进程。结果是，《公约》外制度建设如火如荼。很多国家不止参加一个气候联盟，因而各联盟在成员和议题上难免相互重叠、相互交叉。由于各个联盟均认为，联合国气候谈判才是国际气候制度形成的主要场所，即各类机制都支持《公约》机制的主导作用，所以，新的气候联盟并没有引发"局外人"对"局内人"意图的怀疑。

当联合国气候谈判两次遭遇僵局时，围绕气候能源议题的各类双边、多边合作开始兴起，但两次《公约》外制度建设的境遇完全不同，这些历史事实揭示出全球气候治理的三大特征。

第一，《公约》内外机制共同构成全球气候治理的两大支柱。

无论是《公约》机制还是《公约》外机制，都不可能独自促成应对气候变化所必需的全球合作。一方面，尽管《公约》谈判进程因其自身特征以及部分国家恶意阻碍而颇为缓慢，但是它应对气候变化的方向是全球必须坚持的。另一方面，《公约》外多种层级的、多元主体参与的各类新气候机制，不乏新思路、新方法、新模式和新技术，能够在特定领域提供《公约》机制所不能提供的解决方案。总之，联合国气候谈判与《公约》外机制共同构成全球气候治理的两大支柱。预计未来，《公约》内外机制仍将并行发展。

第二，《公约》机制在全球气候治理中位居主导地位。

从1992年达成《公约》到1997年达成《京都议定书》，再到2015年达成《巴黎协定》，联合国气候谈判不断为应对气候变化建立全球性、综合性的气候治理机制。应对气候变化这样一种全球性挑战和威胁，绝不是单个国家或国家集团所能够决定或主导的，需要世界各国经过协商来制定共同规则。世界各国协商一致正是联合国气候谈判的基本原则。世界各国广泛认可《公约》机制的民主协商决策机制，因而，在联合国框架下形成的国际气候治理机制是最具合法性和权威性的气候治理制度。

第三，《公约》机制"缺位"时《公约》外机制可"补位"。

每当国家与国家之间、国家集团之间存在重大利益冲突时，或者一国内部不同利益集团之间对经济发展和减缓气候变化二者关系存在不同看法时，

联合国气候谈判中就会出现意见分歧，甚至导致气候治理停滞。在上述国际、国内政治僵局使得《公约》机制变得不可能时，常常需要《公约》外机制有效介入，作为次优解决方案。换句话说，《公约》机制"缺位"势必要求《公约》外机制"补位"。

总之，当前，多层面、多领域、多行为体复合形成的全球气候治理体系业已成形。其中，联合国气候谈判及其成果（《公约》机制）位居主导地位，而联合国气候谈判之外的各类多边气候能源合作平台（《公约》外机制）不断提升自身制度性话语权。预计《公约》内外机制并行发展趋势短期内不会改变。

二　G20气候治理的主要内容及其发展历程

《公约》外机制的建设性意义主要体现在它们能够促使成员国搁置联合国气候谈判中的分歧，转而针对特定部门或特定问题开展务实有效合作。G20成立以来，对气候变化问题的关注经历了一个变化过程。总的来看，早些时候的领导人峰会在气候变化方面表现一般；2010年后G20对气候变化的关注开始增强，2013年在圣彼得堡达到顶峰；之后，G20的气候承诺开始减少，2016年G20在杭州峰会上仅做出2项气候承诺（见表1）。

就具体内容而言，G20领导人峰会所做气候承诺中最突出的两个子议题是清洁能源和绿色增长（见表2）。2008～2016年，G20针对气候变化做出的承诺共计53项。气候变化承诺的三个重点是：涉及联合国特别是与《公约》或国际法相关的承诺、气候资金（Climate Finance）和绿色增长。2008～2016年，G20针对能源做出的承诺共计105项，主要涉及：化石燃料补贴（15项）、能源安全（61项）、清洁能源或可再生能源（20项）和其他（9项）。[1]

---

[1]　Brittaney Warren, "G20 Energy Commitments and Compliance," G20 Research Group Research Report Series, http://www.g20.utoronto.ca/analysis/161227 - energy - research.html, December 27, 2016.

表1 G20领导人峰会所做承诺

单位：项

时间与地点	气候承诺①	能源承诺②
2008 年华盛顿	0	0
2009 年伦敦	3	0
2009 年匹兹堡	3	16
2010 年多伦多	3	1
2010 年首尔	8	14
2011 年戛纳	8	18
2012 年洛斯卡沃斯	5	10
2013 年圣彼得堡	11	19
2014 年布里斯班	7	16
2015 年安塔利亚	3	3
2016 年杭州	2	8
合　计	53	105

资料来源：①Brittaney Warren, "G20 Climate Change Commitments and Compliance," G20 Research Group Research Report Series, http：//www. g20. utoronto. ca/analysis/161128 – climate – research. html, November 28, 2016；②Brittaney Warren, "G20 Energy Commitments and Compliance," G20 Research Group Research Report Series, http：//www. g20. utoronto. ca/analysis/161227 – energy – research. html, December 27, 2016。

表2 G20领导人峰会所做承诺的遵约程度

承诺类型	子议题主题	平均得分	遵约程度
气候承诺	联合国	+ 0. 39	无数据
	绿色增长	+ 0. 45	无数据
	气候资金	0	无数据
	GCF 绿色气候基金	− 0. 05	无数据
能源承诺	能源安全	+ 0. 45	73%
	化石燃料补贴	+ 0. 16	58%
	清洁能源或可再生能源	+ 0. 75	88%

资料来源：Brittaney Warren, "G20 Climate Change Commitments and Compliance," G20 Research Group Research Report Series, http：//www. g20. utoronto. ca/analysis/161128 – climate – research. html, November 28, 2016；Brittaney Warren, "G20 Energy Commitments and Compliance," G20 Research Group Research Report Series, http：//www. g20. utoronto. ca/analysis/161227 – energy – research. html, December 27, 2016。

（一）第一阶段（2008年华盛顿~2010年多伦多）

G20 涉足气候能源问题最早源于 2005 年的 "G8 +5" 对话会。2008 年，

G20 领导人峰会机制最终形成。2009 年，G20 在领导人伦敦峰会上首次将气候适应等议题列入峰会核心议程，并在伦敦峰会上首次做出气候承诺，公开支持、推动"在哥本哈根联合国气候变化会议上达成协议"。但是，伦敦峰会期间，G20 成员之间仍存在分歧，有的成员认为 G20 的重点应该是纯粹的经济议题，气候变化问题应该是联合国的责任。伦敦峰会五个月后，G20 领导人齐聚美国匹兹堡继续商讨如何"从危机过渡到复苏"（Transition from Crisis to Recovery），将能源和气候变化列为 G20 国际经济复兴综合计划的重要支柱。《匹兹堡公报》明确表示："决心要采取强有力的措施应对气候变化带来的威胁。我们再次确认联合国气候变化框架公约确立的目标、条款和原则，包括共同但有区别责任的原则……我们将与有关各方合作，加强努力，力争在联合国气候变化框架公约哥本哈根会议上达成协议。这样的协议必须包括减缓、适应、技术转让和融资等内容。"①

总的来看，在第一阶段，气候能源问题进入 G20 领导人峰会议程，成为 G20 领导人峰会的一个边缘议题，主要表现为领导人继续支持气候变化谈判、提高石油市场透明度、增强石油商品交易监管等。②

（二）第二阶段（2010年首尔~2014年布里斯班）

从 2010 年首尔峰会开始，G20 的能源与气候变化治理进入一个新阶段，陆续达成大量共识和成果。这也表明，G20 从聚焦金融危机逐渐过渡到寻求应对中长期经济增长面临的挑战。

G20 领导人首尔峰会保持了对气候变化问题的关注，强调"强劲、可持续、平衡的增长"（Strong, Sustainable, Balanced Growth）的愿景，但最终未能取得很大进展。特别是在绿色增长方面，虽然韩国通过国内行动展示出雄

---

① 《匹兹堡公报》，网易网，http://money.163.com/special/00253OOL/gbqwG2009_07.html，2009 年 9 月，第 32 条。

② Charles Ebinger and Govinda Avasarala, "Chapter 5: The 'Gs' and the Future of Energy Governance in a Multipolar World," in Andreas Goldthaued. , *The Handbook of Global Energy Policy*, First Edition（John Wiley & Sons, Ltd. , 2013）, p. 194.

心，且 G20 领导人在首尔峰会期间也讨论了气候变化、绿色增长与贸易保护问题，但 G20 领导人首尔峰会公报并没有出台相关的融资计划或目标。2011 年，在戛纳峰会上，G20 非常重视提高能源市场的效能和透明性，推动石油生产和石油消费国之间的对话；同时，G20 还为全面实施绿色气候基金（Green Climate Fund）提供支持，表示要推动"绿色气候基金的操作化"。① 2013 年，G20 领导人圣彼得堡峰会在气候变化方面取得了巨大成功。此次峰会的公报中 10%（114 个段落中有 13 个）的内容涉及能源可持续性和气候变化，做出的气候与能源承诺再创新高，分别有 11 项、19 项（见表1）。G20 领导人峰会强调通过包容性绿色增长战略和清洁能源技术促进经济增长、创造就业和可持续发展，同时还采取了一些具体举措，将之前组建的四个工作组——化石燃料补贴、化石燃料价格波动、海洋环境保护和清洁能源与能源效率——合并成能源可持续性工作组（Energy Sustainability Working Group，ESWG），并要求 G20 气候变化融资研究小组着手评估 G20 成员是否有效调动气候资金，用以支持绿色气候基金的启动。

（三）第三阶段（2015年安塔利亚～2017年汉堡）

根据《公约》谈判结果，全球应当在 2015 年巴黎气候大会上达成应对气候变化的全球新协议，而这一制度建设背景，使得 G20 领导人安塔利亚峰会和杭州峰会聚焦《巴黎协定》的达成与生效，促成为数不多但相当重要的成果。

2015 年，G20 领导人安塔利亚峰会将重点放在促使巴黎气候谈判达成新协议上。此次峰会公报"重申《联合国气候变化框架公约》是气候变化谈判的主要国际政府间机制"，并且，"强调致力于在巴黎达成富有雄心的协议，反映共同但有区别和各自能力原则，同时考虑各国不同国情"。2016年，G20 领导人杭州峰会将重点放在促使《巴黎协定》尽早生效上。先是

---

① 《2011 年 G20 戛纳峰会公报》，腾讯网，http：//finance. qq. com/a/20111105/000622_1. htm，2011 年 11 月 5 日。

中国倡导 G20 发表了历史上第一份关于气候变化问题的主席声明，后是此次峰会公报"承诺一旦国内程序允许，将尽快完成加入《巴黎协定》的各自国内程序"，努力"推动《协定》在 2016 年底前生效的努力"。①《公约》历时 22 个月生效，《京都议定书》的生效程序更是耗费了长达 86 个月的时间。而此次《巴黎协定》的生效时间仅用了不到 11 个月。② 总之，《巴黎协定》的顺利达成和生效，离不开 G20 的领导作用。

不幸的是，美国国内政局变化导致美国应对气候变化的态度从积极转为保守，不仅宣布退出《巴黎协定》，而且在 G20 领导人汉堡峰会上未能与其他 19 个成员方就履行《巴黎协定》达成共识，除美国外的其他 19 个成员共同发布了《G20 气候和能源行动计划》。

三 G20助力《巴黎协定》落实的雄厚实力与制度优势

基于当前全球气候治理面临的问题和困难，《公约》机制只能着眼于有限目标，而无法追求强有力的、约束性的全球气候制度。《公约》机制的局限性在《巴黎协定》中凸显。从减排力度、气候资金和遵约机制来看，《巴黎协定》确立的规则体系并不具有强制性。这意味着《巴黎协定》的落实仍离不开《公约》外机制的有效介入。G20 是非正式对话机制，并不依托于正式的国际条约或组织宪章，其政策并不具有强制性的约束力。但是，G20 在资源禀赋（GDP、能源消费量、排放量、清洁能源市场等）、成员代表性与合法性、经济影响（对宏观经济政策的影响能力）、运行机制（对各类国际机制的动员能力）等方面具有其他气候治理机制所不具备的雄厚实力和制度优势。因而，G20 具有潜力成为全球气候治理的核心机制之一。

第一，资源禀赋。

G20 实力雄厚，成员国 GDP 总计占全球 GDP 的 85%，能源消费量总计

---

① 《G20 杭州峰会公报》，网易网，http://money.163.com/16/0906/09/C097J4PN00253B0H.html，2016 年 9 月 6 日。

② 李俊峰、柴麒敏：《〈巴黎协定〉生效的意义》，《世界环境》2017 年第 1 期，第 16 ~ 18 页。

占全球能源消费量的75%左右，能源利用带来的二氧化碳排放量总计占全球能源利用带来的二氧化碳排放量的80%。

第二，成员国的代表性与合法性。

全球性挑战需要全球力量广泛参与，需要全球性的解决办法。在联合国渠道之外，世界各国因各自利益、观念等差异分化成各种利益集团，根据需要展开菜单式合作。比如，G8、BASIC、小岛国联盟等小多边机制，仅代表特定国家集团或地区利益，在全球舞台上力推各自利益，这大大稀释了其主张的代表性、合法性和权威性。而G20分别代表了发达国家和发展中国家的主要力量，反映了《公约》谈判两大阵营的基本利益，也能够反映全球能源格局的变化（新一轮的新兴能源大国崛起），因此在《公约》外各类气候能源机制的博弈中脱颖而出。

第三，国际机制动员能力。

G20气候治理机制的最大优势在于它的国际机制动员能力，即它可以利用已有国际机构（组织）或国际机制的力量与资源来推进自身议程。[①] 这是因为，全球气候治理的决策与执行不仅需要协调国际经济、贸易或金融机构的工作，而且需要依托极为庞大的专业技术和管理服务。一方面，IMF、WTO与世界银行是全球经济治理体系中的三大支柱，G20作为全球重要的经济与金融治理平台，可凭借其影响力、专业知识与优势，与上述机构进行决策咨询、政策执行和监督合作。另一方面，很多专门的能源治理机制，如国际能源署（IEA）、国际可再生能源机构（IREA）、OPEC等，能够为G20提供处理全球能源事务所需的专业技术支撑。总之，G20可与诸多国际组织/机构互动，整合各类治理力量，共同推动气候能源机制建设，逐渐形成一个功能不断扩大的气候治理中心。

第四，气候能源议题的主流化。

G20是引导气候议题在经济中主流化的重要机制。G20推动全球向低碳

---

① 余家豪：《中国、G20与全球能源治理》，《中国能源》2016年第10期，57~59页。

经济转型，主要是通过"将气候变化问题嵌入经济议题"①。这种方式能够直接影响经济政策，有效鼓励私营部门进行环境可持续性投资。主流化气候议题，不仅仅对 G20 成员国自身来说很重要，更为重要的是，对其他国家有极强的示范作用。

第五，G20 成员国扩大影响力的愿望。

对发达国家集团 G8 来说，从 G8 扩展到 G20，仅是从成员国层面强化了该平台领导全球治理的合法性。但是，要想继续强化 G20 参与全球治理的合法性、增强 G20 在全球治理中的核心地位，需要应对全球经济发展面临的中长期挑战。气候能源议题，不仅具有经济含义，而且可为增强 G20 在全球治理中的地位提供持续动力。此外，"新兴大国借 G20 峰会机制直接进入全球治理决策圈，获得更多制度化权力"②。正在崛起的新兴经济体也积极寻求在气候能源等新议题上掌握话语权、发挥影响力。G20 为发达国家和新兴大国共同应对全球气候能源难题提供了权威平台。

第六，G20 与《公约》机制的关系。

G20 多次公开表示，支持《公约》谈判进程。这实际上表明，G20 承认《公约》机制的主导地位，G20 不会去挑战乃至替代《公约》机制，这种立场增强了 G20 的合法性。

四 G20气候治理与《公约》机制的融合前景

《公约》机制缺乏约束力，而《公约》外机制尚待完善，这意味着在一定程度上全球气候治理将保持碎片化。鉴于 G20 在《公约》外机制中处于优势地位，本部分将探讨 G20 与《公约》机制之间的关系。未来，全球治理模式的发展演进存在三种情景。

---

① 董亮：《G20 参与全球气候治理的动力、议程与影响》，《东北亚论坛》2017 年第 2 期，第 59~70 页。

② 何亚非：《对全球治理的一些思考——从二十国峰会谈起》，《中国国际战略评论》2013 年总第 6 期，第 1~14 页。

情景一：G20 完全取代《公约》机制。G20 与《公约》机制彻底脱钩，二者按照各自原则、议事规则及方式运行，即 G20 建立一种全新的原则，并在此基础上建立全新的全球应对气候变化合作框架。尽管发达国家推翻"共同但有区别责任原则"，G20 取代《公约》机制的倾向一直存在，但《公约》原则深入人心，国际社会耗时 30 年开展《公约》谈判，因此，这种情景的可能性微乎其微。

情景二：G20 完全支持《公约》机制。《公约》谈判的主题或难题成为 G20 峰会议题，G20 讨论和声明都以《公约》机制为主，为《公约》机制提供政策执行和监督上的支持，最终成为《公约》谈判中的附属机制。典型案例如，《公约》谈判达成《巴黎协定》后，G20 促使《巴黎协定》迅速生效。考虑到 G20 的制度优势和潜力，以及成员国的愿望，这种情景的可能性也很小。

情景三：G20 与《公约》机制在一定程度上融合。G20 与《公约》机制的议题和目标有可能相同，但是侧重点和实现路径有可能不同。这意味着，G20 与《公约》机制之间既存在竞争又相互补充。目前来看，这种情景的可能性最大。

具体来说，G20 与《公约》机制相互提供互补性支持，包括两种方式。（1）表达长期意愿。G20 提出最高层的政治指导，增强《公约》缔约方实现减排目标的信心。（2）通过具体政策与行动推动短期合作。G20 推动《公约》缔约方在《公约》机制外开展技术合作、推进减排等。

G20 与《公约》机制各自讨论气候问题，各有侧重、各自解决，包括四个方面。

（1）技术。G20 与《公约》机制都关注推进清洁能源技术的应用。《公约》谈判关注技术转移（发达国家对发展中国家的技术转移义务），而 G20（及其附属的 CEM）则迎合成员国谋求在全球低碳技术发展中获利最大的要求，现阶段很难涉及发达国家对发展中国家的技术转移义务。

（2）资金。G20 与《公约》机制都关注扩大气候资金规模的目标（包括促进相关信息和经验分享、加深对资金问题的理解等）。《公约》谈判关

注公共资金转移，而 G20 则迎合成员国希望撬动私有资金的愿望，现阶段很难履行发达国家对发展中国家的大规模公共资金转移义务。

（3）私营部门与公共资源。私营部门可以在应对气候危机方面发挥重大作用，但是并不能完全替代公共资源。这是因为，许多核心适应活动发生在农业风险或灾害风险严重的领域，而这些领域多数位于私营部门投资利润较小的脆弱国家和社区，同时，贫穷国家的清洁能源项目也被私营部门视为财务风险太大。①《公约》谈判的工作重点是如何动员公共资源，而 G20 则聚焦如何通过宏观经济政策动员私营部门。

（4）具体议题。《巴黎协定》涉及内容丰富，包括目标、减缓、适应、损失损害、资金、技术、能力建设、透明度、全球盘点等 29 条内容，而 G20 成效突出的领域分别是清洁能源（或可再生能源）、绿色增长和能源安全，而在化石燃料补贴、气候资金、绿色气候基金等领域成效较差。

---

① Iiana Solomon, "Climate Finance and the G20: Policy Briefing," Actionaid, https://www. actionaid. org. uk/sites/default/files/doc _ lib/climate _ finance _ and _ the _ g20. pdf, October 2011.

G.7
2050长期低排放发展战略
比较分析及启示

陈晓婷*

摘　要： 各缔约方制定本国的长期低排放发展战略是《巴黎协定》
达成的一项重要共识，目的是从中长期角度配合稳步提高
的各自自主贡献实施力度及全球盘点机制，确保各缔约方
在各自国情及能力的原则下实施持续的、系统的减排规划。
目前，一些缔约方已相继提交了各自的长期温室气体低排
放发展战略，中国"2050低碳发展战略"也在制定中。本
文旨在通过对国际上现有的长期低排放发展战略的对比与
分析，为中国制定"2050低碳发展战略"提供国际经验的
借鉴及参考。

关键词： 巴黎协定　低排放　长期发展战略

　　2015年12月，联合国气候变化大会在巴黎通过了具有里程碑意义的
《巴黎协定》，开辟了全球合作应对气候变化的新起点。《巴黎协定》设定了
全球应对气候变化的中长期目标、全球共同行动的减排模式和以全球盘点机
制为主的保障制度，为2030年后全球应对气候变化国际合作奠定了法理基

---

* 陈晓婷，中国社会科学院城市发展与环境研究所可持续发展经济学博士研究生，研究领域为
全球环境治理。

础与框架。其中,《巴黎协定》第四条第 19 款指出[①],所有缔约方在兼顾共同但有区别的责任和各自能力,考虑不同国情的情况下,应当努力拟定并通报长期温室气体低排放发展战略(以下简称"低排放发展战略")[②]。巴黎缔约方会议第 1/CP. 21 号决定[③]进一步要求,在 2020 年前,各缔约方要向秘书处通报 21 世纪中叶长期低排放发展战略。

2016 年 11 月,在《巴黎协定》生效后的首次《联合国气候变化框架公约》缔约方大会——马拉喀什大会上,美国、墨西哥、德国和加拿大率先向《联合国气候变化框架公约》秘书处提交了低排放发展战略;法国紧随其后于 2016 年 12 月递交了《法国国家低碳战略》[④],成为第五个提交长期低排放发展战略的国家。本文对国际社会上已提交的长期低排放发展战略进行综述及分析,探讨其实施的可行性,以期为中国制定"2050 低碳发展战略"提供一些可供参考的意见。

一 国际长期低排放发展战略概述及分析

《巴黎协定》是在新的国际形势和国际气候谈判格局下达成的成果,各方自主减排贡献体现了协定的灵活性并兼顾了"各自能力"原则,为全球范围内共同应对气候变化的行动奠定了基础。然而,该协定也充分考虑到,按照已提交的国家自主贡献估算的温室气体排放远未达到将全球平均升温控制在高于工业化前 2℃ 以内的水平。也就是说,即使完全实现各国自主贡献的减排目标,结果与实现 2℃ 温升控制目标的减排要求尚有差距。在此情况

---

① "The Paris Agreement," United Nations Framework Convention on Climate Change Convention (UNFCCC), http: //unfccc. int/files/essential_ background/convention/application/pdf/english _ paris_ agreement. pdf, 2015.

② 各国对于"长期温室气体低排放发展战略"的命名不尽相同,因此本文将长期(2050 年、21 世纪中叶)低排放发展战略及低碳发展战略等做同等理解。

③ "UNFCC/CP/2015/10/Add. 1", UNFCCC, http: //unfccc. int/resource/docs/2015/cop21/chi/ 10a01c. pdf, 2015.

④ 各缔约方提交的长期温室气体低排放发展战略的具体情况可参见 http: //unfccc. int/focus/ long - term_ strategies/items/9971. php。

下，中长期的低排放发展战略就显得十分必要，它将在更长期的时间跨度内，指导和规划实施减排行动，促进实现全球气候安全。

截至2017年8月，已向《联合国气候变化框架公约》秘书处通报长期低排放发展战略的国家有（按时间先后排序）：加拿大、德国（于2017年8月1日重新提交）、墨西哥、美国、贝宁、法国（于2017年4月重新提交）。从提交日期上来看，这6个国家都集中于2016年底，即马拉喀什大会召开前后提交了战略报告；此后至今，除了法国、德国重新提交修改稿后，并无新的缔约方提交报告。

（一）北美三国长期低排放发展战略情况及对比

2016年6月，在北美三国领导人峰会上（北美三国领导人定期会晤机制），加拿大、墨西哥和美国三国首脑发表《北美气候、清洁能源和环境伙伴关系》（*North America Climate, Clean Energy and Environment Partnership*）联合公报，旨在确保北美经济和社会竞争力、低碳和可持续发展。三国领导人达成共识，到2025年，在北美地区的能源消耗中清洁能源要占到50%，碳排放量降低40%~45%。在该共识的推动下，2016年11月，马拉喀什会议期间，加拿大、墨西哥和美国成为第一批提交长期低排放发展战略的国家。根据自己的长期低排放发展战略，加拿大和美国均提出到2050年在2005年排放水平的基础上减少80%的温室气体排放，墨西哥将在2000年排放水平基础上减少50%的温室气体排放。

这三个国家国情及发展阶段不同，所要实现的目标也不尽相同，但在长期低排放发展战略中，都重点从行业的角度提出了实现路径，详见表1。

（二）德国与法国长期低排放发展战略情况及对比

欧盟一直走在低碳经济发展前沿。欧盟在2010年制定的《2020能源战略》提出，到2020年，欧盟的二氧化碳排放要在1990年的基础上减少20%；可再生能源的比重要达到20%。2011年12月，欧盟公布《2050能源战略路线图》，提出到2050年欧盟的二氧化碳排放比1990年减少80%~

表1 加拿大、美国和墨西哥的长期低排放发展战略

项目	加拿大21世纪中期温室气体低排放发展战略①	美国21世纪中期深度脱碳战略②	墨西哥21世纪中期气候变化战略③
目标	承诺到2050年温室气体排放量比2005年下降80%	承诺到2020年二氧化碳排放量比2005年减少17%；到2050年二氧化碳排放量比2005年减少80%	承诺到2030年温室气体排放量减少22%
电力	已有80%的电力来自排放较低的清洁能源。低碳的电力系统（电气化政策）也将促使包括交通、建筑、工业生产等行业的大力减排。省际、区际以及洲际的有效合作将强化清洁的供电系统整合	2/3的电力来源于煤炭和天然气，其中煤炭贡献了3/4强的电力系统CO_2排放。而除了电网的现代化及增加能源储备和灵活性之外，低碳技术的应用对电力系统的低碳化作用将更明显，以及通过现代化电力监管结构及市场，鼓励灵活、可靠、具有成本效益的清洁发电	通过制定能源转型战略，加速向清洁能源转型并鼓励私营部门的参与。通过化石能源的替代技术，减少发电厂的污染物排放；利用智能电网、分散式发电等减少能源消耗、提高可再生能源的比例等④
能源	能源效率和需求方管理是实现温室气体深度减排的关键。能效提高是电气化技术和消费者节能的关键推动因素。重工业、海洋运输、重型货运和航空等行业可以向使用低碳燃料迈进	向低碳能源系统转型，包括⑤：对清洁能源创新进行双倍投资；制定中期能源使用解决方案；扩展国家与地方减排政策和行业排放法规，随着时间的推移逐步转向经济系统的碳定价；实施互补政策，以克服具有成本效益的能源效率和清洁能源技术部署的障碍	"2050清洁能源转型"的主要改革措施包括：建立清洁能源目标、建立社会评价体系、推动建立能源交易市场、创建清洁能源评价资质、制定有利于分散式清洁能源供应的政策措施以及推动能源传输的基础设施建设等
农林业	通过改变森林管理方式，加大长生命周期木材产品的使用，加大来自废弃木材的生物能源使用；技术创新和可持续土地管理实践将确保农业土壤仍然是一个净碳汇	实施碳土地激励措施，增强森林和土地的碳吸收；在联邦土地上快速地扩大森林面积；增加土地使用效率，保护敏感地区景观；填补有关研究和数据空白，以供政策制定者和相关方在未来的气候和能源政策中参考	可持续农业和林业，对于增加和保护自然碳汇至关重要。比如在综合考虑自然条件、人类活动影响、保护、恢复等条件下，实施针对生态走廊或流域等大型紧凑景观区域的政策措施

续表

项目	加拿大21世纪中期温室气体低排放发展战略①	美国21世纪中期深度脱碳战略②	墨西哥21世纪中期气候变化战略③
政策及技术手段	公共事业、设备供应商和政策制定者应该共同努力确定减少重要清洁技术部署成本和使用障碍的战略。结合市场拉动机制（如碳定价），对清洁技术的研究、开发和示范（RD&D）及创新进行进一步投资	提高公共和私营部门对低碳技术的研发投入；努力清除市场消费壁垒，提高终端能源效率；以及利用政策和市场手段激励负排放技术的应用等	综合交叉政策，主要包括：设计基于市场的经济和财政手段；为气候技术的研究、创新、发展和应用提供平台；促进气候文化的发展；实施测量、报告和验证（MRV）及监测和评价（M&E）机制；加强战略合作和国际领导力
评估/保障机制	该排放战略与《泛加清洁增长与气候变化框架》（Pan Canadian Framework on Clean Growth and Climate Change）相互借鉴协作	—	环境与自然资源部与气候变化部委员会将每六年评估一次该战略中的适应政策、每十年评估一次减缓政策，有关情景、假设、目标等将更新并通报

资料来源：① "Canada's Mid-Century Long-Term Low-Greenhouse Gas Development Strategy," UNFCCC, http://unfccc. int/files/focus/long－term_ strategies/application/pdf/can_ low－ghg_ strategy _ red. pdf, 2016；② "United States Mid-Century Strategy for Deep Decarbonization," UNFCCC, http://unfccc. int/files/focus/long－term_ strategies/application/pdf/mid_ century_ strategy_ report－final_ red. pdf, 2016；③ "Mexico's Climate Change Mid-Century Strategy," UNFCCC, http://unfccc. int/files/focus/long－term_ strategies/application/pdf/mexico_ mcs_ final_ cop22nov16_ red. pdf, 2016；④墨西哥的电力系统措施包括在其整体的能源转型战略中；⑤全球变化研究信息中心《解读美国、墨西哥、德国、加拿大四国气候变化长期战略》，碳排放交易网，http://www. tanpaifang. com/ditanhuanbao/2016/1222/58033. html，2016年12月22日。

95%，实现向低碳经济转型。2014年1月，欧盟公布了《2030气候和能源框架》，提出到2030年，温室气体排放减少40%，可再生能源使用增加至少27%（均以1990年为基准年）。而在2015年提交的自主贡献中，欧盟重申了到2030年将温室气体减少40%的目标。为实现以上目标，欧盟要求所有行业都为节能减排做出贡献，尤其是农业、建筑业和交通运输业。

欧盟的环境和能源政策对成员国气候保护政策有直接影响。欧盟的温室气体排放基本由欧盟排放权交易体系（ETS）和欧盟责任分担决定（ESD）

平均处理。在欧盟国家自主贡献的总体目标和整体框架下，作为欧盟两个最大的经济体，德国和法国于 2016 年底率先提交了本国长期低排放发展战略，详见表 2。

表 2　德国和法国的长期低排放发展战略

项目	德国气候保护规划 2050[①]	法国国家低碳战略[②]
目标	以实现国民经济现代化为宗旨，在以 21 世纪中期基本达到气候中和的原则指导下，重申到 2050 年温室气体排放量比 1990 年下降 80% ~95% 的目标	2030 年温室气体排放量比 1990 年减少 40%，到 2050 年减少 75%，覆盖 2015 ~ 2018 年、2019 ~ 2023 年以及 2024 ~ 2028 年 3 个阶段的碳预算期
能源	成立"经济增长、结构转型和地区发展"委员会，隶属联邦经济和能源部，以实现经济增长、结构转型和区域发展	加快提高能源效率、发展可再生能源和避免投资修建新的热电厂、提高系统灵活性以增加可再生能源份额
建筑	继续逐步改进为新建住宅和对现有住宅进行大规模改造而制定的节能标准，同时将支持资金集中用于可再生能源供热系统	实施《2012 年热监管》（2012 Thermal Regulation）；到 2050 年以高能效标准实现建筑物翻新；加强能源消耗管理
交通	包括减少乘用车以及轻型和重型商用车的排放，也涉及零排放的能源供应及所需的基础设施，以及不同领域间的配合（通过电动汽车）等问题	提高车辆能源效率、加速能源载体的发展；抑制车辆流动性需求、发展私家车替代工具、鼓励其他交通模式
工业	延长工业产品使用寿命以避免浪费，制定旨在降低工业生产过程中温室气体排放的研发项目，提高对工业生产废热的利用，建立企业气候报告制度	控制单个产品对能源和原材料的需求，高效利用能源；促进循环经济发展；减少温室气体高排放强度能源的份额
农业	促进《肥料管理法》的全面实施和贯彻执行；增加"森林经营"和"改善农业结构和海岸防护"（属于联邦和各州的共同任务）这两个资金支持领域中的气候保护成分	加强农业生态工程的实施；促进树木显著增加以支持生物资源发展，同时检测气候变化对土壤、空气、水、风景和生物多样性的影响

资料来源：①《德国气候保护规划 2050》，UNFCCC，http：//unfccc. int/files/focus/application/pdf/klimaschutzplan_ 2050_ ch_ bf. pdf，2016；② " Contents of the Summary for Decision-makers，" UNFCCC http：//unfccc. int/files/focus/long – term_ strategies/application/pdf/national_ low_ carbon_ strategy_ en. pdf，2016。

（三）对比分析

《巴黎协定》及《联合国气候变化框架公约》缔约方会议决定并未就中长期低排放发展战略的编写给出详细的规定和要求，这既留给各缔约方自由度及灵活性，但也留存对这些中长期低碳发展战略有效性的质疑。

1.战略编写结构的异同

上文介绍的五份长期低排放发展战略，几乎都涵盖了综述、国内外形势、跨领域政策或措施、行业减排措施等几部分关键内容，其中加拿大、德国、法国的战略以行业为主体并以此划分结构；美国的战略则主要以能源系统的去碳化、土地的碳储存与减排、其他温室气体（非 CO_2）减排三个方面进行划分；墨西哥的战略较为特殊，其结构以跨领域政策、气候变化适应、气候变化减缓三个方面进行划分。

2.战略的定位

作为遥指 21 世纪中叶的长期发展战略，其主体内容大多是对以往国内政策及行动措施的综述与整合，重申目标，它更像是到 21 世纪中叶的蓝图，对各行业或相关政策提供指导。正如加拿大在战略中指出的，它并不是一份行动或政策规划，而更可以被理解为以报告为载体进而与国际社会展开的对话，展示加拿大将如何实现低碳经济。美国也指出，21 世纪中期深度脱碳战略的目的是为短期的减排行动提供一个更长期的愿景及框架，以确保行动及目标的一致性。同时，长期低排放发展战略的制定也将向私营部门释放明确的信号，从而促进私营部门对清洁能源与低碳技术的投入，确保各国及国际社会共同为向低碳经济转型而努力。

3.战略的实施与有效性

长期低排放发展战略的实施将依托国内既定的自主贡献或立法及行动规划。如墨西哥长期低排放发展战略的执行将主要由气候变化立法与能源转型法案予以保证；而加拿大政府主要通过与省及区域进行紧密合作，执行好短期行动规划，即《泛加清洁增长与气候变化框架》。德国更是对"2050 气候变化行动"的实施做出规定，指出政府将与联邦议会共同商议，通过含有

详细措施的实施计划，第一个实施计划预计于 2018 年通过，之后将对其减排作用进行量化评估。法国的战略根据《能源转型法案》而制定，并设定了三个碳预算期，每一个预算期内都对行业减排目标及具体措施做出规定。

美国的相关情况已发生显著变化。原本其战略就被认为是奥巴马政府的仓促之举，更像是一份研究报告而非国家战略①，而随着特朗普宣布美国退出《巴黎协定》，该战略的执行更是前景堪忧、变数巨大。

整体来看，长期低排放发展战略的实施几乎完全依赖于各国的自身情况及自主意愿，《巴黎协定》并未就相关中长期战略的实施提出任何要求或制度性安排，而仅从其指导、配合的作用加以理解，只要国家自主贡献在既定的轨道上予以实施并实现，那么中长期发展战略就应该被认为是有效执行和实施了。

二 中国低碳发展战略现状及国际经验对中国的启示

作为最大的发展中国家，同时也是温室气体排放大国，中国一直积极参与国际气候变化治理及全球减排进程，承担合理的国际责任。中国于 2015 年 6 月向《联合国气候变化框架公约》秘书处正式递交了国家自主贡献方案（INDC），重申到 2030 年左右实现二氧化碳排放峰值并将努力早日达峰；非化石能源消费占一次性能源消费比重达到 20% 左右，碳排放强度在 2005 年水平上下降 60% ~ 65% 。上述目标要求中国必须减少经济对能源、资源和环境要素的依赖，逐步实现经济增长与碳排放的脱钩，走上一条高要素效率的可持续低碳发展路径。

（一）中国低碳发展战略的情况

"十二五"以来，中国采取了一系列行动，应对气候变化、发展绿色低

---

① 柴麒敏：《奥巴马政府为何仓促发布长期低排放发展战略》，财新网，http：//opinion. caixin. com/2016 - 11 -18/101009149. html，2016 年 11 月 18 日。

碳经济。中国积极实施了《中国应对气候变化国家方案》、《"十二五"控制温室气体排放工作方案》、《节能减排"十二五"规划》、《2014～2015年节能减排低碳发展行动方案》、《国家应对气候变化规划（2014～2020年）》和《国家适应气候变化战略》。加快推进产业结构和能源结构调整，大力开展节能减碳和生态建设，加快推进碳排放权交易试点工作及建设工作，在42个省（市）开展低碳试点等，探索符合中国国情的低碳发展新模式。

"十三五"期间是实现2020年、2030年控制温室气体排放行动目标的关键时期，除了继续执行好上述规划之外，我国也加速了在能源领域的改革与建设工作。

1. 中国的能源革命

能源转型是实现我国减排承诺、强化减排行动的关键助推器。2014年6月，习近平主持召开的中央财经领导小组第六次会议研究中国能源安全战略，并提出推动能源消费、能源供给、能源技术和能源体制四方面的"革命"。从会议内容来看，我国能源生产领域的革命将致力于改变以煤为主的传统能源格局，转向多元化供给模式。

2016年12月，国家发改委印发了《能源发展"十三五"规划》①，从能源消费总量和能耗强度两个方面实施双控，以根本扭转能源消费粗放增长方式。该规划要求到2020年煤炭消费在一次能源消费中的比重降到58%以下，非化石能源与天然气等低碳能源消费的联合占比达到25%。根据该规划，清洁低碳能源将是"十三五"期间能源供应增量的主体；同时，在能源布局上，主要将风电、光电布局向东中部转移并以分布式开发、就地消纳为主。该规划提出，有效化解落后过剩产能，加快补上能源发展短板，深入推进煤电超低排放和节能改造，严格控制新投产煤电规模。

几乎同时出台的还有《能源生产和消费革命战略（2016～2030）》②，该

---

① 《能源发展"十三五"规划》，国家发改委官网，http：//www. ndrc. gov. cn/zcfb/zcfbtz/201701/W020170117335278192779. pdf，2016。

② 《能源生产和消费革命战略（2016～2030）》，国家发改委官网，http：//www. ndrc. gov. cn/zcfb/zcfbtz/201704/W020170425509386101355. pdf，2016。

战略从推动能源消费、能源供给、能源技术、能源体制革命四个主要方面做出全面部署，通过十三个重大战略行动，以及权责清晰的实施保障措施，使自身具有更高的可操作性。在《能源发展"十三五"规划》的基础上，该战略进一步提出了能源革命目标："非化石能源占能源消费总量比重达到20%左右，天然气占比达到15%以上，即低碳能源联合占比达到35%，新增能源需求主要依靠清洁低碳能源满足；推动化石能源清洁高效利用"，并重申了二氧化碳排放2030年左右达峰的目标。展望2050年，"能源消费总量基本稳定，非化石能源占比超过一半"，建成绿色、低碳、高效的现代化能源体系。

另外，我们也应充分认识到，当前及未来很长一段时间内，我国以煤炭为主的能源结构仍不会改变，温室气体的排放也将在达峰前继续攀升，控制碳排放仍然是重中之重的工作。

2. 碳交易市场的进展

作为应对气候变化的一项重大体制创新，我国的碳排放权交易走出了一条"先试点，再辐射全国"的具有中国特色的道路。自2013年碳交易试点正式启动以来，北京、上海、深圳、广东、天津、湖北、重庆七个碳交易试点不断探索，形成了各具特色的碳交易体系，碳交易量和金额不断攀升。截至2016年底，七省市试点碳市场累计成交量为1.16亿吨，累计成交额接近25亿元，市场交易日趋活跃。[1] 目前，碳市场启动前的碳配额分配及发放的准备工作正在进行中。各省（市、自治区）正在进行拟纳入排控范围的企业历史排放数据盘查与报送等基础工作。根据设计，全国碳市场初期将涵盖石化、化工、建材、钢铁、有色、造纸、电力、航空8个行业中年煤耗达到1万吨标准煤以上的企业，预计企业数量在7000~8000家左右。

3. 中国"2050低碳发展战略"编写进展

根据《中国应对气候变化的政策与行动2016年度报告》[2]，2012年以

---

① 北京环境交易所、北京绿色金融协会编《北京市碳市场年度报告2016》，2017。
② 《中国应对气候变化的政策与行动2016年度报告》，国家发改委官网，http：//www.ndrc. gov. cn/gzdt/201611/W020161102610470866966. pdf，2016。

来，国家发改委组织开展了中国低碳发展宏观战略研究项目，对中国到
2050年的低碳发展总体战略和分阶段、分领域路线图进行了系统研究，
共完成低碳发展宏观战略总体思路、低碳发展宏观战略总报告以及37个
专题等多项研究。这37个专题分别从低碳发展基础理论、重点领域、政
策体系、实践案例四个方面，针对工业、能源、建筑、交通、节能、城
镇化、林业、农业、消费等重点领域提出了分领域的低碳发展战略任务
和政策措施，并围绕法律体系、制度体系、政策路径、重点行业、试点
示范、能力建设、公众参与、国际合作等方面提出了推进低碳发展的重
大政策建议。

当前，中国已初步完成了到2050年低碳发展战略的相关工作[1]，制定
了2030年、2050年的目标。该战略将基于国家自主贡献目标，为中国在
2030年后进一步向符合2℃温升目标所要求的路径转型，提供较大的可能性
并奠定坚实的基础。

（二）国际长期低排放发展战略对中国的启示

当前，无论是国家应对气候变化战略还是相关行业规划，目标年基本
都设置在2030年，对于更长期的愿景目标还并不清晰。而《巴黎协定》
要求的长期低排放发展战略或许为中国提供了一个契机，从而可以更好地
思考和规划我国更长期的应对气候变化目标及低碳发展道路，为我国自身
两个百年目标及《巴黎协定》全球减排目标的实现做好准备。而结合国际
上已经提交的长期低排放发展战略，在制定自身战略时，应注意以下几个
方面。

（1）"2050低排放发展战略"不仅仅是一份战略纲要，更是向国际和
国内社会传达信心与信号，表明中国致力于走低碳发展之路的决心。从提交
的长期低排放发展战略来看，内容上是对以往国内政策及行动措施的综述与

---

[1] 《新闻办介绍中国应对气候变化的政策与行动2016年度报告有关情况》，中国政府网，
http：//www.gov.cn/xinwen/2016-11/01/content_5127079.htm，2016年11月1日。

整合，重申减排承诺，并重点从行业角度提出减排目标及措施。同时，长期的目标或愿景也向社会及公众传递低碳发展的信心与决心，向私营部门释放明确的信号，促进私营部门持续对清洁能源与低碳技术的投入，确保向低碳经济的转型发展。

（2）"2050 低排放发展战略"目标要充分考虑《巴黎协定》的全球减排目标及情景，做好更大力度减排的准备（1.5℃的目标）。比如，"2℃和1.5℃目标对中国确定长期排放目标以及碳中和时间，将产生显著影响。相比2℃目标，1.5℃目标下，中国2050年排放相对2010年下降率需要再增加约15个百分点，实现碳中和的时间需要提前15年左右"①。为此，"2050 低碳发展战略"可以作为缓冲在短期的（2020 年或2030 年）减排承诺与长期的全球减排目标之间建立连接，提前做好应对准备等。

（3）"2050 低排放发展战略"可借鉴碳预算周期的概念进行管理执行。法国的国家低碳战略即通过碳预算期的概念，管理和控制不同行业的碳排放力度。这一总量控制理念与中国当前的实践其实很相近。比如，我国的《"十三五"控制温室气体排放工作方案》提出，全国碳强度下降约束目标分解到省级区域，确定省级碳强度下降目标；另外，配合全国统一碳市场的启动，碳预算的概念在政策与实施层面也将具有借鉴价值，值得我国在"2050 低碳发展战略"的实施层面予以参考。

三　长期低排放发展战略对实现全球减排目标的意义

《巴黎协定》通过一系列制度安排来确保缔约方持续性地提高国家自主贡献执行力度，解决全球长期减排目标要求和各方实施进展之间的差距问题。从时间安排上来看，这些制度包括：①2018 年开展促进性对话，对所有国家的阶段性成果进行整体盘点，为各国准备下一阶段自主贡献提供信

① 崔学勤等：《2℃和1.5℃目标对中国国家自主贡献和长期排放路径的影响》，《中国人口·资源与环境》2016 年第 26 卷第 12 期，第 1 页。

息；②2020 年，贡献目标年为 2025 年的国家提交第二阶段国家自主贡献，贡献目标年为 2030 年的国家通报、更新原来的国家自主贡献，另外，各国向秘书处通报 21 世纪中叶/长期温室气体低排放发展战略；③2023 年，开展第一次全球盘点；④2025 年，各国提交第三阶段的国家自主贡献；⑤2028年，开展第二次全球盘点等。①

《巴黎协定》中不断更新的自主贡献机制是各方减排行动的实际载体，全球盘点机制是建立"自下而上"贡献目标与长期目标之间联系的制度安排。那么，如何理解长期低排放发展战略在《巴黎协定》中的作用，及其与自主贡献和全球盘点机制之间的协作关系呢？

首先，长期低排放发展战略有利于各国从更长远、更战略性的角度制定和调整自主贡献，避免短视。现在几乎所有国家的自主贡献目标年都设定在2025 年或 2030 年，这就存在一个风险，即在既定目标实现的前提下，由于一些政策、手段缺乏一致性，或资源与资金投入缺乏整体协调等原因，更长期的目标（如全球减排目标）难以达成。比较明显的会是一些具有较长建设或更新周期的基础设施项目等。

其次，长期低排放发展战略可以将各国自身的行动目标与全球目标进行有效连接。各国自主贡献的目标是为了最终实现全球的减排目标，两者之间不断进行着相互转化。比如，2℃ 和 1.5℃ 目标对中国确定长期排放目标，将产生显著影响。为此，长期低排放发展战略可以作为缓冲，在更严格减排的情况下，为自身留有一定的自由回旋之地。

最后，长期低排放发展战略与自主贡献和全球盘点机制一样，是落实全球长期减排目标的制度保证。如前所述，国家自主贡献是一个不断更新调整的五年计划，是全球减排行动的载体，也是全球盘点的对象和基础。而长期低排放发展战略，是一个跨度更广的制度框架，在这个框架下，长期减排目标通过自主贡献被阶段性分解，而同时也保证了各阶段自主减排行动的可持

---

① 傅莎：《〈巴黎协定〉全球盘点问题谈判进展》，载王伟光、郑国光主编《气候变化绿皮书（2016）》，社会科学文献出版社，2016，第 51 页。

续性、一致性和结果的累积效应。像自主贡献一样，长期低排放发展战略也是一个不断更新的过程，随着全球盘点工作的开展及结果分析，全球的减排目标将适时调整，各国的长期低排放发展战略必将同样做出调整。虽然《巴黎协定》只规定了到2020年提交21世纪中叶的低排放发展战略，但随着《巴黎协定》的执行，提交更长期如2075年或2100年的长期低排放发展战略都将成为可能。

G.8
全球气候治理机制的中国角色及其影响因素

薄 燕[*]

摘　要： 中国是全球气候治理机制的关键参与者，这是因为中国一方面是巨大的温室气体排放者，另一方面又能够对全球气候治理机制的建设和发展产生重要影响。自 2011 年以来，中国在全球气候治理中发挥着更加核心的重要作用，这是与中国日益强烈的合作意愿和显著提高的合作能力分不开的。

关键词： 全球气候治理机制　中国角色　合作意愿　合作能力

　　如果把全球气候治理机制界定为国家之间通过联合国气候谈判建立的、用以规范相关行为体温室气体排放行为的制度安排的集成，那么可以看到全球气候治理机制在过去的 20 多年里经历了不断的发展演变，通过一种动态的、类似于"结晶式"的过程，确立了一系列多边气候协议及决议，其中最为核心的是《联合国气候变化框架公约》、《京都议定书》和《巴黎协定》。其中，2016 年生效的《巴黎协定》坚持了"共同但有区别的责任和各自能力原则"，为 2020 年后的全球气候治理确立了基本的制度框架，标志着全球气候治理达到了新的高潮。

　　在参与全球气候治理机制的近 200 个国家中，中国是最早的参与者之

---

　　* 薄燕，复旦大学国际关系与公共事务学院教授、博士生导师，研究领域为环境与国际关系、国际组织、全球治理。

一。虽然对中国在该国际机制中的具体角色仍然存在着不同观点，但是几乎可以达成共识的一点是：中国是全球气候治理机制的关键参与者，它对该项国际机制的发展和变迁起到了越来越重要的作用。那么，中国在全球气候治理机制的发展和变迁中具体扮演着怎样的角色？哪些因素影响着中国参与全球气候治理机制的行为？这些是本文要讨论的问题。

一 全球气候治理机制的中国角色

中国作为全球气候治理机制的关键参与者，一方面体现为中国是巨大的温室气体排放者，其温室气体排放量的增加或者减少具有世界影响；另一方面体现为中国对建立和发展全球气候变化治理机制产生了越来越大的影响。

毋庸讳言，中国不断增加的温室气体排放量凸显了其作为巨大的温室气体排放者的形象。从温室气体排放量来看，根据中国的统计数据，1994 年中国温室气体排放总量（不包括土地利用变化和林业）约为 40.57 亿吨二氧化碳当量，其中二氧化碳所占的比重为 75.8%；2005 年中国温室气体排放总量（不包括土地利用变化和林业）约为 74.67 亿吨二氧化碳当量，其中二氧化碳所占的比重为 80.0%；2012 年中国温室气体排放总量（不包括土地利用变化和林业）为 118.96 亿吨二氧化碳当量，其中二氧化碳所占的比重为 83.2%。[①] 可以看出，自 1994 年以来，尤其是自 2005 年以来，中国温室气体排放量出现了快速增长，其中二氧化碳所占的比重不断提升。

根据国外一些机构的数据，2015 年，中国排放了 104 亿吨二氧化碳，占全球总排放量的 29%，美国和欧盟分别占到 15% 和 10%。中国的年度温室气体排放已经超过了美国和欧盟的总和。从 1870～2015 年的历史累积排放量看，美国占 26%，欧盟占 23%，中国占 13%。中国虽然仍低于欧美，但比重在增加。从人均排放上来看，2015 年全球人均二氧化碳排放量为 4.9

---

① 《中华人民共和国气候变化第一次两年更新报告》，中国气候变化信息网，http://www.ccchina.gov.cn/archiver/ccchinacn/UpFile/Files/Default/20170124155928346053.pdf，2016 年 12 月。

吨，中国的人均二氧化碳排放量是 7.5 吨，美国和欧盟分别为 16.8 吨和 7.0 吨。中国的人均排放水平已经超过欧盟。[①]

但从另一角度看，如果中国的温室气体排放量能够大幅放慢增长或者实现达峰，那么中国温室气体排放量的减少将对国际社会带来巨大的正外部性。一个典型的例子是，2015 年全球碳排放总量没有增加，这是与中国的年排放量日趋稳定分不开的。[②] 可以预见，如果能够如期实现温室气体排放量的达峰甚至下降，中国将对全球温室气体排放量的减少做出实质性贡献。

与此同时，中国对全球气候治理机制的建立、发展和变迁发挥着重大作用。20 世纪 90 年代初，中国从一开始就参与到全球气候治理机制中，并对该机制"共同但有区别的责任和各自能力原则"的确立发挥了重要作用。但是，当时中国更多地被看作发展中国家阵营内部的重要一员，其影响和地位相对有限。在京都进程和后京都进程中，对于中国在全球气候治理机制中的行为，学者有着不同的观点。一些学者强调中国行为的合作性，认为中国是积极而又谨慎的参与者；中国在坚持不承担温室气体量化减排义务的同时，参与国际气候谈判的态度比过去更加灵活、更具合作性。[③] 有的学者则认为，中国在国际气候谈判中经历了从被动却积极参与，到谨慎保守参与，再到活跃开放参与的态度转变。[④] 另外，一些西方学者和媒体对中国的评价曾经是非常负面的，把中国描述成"保守的""防御性的""不合作的"或者是"倔强对抗的"参与者。

在 2009 年的哥本哈根气候会议上，虽然中国为推动会议取得成果做出了巨大努力，但是由于中国拒绝最终协议中包含发达国家提出的到 2050 年全球长期减排目标的行为，一些国家将这次会议的无果而终归咎于中国。在

---

① 《2016 年全球碳预算报告》，Global Carbon Project，http：//www.globalcarbonproject.org/about/index.htm，2016。

② 解振华：《2015 年全球碳排放无增加主要贡献来自中国》，中国经济网，http：//www.ce.cn/xwzx/gnsz/gdxw/201603/07/t20160307_9330123.shtml，2016 年 3 月 7 日。

③ 张海滨：《中国与国际气候变化谈判》，《国际政治研究》2007 年第 1 期，第 21 ~ 36 页。

④ 严双伍、肖兰兰：《中国参与国际气候谈判的立场演变》，《当代亚太》2010 年第 1 期，第 80 ~ 90 页。

中国等新兴国家经济发展、温室气体排放量大幅增长、国际政治地位提升的背景下，它们拒绝接受发达国家提出的全球长期减排目标的坚定立场，一度被西方学者认为是这些国家试图在气候变化领域追求权力。

2011年后，中国在德班平台的谈判中开始发挥更加核心的、建设性的作用，既坚持维护发展中国家的整体利益，又采取了更加灵活、务实的谈判策略，与新兴发展中国家和发达国家积极互动，推动发达国家与发展中国家之间建立桥梁。在2015年的巴黎气候会议期间，中国推动在减缓、适应、资金、技术和透明度等方面体现发达国家与发展中国家的区分，要求各国按照自己的国情履行自己的义务、落实自己的行动和兑现自己的承诺。解振华说："从成果看，我们所有的要求、推动力方面，都在这个协定中有所体现，中国为《巴黎协定》的达成起到了巨大的推动作用。"① 可以说，在促成《巴黎协定》的过程中，中国发挥了不可或缺的关键作用。联合国秘书长潘基文则于G20领导人杭州峰会期间高度赞扬习近平主席在《巴黎协定》达成和签署过程中展现出的领导力。中国积极促进《巴黎协定》的达成和生效，是中国深度参与全球治理的一个成功范例。

在《巴黎协定》生效后不久，美国新任总统特朗普对全球气候治理采取了极为消极的态度。与此形成对照的是，中国国家主席习近平在2017年1月的达沃斯世界经济论坛上表示："《巴黎协定》符合全球发展大方向，成果来之不易，应该共同坚守，不能轻言放弃。这是我们对子孙后代必须担负的责任！"中国领导人的表态增强了国际社会对《巴黎协定》进一步落实的信心，也为中国在气候治理领域发挥更大的引领作用奠定了基调。国际社会认为中国应在未来的全球气候治理中充当领导者的声音日益强烈。美国《基督教科学箴言报》于2017年3月4日刊发题为"中国煤炭消费量再次下降，该国在应对气候变化方面的领导地位得到提升"的文章，该文章称

---

① 徐芳、刘云龙：《〈巴黎协定〉终落槌中国发挥巨大推动作用》，央广网，http://news.cnr.cn/dj/20151213/t20151213_520776754.shtml，2015年12月13日。

中国已成为解决气候变化问题的世界领导者。一些西方学者则认为，随着美国的影响力从一个至关重要的多边进程退出，中国准备填补特朗普种种举动留下的气候变化领导真空。因此，对中国来说，这不仅是一次经济机遇，实际上还是一次外交机遇。

特朗普于 2017 年 6 月 1 日正式宣布美国退出《巴黎协定》后，中国表示将继续履行《巴黎协定》承诺。伴随着中国在清洁能源领域投入巨资并创造数以百万计的就业岗位，国际社会对于由中国担任全球气候治理领导者的声音更加强烈。尽管对于中国是否应该和能够在后巴黎时代成为全球气候治理的领导者还存在争议，但是中国在后巴黎时代的全球气候治理机制中的地位和作用更加关键、更为核心，这一点是不容置疑的。

二　影响中国角色的因素

中国之所以能够自 2011 年以来对全球气候治理机制的变迁发挥核心作用，主要原因是中国在该领域的合作意愿和合作能力不断得到提高。

（一）日益强烈的合作意愿

从合作意愿的角度看，如果说 20 世纪 90 年代初，中国参与全球气候治理机制的意愿是中等水平的，那么自 2011 年以来，这种意愿达到了较高水平。中国的更强合作意愿既基于深度参与全球治理、推动全人类共同发展的责任担当，也基于实现可持续发展的内在要求。

在全球层次上，具有鲜明中国特色的全球治理观对中国参与全球气候治理治理机制的变革起到了引领作用。中国国家主席习近平指出，全球治理体制变革离不开理念的引领。他在 2015 年 11 月 30 日的巴黎气候变化大会开幕活动时，发表了题为"携手构建合作共赢、公平合理的气候变化治理机制"的重要讲话，明确提出"各尽所能、合作共赢""奉行法治、公平正义""包容互鉴、共同发展"的全球气候治理理念，同时倡导和而不同，允许各国寻找最适合本国国情的应对之策。这些主张形成了具有鲜明中国特色

的全球气候治理观。① 在上述理念的指引下，中国致力于推动构建合作共赢、公平合理的全球气候治理体系，为推动气候变化多边进程、建设全球气候治理机制做出了贡献。

与此同时，中国国内确立的生态文明理念，从根本上提升了中国进行国内气候治理和参与全球气候治理的意愿。2012 年 11 月 8 日，中国共产党第十八次全国代表大会提出大力推进生态文明建设，树立尊重自然、顺应自然、保护自然的生态文明理念，把生态文明建设放在突出地位，并使之融入经济建设、政治建设、文化建设、社会建设各方面和全过程。② 此次会议报告提到"坚持共同但有区别的责任原则、公平原则、各自能力原则，同国际社会一道积极应对全球气候变化"。③ 这意味着，中国已经把应对气候变化作为生态文明建设的内在组成部分。

中国共产党的十八大明确了生态文明建设的总体要求，十八届三中、四中、五中全会分别确立了生态文明体制改革、生态文明法治建设和绿色发展的任务。2015 年 4 月 25 日，《中共中央国务院关于加快推进生态文明建设的意见》颁布，指出要坚持把绿色发展、循环发展、低碳发展作为基本途径。该意见明确指出坚持共同但有区别的责任原则、公平原则、各自能力原则，积极建设性地参与应对气候变化国际谈判，推动建立公平合理的全球应对气候变化格局。这表明应对气候变化已经成为中国可持续发展的内在要求。

总之，在新的全球气候治理观的引导下，中国在全球气候治理机制的建设中强调合作共赢，以负责任和建设性态度参与气候变化谈判；在生态文明理念的引导下，中国在国内致力于生态文明建设，把应对气候变化作为实现可持续的绿色发展的内在要求，实现了全球气候治理和国内气候治理的相互促进、相互支持。

---

① 刘振民：《全球气候治理中的中国贡献》，《求是》2016 年第 7 期，第 56 ~ 58 页。
② 国家发展和改革委员会：《中国应对气候变化的政策与行动 2013 年度报告》，2013。
③ 《胡锦涛在中国共产党第十八次全国代表大会上的报告》新华网，http://news.xinhuanet.com/18cpcnc/2012 - 11/17/c_ 113711665. htm, 2012 年 11 月 17 日。

（二）显著提高的合作能力

中国的合作能力自 2011 年以来得到了显著提高。首先，中国自身气候变化科学的发展和对 IPCC 工作更广泛的参与，提高了它在气候变化科学方面的话语权，为进一步参与国际气候谈判奠定了更坚实的基础。中国在气候变化科学研究方面部署了大量的项目，成立了国家气候变化专家委员会，组织编制了两次《气候变化国家评估报告》，这有助于提高中国应对气候变化行动和措施的科学性。[①] 此外，在 IPCC 评估报告的编写过程中，中国从未缺席，并且在第五次评估报告的编写过程中，中国的贡献更加显著。在审议 IPCC 第五次评估报告三个决策者摘要时，中国政府派出以中国气象局局长郑国光和副局长沈晓农为团长、多部门专家组成的代表团，以建设性姿态积极完成了审议。中国参与编写 IPCC 评估报告的作者人数也出现了明显增加。IPCC 第一次评估报告的中国作者仅 9 名，第二至四次评估报告的中国作者人数分别是 11 名、19 名和 28 名，第五次评估报告的中国作者则增加到 43 名。第五次评估报告第一工作组报告的每一章都有中国作者。[②]

与此同时，中国国内气候变化基础科学的研究规模和水平也在迅速提升。例如，中国气象局组织开展了多模式超级集合、动力与统计集成等客观化气候预测新技术的研发和应用，完成 IPCC 第五次国际耦合模式比较计划，为 IPCC 第五次评估报告提供了模式结果。[③]

其次，中国经济发展政策和经济发展模式的转型，从根本上提高了中国参与全球气候治理的能力。

中国经济发展政策和经济发展模式的转型为中国气候治理取得实效提供了重要条件。2013 年，中国共产党第十八届三中全会的召开标志着中国经

---

① 《郑国光强调：应对气候变化推进生态文明建设》，中央政府网，http://www.gov.cn/gzdt/2013－07/29/content_ 2457561. htm，2013 年 7 月 29 日。

② 王素琴：《向世界传递中国声音——IPCC 第五次评估报告中国贡献解读》，《中国气象报》2014 年 5 月 20 日，第 3 版。

③ 国家发展和改革委员会：《中国应对气候变化的政策与行动 2012 年度报告》，2012 年 11 月。

济政策与之前十年的相比发生了巨大变化。① 2014 年，习近平提出并阐释了"经济新常态"的理念。他还提出，中国共产党的十八届五中全会提出"创新、协调、绿色、开放、共享"的发展理念，是针对中国经济发展进入新常态、世界经济复苏低迷开出的药方。②

　　在巴黎气候变化大会之前，中国新的经济发展模式的成效就已经显现。2014 年和 2015 年的 GDP 增长率分别为 7.3% 和 6.9%。2015 年，中国服务业保持较快增长，服务业增加值同比增长 8.3%。③ 2015 年，中国非化石能源发电装机容量占总装机容量的比重由 2010 年的 27% 增加到 34%。电力装机规模达到 15.1 亿千瓦，较 2010 年增加 5.4 亿千瓦；非化石能源消费比重达到 12.0%，比 2010 年上升 2.6 个百分点，超额完成 11.2% 的规划目标。"十二五"期间，全国万元 GDP 能耗累计下降 18.2%；火电供电标准煤耗由 2010 年的 333 克标准煤/千瓦时下降至 2015 年的 315 克标准煤/千瓦时。④ 中国国内经济政策和发展模式的转换给予中国参与全球气候治理机制更大的灵活性、更多的腾挪空间。在中国发展的"新常态"下，低碳发展不仅不再是一种负担，反而被看作一种战略机遇，使得中国能够应对国内的环境问题，消除对中国作为排放大国的负面影响，建立在低碳技术领域的优势。⑤

　　再次，中国优化国内气候政策，强化能力建设，国内气候治理成效显著。

　　自 2011 年以来，中国国内气候治理能力的提高主要体现在以下几个方面。第一，中国已经初步建立国家应对气候变化领导小组统一领导、国家发

① 《关于全面深化改革若干重大问题的决定》，2013 年 11 月 12 日中国共产党第十八届中央委员会第三次全体会议通过。
② 《习近平首次系统阐述"新常态"》，新华网，http：//news. xinhuanet. com/world/2014 - 11/09/c_ 1113175964. htm，2014 年 11 月 9 日。
③ 《2015 年服务业引领国民经济稳步发展》，中央政府网，http：//www. gov. cn/xinwen/2016 -03/10/content_ 5051710. htm，2016 年 3 月 10 日。
④ 《2015 年中国环境状况公报》，环保部官网，http：//www. zhb. gov. cn/gkml/hbb/qt/201606/t20160602_ 353138. htm，2016 年 6 月 20 日。
⑤ Isabel Hilton & Oliver Kerr，"The Paris Agreement：China's 'New Normal' Role in International Climate Negotiations，" *Climate Policy* 17（2017）：1，48 - 58.

展改革委归口管理、有关部门和地方分工负责、全社会广泛参与的应对气候变化管理体制和工作机制。全国各省（直辖市、自治区）均成立了以政府行政首长为组长的应对气候变化领导机构，部分城市还成立了应对气候变化或低碳发展办公室。① 第二，注重完善宏观指导体系，加强顶层设计，开展重大战略研究和规划制定。2014 年 9 月，国家发展和改革委员会发布《国家应对气候变化规划（2014~2020 年)》，大多数省（直辖市、自治区）发布了省级应对气候变化专项规划，推动将应对气候变化内容纳入国民经济发展规划。2014 年以来，国家发展和改革委员会编制形成《中国低碳发展宏观战略总体思路》《中国低碳发展宏观战略总报告》和各课题专题研究报告，为推进国内低碳发展、积极参与国际谈判提供了重要支撑。第三，加强和健全法律法规和标准。第十二届全国人大常委会第十六次会议于 2015 年8 月 29 日通过了修订后的《中华人民共和国大气污染防治法》。中国还积极推进省级应对气候变化立法，为全国范围开展立法工作积累经验。第四，加强基础统计体系及能力建设。中国成立了由国家发展改革委、统计局等 23个部门组成的应对气候变化统计工作领导小组，建立了以政府综合统计为核心、相关部门分工协作的工作机制。② 第五，提高国内减缓气候变化的能力。中国政府发布了《"十二五"控制温室气体排放工作方案》，将"十二五"碳强度下降目标分解落实到各省（直辖市、自治区），并建立了目标责任评价考核制度。2013 年 4 月，国家发展改革委组织对全国 31 个省（直辖市、自治区）2012 年度控制温室气体排放目标责任进行首次试评价考核，进一步加强了对控制温室气体排放相关工作的督促指导和政策协调。③ 此外，为实现有效的减排，中国启动碳排放交易试点，建立自愿减排交易机制。④

---

① 国家发展和改革委员会：《中国应对气候变化的政策与行动 2013 年度报告》，2013。
② 国家发展和改革委员会：《中国应对气候变化的政策与行动 2015 年度报告》，2015 年 11 月。
③ 国家发展和改革委员会：《中国应对气候变化的政策与行动 2014 年度报告》，2014 年 11 月。
④ 国家发展和改革委员会：《中国应对气候变化的政策与行动 2015 年度报告》，2015 年 11月；国家发展和改革委员会：《中国应对气候变化的政策与行动 2012 年度报告》，2012 年11 月。

实践证明，"十二五"以来，中国的国内气候变化治理取得了非常显著的成效。截至 2014 年，全国单位 GDP 二氧化碳排放量同比下降 6.2%，比 2010 年累计下降 15.8%。① "十二五"规划要求减排 17% 的目标已经完成；中国非化石能源消费占能源消费的比重达 11.2%，比 2005 年提高了 4.4 个百分点；森林蓄积量比 2005 年增加了 21.88 亿立方米，远超此前中国对国际社会承诺的 15 亿立方米。②

最后，中国参与联合国大多边气候谈判和《联合国气候变化框架公约》外机制的能力进一步提高，注重双边、小多边磋商、交流与合作，在全球气候变化治理中的影响和作用日益提升。

自 2011 年以来，中国更具建设性地参与以《联合国气候变化框架公约》为基础的全球气候治理机制，加强与各方的沟通交流，推动气候变化国际谈判取得进展。③ 中国全面参与德班、多哈、华沙、利马、巴黎气候会议的谈判与磋商，积极引导谈判走向，支持东道国的工作，利用各种渠道和方式与各方开展坦诚、深入的对话与交流，对这些气候变化会议取得积极成果做出了重要贡献。④ 中国也积极推进《联合国气候变化框架公约》外的多边谈判磋商工作，包括参与彼得斯堡气候对话、经济大国气候变化与能源论坛以及国际民航组织、国际海事组织等国际机制下气候变化相关的谈判磋商。中国还参与和关注全球清洁炉灶联盟、气候与清洁空气联盟、亚太经合组织、联合国贸发会议、世界贸易组织等《联合国气候变化框架公约》外机制对气候变化相关议题的讨论。⑤

---

① 参见《截止到 2014 年全国单位国内生产总值二氧化碳排放同比下降 6.1%》，中央政府网，http://www.gov.cn/2015-11/19/content_2968261.htm，2015 年 11 月 19 日。
② 国家发展和改革委员会，《中国应对气候变化的政策与行动 2015 年度报告》，2015 年 11 月。
③ 国家发展和改革委员会：《中国应对气候变化的政策与行动 2012 年度报告》，2012 年 11 月。
④ 国家发展和改革委员会：《中国应对气候变化的政策与行动 2014 年度报告》，2014 年 11 月。
⑤ 国家发展和改革委员会：《中国应对气候变化的政策与行动 2014 年度报告》，2014 年 11 月；国家发展和改革委员会：《中国应对气候变化的政策与行动 2015 年度报告》，2015 年 11 月；国家发展和改革委员会：《中国应对气候变化的政策与行动 2016 年度报告》，2016 年 11 月。

三 结论

自 2011 年以来，中国参与全球气候治理机制变迁和在国内进行气候治理的一致性增强，两者从根本上是互相促进和补充的。这与中国在 20 世纪参与全球气候治理机制的情形相比发生了很大变化。中国对于全球气候治理的新理念和国内生态文明的新理念为中国积极参与全球气候治理机制变迁奠定了理念基础，全球气候变化科学的新发展和国内应对严重空气污染的目标进一步提升了中国的合作意愿。与此同时，中国参与全球气候治理机制变迁的能力得到明显提高，体现为国内气候科学研究的进展、经济在新常态下的发展、日益优化的气候政策和显著的气候治理实效以及全方位的气候外交策略，使中国的国家自主减排贡献目标更具可信度，为中国参与全球气候治理机制提供了强有力的支撑。与此同时，全球气候治理机制内部治理模式更加现实、更加灵活的总体变迁趋势反映了中国等发展中国家的立场和要求，顺应了中国国内气候治理的政策体系及其特征，有助于中国协同应对气候变化和空气污染，推动国内绿色低碳转型。

在后巴黎时代，中国在全球气候治理机制的建设中仍将发挥关键的、引导性作用。这种作用的发挥不是基于中国对该问题领域领导权的刻意追求，而是基于其在全球气候治理和国内气候治理中日益提升的能力以及承担国际责任、解决国内环境问题和建设生态文明的政治意愿。中国对气候变化问题的科学认知、超越自利的国际合作的新理念以及对国家发展和国际发展模式的创新，为中国发挥引导作用奠定了基础。如果说在全球气候治理领域发达国家发挥领导力的逻辑是"改变他人，领导世界"，中国的风格和方式则是"改变自己，引领世界"。

G.9
应对气候变化南南合作
面临的挑战及对策*

王 谋**

摘 要： 应对气候变化南南合作是国际社会协同应对气候变化的重要
组成部分。我国是应对气候变化南南合作的主要倡导者和推
动者，在资金贡献、机制建设等方面都起到了引领作用。应
对气候变化南南合作，作为一种新的国际合作机制，尤其是
包括我国在内的发展中国家长期作为受援国参与国际合作，
要转型成为以实施对外援助为主的领导南南合作的国家，还
面临着诸多挑战和问题。对于我国而言，这些挑战包括：尚
缺乏开展南南合作的国家层面的顶层设计、目前开展南南合
作的水平还比较初级、应对气候变化南南合作机制还需进一
步完善等。本文通过分析欧美发达国家在对外合作领域的实
践经验，提出我国开展应对气候变化南南合作的对策建议。

关键词： 气候变化 南南合作 对外援助

随着经济社会的快速发展和国际责任意识的增强，我国已经由传统的

---

* 本文受国家社科基金重点项目"我国参与国际气候谈判角色定位的动态分析与谈判策略研
究"（16AGJ011）、科技部改革发展专项课题"应对气候变化南南合作重大问题研究"的资
助。
** 王谋，中国社会科学院城市发展与环境研究所副研究员，研究领域为国际气候制度、环境治
理、可持续城市等。

受援国，逐步演化为有积极意愿承担更多国际责任的对外援助国。这种角色的转变不仅仅表现为我国所接受的国际援助资金快速减少，更体现为我国对外援助资金量的快速增加。在气候变化领域，由于排放总量巨大的压力和在国际气候治理进程中的领导地位，我国在对外援助方面的角色转换体现了更快的节奏。从 2012 年前大量接受国际社会提供的研究和各种项目的国际赠款，并且通过清洁发展机制（CDM）项目获得国际社会减排资助，到 2015 年国家领导人先后在联合国及多种双边场合宣布注资成立应对气候变化南南合作基金（资金总量超过 200 亿元人民币），这一角色转换和一系列自愿出资行动，既展示了我国对全球环境负责任的态度，也体现了我国在国际气候治理进程中积极作为的领导力。随着美国逐步退出国际气候治理进程，欧盟全球经济、政治领导力的下降，国际社会对我国及我国主导的应对气候变化南南合作的预期还将不断提升，如何推进南南合作并借此明确和实现我国在气候治理和气候外交领域的诉求尚需深入研究和探讨。

一 我国应对气候变化南南合作面临的挑战

就目前南南合作的情况来看，其本质还是援助与被援助的关系，至于合作所秉持的共同投入、共同收益模式尚未真正建立。就我国倡导的应对气候变化南南合作来看，基本是我国向其他合作国家提供物资赠送、贷款和其他形式的援助，不存在反向的投入和援助，因此可以看作对外援助的一种新的方式。我国对外援助尤其是对非洲国家的援助已经开展多年，只是没有被冠以南南合作的称谓；而以应对气候变化为名的南南合作，的确是新的提法和做法，是在高层领导人的倡议下，快速发展的对外援助的一种新的形式。得益于各方面的大力推动，南南合作在短短两三年内不论是资金总量还是项目数量都经历了快速增长，而在这一快速增长的过程中我国也面临一些挑战。

（1）各部委并进，缺乏顶层设计。我国很多部委包括国家发改委、

外交部、农业部、科技部、环保部、工信部、商务部、国家能源局、国家气象局、国家林业局等都有一些传统的对外援助项目，在气候变化问题逐渐成为国际社会关注热点后，与气候变化相关的合作也快速增加，呈现多个部委、机构同时就气候变化问题与其他国家开展合作的局面。这些合作普遍规模不大，目的性不强，显示度不高，各类合作由于比较分散，没有发挥对外合作资源的集聚效应，总体来看对我国气候外交的贡献非常有限。可以说，目前我国在气候变化对外援助或合作领域还比较缺乏顶层设计，存在一些短板，各种对外援助资源尚需进一步统筹，援助对象和方式也需深入探讨和规划，这样才能发挥这些对外援助资源的最大效益。

（2）物资赠送为主，合作水平比较初级。我国应对气候变化南南合作启动时间很短，大量的工作还处于探讨和摸索阶段。从目前所开展的具体活动来看，以物资赠送为主，属于对外援助比较初级的阶段，这也符合对外援助起步阶段的特征。同时，由于多个部委同时开展对外援助活动，还可能存在物资赠送或者项目合作领域的低水平重复，导致赠送资金利用效率不高。随着对外援助活动的增加，物资赠送的规模和比例都可能出现下降，更加系统、有规划、目的更明确、实现效果要求更高的对外援助或者南南合作方式亟待发展。

（3）对外合作机制有待健全。从国家领导人和相关部委的表述来看，我国开展应对气候变化南南合作并非临时起意，更非浅尝辄止，而是希望将南南合作有温度、有热度、有良好效果地持续开展起来。所以尽管在合作初期，应对气候变化南南合作几乎仅凭我国一己之力投入资金支持开展，对于合作初期的示范性项目，我国也不纠结于成本先把合作开展起来。但随着合作项目的增多、经费的持续增加，建立体系化、规范化、制度化的南南合作机制不可避免。各相关部门单打独斗的方式已经被开展对外援助较早的工业化国家证明是效率较低的模式，机制化、制度化、集中式的对外合作模式则是多数国家在对外援助提升到一定水平后的经验选择。

二　世界主要国家对外援助的经验

我国倡导的应对气候变化南南合作就目前运行情况来看本质上还是一种对外援助。因此，要提升南南合作的效率、效果，可以充分借鉴国际对外援助的经验，尤其是发达国家对外援助的经验，因其对外援助资金规模较大、持续时间长、援助范围广、援助领域多样，沉淀和积累了丰富的经验包括对实施项目的监督和对实施效果的评估等经验。这些经验对于高效率、高质量地开展应对气候变化南南合作具有积极的参考意义。

（1）明确对外援助的目的和诉求。对外援助从来都是有目的性的。对外援助是一个国家或国家集团对另外一个国家或国家集团提供的无偿或优惠的有偿货物或资金，用以解决受援国所面临的政治经济困难或问题，或达到援助国特定目标的一种手段。[1] 也有专家认为"对外援助是国内政治的拓展，是国家推行其外交政策的工具"[2] "援助国希望通过援助来实现其自身的战略和政治利益、经济利益、文化和意识形态利益，甚至改善和提升本国的国际形象和政治威望"[3]。可见，对外援助的目的性和功能性已是中外共识。美国"二战"后实施的对外援助"马歇尔计划""第四点计划"，以及里根政府时期提出的"加勒比盆地倡议""杰克逊计划"等都具有显著的政治色彩，并且通过对外援助计划的实施赢得了国际市场，促进了国内经济发展；澳大利亚对外援助尤其是对周边太平洋岛国的持续援助，主要是出于对国家安全的考虑；日本对外援助脱胎于战争赔款，后来逐步演化为贸易、投资、援助"三位一体"的经济合作方式，目的是在援助的同时实现对亚非国家资源和市场的占有，并要求受援国在国际政治舞台上对日本进行支持。"世上没有免费的午餐"既是援助国的信条同时也是受援国的认知。因此，

---

[1]　宋新宁、陈岳：《国际政治经济学概论》，中国人民大学出版社，1999，第21页。

[2]　周弘：《对外援助与国际关系》，中国社会科学出版社，2002，第1页。

[3]　Hans Morgenthau, "A Political Theory of Foreign Aid," *The American Political Science Review* 56 (1962): 305.

我国开展南南合作的目的、诉求可以进一步明确，同时，也应该将这些诉求清晰地传递给受援国，无论是交易还是合作，双方各取所需。

（2）成立专门的对外援助机构。根据联合国的建议，发达国家应拿出国民总收入的0.7%用于援助发展中国家①，但鲜有发达国家实现这个比例，通常来看，出资比例保持在0.1%~0.3%，这对于各国来讲仍然是一笔不小的预算。对于如何高效地支付和管理这笔资金，发达国家也开展了很多尝试。有一个共同点是，基本上所有的发达国家都成立了专门负责开展对外援助的机构，如美国发展援助署（USAID）、日本国际协力机构（JICA）、德国国际合作机构（GIZ）、英国国际发展部（DFID）、澳大利亚国际开发署（AusAID）、法国开发署（AFD）等。发达国家不仅有专门机构负责对外援助工作，而且大多数还以法律、法规的形式保障对外援助活动的持续稳定开展，如美国的《对外援助法》、英国的《国际发展法》、日本的《官方发展援助大纲》、《法国发展援助政策：为了一个更加协同的全球化》、《澳大利亚援助：促进增长与稳定》白皮书等。各国负责对外援助的专门机构，不仅承担对外援助的具体事务，还需要对援助实施过程和实施效果进行监督和评估，以保证对外援助经费的合理、高效使用。

（3）开展对外援助规划。从发达国家对外援助的经验来看，效果良好的对外援助从来不是一蹴而就的，而是建立在长期、持续、多维度援助的基础上。这就需要对对外援助的总体框架，包括时间框架、经费预算、援助科目、援助对象等进行中长期规划。美国、澳大利亚等对外援助国，通常还要求受援国参与援助规划制定过程，以产生更加高效的援助计划。制定对援助国的中长期援助方案或计划，必然会提升对外援助的水平，避免低水平重复如重复赠送特定物资等，并且可以有规划地实施援助，从物资到技术和服务的援助，从单一领域向多个行业领域的综合性全方位援助，从基础设施建设到人才培养的长期援助。从而实现对外援助从"授之以鱼"向"授之以渔"

---

① 《联合国贸发会议呼吁发达国家兑现将国民总收入0.7%用于海外发展援助的承诺》，新浪网，http://finance.sina.com.cn/roll/2016-07-19/doc-ifxuaqhu0741502.shtml，2016年7月19日。

的方向发展，从整体上而不是从表面上实现对受援国的帮助。而建立在相互信任的长期合作基础上的对外援助，更加有助于对外援助目的或诉求的实现，以及在国际地缘政治中培养可靠的友邦。美国在拉美、南美地区持续实施援助以防止苏联影响力在拉美地区的蔓延以及澳大利亚对太平洋岛国的援助以巩固地缘安全，都实现了比较好的效果。

三　推进应对气候变化南南合作的对策建议

开展以对外援助为特征的应对气候变化南南合作需要具备一定的条件，这些基本条件包括：第一，有合作的能力；第二，有合作诉求；第三，有合作的意愿；第四，有外部需求。从合作能力来看，不管是经济条件还是技术水平，我国都基本具备了开展对外援助的实力；开展南南合作的诉求也在逐渐地清晰起来，南南合作既是我国气候外交的重要组成部分，也是我国拓展全球市场的辅助力量，还能在气候道义上赢得国际社会赞许从而肯定我国的发展道路，可谓一举多得；从合作意愿来看，无论是高层领导还是部委，都表达了积极意愿，国内基本不存在滞缓应对气候变化南南合作的阻力；至于应对气候变化的外部合作需求，可以说是大量并长期、持续存在的。因此，开展应对气候变化南南合作条件已经具备，国际社会预期也已经存在，对于如何能实现更佳成效、实现更大的对外援助的诉求，本文提出如下建议。

（1）统筹资源、做好顶层设计。应对气候变化南南合作工作正处于启创阶段，做好规划设计非常重要。尤其是南南合作的顶层设计，包括合作的原则、诉求、目标、合作领域、合作方式、合作对象的筛选原则等以及资金的规模、来源、管理、绩效评估等。而厘清并整合我国目前开展的与应对气候变化相关的各种合作机制是统筹资源、做好顶层设计的基础。针对零散并广泛存在的不同部委、机构与其他国家或组织开展合作的现状，可通过国家应对气候变化领导小组进行协调，摸清应对气候变化相关领域国家对外援助的总体资金规模、领域、方式，为统筹规划使用相关资源打好基础。应对气

候变化南南合作的顶层设计需得到高度重视，可以通过国家发改委、外交部组织国内相关部门、研究机构的力量共同落实。随着经济社会的快速发展，我国的对外援助可能迎来高速增长期，应对气候变化南南合作的顶层设计不仅对深入推进和开展应对气候变化南南合作工作有益，其实施经验还可以为其他领域的对外合作、援助提供参考。

（2）适时成立专门对外援助机构。随着我国对外援助经费的快速增加，继续采取各部委各自为政、各管一方的对外合作模式的缺点是显而易见的：资源分散，缺乏资源集聚利用的影响力和效果；合作水平低，受资源所限多为物资赠送等初级援助方式；重复的事务性工作，各部门都有一些人重复同样的对外援助的事务性工作，造成人力资源的浪费；缺乏规划，各部门都没有足够的资源和人力开展中长期的发展援助规划，尤其是针对受援国国情开展综合、持续的援助计划。从发达国家的对外援助经验来看，它们基本都有专门负责对外援助的机构，并统筹相关领域的对外援助资源，集中力量办大事。应对气候变化南南合作只是我国新时期开展大规模对外援助的一个开始，随着我国经济社会的发展，逐步向后工业化社会过渡，国际责任和义务也将逐步加重，对外援助的规模也可能向其他工业化国家看齐而成为国际社会提供对外援助的重要力量。在这种情况下，建立专门的对外援助机构成为必然，我国可基于目前商务部对外援助司，国家发改委、科技部、农业部等部委所承担的对外援助相关机构的职能和人员，与外交部相关职能司局组建我国对外援助机构，统一规划、管理、使用、评估对外合作资源，并以专业化、机制化、制度化的管理方式，将对外援助资源的效用发挥到最大。

（3）提升合作水平、实现多重目标。发达国家经验显示，对外合作的发展具有显著的阶段性，合作水平随着合作的持续开展呈上升趋势。我国目前以物资赠送为主的合作模式也将逐渐过渡到更高级的合作方式。这就需要，首先要制定规划，在明确对外援助诉求的基础上开展对受援国的中长期援助规划，形成整体、综合的发展援助规划；其次在合作模式、合作水平、合作领域、合作方式等操作层面上开拓创新，这些创新可以体现出三大特征：一是，从物资赠送等产品层面的合作拓展为成套技术和提供技术服务层面的合作；二是，从设备、硬件产品的合作提升到开发标准并在合作中推广技术标准的合作；三是，从适用技术、管理技术的合作上升到发展理念的合作。开展应对气候变化南南合作不仅可以帮助发展中国家更好地适应和应对气候变化，促进其经济社会稳定发展，还可能产生积极的外溢效应，实现更广泛的气候外交红利和经济利益。

国内应对气候变化行动

Domestic Actions on Climate Change

G.10
我国洪灾风险演变特征与
治水方略调整方向

程晓陶*

摘　要：　近20年来，我国城镇化进程空前迅猛，加之全球气候变暖的
　　　　　影响，洪涝灾害风险特性与安全保障需求均在发生显著变化。
　　　　　由于城市面积急剧扩张，防洪排涝基础设施建设滞后，"城市
　　　　　看海"几成常态；农村青壮年大量离乡，堤防常年维护和汛
　　　　　期抢险力量削弱，中小河流与湖区圩堤汛期溃口时有发生；
　　　　　农村土地流转后集约化经营的大户人家，一旦遭灾，不仅成
　　　　　为灾民，而且可能成为"巨额"债民，现有民政救济和社会

* 程晓陶，教授级高级工程师，国家减灾委专家委员会委员，研究领域为防洪减灾。

赈灾体制难以助其恢复生产、重建家园。本文基于系列资料的分析，结合典型案例的调研，论述了我国洪涝风险的演变特征，从把握发展阶段需求、谋求人与自然和谐、加强洪水风险管理与应急响应的基础研究与能力建设等方面探讨了综合治水方略的调整方向。

关键词： 洪涝灾害　风险管理　应急响应　应对方略

一　对我国防洪形势的基本判断

（一）1990年以来我国洪灾损失的变化特征

1990 年以来，我国的洪涝灾害直接经济损失呈明显双峰型（见图1）。[①] 20 世纪 90 年代，我国降水处于一个相对的丰水期，加之 1980 年起中央与地方财政分灶之后，中央水利投资锐减，而地方财政更多集中于短平快的创收项目，防洪体系多年吃老本，以致 20 世纪 90 年代不仅年洪涝灾害直接经济损失急剧上升，而且相对经济损失（年洪涝灾害直接经济损失与 GDP 总值之比）高达 1% ~4%，10 年平均为 2.26%，比美日等发达国家高出一两个数量级。

1998 年大水之后，痛定思痛，国家成倍加大了治水的投入，1998 ~ 2002 年中央水利基建投资为 1949 ~1997 年的 2.36 倍，其后又保持了持续的增长，"十一五"和"十二五"期间水利总投资分别为前五年水利投资的 1.93 倍[②]和 2.9 倍[③]。进入 21 世纪以来，我国大江大河干堤加高加固已全

---

① 年洪涝灾害直接经济损失数据来自《中国水旱灾害公报》，国家历年 GDP 总值来自国家统计局统计公报。

② 水利部：《"十一五"时期我国水利投入约 7000 亿元》，http：//news. cntv. cn/20101225/ 100495. shtml，2010 年 12 月 25 日。

③ 《"十二五"水利改革发展成效显著》，http：//www. ndrc. gov. cn/gzdt/201602/t20160217_ 774779. html，2016 年 2 月 17 日。

面完成，三峡、小浪底、尼尔基、临淮岗等一批控制性枢纽工程相继投入运行，大、中、小型水库除险加固工程陆续实施，中小河流重点防洪河段整治、山洪灾害防治等一系列计划快速推进，国家防汛抗旱4级应急响应体制逐步健全，江河洪水与山洪的监测预报、预警能力与应急抢险的机械化快速反应能力均有显著增强。这些新增的能力在防汛抗洪中发挥了应有的作用，洪涝灾害损失一度有所减轻，特别是相对经济损失平均值在21世纪头10年下降到了0.62%。同时因洪涝灾害死亡人数也大幅减少。20世纪50年代，我国年均洪灾死亡人数超过8500人，20世纪60～90年代，40年中因洪灾死亡人数年均超过4000人，而21世纪以来，已下降到1000人左右。[①]

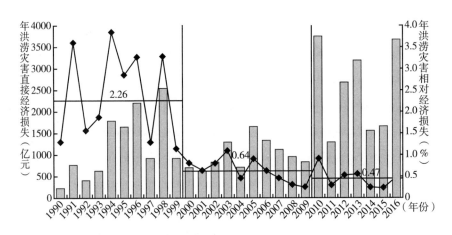

图1　1990～2016年我国年洪涝灾害直接经济损失与相对经济损失

然而，近年来我国年洪涝灾害直接经济损失再次出现高峰，2010～2016年大江大河洪水虽未出现重大险情，但7年中有4年洪涝灾害总损失超过了1998年。尽管如此，洪涝相对损失平均值进一步下降到0.47，这是GDP总量实现持续快速增长、分母增大了的缘故。水是经济社会可持续发展的关键性制约因素，洪涝相对损失能逐步下降，说明日益增强的水利基础设施切实

---

① 历年因洪灾死亡人口数据来自《中国水旱灾害公报》。

发挥了支撑与保障作用，但同时，防洪减灾体系随经济快速发展也面临着更大的压力与挑战。

（二）快速城镇化对防洪形势演变的深刻影响

我国近年洪涝灾害损失激增，与 21 世纪以来空前迅猛的城镇化进程有密切的关系，同时也受到全球气候变暖背景下局部强降雨增多与不确定性增大的影响。

城市聚集了人口与资产，也聚集了风险。2006 年以来，我国每年受淹城市都在百座以上，其中绝大多数为暴雨内涝形成。直到改革开放初期，我国仍保持着农业社会的基本特征，洪涝灾害损失中农林牧渔损失一直占着大头，然而，2010 年以来，水灾损失最重的几年，也恰是受淹城市最多的年份。

国际经验表明，一个国家（地区）的人口城镇化率突破 30% 之后，有机会进入加速发展期。我国人口城镇化率于 1998 年突破 30%，也正是在这一年，为了摆脱 1997 年亚洲金融危机的困境，中央政府逐步放开了民营企业的外贸限制权；取消了福利分房政策，实施商品房新政，使房地产业成为近 20 年来中国经济增长的主要动力源；发行国债，加大了政府基础设施投资力度。[1] 一系列政策与保障措施加速了我国的城镇化进程。1978 ~ 1998 年，我国人口城镇化率增长了约 12 个百分点，而 1998 ~ 2016 年，我国城镇化率增长了约 26 个百分点。21 世纪以来，我国城市常住人口净增 3.34 亿，超过美国全国人口。2000 年我国超百万人口城市仅有 40 座，而至 2015 年就超过了 140 座。

值得注意的是，我国快速的城镇化进程尚处在十分粗犷的发展阶段，地方政府在土地财政的支撑下，急于出售土地，城市建设用地急速扩张，2014 年与 1981 年数据相比，我国城市人口增加了 3.7 倍，而城市建设用地面积却增加了 7.4 倍。由此对生态环境与水安全保障产生的巨大压力，远非他国可比。

---

[1] 胡家源、王雅洁等：《只有了解 1998 年中国经济，或许你能看懂现在》，《经济观察报》2016 年 1 月 19 日。

伴随着快速的城镇化进程，加之全球气候变暖的影响，我国洪涝灾害威胁对象、致灾机理、成灾模式、损失构成、风险特性与安全保障需求均在发生显著变化。以往受洪涝淹没的农田、菜地、鱼塘，如今是成片楼房与汽车浸泡水中；城市正常运转对供水、供电、供油、供气、交通、通讯等生命线工程系统及计算机网络系统的依赖程度日益增大，这些系统以及各类电子信息等无形资产一旦因水灾受损，企业产品零部件供应链或运输链因洪灾中断，其影响范围都远远超出受淹范围，间接损失可能大大超出直接损失；城市空间立体化开发，不仅地下商店街、车库、仓库及地铁系统在暴雨洪水袭击下易遭受灾害，而且高层建筑由于生命线系统的瘫痪，洪灾影响亦在所难免；农村大量青壮年劳动力进城务工，传统农民义务投工投劳的水利设施冬修春修活动难以为继，农村抗洪抢险力量削弱；同时，农村土地流转加速，规模经营的大户一旦遭灾成为债民，恢复重建更为艰难。在此过程中，城乡水安全保障的要求也越来越高，不仅要求减轻损失，而且要求建立减轻与分担风险的机制；一旦受淹不仅要求尽快恢复正常生活与生产秩序，而且要求生态环境的改善。现代社会中，水安全保障面临更大的压力与挑战。

与此同时，2014~2016年，全球气温连续三年创新高，极端天气事件发生的概率增大且不确定性增加，预报难度加大，一旦极端降雨引发的洪涝超出工程防御能力，必然造成水灾损失的突变性增长，对快速平稳发展的威胁更为严峻。

二　快速城镇化进程中洪涝风险的演变特征：典型案例分析

（一）2016年武汉市洪涝灾害特征辨析

1. 洪涝特点

2016年武汉市多次遭遇强降雨袭击，严重的三次分别发生在6月1日、6月19日和6月30日至7月6日，均造成了"城市看海"的现象。尤其是第三次，不仅降雨持续时间长、强度大，7 天里有 3 天达到大暴雨量级，而且雨型分布不利，最后一天发生超过 200mm 的特大暴雨，累计降雨量达 560.5mm，为武汉市有气象记录以来周降水量最大值，超过了 1998 年最大一周降雨 538.5mm 的记录。7 月 7 日长江武汉段出现最高洪水位 28.37m，居历年高水位纪录第五位。

6 月 1 日和 19 日武汉市局部地区降雨超过 100mm，分别在全市造成 27 处和 54 处不同程度的渍水点。最为严重的是 7 月 5 日至 6 日，在遭遇超过 200mm 特大暴雨的情况下城区出现各类渍水点近 190 处，暴雨灾害同时造成全市 12 个区 75.7 万人受灾。经全力抢排，主城区 162 处主次干道渍水在 24 小时内消退了 90%，但南湖、汤逊湖周边渍水难消，受淹面积约 9km²，水深 0.2～1.5m，涉及 100 余个小区、约 6.1 万人。建于湖滨带上的南湖雅园小区受淹 10 日，尽管靠湖边的高楼一层采取了架空模式（见图 2），但是小区一受淹，电力部门就停电，而高层建筑停电就等于停水，盛夏季节，没有冰箱、空调，无水盥洗冲厕，实际失去了居住的可能，需转移安置受困群众 8600 余人，给政府造成极大压力。

图 2　武汉市南湖雅园小区建筑受淹后景象

武汉市域总面积为 8494km²，属南方丰水型城市，长江汉江在此交汇，166 个湖泊和 277 座水库星罗棋布，水体总面积达 2117.6km²，占市域总面积的 1/4。武汉市地面标高多为 20～24m，而长江武汉段多年平均洪水位为 24m，为防外洪，武汉三镇构建了 3 个防洪圈。长江枯水位为 15～17m，防洪圈内水可以自排；而汛期在外江高水位顶托下，区内降雨主要依靠湖泊调蓄与泵站强排。近年来，武汉市排水设施建设力度不断加大（"十二五"时期相比"十一五"时期末，城排泵站总抽排能力提高30%），但受城市快速发展、排水设施欠账多、排水设计标准偏低等多种因素影响，排水防涝整体能力依然不足。2011 年 6 月，武汉曾遭遇 1998年以来最强暴雨袭击，全国流行的"城市看海"就是当年最先从武汉兴起的。2013 年武汉市启动了中心城区排水设施建设三年攻坚行动计划，2015年又入选了首批海绵城市试点，2016 年仍摆脱不了频频看海的困境，在网络上引发众多质疑。

2. 问题与难点

2016 年武汉市三次受淹，网络上的质疑主要集中于四个方面。

（1）2013 年武汉市宣布投资 130 亿元启动中心城区排水设施建设三年攻坚行动计划，如今三年过去了，武汉市为何依然看海？为此，武汉市水务局回复说①，2013 年上半年，按"系统规划、分步实施、突出重点、先急后缓"原则制定《武汉市中心城区排水设施建设三年攻坚行动计划》，设计了 211 个项目，估算投资 129.85 亿元，拟提高中心城区排渍能力，达到日降雨量 200mm 以下、小时降雨量 50mm 以下，中心城区城市功能基本不受渍水影响的要求。然而，截至 2016 年 6 月底，该计划仅完成总工程量的 42.4%，由于征地拆迁难、前期审批环节多、国家设计标准调整等因素的影响，加之大型泵站与临江临湖排水通道只能在非汛期施工，确实有一批投资大、工程规模大、实施难度大的骨干排水项目实施滞后。可见城市排水系统改造的复杂性与艰巨性，并非靠短期高投入能够轻易解决。

---

① 武汉市水务局：《武汉市中心城区排水设施建设三年攻坚行动计划实施情况》，http://www.whwater.gov.cn/water/tzgg/7709.jhtml，2016 年 8 月 10 日。

2017年正值皮书品牌专业化二十周年之际，世界每天都在发生着让人眼花缭乱的变化，而唯一不变的，是面向未来无数的可能性。作为个体，如何获取专业信息以备不时之需？作为行政主体或企事业主体，如何提高决策的科学性让这个世界变得更好而不是更糟？原创、实证、专业、前沿、及时、持续，这是1997年"皮书系列"品牌创立的初衷。

1997～2017，从最初一个出版社的学术产品名称到媒体和公众使用频率极高的热点词语，从专业术语到大众话语，从官方文件到独特的出版型态，作为重要的智库成果，"皮书"始终致力于成为海量信息时代的信息过滤器，成为经济社会发展的记录仪，成为政策制定、评估、调整的智力源，社会科学研究的资料集成库。"皮书"的概念不断延展，"皮书"的种类更加丰富，"皮书"的功能日渐完善。

1997～2017，皮书及皮书数据库已成为中国新型智库建设不可或缺的抓手与平台，成为政府、企业和各类社会组织决策的利器，成为人文社科研究最基本的资料库，成为世界系统完整及时认知当代中国的窗口和通道！"皮书"所具有的凝聚力正在形成一种无形的力量，吸引着社会各界关注中国的发展，参与中国的发展。

二十年的"皮书"正值青春，愿每一位皮书人付出的年华与智慧不辜负这个时代！

社会科学文献出版社社长
中国社会学会秘书长

2016年11月

社会科学文献出版社简介

社会科学文献出版社成立于1985年，是直属于中国社会科学院的人文社会科学学术出版机构。成立以来，社科文献出版社依托于中国社会科学院和国内外人文社会科学界丰厚的学术出版和专家学者资源，始终坚持"创社科经典，出传世文献"的出版理念、"权威、前沿、原创"的产品定位以及学术成果和智库成果出版的专业化、数字化、国际化、市场化的经营道路。

社科文献出版社是中国新闻出版业转型与文化体制改革的先行者。积极探索文化体制改革的先进方向和现代企业经营决策机制，社科文献出版社先后荣获"全国文化体制改革工作先进单位"、中国出版政府奖·先进出版单位奖，中国社会科学院先进集体、全国科普工作先进集体等荣誉称号。多人次荣获"第十届韬奋出版奖""全国新闻出版行业领军人才""数字出版先进人物""北京市新闻出版广电行业领军人才"等称号。

社科文献出版社是中国人文社会科学学术出版的大社名社，也是以皮书为代表的智库成果出版的专业强社。年出版图书2000余种，其中皮书350余种，出版新书字数5.5亿字，承印与发行中国社科院院属期刊72种，先后创立了皮书系列、列国志、中国史话、社科文献学术译库、社科文献学术文库、甲骨文书系等一大批既有学术影响又有市场价值的品牌，确立了在社会学、近代史、苏东问题研究等专业学科及领域出版的领先地位。图书多次荣获中国出版政府奖、"三个一百"原创图书出版工程、"五个'一'工程奖"、"大众喜爱的50种图书"等奖项，在中央国家机关"强素质·做表率"读书活动中，入选图书品种数位居各大出版社之首。

社科文献出版社是中国学术出版规范与标准的倡议者与制定者，代表全国50多家出版社发起实施学术著作出版规范的倡议，承担学术著作规范国家标准的起草工作，率先编撰完成《皮书手册》对皮书品牌进行规范化管理，并在此基础上推出中国版芝加哥手册——《SSAP学术出版手册》。

社科文献出版社是中国数字出版的引领者，拥有皮书数据库、列国志数据库、"一带一路"数据库、减贫数据库、集刊数据库等4大产品线11个数据库产品，机构用户达1300余家，海外用户百余家，荣获"数字出版转型示范单位""新闻出版标准化先进单位""专业数字内容资源知识服务模式试点企业标准化示范单位"等称号。

社科文献出版社是中国学术出版走出去的践行者。社科文献出版社海外图书出版与学术合作业务遍及全球40余个国家和地区并于2016年成立俄罗斯分社，累计输出图书500余种，涉及近20个语种，累计获得国家社科基金中华学术外译项目资助76种、"丝路书香工程"项目资助60种、中国图书对外推广计划项目资助71种以及经典中国国际出版工程资助28种，被商务部认定为"2015-2016年度国家文化出口重点企业"。

如今，社科文献出版社拥有固定资产3.6亿元，年收入近3亿元，设置了七大出版分社、六大专业部门，成立了皮书研究院和博士后科研工作站，培养了一支近400人的高素质与高效率的编辑、出版、营销和国际推广队伍，为未来成为学术出版的大社、名社、强社，成为文化体制改革与文化企业转型发展的排头兵奠定了坚实的基础。

经济类

经济类皮书涵盖宏观经济、城市经济、大区域经济，
提供权威、前沿的分析与预测

经济蓝皮书

2017年中国经济形势分析与预测

李扬/主编　2017年1月出版　定价：89.00元

◆　本书为总理基金项目，由著名经济学家李扬领衔，联合中国社会科学院等数十家科研机构、国家部委和高等院校的专家共同撰写，系统分析了2016年的中国经济形势并预测2017年中国经济运行情况。

中国省域竞争力蓝皮书

中国省域经济综合竞争力发展报告（2015～2016）

李建平　李闽榕　高燕京/主编　2017年5月出版　定价：198.00元

◆　本书融多学科的理论为一体，深入追踪研究了省域经济发展与中国国家竞争力的内在关系，为提升中国省域经济综合竞争力提供有价值的决策依据。

城市蓝皮书

中国城市发展报告No.10

潘家华　单菁菁/主编　2017年9月出版　估价：89.00元

◆　本书是由中国社会科学院城市发展与环境研究中心编著的，多角度、全方位地立体展示了中国城市的发展状况，并对中国城市的未来发展提出了许多建议。该书有强烈的时代感，对中国城市发展实践有重要的参考价值。

人口与劳动绿皮书

中国人口与劳动问题报告 No.18

蔡昉　张车伟 / 主编　2017 年 10 月出版　估价：89.00 元

◆　本书为中国社会科学院人口与劳动经济研究所主编的年度报告，对当前中国人口与劳动形势做了比较全面和系统的深入讨论，为研究中国人口与劳动问题提供了一个专业性的视角。

世界经济黄皮书

2017 年世界经济形势分析与预测

张宇燕 / 主编　2017 年 1 月出版　定价：89.00 元

◆　本书由中国社会科学院世界经济与政治研究所的研究团队撰写，2016 年世界经济增速进一步放缓，就业增长放慢。世界经济面临许多重大挑战同时，地缘政治风险、难民危机、大国政治周期、恐怖主义等问题也仍然在影响世界经济的稳定与发展。预计 2017 年按 PPP 计算的世界 GDP 增长率约为 3.0%。

国际城市蓝皮书

国际城市发展报告（2017）

屠启宇 / 主编　2017 年 2 月出版　定价：79.00 元

◆　本书作者以上海社会科学院从事国际城市研究的学者团队为核心，汇集同济大学、华东师范大学、复旦大学、上海交通大学、南京大学、浙江大学相关城市研究专业学者。立足动态跟踪介绍国际城市发展时间中，最新出现的重大战略、重大理念、重大项目、重大报告和最佳案例。

金融蓝皮书

中国金融发展报告（2017）

王国刚 / 主编　2017 年 2 月出版　定价：79.00 元

◆　本书由中国社会科学院金融研究所组织编写，概括和分析了 2016 年中国金融发展和运行中的各方面情况，研讨和评论了 2016 年发生的主要金融事件，有利于读者了解掌握 2016 年中国的金融状况，把握 2017 年中国金融的走势。

农村绿皮书

中国农村经济形势分析与预测（2016 ~ 2017）

魏后凯　黄秉信／主编　2017 年 4 月出版　定价：79.00 元

◆　本书描述了 2016 年中国农业农村经济发展的一些主要指标和变化，并对 2017 年中国农业农村经济形势的一些展望和预测，提出相应的政策建议。

西部蓝皮书

中国西部发展报告（2017）

徐璋勇／主编　2017 年 8 月出版　定价：89.00 元

◆　本书由西北大学中国西部经济发展研究中心主编，汇集了源自西部本土以及国内研究西部问题的权威专家的第一手资料，对国家实施西部大开发战略进行年度动态跟踪，并对 2017 年西部经济、社会发展态势进行预测和展望。

经济蓝皮书·夏季号

中国经济增长报告（2016 ~ 2017）

李扬／主编　2017 年 5 月出版　定价：98.00 元

◆　中国经济增长报告主要探讨 2016~2017 年中国经济增长问题，以专业视角解读中国经济增长，力求将其打造成一个研究中国经济增长、服务宏微观各级决策的周期性、权威性读物。

就业蓝皮书

2017 年中国本科生就业报告

麦可思研究院／编著　2017 年 6 月出版　定价：98.00 元

◆　本书基于大量的数据和调研，内容翔实，调查独到，分析到位，用数据说话，对中国大学生就业及学校专业设置起到了很好的建言献策作用。

社 会 政 法 类

社会政法类皮书聚焦社会发展领域的热点、难点问题，
提供权威、原创的资讯与视点

社会蓝皮书

2017年中国社会形势分析与预测

李培林　陈光金　张翼 / 主编　2016年12月出版　定价：89.00元

◆　本书由中国社会科学院社会学研究所组织研究机构专家、高校学者和政府研究人员撰写，聚焦当下社会热点，对2016年中国社会发展的各个方面内容进行了权威解读，同时对2017年社会形势发展趋势进行了预测。

法治蓝皮书

中国法治发展报告 No.15（2017）

李林　田禾 / 主编　2017年3月出版　定价：118.00元

◆　本年度法治蓝皮书回顾总结了2016年度中国法治发展取得的成就和存在的不足，对中国政府、司法、检务透明度进行了跟踪调研，并对2017年中国法治发展形势进行了预测和展望。

社会体制蓝皮书

中国社会体制改革报告 No.5（2017）

龚维斌 / 主编　2017年3月出版　定价：89.00元

◆　本书由国家行政学院社会治理研究中心和北京师范大学中国社会管理研究院共同组织编写，主要对2016年社会体制改革情况进行回顾和总结，对2017年的改革走向进行分析，提出相关政策建议。

社会心态蓝皮书
中国社会心态研究报告（2017）

王俊秀　杨宜音 / 主编　2017 年 12 月出版　估价：89.00 元

◆　本书是中国社会科学院社会学研究所社会心理研究中心"社会心态蓝皮书课题组"的年度研究成果，运用社会心理学、社会学、经济学、传播学等多种学科的方法进行了调查和研究，对于目前中国社会心态状况有较广泛和深入的揭示。

生态城市绿皮书
中国生态城市建设发展报告（2017）

刘举科　孙伟平　胡文臻 / 主编　2017 年 10 月出版　估价：118.00 元

◆　报告以绿色发展、循环经济、低碳生活、民生宜居为理念，以更新民众观念、提供决策咨询、指导工程实践、引领绿色发展为宗旨，试图探索一条具有中国特色的城市生态文明建设新路。

城市生活质量蓝皮书
中国城市生活质量报告（2017）

中国经济实验研究院 / 主编　2018 年 2 月出版　估价：89.00 元

◆　本书对全国 35 个城市居民的生活质量主观满意度进行了电话调查，同时对 35 个城市居民的客观生活质量指数进行了计算，为中国城市居民生活质量的提升，提出了针对性的政策建议。

公共服务蓝皮书
中国城市基本公共服务力评价（2017）

钟君　刘志昌　吴正杲 / 主编　2017 年 12 月出版　估价：89.00 元

◆　中国社会科学院经济与社会建设研究室与华图政信调查组成联合课题组，从 2010 年开始对基本公共服务力进行研究，研创了基本公共服务力评价指标体系，为政府考核公共服务与社会管理工作提供了理论工具。

行业报告类

行业报告类皮书立足重点行业、新兴行业领域，
提供及时、前瞻的数据与信息

企业社会责任蓝皮书

中国企业社会责任研究报告（2017）

黄群慧　钟宏武　张蒽　翟利峰／著　2017 年 10 月出版　估价：89.00 元

◆　本书剖析了中国企业社会责任在 2016 ~ 2017 年度的最新发展特征，详细解读了省域国有企业在社会责任方面的阶段性特征，生动呈现了国内外优秀企业的社会责任实践。对了解中国企业社会责任履行现状、未来发展，以及推动社会责任建设有重要的参考价值。

新能源汽车蓝皮书

中国新能源汽车产业发展报告（2017）

中国汽车技术研究中心　日产（中国）投资有限公司

东风汽车有限公司／编著　2017 年 8 月出版　定价：98.00 元

◆　本书对中国 2016 年新能源汽车产业发展进行了全面系统的分析，并介绍了国外的发展经验。有助于相关机构、行业和社会公众等了解中国新能源汽车产业发展的最新动态，为政府部门出台新能源汽车产业相关政策法规、企业制定相关战略规划，提供必要的借鉴和参考。

杜仲产业绿皮书

中国杜仲橡胶资源与产业发展报告（2016 ~ 2017）

杜红岩　胡文臻　俞锐／主编　2017 年 11 月出版　估价：85.00 元

◆　本书对 2016 年杜仲产业的发展情况、研究团队在杜仲研究方面取得的重要成果、部分地区杜仲产业发展的具体情况、杜仲新标准的制定情况等进行了较为详细的分析与介绍，使广大关心杜仲产业发展的读者能够及时跟踪产业最新进展。

企业蓝皮书

中国企业绿色发展报告 No.2（2017）

李红玉　朱光辉/主编　　2017年11月出版　　估价：89.00元

◆　本书深入分析中国企业能源消费、资源利用、绿色金融、绿色产品、绿色管理、信息化、绿色发展政策及绿色文化方面的现状，并对目前存在的问题进行研究，剖析因果，谋划对策，为企业绿色发展提供借鉴，为中国生态文明建设提供支撑。

中国上市公司蓝皮书

中国上市公司发展报告（2017）

张平　王宏淼/主编　　2017年9月出版　　定价：98.00元

◆　本书由中国社会科学院上市公司研究中心组织编写的，着力于全面、真实、客观反映当前中国上市公司财务状况和价值评估的综合性年度报告。本书详尽分析了2016年中国上市公司情况，特别是现实中暴露出的制度性、基础性问题，并对资本市场改革进行了探讨。

资产管理蓝皮书

中国资产管理行业发展报告（2017）

智信资产管理研究院/编著　　2017年7月出版　　定价：98.00元

◆　中国资产管理行业刚刚兴起，未来将成为中国金融市场最有看点的行业。本书主要分析了2016年度资产管理行业的发展情况，同时对资产管理行业的未来发展做出科学的预测。

体育蓝皮书

中国体育产业发展报告（2017）

阮伟　钟秉枢/主编　　2017年12月出版　　估价：89.00元

◆　本书运用多种研究方法，在体育竞赛业、体育用品业、体育场馆业、体育传媒业等传统产业研究的基础上，并对2016年体育领域内的各种热点事件进行研究和梳理，进一步拓宽了研究的广度、提升了研究的高度、挖掘了研究的深度。

国际问题类

国际问题类皮书关注全球重点国家与地区，
提供全面、独特的解读与研究

美国蓝皮书

美国研究报告（2017）

郑秉文　黄平 / 主编　2017 年 5 月出版　定价：89.00 元

◆　本书是由中国社会科学院美国研究所主持完成的研究成果，它回顾了美国 2016 年的经济、政治形势与外交战略，对 2017 年以来美国内政外交发生的重大事件及重要政策进行了较为全面的回顾和梳理。

日本蓝皮书

日本研究报告（2017）

杨伯江 / 主编　2017 年 6 月出版　定价：89.00 元

◆　本书对 2016 年日本的政治、经济、社会、外交等方面的发展情况做了系统介绍，对日本的热点及焦点问题进行了总结和分析，并在此基础上对该国 2017 年的发展前景做出预测。

亚太蓝皮书

亚太地区发展报告（2017）

李向阳 / 主编　2017 年 5 月出版　定价：79.00 元

◆　本书是中国社会科学院亚太与全球战略研究院的集体研究成果。2017 年的"亚太蓝皮书"继续关注中国周边环境的变化。该书盘点了 2016 年亚太地区的焦点和热点问题，为深入了解 2016 年及未来中国与周边环境的复杂形势提供了重要参考。

德国蓝皮书

德国发展报告（2017）

郑春荣／主编　2017年6月出版　定价：79.00元

◆　本报告由同济大学德国研究所组织编撰，由该领域的专家学者对德国的政治、经济、社会文化、外交等方面的形势发展情况，进行全面的阐述与分析。

日本经济蓝皮书

日本经济与中日经贸关系研究报告（2017）

张季风／编著　2017年6月出版　定价：89.00元

◆　本书系统、详细地介绍了2016年日本经济以及中日经贸关系发展情况，在进行了大量数据分析的基础上，对2017年日本经济以及中日经贸关系的大致发展趋势进行了分析与预测。

俄罗斯黄皮书

俄罗斯发展报告（2017）

李永全／编著　2017年6月出版　定价：89.00元

◆　本书系统介绍了2016年俄罗斯经济政治情况，并对2016年该地区发生的焦点、热点问题进行了分析与回顾；在此基础上，对该地区2017年的发展前景进行了预测。

非洲黄皮书

非洲发展报告No.19（2016～2017）

张宏明／主编　2017年7月出版　定价：89.00元

◆　本书是由中国社会科学院西亚非洲研究所组织编撰的非洲形势年度报告，比较全面、系统地分析了2016年非洲政治形势和热点问题，探讨了非洲经济形势和市场走向，剖析了大国对非洲关系的新动向；此外，还介绍了国内非洲研究的新成果。

地方发展类

 地方发展类皮书关注中国各省份、经济区域，提供科学、多元的预判与资政信息

北京蓝皮书

北京公共服务发展报告（2016~2017）

施昌奎／主编　2017年3月出版　定价：79.00元

◆　本书是由北京市政府职能部门的领导、首都著名高校的教授、知名研究机构的专家共同完成的关于北京市公共服务发展与创新的研究成果。

河南蓝皮书

河南经济发展报告（2017）

张占仓　完世伟／主编　2017年4月出版　定价：79.00元

◆　本书以国内外经济发展环境和走向为背景，主要分析当前河南经济形势，预测未来发展趋势，全面反映河南经济发展的最新动态、热点和问题，为地方经济发展和领导决策提供参考。

广州蓝皮书

2017年中国广州经济形势分析与预测

魏明海　谢博能　李华／主编　2017年6月出版　定价：85.00元

◆　本书由广州大学与广州市委政策研究室、广州市统计局联合主编，汇集了广州科研团体、高等院校和政府部门诸多经济问题研究专家、学者和实际部门工作者的最新研究成果，是关于广州经济运行情况和相关专题分析、预测的重要参考资料。

文 化 传 媒 类

文化传媒类皮书透视文化领域、文化产业，
探索文化大繁荣、大发展的路径

新媒体蓝皮书

中国新媒体发展报告 No.8（2017）

唐绪军 / 主编　2017 年 6 月出版　定价：79.00 元

◆　本书是由中国社会科学院新闻与传播研究所组织编写的关
于新媒体发展的最新年度报告，旨在全面分析中国新媒体的发
展现状，解读新媒体的发展趋势，探析新媒体的深刻影响。

移动互联网蓝皮书

中国移动互联网发展报告（2017）

余清楚 / 主编　　2017 年 6 月出版　　定价：98.00 元

◆　本书着眼于对 2016 年度中国移动互联网的发展情况做深
入解析，对未来发展趋势进行预测，力求从不同视角、不同
层面全面剖析中国移动互联网发展的现状、年度突破及热点
趋势等。

传媒蓝皮书

中国传媒产业发展报告（2017）

崔保国 / 主编　2017 年 5 月出版　定价：98.00 元

◆　"传媒蓝皮书"连续十多年跟踪观察和系统研究中国传媒
产业发展。本报告在对传媒产业总体以及各细分行业发展状况
与趋势进行深入分析基础上，对年度发展热点进行跟踪，剖析
新技术引领下的商业模式，对传媒各领域发展趋势、内体经营、
传媒投资进行解析，为中国传媒产业正在发生的变革提供前瞻
行参考。

经济类

"三农"互联网金融蓝皮书
中国"三农"互联网金融发展报告（2017）
著（编）者：李勇坚 王弢　2017年8月出版 / 估价：98.00元
PSN B-2016-561-1/1

"一带一路"投资安全蓝皮书
中国"一带一路"投资与安全研究报告（2017）
著（编）者：邹统钎 梁昊光　2017年4月出版 / 定价：89.00元
PSN B-2017-612-1/1

G20国家创新竞争力黄皮书
二十国集团（G20）国家创新竞争力发展报告（2016~2017）
著（编）者：李建平 李闽榕 赵新力　周天勇
2017年8月出版 / 估价：158.00元
PSN Y-2011-229-1/1

产业蓝皮书
中国产业竞争力报告（2017）No.7
著（编）者：张其仔　2017年12月出版 / 估价：98.00元
PSN B-2010-175-1/1

城市创新蓝皮书
中国城市创新报告（2017）
著（编）者：周天勇 旷建伟　2017年11月出版 / 估价：89.00元
PSN B-2013-340-1/1

城市蓝皮书
中国城市发展报告 No.10
著（编）者：潘家华 单菁菁　2017年9月出版 / 估价：89.00元
PSN B-2007-091-1/1

城乡一体化蓝皮书
中国城乡一体化发展报告（2016～2017）
著（编）者：汝信 付崇兰　2017年7月出版 / 估价：85.00元
PSN B-2011-226-1/2

城镇化蓝皮书
中国新型城镇化健康发展报告（2017）
著（编）者：张占斌　2017年11月出版 / 估价：89.00元
PSN B-2014-396-1/1

创新蓝皮书
创新型国家建设报告（2016～2017）
著（编）者：詹正茂　2017年12月出版 / 估价：89.00元
PSN B-2009-140-1/1

创业蓝皮书
中国创业发展报告（2016～2017）
著（编）者：黄群慧 赵卫星 钟宏武等
2017年11月出版 / 估价：89.00元
PSN B-2016-578-1/1

低碳发展蓝皮书
中国低碳发展报告（2017）
著（编）者：张希良 齐晔　2017年6月出版 / 定价：79.00元
PSN B-2011-223-1/1

低碳经济蓝皮书
中国低碳经济发展报告（2017）
著（编）者：薛进军 赵忠秀　2017年7月出版 / 估价：85.00元
PSN B-2011-194-1/1

东北蓝皮书
中国东北地区发展报告（2017）
著（编）者：姜晓秋　2017年2月出版 / 定价：79.00元
PSN B-2006-067-1/1

发展与改革蓝皮书
中国经济发展和体制改革报告No.8
著（编）者：邹东涛 王再文　2017年7月出版 / 估价：98.00元
PSN B-2008-122-1/1

工业化蓝皮书
中国工业化进程报告（1999～2015）
著（编）者：黄群慧 李芳芳 等
2017年5月出版 / 定价：158.00元
PSN B-2007-095-1/1

管理蓝皮书
中国管理发展报告（2017）
著（编）者：张晓东　2017年10月出版 / 估价：98.00元
PSN B-2014-416-1/1

国际城市蓝皮书
国际城市发展报告（2017）
著（编）者：屠启宇　2017年2月出版 / 定价：79.00元
PSN B-2012-260-1/1

国家创新蓝皮书
中国创新发展报告（2017）
著（编）者：陈劲　2018年3月出版 / 估价：89.00元
PSN B-2014-370-1/1

金融蓝皮书
中国金融发展报告（2017）
著（编）者：王国刚　2017年2月出版 / 定价：79.00元
PSN B-2004-031-1/6

京津冀金融蓝皮书
京津冀金融发展报告（2017）
著（编）者：王爱俭 李向前
2017年7月出版 / 估价：89.00元
PSN B-2016-528-1/1

京津冀蓝皮书
京津冀发展报告（2017）
著（编）者：祝合良 叶堂林 张贵祥 等
2017年4月出版 / 估价：89.00元
PSN B-2012-262-1/1

经济蓝皮书
2017年中国经济形势分析与预测
著（编）者：李扬　2017年1月出版 / 定价：89.00元
PSN B-1996-001-1/1

经济蓝皮书·春季号
2017年中国经济前景分析
著（编）者：李扬　2017年5月出版 / 定价：79.00元
PSN B-1999-008-1/1

经济蓝皮书·夏季号
中国经济增长报告（2016～2017）
著（编）者：李扬　2017年9月出版 / 估价：98.00元
PSN B-2010-176-1/1

经济信息绿皮书
中国与世界经济发展报告（2017）
著（编）者：杜平　2017年12月出版 / 定价：89.00元
PSN G-2003-023-1/1

就业蓝皮书
2017年中国本科生就业报告
著（编）者：麦可思研究院　2017年6月出版 / 定价：98.00元
PSN B-2009-146-1/2

就业蓝皮书
2017年中国高职高专生就业报告
著(编)者：麦可思研究院　2017年6月出版 / 定价：98.00元
PSN B-2015-472-2/2

科普能力蓝皮书
中国科普能力评价报告（2017）
著(编)者：李富 强李群　2017年8月出版 / 估价：89.00元
PSN B-2016-556-1/1

临空经济蓝皮书
中国临空经济发展报告（2017）
著(编)者：连玉明　2017年9月出版 / 估价：89.00元
PSN B-2014-421-1/1

农村绿皮书
中国农村经济形势分析与预测（2016～2017）
著(编)者：魏后凯 黄秉信
2017年4月出版 / 定价：79.00元
PSN G-1998-003-1/1

农业应对气候变化蓝皮书
气候变化对中国农业影响评估报告 No.3
著(编)者：矫梅燕　2017年8月出版 / 估价：98.00元
PSN B-2014-413-1/1

气候变化绿皮书
应对气候变化报告（2017）
著(编)者：王伟光 郑国光　2017年11月出版 / 估价：89.00元
PSN G-2009-144-1/1

区域蓝皮书
中国区域经济发展报告（2016～2017）
著(编)者：赵弘　2017年5月出版 / 定价：79.00元
PSN B-2004-034-1/1

全球环境竞争力绿皮书
全球环境竞争力报告（2017）
著(编)者：李建平 李闽榕 王金南
2017年12月出版 / 估价：198.00元
PSN G-2013-363-1/1

人口与劳动绿皮书
中国人口与劳动问题报告 No.18
著(编)者：蔡昉 张车伟　2017年11月出版 / 估价：89.00元
PSN G-2000-012-1/1

商务中心区蓝皮书
中国商务中心区发展报告 No.3（2016）
著(编)者：李国红 单菁菁　2017年9月出版 / 估价：98.00元
PSN B-2015-444-1/1

世界经济黄皮书
2017年世界经济形势分析与预测
著(编)者：张宇燕　2017年1月出版 / 定价：89.00元
PSN Y-1999-006-1/1

世界旅游城市绿皮书
世界旅游城市发展报告（2017）
著(编)者：宋宇　2017年7月出版 / 估价：128.00元
PSN G-2014-400-1/1

土地市场蓝皮书
中国农村土地市场发展报告（2016～2017）
著(编)者：李光荣　2017年7月出版 / 估价：89.00元
PSN B-2016-527-1/1

西北蓝皮书
中国西北发展报告（2017）
著(编)者：任宗哲 白宽犁 王建康
2017年4月出版 / 定价：88.00元
PSN B-2012-261-1/1

西部蓝皮书
中国西部发展报告（2017）
著(编)者：徐璋勇　2017年8月出版 / 定价：89.00元
PSN B-2005-039-1/1

新型城镇化蓝皮书
新型城镇化发展报告（2017）
著(编)者：李伟 宋敏 沈体雁　2018年7月出版 / 估价：98.00元
PSN B-2014-431-1/1

新兴经济体蓝皮书
金砖国家发展报告（2017）
著(编)者：林跃勤 周文　2017年12月出版 / 估价：89.00元
PSN B-2011-195-1/1

长三角蓝皮书
2017年创新融合发展的长三角
著(编)者：王庆五　2018年3月出版 / 估价：88.00元
PSN B-2005-038-1/1

中部竞争力蓝皮书
中国中部经济社会竞争力报告（2017）
著(编)者：教育部人文社会科学重点研究基地
　　　　　南昌大学中国中部经济社会发展研究中心
2017年12月出版 / 估价：89.00元
PSN B-2012-276-1/1

中部蓝皮书
中国中部地区发展报告（2017）
著(编)者：宋亚平　2017年12月出版 / 估价：88.00元
PSN B-2007-089-1/1

中国省域竞争力蓝皮书
中国省域经济综合竞争力发展报告（2017）
著(编)者：李建平 李闽榕 高燕京
2017年2月出版 / 定价：198.00元
PSN B-2007-088-1/1

中三角蓝皮书
长江中游城市群发展报告（2017）
著(编)者：秦尊文　2017年9月出版 / 估价：89.00元
PSN B-2014-417-1/1

中小城市绿皮书
中国中小城市发展报告（2017）
著(编)者：中国城市经济学会中小城市经济发展委员会
　　　　　中国城镇化促进会中小城市发展委员会
　　　　　《中国中小城市发展报告》编纂委员会
　　　　　中小城市发展战略研究院
2017年11月出版 / 估价：128.00元
PSN G-2010-161-1/1

中原蓝皮书
中原经济区发展报告（2017）
著(编)者：李英杰　2017年7月出版 / 估价：88.00元
PSN B-2011-192-1/1

自贸区蓝皮书
中国自贸区发展报告（2017）
著(编)者：王力 黄育华　2017年6月出版 / 定价：89.00元
PSN B-2016-559-1/1

社会政法类

北京蓝皮书
中国社区发展报告（2017）
著(编)者：于燕燕　　2018年4月出版 / 估价：89.00元
PSN B-2007-083-5/8

殡葬绿皮书
中国殡葬事业发展报告（2017）
著(编)者：李伯森　　2017年11月出版 / 估价：158.00元
PSN G-2010-180-1/1

城市管理蓝皮书
中国城市管理报告（2016~2017）
著(编)者：刘林　刘承水　2017年7月出版 / 估价：158.00元
PSN B-2013-336-1/1

城市生活质量蓝皮书
中国城市生活质量报告（2017）
著(编)者：中国经济实验研究院
2018年2月出版 / 估价：89.00元
PSN B-2013-326-1/1

城市政府能力蓝皮书
中国城市政府公共服务能力评估报告（2017）
著(编)者：何艳玲　　2017年7月出版 / 估价：89.00元
PSN B-2013-338-1/1

慈善蓝皮书
中国慈善发展报告（2017）
著(编)者：杨团　　2017年6月出版 / 定价：98.00元
PSN B-2009-142-1/1

党建蓝皮书
党的建设研究报告 No.2（2017）
著(编)者：崔建民　陈东平　　2017年7月出版 / 估价：89.00元
PSN B-2016-524-1/1

地方法治蓝皮书
中国地方法治发展报告 No.3（2017）
著(编)者：李林　田禾　2017年7月出版 / 估价：108.00元
PSN B-2015-442-1/1

法治蓝皮书
中国法治发展报告 No.15（2017）
著(编)者：李林　田禾　2017年3月出版 / 定价：118.00元
PSN B-2004-027-1/1

法治政府蓝皮书
中国法治政府发展报告（2017）
著(编)者：中国政法大学法治政府研究院
2018年4月出版 / 估价：98.00元
PSN B-2015-502-1/2

法治政府蓝皮书
中国法治政府评估报告（2017）
著(编)者：中国政法大学法治政府研究院
2017年11月出版 / 估价：98.00元
PSN B-2016-577-2/2

法治蓝皮书
中国法院信息化发展报告 No.1（2017）
著(编)者：李林　田禾　　2017年2月出版 / 定价：108.00元
PSN B-2017-604-3/3

反腐倡廉蓝皮书
中国反腐倡廉建设报告 No.7
著(编)者：张英伟　　2017年12月出版 / 估价：89.00元
PSN B-2012-259-1/1

非传统安全蓝皮书
中国非传统安全研究报告（2016~2017）
著(编)者：余潇枫　魏志江　2017年7月出版 / 估价：89.00元
PSN B-2012-273-1/1

妇女发展蓝皮书
中国妇女发展报告 No.7
著(编)者：王金玲　　2017年9月出版 / 估价：148.00元
PSN B-2006-069-1/1

妇女教育蓝皮书
中国妇女教育发展报告 No.4
著(编)者：张李玺　　2017年10月出版 / 估价：78.00元
PSN B-2008-121-1/1

妇女绿皮书
中国性别平等与妇女发展报告（2017）
著(编)者：谭琳　　2017年12月出版 / 估价：99.00元
PSN G-2006-073-1/1

公共服务蓝皮书
中国城市基本公共服务力评价（2017）
著(编)者：钟君　刘志昌　吴正杲　2017年12月出版 / 估价：89.00元
PSN B-2011-214-1/1

公民科学素质蓝皮书
中国公民科学素质报告（2016~2017）
著(编)者：李群　陈雄　马宗文
2017年7月出版 / 估价：89.00元
PSN B-2014-379-1/1

公共关系蓝皮书
中国公共关系发展报告（2017）
著(编)者：柳斌杰　　2017年11月出版 / 估价：89.00元
PSN B-2016-580-1/1

公益蓝皮书
中国公益慈善发展报告（2017）
著(编)者：朱健刚　　2018年4月出版 / 估价：118.00元
PSN B-2012-283-1/1

国际人才蓝皮书
中国国际移民报告（2017）
著(编)者：王辉耀　　2017年7月出版 / 估价：89.00元
PSN B-2012-304-3/4

国际人才蓝皮书
中国留学发展报告（2017）No.5
著(编)者：王辉耀　苗绿　　2017年10月出版 / 估价：89.00元
PSN B-2012-244-2/4

海关发展蓝皮书
中国海关发展前沿报告
著(编)者：于春晖　　2017年6月出版 / 定价：89.00元
PSN B-2017-616-1/1

海洋社会蓝皮书
中国海洋社会发展报告（2017）
著(编)者：崔凤 宋宁而　2018年3月出版 / 估价：89.00元
PSN B-2015-478-1/1

行政改革蓝皮书
中国行政体制改革报告（2017）No.6
著(编)者：魏礼群　2017年7月出版 / 估价：98.00元
PSN B-2011-231-1/1

华侨华人蓝皮书
华侨华人研究报告（2017）
著(编)者：贾益民　2017年12月出版 / 估价：128.00元
PSN B-2011-204-1/1

环境竞争力绿皮书
中国省域环境竞争力发展报告（2017）
著(编)者：李建平 李闽榕 王金南
2017年11月出版 / 估价：198.00元
PSN G-2010-165-1/1

环境绿皮书
中国环境发展报告（2016~2017）
著(编)者：李波　2017年4月出版 / 定价：89.00元
PSN G-2006-048-1/1

基金会蓝皮书
中国基金会发展报告（2016~2017）
著(编)者：中国基金会发展报告课题组
2017年7月出版 / 估价：85.00元
PSN B-2013-368-1/1

基金会绿皮书
中国基金会发展独立研究报告（2017）
著(编)者：基金会中心网 中央民族大学基金会研究中心
2017年7月出版 / 估价：88.00元
PSN G-2011-213-1/1

基金会透明度蓝皮书
中国基金会透明度发展研究报告（2017）
著(编)者：基金会中心网 清华大学廉政与治理研究中心
2017年12月出版 / 估价：89.00元
PSN B-2015-509-1/1

家庭蓝皮书
中国"创建幸福家庭活动"评估报告（2017）
国务院发展研究中心"创建幸福家庭活动评估"课题组著
2017年8月出版 / 估价：89.00元
PSN B-2015-508-1/1

健康城市蓝皮书
中国健康城市建设研究报告（2017）
著(编)者：王鸿春 解树江 盛继洪
2017年9月出版 / 估价：89.00元
PSN B-2016-565-2/2

健康中国蓝皮书
社区首诊与健康中国分析报告（2017）
著(编)者：高和荣 杨叔禹 姜杰
2017年4月出版 / 定价：99.00元
PSN B-2017-611-1/1

教师蓝皮书
中国中小学教师发展报告（2017）
著(编)者：曾晓东 鱼霞　2017年7月出版 / 估价：89.00元
PSN B-2012-289-1/1

教育蓝皮书
中国教育发展报告（2017）
著(编)者：杨东平　2017年4月出版 / 定价：89.00元
PSN B-2006-047-1/1

京津冀教育蓝皮书
京津冀教育发展研究报告（2016~2017）
著(编)者：方中雄　2017年4月出版 / 定价：98.00元
PSN B-2017-608-1/1

科普蓝皮书
国家科普能力发展报告（2016~2017）
著(编)者：王康友　2017年5月出版 / 定价：128.00元
PSN B-2017-631-1/1

科普蓝皮书
中国基层科普发展报告（2016~2017）
著(编)者：赵立 新陈玲　2017年9月出版 / 估价：89.00元
PSN B-2016-569-3/3

科普蓝皮书
中国科普基础设施发展报告（2017）
著(编)者：任福君　2017年7月出版 / 估价：89.00元
PSN B-2010-174-1/3

科普蓝皮书
中国科普人才发展报告（2017）
著(编)者：郑念 任嵘嵘　2017年7月出版 / 估价：98.00元
PSN B-2015-512-2/3

科学教育蓝皮书
中国科学教育发展报告（2017）
著(编)者：罗晖 王康友　2017年10月出版 / 估价：89.00元
PSN B-2015-487-1/1

劳动保障蓝皮书
中国劳动保障发展报告（2017）
著(编)者：刘燕斌　2017年9月出版 / 估价：188.00元
PSN B-2014-415-1/1

老龄蓝皮书
中国老年宜居环境发展报告（2017）
著(编)者：党俊武 周燕珉　2017年11月出版 / 估价：89.00元
PSN B-2013-320-1/1

连片特困区蓝皮书
中国连片特困区发展报告（2016~2017）
著(编)者：游俊 冷志明 丁建军
2017年4月出版 / 定价：98.00元
PSN B-2013-321-1/1

流动儿童蓝皮书
中国流动儿童教育发展报告（2016）
著(编)者：杨东平　2017年1月出版 / 定价：79.00元
PSN B-2017-600-1/1

民调蓝皮书
中国民生调查报告（2017）
著(编)者：谢耘耕　2017年12月出版／估价：98.00元
PSN B-2014-398-1/1

民族发展蓝皮书
中国民族发展报告（2017）
著(编)者：郝时远 王延中 王希恩
2017年4月出版／估价：98.00元
PSN B-2006-070-1/1

女性生活蓝皮书
中国女性生活状况报告 No.11（2017）
著(编)者：韩湘景　2017年10月出版／估价：98.00元
PSN B-2006-071-1/1

汽车社会蓝皮书
中国汽车社会发展报告（2017）
著(编)者：王俊秀　2017年12月出版／估价：89.00元
PSN B-2011-224-1/1

青年蓝皮书
中国青年发展报告（2017）No.3
著(编)者：廉思 等　2017年12月出版／估价：89.00元
PSN B-2013-333-1/1

青少年蓝皮书
中国未成年人互联网运用报告（2017）
著(编)者：李文革 沈洁 季为民
2017年11月出版／估价：89.00元
PSN B-2010-165-1/1

青少年体育蓝皮书
中国青少年体育发展报告（2017）
著(编)者：郭建军 戴健　2017年9月出版／估价：89.00元
PSN B-2015-482-1/1

群众体育蓝皮书
中国群众体育发展报告（2017）
著(编)者：刘国永 杨桦　2017年12月出版／估价：89.00元
PSN B-2016-519-2/3

人权蓝皮书
中国人权事业发展报告 No.7（2017）
著(编)者：李君如　2017年9月出版／估价：98.00元
PSN B-2011-215-1/1

社会保障绿皮书
中国社会保障发展报告（2017）No.8
著(编)者：王延中　2017年7月出版／估价：98.00元
PSN G-2001-014-1/1

社会风险评估蓝皮书
风险评估与危机预警评估报告（2017）
著(编)者：唐钧　2017年11月出版／估价：85.00元
PSN B-2016-521-1/1

社会管理蓝皮书
中国社会管理创新报告 No.5
著(编)者：连玉明　2017年11月出版／估价：89.00元
PSN B-2012-300-1/1

社会蓝皮书
2017年中国社会形势分析与预测
著(编)者：李培林 陈光金 张翼
2016年12月出版／定价：89.00元
PSN B-1998-002-1/1

社会体制蓝皮书
中国社会体制改革报告No.5（2017）
著(编)者：龚维斌　2017年3月出版／定价：89.00元
PSN B-2013-330-1/1

社会心态蓝皮书
中国社会心态研究报告（2017）
著(编)者：王俊秀 杨宜音　2017年12月出版／定价：89.00元
PSN B-2011-199-1/1

社会组织蓝皮书
中国社会组织发展报告（2016~2017）
著(编)者：黄晓勇　2017年1月出版／定价：89.00元
PSN B-2008-118-1/2

社会组织蓝皮书
中国社会组织评估发展报告（2017）
著(编)者：徐家良 廖鸿　2017年12月出版／定价：89.00元
PSN B-2013-366-1/1

生态城市绿皮书
中国生态城市建设发展报告（2017）
著(编)者：刘举科 孙伟平 胡文臻
2017年9月出版／定价：118.00元
PSN G-2012-269-1/1

生态文明绿皮书
中国省域生态文明建设评价报告（ECI 2017）
著(编)者：严耕　2017年12月出版／定价：98.00元
PSN G-2010-170-1/1

土地整治蓝皮书
中国土地整治发展研究报告 No.4
著(编)者：国土资源部土地整治中心
2017年7月出版／定价：89.00元
PSN B-2014-401-1/1

土地政策蓝皮书
中国土地政策研究报告（2017）
著(编)者：高延利 李宪文
2017年12月出版／定价：89.00元
PSN B-2015-506-1/1

退休生活蓝皮书
中国城市居民退休生活质量指数报告（2016）
著(编)者：杨一凡　2017年5月出版／定价：79.00元
PSN B-2017-618-1/1

遥感监测绿皮书
中国可持续发展遥感监测报告（2016）
著(编)者：顾行发 李闽榕 徐东华
2017年6月出版／定价：298.00元
PSN B-2017-629-1/1

医改蓝皮书
中国医药卫生体制改革报告（2017）
著(编)者：文学国 房志武　2017年11月出版 / 估价：98.00元
PSN B-2014-432-1/1

医疗卫生绿皮书
中国医疗卫生发展报告No.7（2017）
著(编)者：申宝忠 韩玉珍　2017年11月出版 / 估价：85.00元
PSN G-2004-033-1/1

应急管理蓝皮书
中国应急管理报告（2017）
著(编)者：宋英华　2017年9月出版 / 估价：98.00元
PSN B-2016-563-1/1

政治参与蓝皮书
中国政治参与报告（2017）
著(编)者：房宁　2017年8月出版 / 定价：118.00元
PSN B-2011-200-1/1

宗教蓝皮书
中国宗教报告（2016）
著(编)者：邱永辉　2017年8月出版 / 定价：79.00元
PSN B-2008-117-1/1

行业报告类

SUV蓝皮书
中国SUV市场发展报告（2016~2017）
著(编)者：靳军　2017年9月出版 / 估价：89.00元
PSN B-2016-572-1/1

保健蓝皮书
中国保健服务产业发展报告No.2
著(编)者：中国保健协会 中共中央党校
2017年7月出版 / 估价：198.00元
PSN B-2012-272-3/3

保健蓝皮书
中国保健食品产业发展报告No.2
著(编)者：中国保健协会
　　　　　中国社会科学院食品药品产业发展与监管研究中心
2017年7月出版 / 估价：198.00元
PSN B-2012-271-2/3

保健蓝皮书
中国保健用品产业发展报告No.2
著(编)者：中国保健协会
　　　　　国务院国有资产监督管理委员会研究中心
2017年7月出版 / 估价：198.00元
PSN B-2012-270-1/3

保险蓝皮书
中国保险业竞争力报告（2017）
著(编)者：保监会　2017年12月出版 / 估价：99.00元
PSN B-2013-311-1/1

冰雪蓝皮书
中国滑雪产业发展报告（2017）
著(编)者：孙承华 伍斌 魏庆华 张鸿俊
2017年9月出版 / 定价：79.00元
PSN B-2016-560-1/1

彩票蓝皮书
中国彩票发展报告（2017）
著(编)者：益彩基金　2017年7月出版 / 估价：98.00元
PSN B-2015-462-1/1

餐饮产业蓝皮书
中国餐饮产业发展报告（2017）
著(编)者：邢颖　2017年6月出版 / 定价：98.00元
PSN B-2009-151-1/1

测绘地理信息蓝皮书
新常态下的测绘地理信息研究报告（2017）
著(编)者：库热西·买合苏提
2017年12月出版 / 估价：118.00元
PSN B-2009-145-1/1

茶业蓝皮书
中国茶产业发展报告（2017）
著(编)者：杨江帆 李闽榕　2017年10月出版 / 估价：88.00元
PSN B-2010-164-1/1

产权市场蓝皮书
中国产权市场发展报告（2016~2017）
著(编)者：曹和平　2017年5月出版 / 估价：89.00元
PSN B-2009-147-1/1

产业安全蓝皮书
中国出版传媒产业安全报告（2016~2017）
著(编)者：北京印刷学院产业安全研究院
2017年7月出版 / 估价：89.00元
PSN B-2014-384-13/14

产业安全蓝皮书
中国文化产业安全报告（2017）
著(编)者：北京印刷学院文化产业安全研究院
2017年12月出版 / 估价：89.00元
PSN B-2014-378-12/14

产业安全蓝皮书
中国新媒体产业安全报告（2017）
著(编)者：肖丽
2018年6月出版／估价：89.00元
PSN B-2015-500-14/14

城投蓝皮书
中国城投行业发展报告（2017）
著(编)者：王晨艳　丁伯康　2017年9月出版／定价：300.00元
PSN B-2016-514-1/1

电子政务蓝皮书
中国电子政务发展报告（2016~2017）
著(编)者：李季 杜平　2017年7月出版／估价：89.00元
PSN B-2003-022-1/1

大数据蓝皮书
中国大数据发展报告No.1
著(编)者：连玉明　2017年5月出版／定价：79.00元
PSN B-2017-620-1/1

杜仲产业绿皮书
中国杜仲橡胶资源与产业发展报告（2016~2017）
著(编)者：杜红岩 胡文臻 俞锐
2017年11月出版／估价：85.00元
PSN G-2013-350-1/1

对外投资与风险蓝皮书
中国对外直接投资与国家风险报告（2017）
著(编)者：中债资信评估有限公司
　　　　　中国社科院世界经济与政治研究所
2017年4月出版／定价：189.00元
PSN B-2017-606-1/1

房地产蓝皮书
中国房地产发展报告 No.14（2017）
著(编)者：李春华 王业强　2017年5月出版／定价：89.00元
PSN B-2004-028-1/1

服务外包蓝皮书
中国服务外包产业发展报告（2017）
著(编)者：王晓红 刘德军
2017年7月出版／估价：89.00元
PSN B-2013-331-2/2

服务外包蓝皮书
中国服务外包竞争力报告（2017）
著(编)者：王力 刘春生 黄育华
2017年11月出版／估价：85.00元
PSN B-2011-216-1/2

工业和信息化蓝皮书
世界网络安全发展报告（2016~2017）
著(编)者：尹丽波　2017年6月出版／定价：89.00元
PSN B-2015-452-5/6

工业和信息化蓝皮书
世界信息化发展报告（2016~2017）
著(编)者：尹丽波　2017年6月出版／定价：89.00元
PSN B-2015-451-4/6

工业和信息化蓝皮书
世界信息技术产业发展报告（2016~2017）
著(编)者：尹丽波　2017年6月出版／定价：89.00元
PSN B-2015-449-2/6

工业和信息化蓝皮书
移动互联网产业发展报告（2016~2017）
著(编)者：尹丽波　2017年6月出版／定价：89.00元
PSN B-2015-448-1/6

工业和信息化蓝皮书
战略性新兴产业发展报告（2016~2017）
著(编)者：尹丽波　2017年6月出版／定价：89.00元
PSN B-2015-450-3/6

工业和信息化蓝皮书
世界智慧城市发展报告（2016~2017）
著(编)者：尹丽波　2017年6月出版／定价：89.00元
PSN B-2017-624-6/6

工业和信息化蓝皮书
人工智能发展报告（2016~2017）
著(编)者：尹丽波　2017年6月出版／定价：89.00元
PSN B-2015-448-1/6

工业设计蓝皮书
中国工业设计发展报告（2017）
著(编)者：王晓红 于炜 张立群
2017年9月出版／估价：138.00元
PSN B-2014-420-1/1

黄金市场蓝皮书
中国商业银行黄金业务发展报告（2016~2017）
著(编)者：平安银行　2017年7月出版／定价：98.00元
PSN B-2016-525-1/1

互联网金融蓝皮书
中国互联网金融发展报告（2017）
著(编)者：李东荣　2017年9月出版／定价：128.00元
PSN B-2014-374-1/1

互联网医疗蓝皮书
中国互联网健康医疗发展报告（2017）
著(编)者：芮晓武　2017年6月出版／定价：89.00元
PSN B-2016-568-1/1

会展蓝皮书
中外会展业动态评估年度报告（2017）
著(编)者：张敏　2017年7月出版／估价：88.00元
PSN B-2013-327-1/1

金融监管蓝皮书
中国金融监管报告（2017）
著(编)者：胡滨　2017年5月出版／定价：89.00元
PSN B-2012-281-1/1

金融信息服务蓝皮书
中国金融信息服务发展报告（2017）
著(编)者：李平　2017年5月出版／定价：79.00元
PSN B-2017-621-1/1

金融蓝皮书
中国金融中心发展报告（2017）
著(编)者：王力 黄育华　2017年11月出版／估价：85.00元
PSN B-2011-186-6/6

建筑装饰蓝皮书
中国建筑装饰行业发展报告（2017）
著(编)者：刘晓一 葛道顺　2017年11月出版／估价：198.00元
PSN B-2016-554-1/1

客车蓝皮书
中国客车产业发展报告（2016~2017）
著(编)者：姚蔚　2017年10月出版 / 估价：85.00元
PSN B-2013-361-1/1

旅游安全蓝皮书
中国旅游安全报告（2017）
著(编)者：郑向敏 谢朝武　2017年5月出版 / 定价：128.00元
PSN B-2012-280-1/1

旅游绿皮书
2016~2017年中国旅游发展分析与预测
著(编)者：宋瑞　2017年2月出版 / 定价：89.00元
PSN G-2002-018-1/1

煤炭蓝皮书
中国煤炭工业发展报告（2017）
著(编)者：岳福斌　2017年12月出版 / 估价：85.00元
PSN B-2008-123-1/1

民营企业社会责任蓝皮书
中国民营企业社会责任报告（2017）
著(编)者：中华全国工商业联合会
2017年12月出版 / 估价：89.00元
PSN B-2015-510-1/1

民营医院蓝皮书
中国民营医院发展报告（2017）
著(编)者：庄一强　2017年10月出版 / 估价：85.00元
PSN B-2012-299-1/1

闽商蓝皮书
闽商发展报告（2017）
著(编)者：李闽榕 王日根 林琛
2017年12月出版 / 估价：89.00元
PSN B-2012-298-1/1

能源蓝皮书
中国能源发展报告（2017）
著(编)者：崔民选 王军生 陈义和
2017年10月出版 / 估价：98.00元
PSN B-2006-049-1/1

农产品流通蓝皮书
中国农产品流通产业发展报告（2017）
著(编)者：贾敬敦 张东科 张玉玺 张鹏毅 周伟
2017年7月出版 / 估价：89.00元
PSN B-2012-288-1/1

企业公益蓝皮书
中国企业公益研究报告（2017）
著(编)者：钟宏武 汪杰 顾一 黄晓娟 等
2017年12月出版 / 估价：89.00元
PSN B-2015-501-1/1

企业国际化蓝皮书
中国企业国际化报告（2017）
著(编)者：王辉耀　2017年11月出版 / 估价：98.00元
PSN B-2014-427-1/1

企业蓝皮书
中国企业绿色发展报告 No.2（2017）
著(编)者：李红玉 朱光辉　2017年11月出版 / 估价：89.00元
PSN B-2015-481-2/2

企业社会责任蓝皮书
中国企业社会责任研究报告（2017）
著(编)者：黄群慧 钟宏武 张蒽 翟利峰
2017年11月出版 / 估价：89.00元
PSN B-2009-149-1/1

企业社会责任蓝皮书
中资企业海外社会责任研究报告（2016~2017）
著(编)者：钟宏武 叶柳红 张蒽
2017年1月出版 / 定价：79.00元
PSN B-2017-603-2/2

汽车安全蓝皮书
中国汽车安全发展报告（2017）
著(编)者：中国汽车技术研究中心
2017年7月出版 / 估价：89.00元
PSN B-2014-385-1/1

汽车电子商务蓝皮书
中国汽车电子商务发展报告（2017）
著(编)者：中华全国工商业联合会汽车经销商商会
　　　　　北京易观智库网络科技有限公司
2017年10月出版 / 估价：128.00元
PSN B-2015-485-1/1

汽车工业蓝皮书
中国汽车工业发展年度报告（2017）
著(编)者：中国汽车工业协会 中国汽车技术研究中心
　　　　　丰田汽车（中国）投资有限公司
2017年5月出版 / 定价：128.00元
PSN B-2015-463-1/2

汽车工业蓝皮书
中国汽车零部件产业发展报告（2017）
著(编)者：中国汽车工业协会 中国汽车工程研究院
2017年月出版 / 估价：98.00元
PSN B-2016-515-2/2

汽车蓝皮书
中国汽车产业发展报告（2017）
著(编)者：国务院发展研究中心产业经济研究部
　　　　　中国汽车工程学会 大众汽车集团（中国）
2017年8月出版 / 估价：98.00元
PSN B-2008-124-1/1

人力资源蓝皮书
中国人力资源发展报告（2017）
著(编)者：余兴安　2017年11月出版 / 估价：89.00元
PSN B-2012-287-1/1

融资租赁蓝皮书
中国融资租赁业发展报告（2016~2017）
著(编)者：李光荣 王力　2017年11月出版 / 估价：89.00元
PSN B-2015-443-1/1

商会蓝皮书
中国商会发展报告No.5（2017）
著(编)者：王钦敏　2017年7月出版 / 估价：89.00元
PSN B-2008-125-1/1

输血服务蓝皮书
中国输血行业发展报告（2017）
著(编)者：朱永明 耿鸿武　2016年12月出版 / 估价：89.00元
PSN B-2016-583-1/1

社会责任管理蓝皮书
中国上市公司社会责任能力成熟度报告（2017）No.2
著(编)者: 肖红军 王晓光 李伟阳
2017年12月出版 / 估价: 98.00元
PSN B-2015-507-2/2

社会责任管理蓝皮书
中国企业公众透明度报告(2017)No.3
著(编)者: 黄速建 熊梦 王晓光 肖红军
2017年4月出版 / 估价: 98.00元
PSN B-2015-440-1/2

食品药品蓝皮书
食品药品安全与监管政策研究报告（2016~2017）
著(编)者: 唐民皓 2017年7月出版 / 估价: 89.00元
PSN B-2009-129-1/1

世界茶业蓝皮书
世界茶业发展报告（2017）
著(编)者: 李闽榕 冯廷栓 2017年5月出版 / 定价: 118.00元
PSN B-2017-619-1/1

世界能源蓝皮书
世界能源发展报告（2017）
著(编)者: 黄晓勇 2017年6月出版 / 定价: 99.00元
PSN B-2013-349-1/1

水利风景区蓝皮书
中国水利风景区发展报告（2017）
著(编)者: 谢婵才 兰思仁 2017年7月出版 / 估价: 89.00元
PSN B-2015-480-1/1

碳市场蓝皮书
中国碳市场报告（2017）
著(编)者: 定金彪 2017年11月出版 / 估价: 89.00元
PSN B-2014-430-1/1

体育蓝皮书
中国体育产业发展报告（2017）
著(编)者: 阮伟 钟秉枢 2017年12月出版 / 估价: 89.00元
PSN B-2010-179-1/5

体育蓝皮书
中国体育产业基地发展报告（2015~2016）
著(编)者: 李颖川 2017年4月出版 / 定价: 89.00元
PSN B-2017-609-5/5

网络空间安全蓝皮书
中国网络空间安全发展报告（2017）
著(编)者: 惠志斌 唐涛 2017年7月出版 / 估价: 89.00元
PSN B-2015-466-1/1

西部金融蓝皮书
中国西部金融发展报告（2017）
著(编)者: 李忠民 2017年8月出版 / 估价: 85.00元
PSN B-2010-160-1/1

协会商会蓝皮书
中国行业协会商会发展报告（2017）
著(编)者: 景朝阳 李勇 2017年7月出版 / 估价: 99.00元
PSN B-2015-461-1/1

新能源汽车蓝皮书
中国新能源汽车产业发展报告（2017）
著(编)者: 中国汽车技术研究中心
　　　　　日产（中国）投资有限公司 东风汽车有限公司
2017年7月出版 / 估价: 98.00元
PSN B-2013-347-1/1

新三板蓝皮书
中国新三板市场发展报告（2017）
著(编)者: 王力 2017年7月出版 / 估价: 89.00元
PSN B-2016-534-1/1

信托市场蓝皮书
中国信托业市场报告（2016~2017）
著(编)者: 用益信托研究院
2017年1月出版 / 定价: 198.00元
PSN B-2014-371-1/1

信息化蓝皮书
中国信息化形势分析与预测（2016~2017）
著(编)者: 周宏仁 2017年8月出版 / 估价: 98.00元
PSN B-2010-168-1/1

信用蓝皮书
中国信用发展报告（2017）
著(编)者: 章政 田侃 2017年7月出版 / 估价: 99.00元
PSN B-2013-328-1/1

休闲绿皮书
2017年中国休闲发展报告
著(编)者: 宋瑞 2017年10月出版 / 估价: 89.00元
PSN G-2010-158-1/1

休闲体育蓝皮书
中国休闲体育发展报告（2016~2017）
著(编)者: 李相如 钟炳枢 2017年10月出版 / 估价: 89.00元
PSN G-2016-516-1/1

养老金融蓝皮书
中国养老金融发展报告（2017）
著(编)者: 董克用 姚余栋
2017年9月出版 / 定价: 89.00元
PSN B-2016-584-1/1

药品流通蓝皮书
中国药品流通行业发展报告（2017）
著(编)者: 佘鲁林 温再兴 2017年8月出版 / 估价: 158.00元
PSN B-2014-429-1/1

医院蓝皮书
中国医院竞争力报告（2017）
著(编)者: 庄一强 曾益新 2017年3月出版 / 定价: 108.00元
PSN B-2016-529-1/1

瑜伽蓝皮书
中国瑜伽业发展报告（2016~2017）
著(编)者: 张永建 徐华锋 朱泰余
2017年3月出版 / 定价: 108.00元
PSN B-2017-675-1/1

邮轮绿皮书
中国邮轮产业发展报告（2017）
著(编)者：汪泓　2017年10月出版 / 估价：89.00元
PSN G-2014-419-1/1

智能养老蓝皮书
中国智能养老产业发展报告（2017）
著(编)者：朱勇　2017年10月出版 / 估价：89.00元
PSN B-2015-488-1/1

债券市场蓝皮书
中国债券市场发展报告（2016～2017）
著(编)者：杨农　2017年10月出版 / 估价：89.00元
PSN B-2016-573-1/1

中国节能汽车蓝皮书
中国节能汽车发展报告（2016~2017）
著(编)者：中国汽车工程研究院股份有限公司
2017年9月出版 / 估价：98.00元
PSN B-2016-566-1/1

中国上市公司蓝皮书
中国上市公司发展报告（2017）
著(编)者：张平　王宏淼
2017年9月出版 / 定价：98.00元
PSN B-2014-414-1/1

中国陶瓷产业蓝皮书
中国陶瓷产业发展报告（2017）
著(编)者：左和平　黄速建　2017年10月出版 / 估价：98.00元
PSN B-2016-574-1/1

中医药蓝皮书
中国中医药知识产权发展报告No.1
著(编)者：汪红　屠志涛　2017年4月出版 / 定价：158.00元
PSN B-2016-574-1/1

中国总部经济蓝皮书
中国总部经济发展报告（2016～2017）
著(编)者：赵弘　2017年9月出版 / 估价：89.00元
PSN B-2005-036-1/1

中医文化蓝皮书
中国中医药文化传播发展报告（2017）
著(编)者：毛嘉陵　2017年7月出版 / 估价：89.00元
PSN B-2015-468-1/1

装备制造业蓝皮书
中国装备制造业发展报告（2017）
著(编)者：徐东华　2017年12月出版 / 估价：148.00元
PSN B-2015-505-1/1

资本市场蓝皮书
中国场外交易市场发展报告（2016～2017）
著(编)者：高峦　2017年7月出版 / 估价：89.00元
PSN B-2009-153-1/1

资产管理蓝皮书
中国资产管理行业发展报告（2017）
著(编)者：智信资产管理研究院
2017年7月出版 / 定价：98.00元
PSN B-2014-407-2/2

文化传媒类

传媒竞争力蓝皮书
中国传媒国际竞争力研究报告（2017）
著(编)者：李本乾　刘强
2017年11月出版 / 估价：148.00元
PSN B-2013-356-1/1

传媒蓝皮书
中国传媒产业发展报告（2017）
著(编)者：崔保国　2017年5月出版 / 定价：98.00元
PSN B-2005-035-1/1

传媒投资蓝皮书
中国传媒投资发展报告（2017）
著(编)者：张向东　谭云明
2017年7月出版 / 估价：128.00元
PSN B-2015-474-1/1

动漫蓝皮书
中国动漫产业发展报告（2017）
著(编)者：卢斌　郑玉明　牛兴侦
2017年9月出版 / 估价：89.00元
PSN B-2011-198-1/1

非物质文化遗产蓝皮书
中国非物质文化遗产发展报告（2017）
著(编)者：陈平　2017年7月出版 / 估价：98.00元
PSN B-2015-469-1/1

广电蓝皮书
中国广播电影电视发展报告（2017）
著(编)者：国家新闻出版广电总局发展研究中心
2017年7月出版 / 估价：98.00元
PSN B-2006-072-1/1

广告主蓝皮书
中国广告主营销传播趋势报告No.9
著(编)者：黄升民　杜国清　邵华冬　等
2017年10月出版 / 估价：148.00元
PSN B-2005-041-1/1

国际传播蓝皮书
中国国际传播发展报告（2017）
著(编)者：胡正荣　李继东　姬德强
2017年11月出版 / 估价：89.00元
PSN B-2014-408-1/1

国家形象蓝皮书
中国国家形象传播报告（2016）
著(编)者：张昆　2017年3月出版 / 定价：98.00元
PSN B-2017-605-1/1

纪录片蓝皮书
中国纪录片发展报告（2017）
著(编)者：何苏六　2017年9月出版 / 估价：89.00元
PSN B-2011-222-1/1

科学传播蓝皮书
中国科学传播报告（2017）
著(编)者：詹正茂　2017年7月出版 / 估价：89.00元
PSN B-2008-120-1/1

两岸创意经济蓝皮书
两岸创意经济研究报告（2017）
著(编)者：罗昌智 林咏能
2017年10月出版 / 估价：98.00元
PSN B-2014-437-1/1

媒介与女性蓝皮书
中国媒介与女性发展报告(2016~2017)
著(编)者：刘利群　2018年5月出版 / 估价：118.00元
PSN B-2013-345-1/1

媒体融合蓝皮书
中国媒体融合发展报告（2017）
著(编)者：梅宁华 宋建武　2017年7月出版 / 估价：89.00元
PSN B-2015-479-1/1

全球传媒蓝皮书
全球传媒发展报告（2016~2017）
著(编)者：胡正荣 李继东
2017年6月出版 / 定价：89.00元
PSN B-2012-237-1/1

少数民族非遗蓝皮书
中国少数民族非物质文化遗产发展报告（2017）
著(编)者：肖远平（彝）柴立（满）
2017年8月出版 / 估价：98.00元
PSN B-2015-467-1/1

视听新媒体蓝皮书
中国视听新媒体发展报告（2017）
著(编)者：国家新闻出版广电总局发展研究中心
2017年11月出版 / 估价：98.00元
PSN B-2011-184-1/1

文化创新蓝皮书
中国文化创新报告（2016）No.7
著(编)者：于平 傅才武　2017年4月出版 / 估价：89.00元
PSN B-2009-143-1/1

文化建设蓝皮书
中国文化发展报告（2017）
著(编)者：江畅 孙伟平 戴茂堂
2017年5月出版 / 定价：98.00元
PSN B-2014-392-1/1

文化金融蓝皮书
中国文化金融发展报告（2017）
著(编)者：杨涛 余巍　2017年5月出版 / 定价：98.00元
PSN B-2017-610-1/1

文化科技蓝皮书
文化科技创新发展报告（2017）
著(编)者：于平 李凤亮　2017年11月出版 / 估价：89.00元
PSN B-2013-342-1/1

文化蓝皮书
中国公共文化服务发展报告（2017）
著(编)者：刘新成 张永新 张旭
2017年12月出版 / 估价：98.00元
PSN B-2007-093-2/10

文化蓝皮书
中国公共文化投入增长测评报告（2017）
著(编)者：王亚南　2017年2月出版 / 定价：79.00元
PSN B-2014-435-10/10

文化蓝皮书
中国少数民族文化发展报告（2016~2017）
著(编)者：武翠英 张晓明 任乌晶
2017年9月出版 / 估价：89.00元
PSN B-2013-369-9/10

文化蓝皮书
中国文化产业发展报告（2016~2017）
著(编)者：张晓明 王家新 章建刚
2017年7月出版 / 估价：89.00元
PSN B-2002-019-1/10

文化蓝皮书
中国文化产业供需协调检测报告（2017）
著(编)者：王亚南　2017年2月出版 / 定价：79.00元
PSN B-2013-323-8/10

文化蓝皮书
中国文化消费需求景气评价报告（2017）
著(编)者：王亚南　2017年2月出版 / 定价：79.00元
PSN B-2013-236-4/10

文化品牌蓝皮书
中国文化品牌发展报告（2017）
著(编)者：欧阳友权　2017年7月出版 / 估价：98.00元
PSN B-2012-277-1/1

文化遗产蓝皮书
中国文化遗产事业发展报告（2017）
著(编)者：苏杨 张颖岚 王宇飞
2017年8月出版 / 估价：98.00元
PSN B-2008-119-1/1

文学蓝皮书
中国文情报告（2016~2017）
著(编)者：白烨　2017年5月出版 / 定价：69.00元
PSN B-2011-221-1/1

新媒体蓝皮书
中国新媒体发展报告No.8（2017）
著(编)者：唐绪军　2017年7月出版 / 定价：79.00元
PSN B-2010-169-1/1

新媒体社会责任蓝皮书
中国新媒体社会责任研究报告（2017）
著(编)者：钟瑛　2017年11月出版 / 估价：89.00元
PSN B-2014-423-1/1

移动互联网蓝皮书
中国移动互联网发展报告（2017）
著(编)者：余清楚　2017年6月出版 / 定价：98.00元
PSN B-2012-282-1/1

舆情蓝皮书
中国社会舆情与危机管理报告（2017）
著(编)者：谢耘耕　2017年9月出版 / 估价：128.00元
PSN B-2011-235-1/1

影视蓝皮书
中国影视产业发展报告（2017）
著(编)者：司若　2017年4月出版 / 定价：98.00元
PSN B-2016-530-1/1

地方发展类

安徽经济蓝皮书
合芜蚌国家自主创新综合示范区研究报告（2016~2017）
著(编)者：黄家海　王开玉　蔡宪
2017年7月出版 / 估价：89.00元
PSN B-2014-383-1/1

安徽蓝皮书
安徽社会发展报告（2017）
著(编)者：程桦　2017年5月出版 / 定价：89.00元
PSN B-2013-325-1/1

澳门蓝皮书
澳门经济社会发展报告（2016~2017）
著(编)者：吴志良 郝雨凡　2017年7月出版 / 定价：98.00元
PSN B-2009-138-1/1

澳门绿皮书
澳门旅游休闲发展报告（2016~2017）
著(编)者：郝雨凡 林广志　2017年5月出版 / 定价：88.00元
PSN G-2017-617-1/1

北京蓝皮书
北京公共服务发展报告（2016~2017）
著(编)者：施昌奎　2017年3月出版 / 定价：79.00元
PSN B-2008-103-7/8

北京蓝皮书
北京经济发展报告（2016~2017）
著(编)者：杨松　2017年6月出版 / 定价：89.00元
PSN B-2006-054-2/8

北京蓝皮书
北京社会发展报告（2016~2017）
著(编)者：李伟东　2017年7月出版 / 定价：79.00元
PSN B-2006-055-3/8

北京蓝皮书
北京社会治理发展报告（2016~2017）
著(编)者：殷星辰　2017年7月出版 / 定价：79.00元
PSN B-2014-391-8/8

北京蓝皮书
北京文化发展报告（2016~2017）
著(编)者：李建盛　2017年5月出版 / 定价：79.00元
PSN B-2007-082-4/8

北京律师绿皮书
北京律师发展报告No.3（2017）
著(编)者：王隽　2017年7月出版 / 估价：88.00元
PSN G-2012-301-1/1

北京旅游绿皮书
北京旅游发展报告（2017）
著(编)者：北京旅游学会　2017年7月出版 / 定价：88.00元
PSN B-2011-217-1/1

北京人才蓝皮书
北京人才发展报告（2017）
著(编)者：于淼　2017年12月出版 / 估价：128.00元
PSN B-2011-201-1/1

北京社会心态蓝皮书
北京社会心态分析报告（2016~2017）
著(编)者：北京社会心理研究所
2017年11月出版 / 估价：89.00元
PSN B-2014-422-1/1

北京社会组织管理蓝皮书
北京社会组织发展与管理（2016~2017）
著(编)者：黄江松　2017年7月出版 / 估价：88.00元
PSN B-2015-446-1/1

北京体育蓝皮书
北京体育产业发展报告（2016~2017）
著(编)者：钟秉枢 陈杰 杨铁黎
2017年9月出版 / 估价：89.00元
PSN B-2015-475-1/1

北京养老产业蓝皮书
北京养老产业发展报告（2017）
著(编)者：周明明 冯喜良　2017年11月出版 / 估价：89.00元
PSN B-2015-465-1/1

非公有制企业社会责任蓝皮书
北京非公有制企业社会责任报告（2017）
著(编)者：宗贵伦 冯培　2017年6月出版 / 定价：89.00元
PSN B-2017-613-1/1

滨海金融蓝皮书
滨海新区金融发展报告（2017）
著(编)者：王爱俭 张锐钢　2018年4月出版 / 估价：89.00元
PSN B-2014-424-1/1

城乡一体化蓝皮书
北京城乡一体化发展报告（2016～2017）
著(编)者：吴宝新 张宝秀 黄序
2017年5月出版 / 定价：85.00元
PSN B-2012-258-2/2

创意城市蓝皮书
北京文化创意产业发展报告（2017）
著(编)者：张京成 王国华　2017年10月出版 / 估价：89.00元
PSN B-2012-263-1/7

创意城市蓝皮书
天津文化创意产业发展报告（2016～2017）
著(编)者：谢思全　2017年11月出版 / 估价：89.00元
PSN B-2016-537-7/7

创意城市蓝皮书
武汉文化创意产业发展报告（2017）
著(编)者：黄永林 陈汉桥　2017年11月出版 / 估价：99.00元
PSN B-2013-354-4/7

创意上海蓝皮书
上海文化创意产业发展报告（2016～2017）
著(编)者：王慧敏 王兴全　2017年11月出版 / 估价：89.00元
PSN B-2016-562-1/1

福建妇女发展蓝皮书
福建省妇女发展报告（2017）
著(编)者：刘群英　2017年11月出版 / 估价：88.00元
PSN B-2011-220-1/1

福建自贸区蓝皮书
中国（福建）自由贸易实验区发展报告（2016～2017）
著(编)者：黄茂兴　2017年4月出版 / 定价：108.00元
PSN B-2017-532-1/1

甘肃蓝皮书
甘肃经济发展分析与预测（2017）
著(编)者：安文华 罗哲　2017年1月出版 / 定价：79.00元
PSN B-2013-312-1/6

甘肃蓝皮书
甘肃社会发展分析与预测（2017）
著(编)者：安文华 包晓霞 谢增虎
2017年1月出版 / 定价：79.00元
PSN B-2013-313-2/6

甘肃蓝皮书
甘肃文化发展分析与预测（2017）
著(编)者：王俊莲 周小华　2017年1月出版 / 定价：79.00元
PSN B-2013-314-3/6

甘肃蓝皮书
甘肃县域和农村发展报告（2017）
著(编)者：朱智文 包东红 王建兵
2017年1月出版 / 定价：79.00元
PSN B-2013-316-5/6

甘肃蓝皮书
甘肃舆情分析与预测（2017）
著(编)者：陈双梅 张谦元　2017年1月出版 / 定价：79.00元
PSN B-2013-315-4/6

甘肃蓝皮书
甘肃商贸流通发展报告（2017）
著(编)者：张应华 王福生 王晓芳
2017年1月出版 / 定价：79.00元
PSN B-2016-523-6/6

广东蓝皮书
广东全面深化改革发展报告（2017）
著(编)者：周林生 涂成林　2017年12月出版 / 估价：89.00元
PSN B-2015-504-3/3

广东蓝皮书
广东社会工作发展报告（2017）
著(编)者：罗观翠　2017年7月出版 / 估价：89.00元
PSN B-2014-402-2/3

广东外经贸蓝皮书
广东对外经济贸易发展研究报告（2016~2017）
著(编)者：陈万灵　2017年6月出版 / 定价：89.00元
PSN B-2012-286-1/1

广西北部湾经济区蓝皮书
广西北部湾经济区开放开发报告（2017）
著(编)者：广西北部湾经济区规划建设管理委员会办公室
　　　　　广西社会科学院广西北部湾发展研究院
2017年7月出版 / 定价：89.00元
PSN B-2010-181-1/1

巩义蓝皮书
巩义经济社会发展报告（2017）
著(编)者：丁同民 朱军　2017年7月出版 / 估价：58.00元
PSN B-2016-533-1/1

广州蓝皮书
2017年中国广州经济形势分析与预测
著(编)者：魏明海 谢博能 李华
2017年6月出版 / 定价：85.00元
PSN B-2011-185-9/14

广州蓝皮书
2017年中国广州社会形势分析与预测
著(编)者：张强 何镜清
2017年6月出版 / 定价：88.00元
PSN B-2008-110-5/14

广州蓝皮书
广州城市国际化发展报告（2017）
著(编)者：朱名宏　2017年8月出版 / 估价：79.00元
PSN B-2012-246-11/14

广州蓝皮书
广州创新型城市发展报告（2017）
著(编)者：尹涛　2017年6月出版 / 定价：79.00元
PSN B-2012-247-12/14

广州蓝皮书
广州经济发展报告（2017）
著(编)者：朱名宏　2017年7月出版 / 估价：79.00元
PSN B-2005-040-1/14

广州蓝皮书
广州农村发展报告（2017）
著(编)者：朱名宏　2017年8月出版 / 估价：79.00元
PSN B-2010-167-8/14

广州蓝皮书
广州汽车产业发展报告（2017）
著(编)者：杨再高 冯兴亚　2017年7月出版 / 估价：79.00元
PSN B-2006-066-3/14

广州蓝皮书
广州青年发展报告（2016~2017）
著(编)者：徐柳 张强　2017年9月出版 / 估价：79.00元
PSN B-2013-352-13/14

广州蓝皮书
广州商贸业发展报告（2017）
著(编)者：李江涛 肖振宇 荀振英
2017年7月出版 / 定价：79.00元
PSN B-2012-245-10/14

广州蓝皮书
广州社会保障发展报告（2017）
著(编)者：蔡国萱　2017年8月出版 / 定价：79.00元
PSN B-2014-425-14/14

广州蓝皮书
广州文化创意产业发展报告（2017）
著(编)者：徐咏虹　2017年7月出版 / 定价：79.00元
PSN B-2008-111-6/14

广州蓝皮书
中国广州城市建设与管理发展报告（2017）
著(编)者：董皞 陈小钢 李江涛
2017年11月出版 / 估价：85.00元
PSN B-2007-087-4/14

广州蓝皮书
中国广州科技创新发展报告（2017）
著(编)者：邹采荣 马正勇 陈爽
2017年8月出版 / 定价：85.00元
PSN B-2006-065-2/14

广州蓝皮书
中国广州文化发展报告（2017）
著(编)者：屈哨兵 陆志强
2017年6月出版 / 定价：79.00元
PSN B-2009-134-7/14

贵阳蓝皮书
贵阳城市创新发展报告No.2（白云篇）
著(编)者：连玉明　2017年5月出版 / 定价：98.00元
PSN B-2015-491-3/10

贵阳蓝皮书
贵阳城市创新发展报告No.2（观山湖篇）
著(编)者：连玉明　2017年5月出版 / 定价：98.00元
PSN B-2011-235-1/1

贵阳蓝皮书
贵阳城市创新发展报告No.2（花溪篇）
著(编)者：连玉明　2017年5月出版 / 定价：98.00元
PSN B-2015-490-2/10

贵阳蓝皮书
贵阳城市创新发展报告No.2（开阳篇）
著(编)者：连玉明　2017年5月出版 / 定价：98.00元
PSN B-2015-492-4/10

贵阳蓝皮书
贵阳市创新发展报告No.2（南明篇）
著(编)者：连玉明　2017年5月出版 / 定价：98.00元
PSN B-2015-496-8/10

贵阳蓝皮书
贵阳城市创新发展报告No.2（清镇篇）
著(编)者：连玉明　2017年5月出版 / 定价：98.00元
PSN B-2015-489-1/10

贵阳蓝皮书
贵阳城市创新发展报告No.2（乌当篇）
著(编)者：连玉明　2017年5月出版 / 定价：98.00元
PSN B-2015-495-7/10

贵阳蓝皮书
贵阳城市创新发展报告No.2（息烽篇）
著(编)者：连玉明　2017年5月出版 / 定价：98.00元
PSN B-2015-493-5/10

贵阳蓝皮书
贵阳城市创新发展报告No.2（修文篇）
著(编)者：连玉明　2017年5月出版 / 定价：98.00元
PSN B-2015-494-6/10

贵阳蓝皮书
贵阳城市创新发展报告No.2（云岩篇）
著(编)者：连玉明　2017年5月出版 / 定价：98.00元
PSN B-2015-498-10/10

贵州房地产蓝皮书
贵州房地产发展报告No.4（2017）
著(编)者：武廷方　2017年7月出版 / 定价：89.00元
PSN B-2014-426-1/1

贵州蓝皮书
贵州册亨经济社会发展报告（2017）
著(编)者：黄德林　2017年11月出版 / 估价：89.00元
PSN B-2016-526-8/9

贵州蓝皮书
贵安新区发展报告（2016~2017）
著(编)者：马长青 吴大华　2017年11月出版 / 估价：89.00元
PSN B-2015-459-4/9

贵州蓝皮书
贵州法治发展报告（2017）
著(编)者：吴大华　2017年5月出版 / 定价：89.00元
PSN B-2012-254-2/9

贵州蓝皮书
贵州国有企业社会责任发展报告（2016~2017）
著(编)者：郭丽 周航 万强
2017年12月出版 / 估价：89.00元
PSN B-2015-511-6/9

贵州蓝皮书
贵州民航业发展报告（2017）
著(编)者：申振东 吴大华　2017年10月出版 / 估价：89.00元
PSN B-2015-471-5/9

贵州蓝皮书
贵州民营经济发展报告（2017）
著(编)者：杨静 吴大华　2017年11月出版 / 估价：89.00元
PSN B-2016-531-9/9

贵州蓝皮书
贵州人才发展报告（2017）
著(编)者：于杰 吴大华 2017年11月出版 / 估价：89.00元
PSN B-2014-382-3/9

贵州蓝皮书
贵州社会发展报告（2017）
著(编)者：王兴骥 2017年3月出版 / 定价：98.00元
PSN B-2010-166-1/9

贵州蓝皮书
贵州国家级开放创新平台发展报告（2017）
著(编)者：申晓庆 吴大华 李泓
2017年7月出版 / 估价：89.00元
PSN B-2016-518-1/9

海淀蓝皮书
海淀区文化和科技融合发展报告（2017）
著(编)者：陈名杰 孟景伟 2017年11月出版 / 估价：85.00元
PSN B-2013-329-1/1

杭州都市圈蓝皮书
杭州都市圈发展报告（2017）
著(编)者：沈翔 戚建国 2017年11月出版 / 估价：128.00元
PSN B-2012-302-1/1

杭州蓝皮书
杭州妇女发展报告（2017）
著(编)者：魏颖 2017年11月出版 / 估价：89.00元
PSN B-2014-403-1/1

河北经济蓝皮书
河北省经济发展报告（2017）
著(编)者：马树强 金浩 张贵
2017年7月出版 / 估价：89.00元
PSN B-2014-380-1/1

河北蓝皮书
河北经济社会发展报告（2017）
著(编)者：郭金平 2017年1月出版 / 定价：79.00元
PSN B-2014-372-1/3

河北蓝皮书
河北法治发展报告（2017）
著(编)者：郭金平 李永君 2017年1月出版 / 定价：79.00元
PSN B-2017-622-3/3

河北蓝皮书
京津冀协同发展报告（2017）
著(编)者：陈路 2017年1月出版 / 定价：79.00元
PSN B-2017-601-2/3

河北食品药品安全蓝皮书
河北食品药品安全研究报告（2017）
著(编)者：丁锦霞 2017年11月出版 / 估价：89.00元
PSN B-2015-473-1/1

河南经济蓝皮书
2017年河南经济形势分析与预测
著(编)者：王世炎 2017年3月出版 / 定价：79.00元
PSN B-2007-086-1/1

河南蓝皮书
2017年河南社会形势分析与预测
著(编)者：牛苏林 2017年5月出版 / 定价：79.00元
PSN B-2005-043-1/9

河南蓝皮书
河南城市发展报告（2017）
著(编)者：张占仓 王建国 2017年5月出版 / 定价：79.00元
PSN B-2009-131-3/9

河南蓝皮书
河南法治发展报告（2017）
著(编)者：丁同民 张林海 2017年7月出版 / 估价：89.00元
PSN B-2014-376-6/9

河南蓝皮书
河南工业发展报告（2017）
著(编)者：张占仓 2017年5月出版 / 定价：89.00元
PSN B-2013-317-5/9

河南蓝皮书
河南金融发展报告（2017）
著(编)者：河南省社会科学院
2017年7月出版 / 估价：89.00元
PSN B-2014-390-7/9

河南蓝皮书
河南经济发展报告（2017）
著(编)者：张占仓 完世伟 2017年4月出版 / 定价：79.00元
PSN B-2010-157-4/9

河南蓝皮书
河南能源发展报告（2017）
著(编)者：魏胜民 袁凯声 2017年3月出版 / 定价：79.00元
PSN B-2017-607-9/9

河南蓝皮书
河南农业农村发展报告（2017）
著(编)者：吴海峰 2017年11月出版 / 估价：89.00元
PSN B-2015-445-8/9

河南蓝皮书
河南文化发展报告（2017）
著(编)者：卫绍生 2017年7月出版 / 定价：78.00元
PSN B-2008-106-2/9

河南商务蓝皮书
河南商务发展报告（2017）
著(编)者：焦锦淼 穆荣国 2017年5月出版 / 定价：88.00元
PSN B-2014-399-1/1

黑龙江蓝皮书
黑龙江经济发展报告（2017）
著(编)者：朱宇 2017年1月出版 / 定价：79.00元
PSN B-2011-190-2/2

黑龙江蓝皮书
黑龙江社会发展报告（2017）
著(编)者：谢宝禄 2017年1月出版 / 定价：79.00元
PSN B-2011-189-1/2

湖北文化蓝皮书
湖北文化发展报告（2017）
著(编)者：吴成国 2017年10月出版 / 估价：95.00元
PSN B-2016-567-1/1

湖南城市蓝皮书
区域城市群整合
著(编)者：童中贤 韩未名
2017年12月出版 / 估价：89.00元
PSN B-2006-064-1/1

湖南蓝皮书
2017年湖南产业发展报告
著(编)者：梁志峰 2017年7月出版 / 估价：128.00元
PSN B-2011-207-2/8

湖南蓝皮书
2017年湖南电子政务发展报告
著(编)者：梁志峰 2017年7月出版 / 估价：128.00元
PSN B-2014-394-6/8

湖南蓝皮书
2017年湖南经济发展报告
著(编)者：卞鹰 2017年5月出版 / 定价：128.00元
PSN B-2011-206-1/8

湖南蓝皮书
2017年湖南两型社会与生态文明发展报告
著(编)者：卞鹰 2017年5月出版 / 定价：128.00元
PSN B-2011-208-3/8

湖南蓝皮书
2017年湖南社会发展报告
著(编)者：卞鹰 2017年5月出版 / 定价：128.00元
PSN B-2014-393-5/8

湖南蓝皮书
2017年湖南县域经济社会发展报告
著(编)者：梁志峰 2017年7月出版 / 估价：128.00元
PSN B-2014-395-7/8

湖南蓝皮书
湖南城乡一体化发展报告（2017）
著(编)者：陈义胜 王文强 陆福兴 邝奕轩
2017年8月出版 / 定价：89.00元
PSN B-2015-477-8/8

湖南县域绿皮书
湖南县域发展报告 No.3
著(编)者：袁准 周小毛 黎仁寅
2017年3月出版 / 定价：79.00元
PSN G-2012-274-1/1

沪港蓝皮书
沪港发展报告（2017）
著(编)者：尤安山 2017年9月出版 / 估价：89.00元
PSN B-2013-362-1/1

吉林蓝皮书
2017年吉林经济社会形势分析与预测
著(编)者：邵汉明 2016年12月出版 / 定价：79.00元
PSN B-2013-319-1/1

吉林省城市竞争力蓝皮书
吉林省城市竞争力报告（2016~2017）
著(编)者：崔岳春 张磊 2016年12月出版 / 定价：79.00元
PSN B-2015-513-1/1

济源蓝皮书
济源经济社会发展报告（2017）
著(编)者：喻新安 2017年7月出版 / 估价：89.00元
PSN B-2014-387-1/1

健康城市蓝皮书
北京健康城市建设研究报告（2017）
著(编)者：王鸿春 2017年8月出版 / 估价：89.00元
PSN B-2015-460-1/2

江苏法治蓝皮书
江苏法治发展报告 No.6（2017）
著(编)者：蔡道通 龚廷泰 2017年8月出版 / 估价：98.00元
PSN B-2012-290-1/1

江西蓝皮书
江西经济社会发展报告（2017）
著(编)者：张勇 姜玮 梁勇 2017年6月出版 / 估价：128.00元
PSN B-2015-484-1/2

江西蓝皮书
江西设区市发展报告（2017）
著(编)者：姜玮 梁勇 2017年10月出版 / 估价：79.00元
PSN B-2016-517-2/2

江西文化蓝皮书
江西文化产业发展报告（2017）
著(编)者：张圣才 汪春翔
2017年10月出版 / 估价：128.00元
PSN B-2015-499-1/1

经济特区蓝皮书
中国经济特区发展报告（2017）
著(编)者：陶一桃 2017年12月出版 / 估价：98.00元
PSN B-2009-139-1/1

辽宁蓝皮书
2017年辽宁经济社会形势分析与预测
著(编)者：梁启东
2017年6月出版 / 估价：89.00元
PSN B-2006-053-1/1

洛阳蓝皮书
洛阳文化发展报告（2017）
著(编)者：刘福兴 陈启明 2017年10月出版 / 估价：89.00元
PSN B-2015-476-1/1

南京蓝皮书
南京文化发展报告（2017）
著(编)者：徐宁 2017年10月出版 / 估价：89.00元
PSN B-2014-439-1/1

南宁蓝皮书
南宁法治发展报告（2017）
著(编)者：杨维超 2017年12月出版 / 估价：79.00元
PSN B-2015-509-1/3

南宁蓝皮书
南宁经济发展报告（2017）
著(编)者：胡建华 2017年9月出版 / 估价：79.00元
PSN B-2016-570-2/3

南宁蓝皮书
南宁社会发展报告（2017）
著(编)者：胡建华　2017年9月出版 / 估价：79.00元
PSN B-2016-571-3/3

内蒙古蓝皮书
内蒙古反腐倡廉建设报告 No.2
著(编)者：张志华 无极　2017年12月出版 / 估价：79.00元
PSN B-2013-365-1/1

浦东新区蓝皮书
上海浦东经济发展报告（2017）
著(编)者：沈开艳 周奇　2017年2月出版 / 定价：79.00元
PSN B-2011-225-1/1

青海蓝皮书
2017年青海经济社会形势分析与预测
著(编)者：陈玮　2016年12月出版 / 估价：79.00元
PSN B-2012-275-1/1

人口与健康蓝皮书
深圳人口与健康发展报告（2017）
著(编)者：陆杰华 罗乐宣 苏杨
2017年11月出版 / 定价：89.00元
PSN B-2011-228-1/1

山东蓝皮书
山东经济形势分析与预测（2017）
著(编)者：李广杰　2017年7月出版 / 估价：89.00元
PSN B-2014-404-1/4

山东蓝皮书
山东社会形势分析与预测（2017）
著(编)者：张华 唐洲雁　2017年7月出版 / 估价：89.00元
PSN B-2014-405-2/4

山东蓝皮书
山东文化发展报告（2017）
著(编)者：涂可国　2017年5月出版 / 定价：98.00元
PSN B-2014-406-3/4

山西蓝皮书
山西资源型经济转型发展报告（2017）
著(编)者：李志强　2017年7月出版 / 估价：89.00元
PSN B-2011-197-1/1

陕西蓝皮书
陕西经济发展报告（2017）
著(编)者：任宗哲 白宽犁 裴成荣
2017年1月出版 / 定价：69.00元
PSN B-2009-135-1/6

陕西蓝皮书
陕西社会发展报告（2017）
著(编)者：任宗哲 白宽犁 牛昉
2017年1月出版 / 定价：69.00元
PSN B-2009-136-2/6

陕西蓝皮书
陕西文化发展报告（2017）
著(编)者：任宗哲 白宽犁 王长寿
2017年1月出版 / 定价：69.00元
PSN B-2009-137-3/6

陕西蓝皮书
陕西精准脱贫研究报告（2017）
著(编)者：任宗哲 白宽犁 王建康
2017年6月出版 / 定价：69.00元
PSN B-2017-623-6/6

上海蓝皮书
上海传媒发展报告（2017）
著(编)者：强荧 焦雨虹　2017年2月出版 / 定价：79.00元
PSN B-2012-295-5/7

上海蓝皮书
上海法治发展报告（2017）
著(编)者：叶青　2017年7月出版 / 估价：89.00元
PSN B-2012-296-6/7

上海蓝皮书
上海经济发展报告（2017）
著(编)者：沈开艳　2017年2月出版 / 定价：79.00元
PSN B-2006-057-1/7

上海蓝皮书
上海社会发展报告（2017）
著(编)者：杨雄 周海旺　2017年2月出版 / 定价：79.00元
PSN B-2006-058-2/7

上海蓝皮书
上海文化发展报告（2017）
著(编)者：荣跃明　2017年2月出版 / 定价：79.00元
PSN B-2006-059-3/7

上海蓝皮书
上海文学发展报告（2017）
著(编)者：陈圣来　2017年7月出版 / 估价：89.00元
PSN B-2012-297-7/7

上海蓝皮书
上海资源环境发展报告（2017）
著(编)者：周冯琦 汤庆合
2017年2月出版 / 定价：79.00元
PSN B-2006-060-4/7

社会建设蓝皮书
2017年北京社会建设分析报告
著(编)者：宋贵伦 冯虹　2017年10月出版 / 估价：89.00元
PSN B-2010-173-1/1

深圳蓝皮书
深圳法治发展报告（2017）
著(编)者：张骁儒　2017年6月出版 / 定价：79.00元
PSN B-2015-470-6/7

深圳蓝皮书
深圳经济发展报告（2017）
著(编)者：张骁儒　2017年6月出版 / 定价：79.00元
PSN B-2008-112-3/7

深圳蓝皮书
深圳劳动关系发展报告（2017）
著(编)者：汤庭芬　2017年7月出版 / 估价：89.00元
PSN B-2007-097-2/7

深圳蓝皮书
深圳社会治理与发展报告（2017）
著（编）者：张骁儒 邹从兵　2017年6月出版 / 定价：79.00元
PSN B-2008-113-4/7

深圳蓝皮书
深圳文化发展报告（2017）
著（编）者：张骁儒　　　2017年5月出版 / 定价：79.00元
PSN B-2016-555-7/7

丝绸之路蓝皮书
丝绸之路经济带发展报告（2017）
著（编）者：任宗哲 白宽犁 谷孟宾
2017年1月出版 / 定价：75.00元
PSN B-2014-410-1/1

法治蓝皮书
四川依法治省年度报告 No.3（2017）
著（编）者：李林 杨天宗 田禾
2017年3月出版 / 定价：118.00元
PSN B-2015-447-1/1

四川蓝皮书
2017年四川经济形势分析与预测
著（编）者：杨钢　　　2017年1月出版 / 定价：98.00元
PSN B-2007-098-2/7

四川蓝皮书
四川城镇化发展报告（2017）
著（编）者：侯水平 陈炜　2017年4月出版 / 定价：75.00元
PSN B-2015-456-7/7

四川蓝皮书
四川法治发展报告（2017）
著（编）者：郑泰安　　2017年7月出版 / 估价：89.00元
PSN B-2015-441-5/7

四川蓝皮书
四川企业社会责任研究报告（2016～2017）
著（编）者：侯水平 盛毅
2017年5月出版 / 定价：79.00元
PSN B-2014-386-4/7

四川蓝皮书
四川社会发展报告（2017）
著（编）者：李羚　　2017年6月出版 / 定价：79.00元
PSN B-2008-127-3/7

四川蓝皮书
四川生态建设报告（2017）
著（编）者：李晟之　　2017年5月出版 / 定价：75.00元
PSN B-2015-455-6/7

四川蓝皮书
四川文化产业发展报告（2017）
著（编）者：向宝云 张立伟
2017年4月出版 / 定价：79.00元
PSN B-2006-074-1/7

体育蓝皮书
上海体育产业发展报告（2016～2017）
著（编）者：张林 黄海燕
2017年10月出版 / 估价：89.00元
PSN B-2015-454-4/4

体育蓝皮书
长三角地区体育产业发展报告（2016～2017）
著（编）者：张林　　2017年7月出版 / 估价：89.00元
PSN B-2015-453-3/4

天津金融蓝皮书
天津金融发展报告（2017）
著（编）者：王爱俭 孔德昌
2018年3月出版 / 估价：98.00元
PSN B-2014-418-1/1

图们江区域合作蓝皮书
图们江区域合作发展报告（2017）
著（编）者：李铁　　2017年11月出版 / 估价：98.00元
PSN B-2015-464-1/1

温州蓝皮书
2017年温州经济社会形势分析与预测
著（编）者：蒋儒林 王春光 金浩
2017年4月出版 / 定价：79.00元
PSN B-2008-105-1/1

西咸新区蓝皮书
西咸新区发展报告（2016~2017）
著（编）者：李扬 王军　2017年11月出版 / 估价：89.00元
PSN B-2016-535-1/1

扬州蓝皮书
扬州经济社会发展报告（2017）
著（编）者：丁纯　　2017年12月出版 / 估价：98.00元
PSN B-2011-191-1/1

云南社会治理蓝皮书
云南社会治理年度报告（2016）
著（编）者：晏雄 韩全芳
2017年5月出版 / 定价：99.00元
PSN B-2011-191-1/1

长株潭城市群蓝皮书
长株潭城市群发展报告（2017）
著（编）者：张萍　　2017年12月出版 / 估价：89.00元
PSN B-2008-109-1/1

中医文化蓝皮书
北京中医文化传播发展报告（2017）
著（编）者：毛嘉陵　　2017年7月出版 / 估价：79.00元
PSN B-2015-468-1/2

珠三角流通蓝皮书
珠三角商圈发展研究报告（2017）
著（编）者：王先庆 林至颖
2017年7月出版 / 估价：98.00元
PSN B-2012-292-1/1

遵义蓝皮书
遵义发展报告（2017）
著（编）者：曾征 龚永育 雍思强
2017年12月出版 / 估价：89.00元
PSN B-2014-433-1/1

国际问题类

"一带一路"跨境通道蓝皮书
"一带一路"跨境通道建设研究报告（2017）
著(编)者: 郭业洲   2017年8月出版 / 估价: 89.00元
PSN B-2016-558-1/1

"一带一路"蓝皮书
"一带一路"建设发展报告（2017）
著(编)者: 李永全   2017年6月出版 / 定价: 89.00元
PSN B-2016-553-1/1

阿拉伯黄皮书
阿拉伯发展报告（2016~2017）
著(编)者: 罗林   2018年3月出版 / 估价: 89.00元
PSN Y-2014-381-1/1

巴西黄皮书
巴西发展报告（2017）
著(编)者: 刘国枝   2017年5月出版 / 定价: 85.00元
PSN Y-2017-614-1/1

北部湾蓝皮书
泛北部湾合作发展报告（2017）
著(编)者: 吕余生   2017年12月出版 / 估价: 85.00元
PSN B-2008-114-1/1

大湄公河次区域蓝皮书
大湄公河次区域合作发展报告（2017）
著(编)者: 刘稚   2017年11月出版 / 估价: 89.00元
PSN B-2011-196-1/1

大洋洲蓝皮书
大洋洲发展报告（2017）
著(编)者: 喻常森   2017年10月出版 / 估价: 89.00元
PSN B-2013-341-1/1

德国蓝皮书
德国发展报告（2017）
著(编)者: 郑春荣   2017年6月出版 / 定价: 89.00元
PSN B-2012-278-1/1

东北亚区域合作蓝皮书
2016年"一带一路"倡议与东北亚区域合作
著(编)者: 刘亚政 金美花
2017年5月出版 / 定价: 89.00元
PSN B-2017-631-1/1

东盟黄皮书
东盟发展报告（2017）
著(编)者: 杨晓强 庄国土
2017年7月出版 / 估价: 89.00元
PSN Y-2012-303-1/1

东南亚蓝皮书
东南亚地区发展报告（2016~2017）
著(编)者: 厦门大学东南亚研究中心 王勤
2017年12月出版 / 估价: 89.00元
PSN B-2012-240-1/1

俄罗斯黄皮书
俄罗斯发展报告（2017）
著(编)者: 李永全   2017年6月出版 / 定价: 89.00元
PSN Y-2006-061-1/1

非洲黄皮书
非洲发展报告 No.19（2016~2017）
著(编)者: 张宏明   2017年7月出版 / 定价: 89.00元
PSN Y-2012-239-1/1

公共外交蓝皮书
中国公共外交发展报告（2017）
著(编)者: 赵启正 雷蔚真   2017年11月出版 / 估价: 89.00元
PSN B-2015-457-1/1

国际安全蓝皮书
中国国际安全研究报告(2017)
著(编)者: 刘慧   2017年11月出版 / 估价: 98.00元
PSN B-2016-522-1/1

国际形势黄皮书
全球政治与安全报告（2017）
著(编)者: 张宇燕   2017年1月出版 / 定价: 89.00元
PSN Y-2001-016-1/1

韩国蓝皮书
韩国发展报告（2017）
著(编)者: 牛林杰 刘宝全   2017年11月出版 / 估价: 89.00元
PSN B-2010-155-1/1

加拿大蓝皮书
加拿大发展报告（2017）
著(编)者: 仲伟合   2017年11月出版 / 估价: 89.00元
PSN B-2014-389-1/1

拉美黄皮书
拉丁美洲和加勒比发展报告（2016~2017）
著(编)者: 吴白乙 袁东振   2017年6月出版 / 定价: 89.00元
PSN Y-1999-007-1/1

美国蓝皮书
美国研究报告（2017）
著(编)者: 郑秉文 黄平   2017年5月出版 / 定价: 89.00元
PSN B-2011-210-1/1

缅甸蓝皮书
缅甸国情报告（2017）
著(编)者: 李晨阳   2017年12月出版 / 估价: 86.00元
PSN B-2013-343-1/1

欧洲蓝皮书
欧洲发展报告（2016~2017）
著(编)者: 黄平 周弘 程卫东   2017年6月出版 / 定价: 89.00元
PSN B-1999-009-1/1

葡语国家蓝皮书
葡语国家发展报告（2017）
著(编)者：王成安 张敏 刘金兰
2017年12月出版 / 估价：89.00元
PSN B-2015-503-1/2

葡语国家蓝皮书
中国与葡语国家关系发展报告·巴西（2017）
著(编)者：张曙光　2017年8月出版 / 估价：89.00元
PSN B-2016-564-2/2

日本经济蓝皮书
日本经济与中日经贸关系研究报告（2017）
著(编)者：张季风　2017年6月出版 / 定价：89.00元
PSN B-2008-102-1/1

日本蓝皮书
日本研究报告（2017）
著(编)者：杨伯江　2017年6月出版 / 定价：89.00元
PSN B-2002-020-1/1

上海合作组织黄皮书
上海合作组织发展报告（2017）
著(编)者：李进峰
2017年6月出版 / 定价：98.00元
PSN Y-2009-130-1/1

世界创新竞争力黄皮书
世界创新竞争力发展报告（2017）
著(编)者：李闽榕 李建平 赵新力
2017年11月出版 / 估价：148.00元
PSN Y-2013-318-1/1

泰国蓝皮书
泰国研究报告（2017）
著(编)者：庄国土 张禹东
2017年11月出版 / 估价：118.00元
PSN B-2016-557-1/1

土耳其蓝皮书
土耳其发展报告（2017）
著(编)者：郭长刚 刘义
2017年11月出版 / 估价：89.00元
PSN B-2014-412-1/1

亚太蓝皮书
亚太地区发展报告（2017）
著(编)者：李向阳　2017年5月出版 / 定价：79.00元
PSN B-2001-015-1/1

印度蓝皮书
印度国情报告（2017）
著(编)者：吕昭义　2018年4月出版 / 估价：89.00元
PSN B-2012-241-1/1

印度洋地区蓝皮书
印度洋地区发展报告（2017）
著(编)者：汪戎　2017年6月出版 / 定价：98.00元
PSN B-2013-334-1/1

英国蓝皮书
英国发展报告（2016~2017）
著(编)者：王展鹏　2017年11月出版 / 估价：89.00元
PSN B-2015-486-1/1

越南蓝皮书
越南国情报告（2017）
著(编)者：谢林城
2017年12月出版 / 估价：89.00元
PSN B-2006-056-1/1

以色列蓝皮书
以色列发展报告（2017）
著(编)者：张倩红　2017年8月出版 / 定价：89.00元
PSN B-2015-483-1/1

伊朗蓝皮书
伊朗发展报告（2017）
著(编)者：冀开运　2017年10月出版 / 估价：89.00元
PSN B-2016-575-1/1

渝新欧蓝皮书
渝新欧沿线国家发展报告（2017）
著(编)者：杨柏 黄淼　2017年6月出版 / 定价：88.00元
PSN B-2016-575-1/1

中东黄皮书
中东发展报告 No.19（2016~2017）
著(编)者：杨光　2017年10月出版 / 估价：89.00元
PSN Y-1998-004-1/1

中亚黄皮书
中亚国家发展报告（2017）
著(编)者：孙力　2017年6月出版 / 定价：98.00元
PSN Y-2012-238-1/1

❖ 皮书起源 ❖

"皮书"起源于十七、十八世纪的英国，主要指官方或社会组织正式发表的重要文件或报告，多以"白皮书"命名。在中国，"皮书"这一概念被社会广泛接受，并被成功运作、发展成为一种全新的出版形态，则源于中国社会科学院社会科学文献出版社。

❖ 皮书定义 ❖

皮书是对中国与世界发展状况和热点问题进行年度监测，以专业的角度、专家的视野和实证研究方法，针对某一领域或区域现状与发展态势展开分析和预测，具备原创性、实证性、专业性、连续性、前沿性、时效性等特点的公开出版物，由一系列权威研究报告组成。

❖ 皮书作者 ❖

皮书系列的作者以中国社会科学院、著名高校、地方社会科学院的研究人员为主，多为国内一流研究机构的权威专家学者，他们的看法和观点代表了学界对中国与世界的现实和未来最高水平的解读与分析。

❖ 皮书荣誉 ❖

皮书系列已成为社会科学文献出版社的著名图书品牌和中国社会科学院的知名学术品牌。2016年，皮书系列正式列入"十三五"国家重点出版规划项目；2012~2016年，重点皮书列入中国社会科学院承担的国家哲学社会科学创新工程项目；2017年，55种院外皮书使用"中国社会科学院创新工程学术出版项目"标识。

中国皮书网

www.pishu.cn

发布皮书研创资讯，传播皮书精彩内容
引领皮书出版潮流，打造皮书服务平台

栏目设置

关于皮书：何谓皮书、皮书分类、皮书大事记、皮书荣誉、
皮书出版第一人、皮书编辑部

最新资讯：通知公告、新闻动态、媒体聚焦、网站专题、视频直播、下载专区

皮书研创：皮书规范、皮书选题、皮书出版、皮书研究、研创团队

皮书评奖评价：指标体系、皮书评价、皮书评奖

互动专区：皮书说、皮书智库、皮书微博、数据库微博

所获荣誉

2008年、2011年，中国皮书网均在全
国新闻出版业网站荣誉评选中获得"最具商
业价值网站"称号；

2012年，获得"出版业网站百强"称号。

网库合一

2014年，中国皮书网与皮书数据库端
口合一，实现资源共享。更多详情请登录
www.pishu.cn。

权威报告·热点资讯·特色资源

皮书数据库
ANNUAL REPORT(YEARBOOK)
DATABASE

当代中国与世界发展高端智库平台

所获荣誉

- 2016年，入选"国家'十三五'电子出版物出版规划骨干工程"
- 2015年，荣获"搜索中国正能量 点赞2015""创新中国科技创新奖"
- 2013年，荣获"中国出版政府奖·网络出版物奖"提名奖
- 连续多年荣获中国数字出版博览会"数字出版·优秀品牌"奖

成为会员

　　通过网址www.pishu.com.cn或使用手机扫描二维码进入皮书数据库网站，进行手机号码验证或邮箱验证即可成为皮书数据库会员（建议通过手机号码快速验证注册）。

会员福利

　　● 使用手机号码首次注册会员可直接获得100元体验金，不需充值即可购买和查看数据库内容（仅限使用手机号码快速注册）。

　　● 已注册用户购书后可免费获赠100元皮书数据库充值卡。刮开充值卡涂层获取充值密码，登录并进入"会员中心"—"在线充值"—"充值卡充值"，充值成功后即可购买和查看数据库内容。

数据库服务热线：400-008-6695
数据库服务QQ：2475522410
数据库服务邮箱：database@ssap.cn

图书销售热线：010-59367070/7028
图书服务QQ：1265056568
图书服务邮箱：duzhe@ssap.cn

（2）武汉受淹如此严重，三峡大坝还在泄洪，三峡工程对长江中下游防洪，起了什么作用？实际上，2016 年 7 月 1 日，长江上游三峡水库出现入库洪峰流量 50000m³/s，经三峡调蓄出库流量为 31100m³/s，其后为减轻中下游防汛压力，继 6 日削减出库流量至 25000m³/s，7 日再次下调至 20000m³/s。7 月 7 日，汉口站水位达到 28.37m 的峰值，比 1954 年的 29.73m 和 1998 的 29.43m 低了 1m 多。显然，武汉严重的内涝是由本地暴雨形成的，不可能靠三峡工程完全消除。

（3）武汉市湖泊水面锐减是否为加剧内涝的元凶？这一现象是否已得到有效遏制？资料表明，武汉市域总面积为 8494km²，2014 建成区面积达 878.8km²，比 1982 年的 173km² 扩大了 4 倍；而湖泊总面积从 20 世纪 70 年代初的 1222.4km² 减少到 2015 年的 915.3km²，早期多是围湖造田，而近 20 年则以填湖造城为主。

事实上，武汉市自 1999 年制定《武汉市保护城市自然山体湖泊办法》以来，2002 年颁布了《武汉市湖泊保护条例》，2005 年出台了《武汉市湖泊保护条例实施细则》，2012 年又在全国率先成立了湖泊管理局，实现湖泊保护与水务执法一体化，完成了中心城区 40 个湖泊保护规划；逐步建立健全了湖泊管理的法规与体制，至 2015 年全市 166 个保护湖泊水域蓝线、环湖绿化绿线、规划控制灰线全部划定。遥感数据显示，近年来武汉市围湖造地的趋势已基本得以遏制，武汉市辖区、城区、郊区湖泊面积呈下降趋势（见图 3）。① 然而要逆转这一趋势，将已减少的约 300km² 水域再恢复回去，几乎是不可能了。这就迫使过去"以蓄为主"的区域要调整为"蓄排兼筹"。武汉市 2016 年紧急启动江南、四新、后湖等一批大型排水泵站新建扩建项目，2017 年汛前，将总排水能力从 970m³/s 提高到近 1500m³/s，年增幅达 50% 以上。

（4）黄孝河黑臭何时才能见成效。黄孝河是武汉市汉口地区重要的排

---

① 马建威、黄诗峰等：《基于遥感的 1973～2015 年武汉市湖泊水域面积动态监测与分析研究》，《水利学报》2017 年第 8 期。

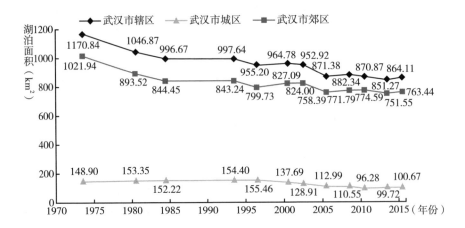

图3　1973～2015年武汉市辖区、武汉市城区、武汉市郊区湖泊面积变化

水体系，它全长 9.6km，汇水面积 48.53km²，服务人口约 110 万人。至 20 世纪中期，汉口城区扩大了两倍，黄孝河流域内 20km² 的湖泊仅剩不足 3km²。到 20 世纪 80 年代，黄孝河污染已十分严重，1982 年与 1983 年的两场暴雨，汉口污水四溢，有房屋倒塌，损失惨重。为此，1983 年起，武汉市决心彻底根治黄孝河，历经 8 年努力，最终形成了现在的 4.3km 城市地下箱涵与 5.3km 黄孝河明渠，大大缓解了排渍问题。然而，黄孝河实测污水总量约 30 万～40 万 t/d，雨水流量达到 97～130m³/s，但污水处理能力仅为 25 万 t。大量污水及初期雨水进入明渠，导致明渠水体异常黑臭。2007 年、2010 年武汉市两次实施黄孝河治理计划，完成清淤、岸线整治等工程，但如今依旧是污水流淌恶臭扑鼻，成效甚微。事实表明，面对排污量远远超出河道自净化能力的水体黑臭问题，黄孝河的治理需要协调整合各方力量，持之以恒采取综合治理的措施。

（二）2016年安徽省长江两岸受灾圩区灾害特征辨析

1. 洪涝特点

（1）降水总量大，记录创新高。2016 年 6 月 18 日至 7 月 5 日，安徽省长江流域平均降雨量为 551mm，3 天、7 天最大面平均降雨量居历史第一位

（见图 4），15 天最大降雨量仅次于 1969 年，居历史第二位，重现期均接近50 年。①

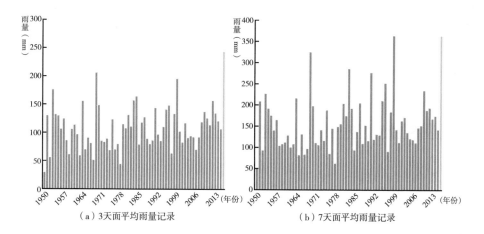

（a）3 天面平均雨量记录　　　　　　　（b）7 天面平均雨量记录

图 4　2016 年安徽省长江流域 3 天、7 天最大面平均降雨量与历史对照

（2）外江涨水早，区间来水大。①长江大通站较常年偏高 1.21 ~ 3.34m，安庆站偏高 2.79 ~ 5.13m，沿江湖泊从 4 月份起已基本无法自流外排，难以腾出库容调蓄洪水。②长江干流安徽段入省控制站汇口站至大通站水位较 1998 年低 0.8 ~ 1.5m，出省控制站马鞍山站与 1999 年最高水位持平，说明高水位主要受区间来水影响。③沿江 34 条河流超警戒水位，其中漳河、西河、永安河等 13 条河流发生超历史水位洪水。沿江湖泊全部超保证水位，其中白荡湖、枫沙湖、菜子湖、升金湖超历史最高水位。总体上，2016 年的洪量仅次于 1954 年。

（3）中小河流、湖区圩堤险情多、灾情重。1998 年大水以来，长江干堤、城市防洪堤加固成效显著，2016 年汛期无较大险情发生，38 座小型出险水库均得到了及时有效的控制。但中小河流总体防洪标准偏低，沿河、沿湖圩垸堤防出现险情 1831 处，溃破千亩以上圩口 129 个，其中万亩以上圩

---

①　转引自《安徽省"6.18"以来暴雨洪水总结》，安徽省水文局，2016 年 7 月 31 日。

口 12 个，受淹时间达数十天至数月。万亩以上圩口溃破数与 1999 年情况几乎持平（见表 1）①。

表 1　安徽省长江流域堤防出险与圩口溃破情况 2016 年与 1999 年比较

	堤防出险（处）		圩口溃破（个）		农作物成灾
	总数	干堤	千亩以上	万亩以上	（万亩）
2016 年	1831	24	129	12	1210
1999 年	8662	257	180	14	3693
2016 年数据占 1999 年数据的比例（%）	21.1	9.3	71.7	85.7	32.8

2．问题与难点②

（1）经济社会发展变化大，防洪工作与新形势不相适应的矛盾凸显。①农村青壮年大量进城务工，汛期巡堤、查险、排险、抢险等劳力严重不足，防汛抗洪更多依赖于部队、武警、干部和民兵。②随着土地流转政策的实施，圩区种植、养殖大户集约化经营的土地已达 40% ~ 90%。一旦洪水破圩，不仅当季农作物以及养殖产品遭受了巨大损失，而且前期投入建设的基础设施、设备也严重损毁。这些种植、养殖大户不仅是灾民，而且是动辄欠资数以十万、百万元计的债民。③经济实力差的乡村集体难以完全承担其防汛队伍建设、物资器材储备与管理等责任。

（2）薄弱环节凸显，防洪能力亟须提高。①中小河流治理规划滞后，沿湖圩堤设防达标率偏低，出险和成灾的圩垸都出现在中小河流及湖泊周边。②1998 年大水后曾实施"退田还湖、移民建镇"方针，但为维持民众生产、生活与社会安定，最初定的"双退"圩垸，后来大多都改成了"单退"，而"单退"实际也大多成了未退。同时，联圩建设与新建圩口挤占行洪通道、减少湖泊调蓄容积的现象依然存在。③沿江湖圩区及城乡排洪排涝能力不足。有些平原湖区新建城区或开发区的排涝仍依赖以前按农村排涝标

① 根据安徽省防办灾情统计资料制作。
② 本部分转引自程晓陶、刘海声、黄诗峰等《2016 年安徽省长江流域洪水灾害特点、问题及对策建议》，《中国防汛抗旱》2017 年第 1 期。

准建设的排涝站，部分城区、集镇低洼地区易于受淹。④主动进洪方式有利全局，但难以实施。主动进洪，位置、流量和时间均可控制，灾情轻，恢复生产快。然而，即使已实施"单退"的一些圩口，撑到堤垮，也未能开闸进洪。⑤防汛应急预案中要求对应"保证、设防、警戒"三线水位明确相应的职责，但现实情况多已发生变化，之前确定的"三线"亟待调整。⑥面对出险的堤防，是保是弃，地方干部面临两难的境地。如果保，水位更高，一旦保不住，损失更大；如果主动放弃并进洪，则会带来一连串的赔偿问题与责任追究。

（3）各方面问题较为集中和突出。①防洪体系中各类工程与监测预警系统等涉及新建、改建、升级换代、运行维护等不同阶段，各县（市、区）的经济实力也有很大差异，但国家资金管理要求专款专用，地方上难以根据自身实际情况，将有限的资金用于当地防洪减灾的薄弱环节和急需之处。②补偿与保险机制不完善。虽然"大水丢、小水收"是普遍的共识，但因缺乏合理的补偿政策而难以实施。③目前中小河流治理主要是提高重点河段的防洪标准，迫切需要变保护重点的分段治理为统筹规划、分期治理。各相关部门参与的广泛性和积极性还需提高，以便将新农村建设、土地整治、移民建镇、补增耕地、增减挂钩和宅基地退出等项目，与防洪减灾工作有机结合起来。

三　治水方略的调整方向：强化综合减灾，抑制风险增长

（一）深刻把握不同经济社会发展阶段的治水特征

我国幅员辽阔，不同区域自然地理条件不同，洪水特性各异，治水对策必然要求因地制宜。而同一个地区，处于不同的经济社会发展阶段，面对的治水问题与需求，也在不断变化之中，治水理念、管理模式与技术手段，均需与时俱进。

进入 21 世纪，加强水旱灾害管理已成为国际社会治水方略调整的必然趋向。[①] 处于高水平、低增速发展阶段的发达国家，更为担心的是气候温暖化、经济全球化和人口老龄化等带来的新的压力与挑战，为积极应对全球变化带来的潜在风险，解决好可持续发展所面临的日益复杂的水问题，正在积极推进流域综合管理与风险管理，调整与完善治水理念，采取综合治水手段，大力促进信息共享与公众参与，从而建立起能维持其已有平衡态的、更强有力的水安全保障体系。

我国尚处于快速发展阶段，面对的是日趋严峻的水资源短缺、水环境恶化与水灾损失加剧等现实问题，而非未来的潜在风险。我们既要抑制水旱灾害损失的增长态势，又要有效发挥水利的资源效益与环境效益，为支撑经济社会的快速、协调发展创造必不可少的条件。因此，必须积极探讨并实施向洪水与干旱管理的战略性转变，通过加强体制、机制与能力的建设，为经济社会发展再上新台阶构建起新的平衡。

事实上，我国常住人口城镇化率 2016 年虽达到 57.4%，但发展很不平衡，沿海地区已超过 60%，而中西部地区刚达到或还不足 50%，离平衡态还差 10~20 个百分点。我国防洪治涝基础设施前期欠账太多的状态尚未扭转，后期压力还将持续增大。为此，我们必须深刻认识"维持已有平衡"与"构建新的平衡"对治水的需求差异，在向发达国家学习的同时，谨防盲目引进超越发展阶段的"最新理念与模式"，避免付出事倍功半甚至事与愿违的代价。

表 2 分"开发利用初期、工业化时期""污染控制与水质恢复期"与"综合管理、可持续利用期"三个阶段对"河流的概念、内涵""河流空间的外延""侧重的河流功能""河流管理的观念""治河技术体系的特征"与"防洪对策与措施"进行了比较。[②] 如表 2 所示，前两个阶段的治水措施

---

① 程晓陶：《支撑发展与保障安全——新时期水旱灾害管理的双重使命》，《中国防汛抗旱》2009 年第 4 期。

② 参考宋庆辉、杨志峰《对我国城市河流综合管理的思考》，《水科学进展》2002 年第 3 期成果改进。

是以集中、大型的工程措施为主的，到第三个阶段才突出了分散、小型、绿色基础设施的作用。我国目前大部分地区尚处于"污染控制与水质恢复期"，部分西部地区甚至还处于"开发利用初期、工业化时期"，只有部分东部地区进入了"综合管理、可持续利用期"。因此，现阶段既不必否定小型绿色基础设施，也不适用绿色基础设施取代大型基础设施，而是强调两者的结合，在大型基础设施的建设中引入绿色生态的理念。

表2　河流治理的阶段性特征与策略选择

认识与理解	河流开发利用阶段		
	开发利用初期、工业化时期	污染控制与水质恢复期	综合管理、可持续利用期
河流的概念、内涵	水文系统 物理系统	水文系统 物理系统	水文、生态环境、经济、社会文化综合功能系统
河流空间的外延	河道＋水域	河道＋水域＋河滨空间	水域＋河滨＋生物＋近河城市社区
侧重的河流功能	防洪、供排水、渔业、运输业、水电开发(A)	A＋水质调节(B)	B＋生物多样性、景观多样性、历史文化载体
河流管理的观念	工程观、经济观:控制河流	工程观、经济观、消极治污观:重视"人工调控"	生态、经济、环境、社会、文化综合可持续发展观:"人河共存共荣"
治河技术体系的特征	使河流系统人工化、渠系化、工程结构复杂化，提高供水保障率与水能利用率(A)	A＋全面增强水系水量、水质调控与综合治理能力，侧重以人工措施防治工业及生活污染，进行河湖清淤与处置	生态修复、环境治理、河流近自然化、人文化、功能多样化
防洪对策与措施	筑堤防、设分洪区、挖分洪道、疏浚河道，建水闸泵站、修防洪水库、抗洪抢险(A)	A＋建设雨污分流系统、防洪治涝工程体系的监控与调度系统、应急响应(B)	B＋雨水蓄滞、渗透、建筑耐淹化、超级堤防、地下洪调节水库、多功能滞洪区、风险管理等

（二）积极推进人水和谐的综合治水模式

新时期水利建设应更加重视人水和谐，防洪工程体系的规划建设要遵循"标准适度、布局合理、维护良好与调度运用科学"的方针，在提高防洪排涝能力的同时，注重提高雨洪调蓄能力，避免堤高水涨的恶性循环。对于中

小河流，建议以"沿堤设溢流堰，自动溢流进洪"作为促进人水和谐的治理方式。水位超过堰顶即自然入流，避免人为开闸分洪决策难、风险大的矛盾；堰顶溢流不仅更有效于滞洪削峰，而且进水过程缓增，破坏力小，便于组织群众安全转移；河道保持行洪能力，无须等待堵口复堤，进圩水量有限，在河道水位退至保证水位以下后即可酌情排水，缩短受淹时间，更有利于及早恢复生产、重建家园。

为此必须通过体制机制创新，建立更为完备的保障措施，具体措施包括：①以科技手段合理确定堰口位置、堰顶高程与宽度；②以工程手段加以护面消能并配置退水设施与面上措施，确保堤防漫而不溃，并尽力减少受淹范围与时间；③以经济手段补偿引导，只有愿意采取这种主动进洪方式、分担洪水风险的圩区，国家才给予重建资金的优先扶持；④以行政手段推动落实，并制定配套的政策措施，促进部门间的协调联动，变"单向推动"为"双向调控"，即"多得"要与承担更多义务相挂钩，以有利于实现良性互动与把握适度。

（三）中小河流走系统治理道路，变"要我治"为"我要治"

在大江大河防洪能力显著提高的情况下，我国目前主要是中小河流易于发生超标准洪水。为了提升河流整体防洪减灾能力与综合治理水平，地方上迫切希望变中小河流"重点河段治理"为"统筹规划、分期治理"，要求突破总投资3000万元的限制。

然而，按照河流分级管理的原则，中小河流治理本应是各级地方政府的职责。近年来中央财政加大对中小河流治理的投资力度之后，有些地方却将当地河流的治理完全看成了中央的责任。我国中小河流数量多、分布广，不同河流洪水特性各异，治水对策不同；同一河流在经济社会发展的不同阶段，治水的需求、目标与投入的能力亦在发生变化。中小河流必须坚持实施分级管理，以利于因地制宜、适应多样性的需求，循序渐进、恒久坚持，逐步实现综合治理的目标。因此，中小河流的治理，只有所辖地方政府发挥自主作用，变"我要治"为"要我治"，才可能做到统筹规划，分步实施，突出重点，因地制宜，多方集资，形成合力。国家的重视与投资，只能起到扶持、鼓励与引导的作用。目前国内大力推广的"河长制"，重点解决的是河流污染与环境破坏的问题，从防洪排涝、综合治水的需求出发，需进一步推动以流域为单元的中小河流治理体制机制创新。

（四）必须大力加强基础研究

（1）研究修订《中华人民共和国防洪法》。其重点在于：①引入风险管理机制；②推行多规合一的统筹机制；③明确新形势下"政府主导、部门联动、属地管理、社会参与"的运行机制。

（2）建立主动进洪地区的合理补偿机制和办法。对于中小河流与湖周圩区，需要逐步完善相应的分级补偿机制和办法，以便人水和谐的主动进洪方式得到切实推进。

（3）在可能受洪水威胁的区域建立洪水保险管理机制。对于土地流转后大户经营的模式，通过保险机制的引入，促进与洪水风险相适应的产业结构的合理调整。同时，关于应对极端天气情况下的洪水巨灾保险，亦有待探讨建立。

（4）进一步完善洪水管理体制与运作机制。我国防洪工作按流域或区域实行统一规划、分级实施和流域管理与行政区域管理相结合的制度，而中小河流往往也跨多个行政区，应将需要统筹规划的计划体制与需要量力而行的市场机制结合起来。

（5）加强基层洪水风险管理的能力建设。基层防汛机构任务很重，能力相对偏弱，行政领导往往缺乏风险管理的意识，且区域之间差距较大。加强能力建设，除了加大资金、技术投入，提高防洪工程体系的"硬实力"外，还需深入探讨如何增强各级政府与水利部门进行洪水风险综合管理、统筹协调的"软实力"。

G.11
气候适应型城市水安全
保障系统构建策略

田永英*

摘　要： 城市水安全保障系统的构建是基于问题导向的气候适应型城市建设的重要内容。本文按照问题识别、系统规划、分策实施、协同机制的路径，从严格节水行动、推进海绵城市建设、规划建设标准调整等方面提出我国气候适应型城市水安全保障系统构建策略。

关键词： 气候变化　气候适应型城市　城市水安全保障系统

一　引言

巴西里约奥运会开幕式通过播放短片直观地展示出全球变暖导致南北极冰川融化、海平面上升，进而造成许多海岸带城市遭受海水侵袭而消失的灾难性后果，再次引起人们对气候变化的关注。气候变化是环境问题，也是国际政治中的热点问题，但归根到底是发展问题。应对气候变化是当前以及今后很长时期内全人类共同面临的巨大挑战，而应对气候变化转型发展也是人类社会的一次重大创新机遇。

"减缓"和"适应"作为应对气候变化的两大对策，相辅相成，缺一不

---

* 田永英，副研究员，住房和城乡建设部科技与产业化发展中心副处长，研究领域为城市适应气候变化、城市生态修复、海绵城市。

可。"减缓"是以减少温室气体为主要行动的应对气候变化对策,而"适应"是通过调整自然系统和人类系统以应对实际发生的或预估的气候变化和影响,其本质是行为调整,核心是趋利避害。我国古代就有"上古穴居而野处""构木为巢,以避群害"。与"减缓"相比,"适应"更加强调人类经济社会活动必须在自然规律之下进行,尊重自然、顺应自然、保护自然,实现人与自然和谐发展。城市是经济社会发展和人民生产生活的重要载体,是集聚人口、资源、产业的最大平台。目前,世界1/2以上的人口居住在城市,到2050年这一比例将上升到2/3;城市消耗了80%的能源,是温室气体排放的主要源地;而城市人口密度大、经济集中度高,气候变化造成的高温、雾霾、暴雨、强风、缺水等对城市的影响尤为严重。做好城市适应气候变化工作事关人民群众切身利益,事关城市持续健康发展。"绿色"是我国"十三五"规划提出的五大发展理念之一,积极适应气候变化,就是坚持绿色发展的内在要求;推进美丽中国建设,就是为全球生态安全做出新贡献。

二 气候变化对水安全的影响

气候变化引发的水安全问题主要包括水资源短缺(水少)、洪涝灾害严重(水多)、水环境恶化(水脏)、水生态退化(功能差)等问题。

(1)水资源短缺(水少)。根据联合国人居署的评价标准,我国有300多个城市缺水,城市每年缺水总量达60亿立方米,造成经济损失约2000亿元。多数城市的当地水资源已接近或达到开发利用的极限,部分城市的地下水已处于超采状态。同时,《2016中国环境状况公报》显示,6124个地下水水质监测点中,水质为较差级和极差级的监测点超过60%。水量型和水质型的双重水资源短缺导致城市供水不足,严重影响了人民生产生活质量。

(2)洪涝灾害严重(水多)。我国暴雨天气过程多发,局地强度大,并多伴有雷暴、大风和冰雹等强对流天气,造成部分江河水位上涨。由于极端天气和气候事件频发,汛期洪水峰高量大,大多数雨水径流未得到利用和下渗,河流断流与洪水泛滥交替出现,城市内涝呈加剧趋势。2012年北京市

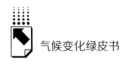
7·21 特大暴雨，79 人遇难，经济损失近百亿元；2016 年，强降水导致 26 个省份近百城市发生内涝，其中安徽、湖北、湖南、贵州等 11 个省份以及华北、黄淮部分地区遭受暴雨洪涝灾害，如河北省受灾严重，这些都是我国城市内涝问题的典型表现。

（3）水环境恶化（水脏）。根据水利部开展的全国水体调查结果显示，46.5% 的河流受到污染，水质只达到四类或五类；10.6% 的河流严重污染，水质为劣五类，水体已丧失使用价值；90% 以上的城市水域污染严重。2017 年《科学》中《更多的降雨带来更多的污染》一文指出，在全球气候变化带来更多降雨的情况下，全球水质将进一步恶化。

（4）水生态退化（功能差）。由于以全球变暖为主要特征的气候变化，我国大部分地区蒸发量增加，水土流失加剧，北方地区水生态退化加重，加之粗放的城市建设模式，水生态受到来自城市建设和气候变化的双重破坏，河流断流，湿地和湖泊大面积消失，水生态功能下降，从而引发更多城市生态问题。

三　气候适应型城市

为推进城市适应气候变化行动，落实《国家适应气候变化战略》的要求，2016 年 2 月，国家发展改革委、住房和城乡建设部共同印发了《城市适应气候变化行动方案》，明确了开展城市适应气候变化行动的指导思想和基本原则，提出了目标愿景、重点任务和保障措施，第一次提出了"气候适应型城市"一词。2017 年 2 月，国家发展改革委、住房和城乡建设部发布了《关于印发气候适应型城市建设试点工作的通知》，同意将内蒙古自治区呼和浩特市等 28 个地区作为气候适应型城市建设试点。但总体来看，我国适应气候变化问题尚未纳入我国城市规划建设发展重要议事日程，仍存在认识不够、基础不实、体制机制不健全等问题，适应意识和能力亟待加强。

从气候适应型城市建设试点的地域分布来看，入选的试点城市包括东北地区 2 个，华北地区 1 个，华中地区 7 个，西北地区 8 个，华东地区 5 个，华南地区 2 个，西南地区 3 个，共计 28 个。根据对试点方案的统计分析，大多数城市进行了初步的气候脆弱性评估和气候风险分析，气候风险主要集中在高温、干旱、洪涝、大风、低温冰冻、台风等方面，部分城市提出了明确的试点创建目标和相应的定量指标体系。

我国受地域特点和气候变化因素导致暴雨、洪涝、干旱等灾害同时并存。以 28 个气候适应型城市建设试点为例，常德、岳阳等降雨丰沛的城市水资源丰富但面临严重的城市内涝和水污染问题，庆阳、西宁等年降雨量相对较少的城市水资源缺乏问题较为严峻。各试点所面临的水多、水少、水脏等城市水问题各具差异，而与气候变化对城市水系统的影响相关的适应行动就成为各地先行先试的重点，并从推进海绵城市建设、全面建设节水型城市以及建立科学合理的城市防洪排涝体系三个方面集中提出保障水安全的目标要求和具体工程措施，但由于气候脆弱性评估和气候风险分析缺乏翔实的数据支撑，顶层设计、系统化方案和协同机制还不够完备，各试点城市的适应行动存在"碎片化""项目化"的现象。因此，如何从问题识别、系统规划、分策实施等方面做好水系统构建对推进气候适应型城市发展至关重要。

四　气候适应型城市水安全保障系统构建策略

城市面临的水安全问题是系统性、综合性问题，亟须综合时间、空间维度的系统构建策略。气候适应型城市建设可以从城市的问题、目标和需求出发，在不同尺度上系统缓解中国城市突出的水安全问题及相关生态和环境问题，同时通过全面提升城市水安全保障系统适应能力，能够发挥中医"治未病"的功效，做到"有病治病，无病强身"。

针对我国城市水安全问题，借鉴欧盟提出的"以物理干预或工程措施为主的灰色基础设施""以提升生态系统服务功能为主的绿色基础设施""以政策和战略规划以及保障机制为主的软措施"三方面的具体适应措施和

方法①，提出我国气候适应型城市水安全保障系统构建框架，具体框架如图
1 所示。

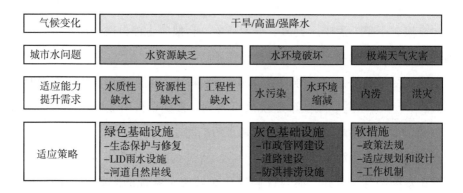

图1　气候变化视角下的城市水安全保障系统构建框架

（一）问题识别

联合国政府间气候变化专门委员会（IPCC）第一次评估报告提出了气
候变化脆弱性，且历次 IPCC 报告评估范围不断扩展。欧盟、美国等发达国
家和地区对城市适应气候变化政策和战略规划都对问题识别的重要性和方法
路径提出了具体要求。IPCC 也提出了气候变化脆弱性框架。城市是自然、
经济、社会复合的系统，气候变化的表现和城市的敏感性都对城市存在潜在
的气候变化影响，而气候适应型城市建设的主要目标是通过提高城市适应能
力的多层次治理行动，降低城市应对气候变化影响及其脆弱性的适应能力。
只有摸实情，才能出实招，对于气候适应型城市系统策略构建来说，开展城
市气候变化影响和脆弱性评估是加强气候适应型城市顶层设计、科学决策的
基础和前提。

科学分析城市气候变化事实以及未来气候变化趋势对城市社会、经济发
展与规划建设管理的主要影响，识别城市在气候变化条件下的突出性、关键

---

① 欧盟环境署：《欧盟城市适应气候变化的机遇和挑战》，张明顺、冯利利、黎学琴等译，马
　文林校，中国环境出版社，2014。

性问题，合理评估城市不同领域、区域和人群的脆弱性，是开展城市适应气候变化工作的先决条件。采集区域、行业、社区等相关脆弱性和适应能力分布信息，建立并完善城市气候变化影响监测与风险评估体系，建立适应气候变化数据和相关信息的部门共享机制，加强数据、信息与成果的互通互享是全面推进适应工作的长效机制。

（二）系统规划

"纽约2030规划"（PlaNYC）坚持以问题为导向，按照"挑战/问题—目标—计划—措施—实施"的编制思路，提出了新一轮的规划战略，制定了土地、供水、交通、能源、空气质量和气候变化等方面的政策目标，将气候变化影响纳入城市规划和发展战略创建过程，并制定洪泛区管理战略，修订相关建筑规范以提高城市适应气候变化能力。《伦敦适应气候变化战略》基于城市发展问题导向、目标导向和需求导向，从气候影响评估，脆弱性和风险评估，与气候变化相关的洪涝、缺水、高温热浪和空气污染等方面，系统提出城市适应气候变化的规划目标、主要内容、路线图。美国规划学会在《规划与气候变化政策指南》中建议通过规划、生态保护和建设、土地利用、交通、公众风险意识、决策支持等方面的政策与方法创新指引，推动城市规划在应对气候变化风险中的积极作用。可见，适应气候变化工作与城市规划密不可分。城市规划作为一种技术工具，寻求包括土地资源、空间布局、道路和交通、公共设施和市政基础设施等方面在内的城市功能合理性；作为一种政策工具，是政府调控城市"三生"（生产、生活、生态）空间资源、指导城乡绿色发展与建设、保障公共安全和公众利益的重要公共政策。

1. 加强顶层设计，制定系统化方案

如大连、淮北等试点城市提出要推进气候适应型城市建设，统筹经济社会发展规划、城市空间规划以及各项专业规划，将适应气候变化与气候风险管理纳入城市规划。加强适应气候变化理念，要注重相关专业衔接，在规划实施中增加相关控制量化指标。在气候变化风险和城市脆弱性、适应能力评估的前提下，以保护和修复城市山水林田湖等自然生态格局为基础，明确城

市适应的重点领域，明确城市河湖水系、低洼地等生态控制线，纳入城市三区四线管理，加强规划管控和引导。九江市提出在全面、合理规划的基础上，将开发、治理、保护相结合，因地制宜构建完善的水资源保护适应体系。

2.加强规划协调和衔接，切实发挥规划引领作用

加强与气候适应型城市建设水安全保障系统相关规划（如城市总体规划中的用地布局规划、绿地系统规划、综合交通规划、水系综合规划、生态保护和建设规划、排水防涝规划）之间的衔接和协调，明确规划目标、内容、刚性指标要求以及建设指引。在城市水系规划、城市用地竖向规划、城市排水工程规划中，加强绿色基础设施和灰色基础设施的有效结合，本着先"绿色"后"灰色"、先"地上"后"地下"的原则，提出系统化规划方案，并在编制城市总体规划、控制性详细规划以及绿地、道路、水等相关专项规划时，将节水、海绵城市建设等水安全保障相关指标（如管网漏损率、雨水年径流总量控制率等）作为刚性控制指标纳入规划内容。

（三）分策实施

1.严格节水行动

西班牙萨拉戈萨市通过提高认识和加强监管两方面实行节水行动，以"节水文化"为目标的企业、行业和当地居民来增加供水和管理水资源的需求，在考虑居民能够负担水费的基础上修订水价。而我国《中共中央国务院关于进一步加强城市规划建设管理工作的若干意见》《国民经济和社会发展第十三个五年规划纲要》《国务院关于印发水污染防治行动计划的通知》等政策文件均对全面推进城镇节水工作提出了相关要求。《城镇节水工作指南》明确提出要加快城镇节水改造，制定节水改造实施方案，尽快梳理节流工程、开源工程、循环循序利用工程等建设任务。《绿色建筑评价标准》（GB/T50378）也提出节水与水资源利用，要求制定水资源利用方案，并对管网漏损、防超压出流、节水器具使用等节水要求做出明确引导和技术要求。在执行最严格的节水行动的同时，还要通过合理开发利用雨水、再生水等非常规水资源，构建水资源合理配置格局。

2. 推进海绵城市建设

随着气候变化的影响，全世界在雨水管理方面加强了研究和实践。具体表现为美国的低影响开发、澳大利亚的水敏城市、英国的可持续排水系统以及我国的海绵城市。我国的海绵城市一改过去城市水系统快排模式，通过下垫面的改善增加了下渗减排和集蓄利用，通过绿色基础设施和灰色基础设施的双重作用，提高了城市水系统的安全性和适应能力。因此，加快推进海绵城市建设是加强气候适应型城市水安全保障系统的重要内容。

在气候风险评估和城市问题识别的基础上，应进一步深入分析中心城区及周边区域的生态安全格局以及水生态、水安全、水环境、水资源和水文化存在的问题，特别是对中心城区的脆弱性和适应能力进行分析，识别并划分重要生态斑块、廊道和节点，对现有自然地形和生态空间进行保护并预留为城市发展提供服务的重要空间，构建基于"山水林田湖"生命共同体的城市生态安全格局。针对不同区域的适应能力建设目标，充分利用空间条件和优化规划用地布局，构建城市水系统安全保障系统，制定相应的城市规划建设管理目标、指标和控制策略，从地块类型层面及项目层面进行设施建设指引，并提出指标落地和项目实施完成后的保障措施。

3. 规划建设标准调整

气候适应型城市建设需要针对强降水、高温、干旱、台风等极端天气气候事件，提高或调整城市防洪排涝、给排水、雨水管理与资源化利用等规划设计建设标准，加强城市水系统的安全性和抗风险能力。目前，我国部分规划建设标准条文与气候适应型城市建设理念还存在一定差距，如"道路绿化带路缘石高出路面的相关规定"与"增强道路绿化带对雨水的消纳功能"不适应；"推广海绵型公园和绿地，通过建设雨水花园、下凹式绿地、人工湿地等措施，增强公园和绿地系统的城市海绵体功能，消纳自身雨水，并为蓄滞周边区域雨水提供空间"与城市用地竖向规划规范、公园设计规范等标准中的"组织排出用地外围的雨水"等条文冲突。为进一步推进海绵城市建设，做到"有规可依"，住房和城乡建设部于2015年10月启动了"制

定 1 项国家（或行业）标准、修编 10 项标准"的工作（见表 1），以及相关国家建筑标准设计图集的制订和修编工作。

表 1   规划建设国家制定标准及修编标准

制定标准	《海绵城市建设评价标准》
修编标准	《城市用地竖向规划规范》（CJJ83 – 99） 《城市排水工程规划规范》（GB50318 – 2000） 《城市水系规划规范》（GB50513 – 2009） 《城市居住区规划设计规范》（2000 版）（GB50180 – 93） 《建筑与小区雨水利用工程技术规范》（GB50400 – 2006） 《城市道路工程设计规划》（CJJ37 – 2012） 《公园设计规范》（CJJ48 – 92） 《城市绿地设计规范》（GB50420 – 2007） 《绿化种植土壤》（CJ/T340 – 2011） 《室外排水设计规范》（GB50014 – 2006）

此外，为全面保障气候适应型城市城市水安全，沿海城市还要关注海平面变化情况对城市基础设施和城市建设发展带来的重要影响，并视情况及时调整防护设施的规划设计建设标准，因地制宜、因时制宜地酌情提高流域、区域性大洪水防洪设计标准。

（四）协同推进

创新建立多目标统筹、多系统协同、多元主体参与的推进机制，促使相关规划及工作衔接和协调，对于气候适应型城市整体推进，发挥事半功倍的综合效益至关重要。

目前，住房和城乡建设部等部门开展了各类与适应气候变化相关的试点城市建设，如气候适应型城市试点、海绵城市建设试点、双修城市试点。我国城市建设已经形成了对灰色基础设施的依赖，有效地促进了绿色基础设施优先的城市雨洪调蓄系统建设，但在实际管理和操作层面依旧面临诸多困难。

《气候适应型城市建设试点工作的通知》明确指出，试点城市要出台城市适应气候变化行动方案作为宏观指导的方向。在制定方案的过程中，要加强宏观思考、高瞻远瞩、整体谋划，要更加注重系统性、整体性、协同性，明确工作思路和中长期适应气候变化行动目标、主要指标、重点任务与保障措施，统筹基础设施建设、生态绿地、产业结构调整、监测预警、防灾减灾等相关工作协调发展。同时，在城市水安全保障系统构建中，要妥善处理好全局利益与局部利益的关系问题、近期建设与长远规划的问题、政府引导与市场主导的问题、技术先进性与经济可行性的问题，真正形成可复制、能推广的经验做法。

适应气候变化能力建设是目前我国推进气候适应型城市建设的重要支撑。加强城市适应气候变化科技研发，提高政府、企业、社区和居民等多元主体的认识和能力，建立完善多元主体参与适应气候变化的管理体系是加强适应气候变化能力建设的重要内容。既要通过实实在在的行动，解决广大人民群众关心的城市内涝、雾霾等实际问题，让群众有更多的获得感，也要注重建设科普教育网络平台、编制科普音像读物、组织宣传教育活动等方式，增强市民对这项工作的理解和支持，让市民积极主动地参与进来，实现各方共建共享的生动局面。

五　结语

面对当前国内外发展的新形势和新要求，要从战略和全局的高度，勇于担当，抓住机遇，试点先行，严抓落实，引领气候适应型城市创新发展。建设气候适应型城市，既要根据不同城市的气候地理条件和经济社会发展状况，坚持因地制宜，"一城一策"，实施分类指导的适应方案，也要在统筹协调的基础上，鼓励28个试点城市开展前瞻性和创新性探索，针对城市面临的共性问题，总结推广好的经验做法，积极发挥示范带动作用。

试点既是推进城市适应气候变化工作的重要任务，也是有效方法。试点能否迈开步子、趟出路子，直接关系到这项工作成效。试点城市要准确领会试点方案的精神，把握核心要义，不折不扣地认真落实；要避免生搬硬套，

拿出符合本地区实际、切实可行的具体举措,大胆探索,积极作为,从机构设置、决策协调、信息共享、资金保障、科技研发、能力建设、开放合作等方面创新适应气候变化治理体制机制,明晰责任,做到谁主管、谁牵头、谁负责。在试点过程中,有关部门要加强试点统筹部署和督查指导,与相关城市共同研究新情况、解决新问题、探索新思路,不断推进试点工作取得新进展,切实发挥好试点对全局工作的示范、突破、带动作用,探索形成人与自然和谐发展现代化建设新格局。

G.12
非试点城市开展生态海绵
社区建设的思路与对策

—— 以长沙市为例*

刘波 李丁述**

摘 要： 国家级海绵城市试点正在积极建设和推进中，其中的问题和
经验值得非试点城市思考和借鉴。本文以湖南省长沙市为例，
介绍了非试点城市长沙市推进海绵城市和生态海绵社区建设
的主要工作，提出了建设海绵社区的设计思路和重点内容，
探讨了长沙市开展海绵社区建设存在的具体问题和对策，及
如何以海绵社区作为切入点，从部门联动、典型示范、资金
机制等多方面积极推进海绵城市建设的具体建议。本文可供
非试点海绵城市借鉴经验。

关键词： 海绵城市 生态海绵社区 洪涝 热岛效应

2015 年以来，先后有 30 个城市入选国家级海绵城市试点。国家住房和
城乡建设部要求通过海绵城市建设，综合采取"渗、滞、蓄、净、用、排"
等措施，最大限度地减少城市开发建设对生态环境的影响，将 70% 的降雨
就地消纳和利用。到 2020 年，城市建成区 20% 以上的面积将达到目标要

---

* 本文为长沙市海绵城市生态产业技术创新战略联盟及湖南省气候中心合作开展的课题成果。

** 刘波，长沙市海绵城市生态产业技术创新战略联盟秘书长，研究领域为海绵城市、生态城市
等；李丁述，长沙市海绵城市生态产业技术创新战略联盟研究员。

求；到 2030 年，城市建成区 80% 以上的面积将达到目标要求。许多试点城市在海绵城市建设过程中，将海绵社区作为海绵城市建设的基本单元，系统性地统筹自然降水、地表水和地下水，协调给水、排水等水循环利用的各环节，并慎重考虑其复杂性和长期性。

在海绵城市试点建设过程中，暴露出一些问题，也积累了一些经验，值得非试点城市参考和借鉴。长沙市不是国家海绵城市试点城市，但是作为我国中部地区、长江经济带中下游的重要省会城市之一，人口稠密、历史悠久，长期遭受水旱灾害侵袭之苦，在城市化转型的关键时期，亟须加快探索和建设生态城市、海绵城市。2015 年，长沙市的经济总量位居全国省会城市第 6 位，人均 GDP 超过 11.5 万元，发展势头强劲。然而，伴随着城市的发展，近年来长沙市屡屡遭遇强降雨和洪涝灾害，社会经济损失不断增加。《长沙市国民经济和社会发展第十三个五年规划纲要》明确提出要继续做大经济实力、提升城市人居环境容量、改善城乡基础设施，建设 500 万以上人口的特大城市格局，将常住人口城市化率从 2015 年的 73.5% 提升到 2020 年的 81%。开展海绵城市社区建设是长沙市建设"生态长沙、品质长沙"的必然选择，是城市化进程转型升级的重要内容，也给长沙提出了更高的生态保护、防灾减灾的要求。

为了推进海绵城市建设，长沙市成立了海绵城市建设领导小组，2017年 9 月，长沙市政府发布了《关于全面推进海绵城市建设的实施意见》，其中明确要求，到 2020 年，长沙市建成区 20% 以上的面积达到国家海绵城市建设目标要求，并将海绵城市建设纳入全市社区提质提档改造项目内容。本文以海绵社区为例，探讨了长沙市建设海绵社区的重要意义、实施内容及存在问题，并提出了以海绵社区为切入点深入推进海绵城市建设的对策建议。

一 海绵社区建设的背景及必要性

（一）海绵社区建设的背景

随着城镇化进程的不断加速，城市不仅面临水资源缺乏和城市内涝的情况，而且雨水引发了资源、环境、生态、社会等一系列问题。城市建设导致不透水面增加，改变了原有的自然水文循环，阻断了雨水渗入地下补充地下水的途径，再加上地下水过度开采，使地下水位逐年下降；雨水径流携带大量污染物进入城市水体，使城市水体水质变差；水文破坏导致原有植被覆盖越来越少，原有的生态系统受到冲击，环境自我修复能力减弱，生态系统严重失衡。雨水资源是淡水的主要来源，在水文循环系统中起着十分重要的作用。我国很多城市都面临水资源短缺的问题，而雨水作为一种宝贵的资源却没有得到很好的利用。目前我国雨水资源利用率不到10%，将雨水资源进行有效的滞蓄和利用，可以在很大程度上解决城市水资源短缺的问题。

建筑与小区包括住宅社区、企业社区、商业社区等多种社区形态，作为城市主要的建设用地类型，建筑与小区是城市主要的不透水下垫面之一。传统的建筑与小区具有雨水径流量大、峰值流量大的特点，容易对市政雨水管渠系统造成冲击，增大排涝压力。低影响开发设施的建设，加大了对城市雨水径流源头水量、水质的刚性约束，使城市开发建设后的水文特征接近开发前。社区是城市建设和管理的基本单元，也是城市绿地和低影响开发设施发挥雨洪调蓄功能的基本单元。在小区中融入低影响开发设施，可以实现小区的生态提升。当前大部分地区海绵城市建设片面强调地下综合管廊建设，过分使用灰色快排模式，这种方式已在国外被验证不能够实现城市雨水的科学有效管理，不仅达不到水体净化的效果，反而会大大增加城市污水处理压力，而且即使城市综合地下管廊充足，也不能完全满足暴雨时社区的雨洪排放要求，特别是在较为低洼的社区地段，内涝灾害时有发生，大量的雨污汇集也对城市地下管网的维护以及水系的治理造成了巨大的资金投入压力。

海绵社区概念的提出，将海绵城市建设分解到无数个社区子单元中，通过科学合理的海绵社区建设低影响开发绿地系统（社区雨水花园，包括生态屋顶、雨水收集、下凹式绿地、生态滤池、雨水景观池等），尽可能地通过可渗透绿地系统蓄积和迟滞雨水，减轻社区内雨水外排压力、雨污处理压力和水资源供给压力，构建社区内部生态水循环体系，以减少海绵城市建设

综合投入，减轻城市管理负重。并能够将海绵城市建设分解到片区、社区，逐步、有序地进行海绵城市建设，有效地推进海绵城市建设推进。

（二）海绵社区建设的必要性

海绵社区是海绵城市建设的重要内容。海绵城市建设遵循生态优先等原则，将自然途径与人工措施相结合，在确保城市排水防涝安全的前提下，最大限度地实现雨水在城市区域的积存、渗透和净化，促进雨水资源的科学管理和利用，同时改善城市热岛效应和大气质量，提高生物多样性水平，实现城乡生态环境保护的战略目标。长沙市利用社区改造契机，将社区改造与海绵化结合起来，有助于针对典型社区的突出问题，解决城市发展过程中的内涝、热岛效应、灰霾等环境问题，为建设海绵城市、全面改善城市人居环境打好基础。

1. 城市内涝问题日趋严重

城市建筑面积的增加、植被覆盖面积的缩减以及市政排水系统取代了原有的自然地表，导致了城市土地覆盖方式的改变。不透水面积的持续增多使自然的水文循环被迫阻断，导致城市降雨量、降水强度、降雨时间大幅增加、降雨径流系数增大和汇水时间缩短等问题，从而使城市河道的洪峰值提高，出现时间提前等现象，城市内涝问题越发严重。以长沙市 2017 年 7 月洪灾为例，2017 年 6 月 22 日以来，湖南省普降大到暴雨，部分地区大暴雨，平均降雨量为 197.3 毫米。截至 7 月 2 日，湖南省内水系 12 个检测站点超过警戒水位，其中湘江长沙站水位达到 39.33 米，超过 1998 年的历史最高水位 39.18 米。截至 7 月 7 日的初步统计，宁乡县受灾人口 81.5 万人，占全县人口的 56%，累计核实因灾死亡、意外落水溺亡、失联人员共 44 人。被洪水淹没的长沙市橘子洲景区见图 1。

2. 城市热岛效应不断加剧

受城市下垫层（大气底部与地表的接触面）特性的影响。大量的建筑物和道路构成以砖石、水泥和沥青等材料为主，这些材料热容量、导热率比郊区自然界的下垫层要大得多，而对太阳光的反射率低、吸收率大。因此在

图1 被洪水淹没的长沙市橘子洲景区

白天，城市下垫层温度远远高于气温，其中沥青路面和屋顶温度可高出气温8℃～17℃。此时下垫层的热量主要以湍流形式传导，推动周围大气上升流动，形成"涌泉风"，并使城市气温升高。在夜间城市下垫层主要通过长波辐射，使近地面大气层温度上升。由于城市下垫层保水性差，水分蒸发散耗的热量少（地面每蒸发1g水，下垫层将失去2.5kJ的潜热），所以城区潜热大，温度也高。

基于2010～2016年长沙及周边地区400多个自动气象逐日平均气温、最高气温和最低气温，采用反距离高斯权重插值算法，插值形成约500米×500米空间分辨率精度的长沙地区2010～2016年逐日平均气温、最高气温和最低气温空间网格数据集。在此基础上，开展长沙地区城市热岛强度分析。

（1）2010～2016年长沙地区的气候变化趋势及热岛效应

根据湖南省气候中心提供的2010～2016年长沙地区平均气温、平均最高气温、平均最低气温等气象资料可知，长沙地区平均气温和最低气温的热岛效应较最高气温更加明显，其中最低气温的城乡差异尤为明显。从月热岛强度来看，也具有类似的特点：长沙地区1月、7月的平均气温和最低气温

的热岛效应较当月最高气温更加明显。这说明长沙地区在全球性和区域性气候变化的背景下，呈现整体的增温态势，其中以平均气温、最低气温的升高最为显著；同时，受到城市化人口扩张、土地利用变化的影响，表现出城乡温差不断扩大的热岛效应现象。

（2）热岛强度分析

选取经度范围112.6°~113.5°、纬度范围27.8°~28.7°为长沙地区城市热岛强度分析关键区，在该关键区内选取经度范围112.9°~113.1°、纬度范围28.0°~28.3°为主城区，其余区域为近郊。通过计算二者平均气温差值来推算长沙市的城市热岛强度指数。结果表明，长沙市主城区平均气温高值区为经度范围113.00~113.03°、纬度范围28.11~28.16°的区域，2010~2016年平均气温高于18.4℃，同时期长沙市各月热岛强度指数最低值为0.2℃（2010年1月），最高值为1.05℃（2014年10月），各年热岛强度指数的最低值为0.41℃（2010年），最高值为0.72（2013年)℃。图2为长沙市2011~2016年逐月平均热岛强度指数，最低值出现在4月（0.45℃），最高值出现在8月和10月（0.78℃）。可知，长沙市下半年热岛强度要大于上半年热岛强度。

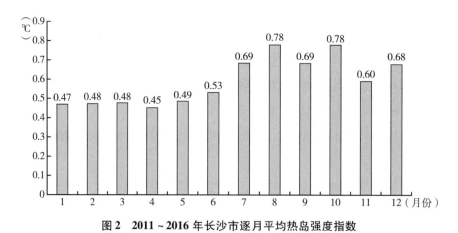

图2　2011~2016年长沙市逐月平均热岛强度指数

3. 霾天气发生频率逐年增高

根据湖南省气候中心的研究，长沙地区气溶胶光学厚度（AOD）对灰霾具有较好的指示作用。具体表现为：长沙地区 AOD 值呈现由主城区向周边减少的趋势，其中长沙市区、宁乡市、浏阳市、望城区主城区都表现出 AOD 高值特征，以长沙市区最为显著。由于城镇化的影响，大量的自然耕地和生态用地被改造为城市建设用地，人口和生产活动产生的废气污染不能被有限的生态绿地、气候空间所稀释、吸收和扩散，城市中心地区霾现象加剧。实际上，AOD 的空间分布范围与长沙市的植被分布（NDVI 指数）也具有较高的一致性，表现为：灰霾最集中的主要城区及周边部分开发建设地区的 NDVI 指数也较低，植被覆盖率越高的郊区地区灰霾及气溶胶厚度也越小。这一点为利用海绵城市、海绵社区建设减小霾影响提供了支持。

二 长沙市海绵社区建设的基本情况

（一）海绵社区工作推进情况

1. 出台长沙市海绵城市建设政策标准

长沙市住房和城乡建设委员会下发了《关于进一步明确长沙市市政类项目工程海绵城市建设设计专项审查流程及标准的通知》（长住建发〔2017〕117 号），确保全市新建、改建、扩建、已批待建的政府投资类建设项目在前期设计阶段落实海绵城市建设要求。正在加紧编制长沙市海绵城市项目建设管理规定和实施细则，对长沙市城市规划中心城区范围的各类新建、改建、扩建的建设项目（含政府投资类项目和社会投资类项目）进行建设管控，确保海绵城市建设工作落地。

继《长沙市低影响开发雨水系统设计技术导则（试行）》发布之后，在全市各部门的大力配合下，《长沙市海绵城市建设规划与设计导则（试行）》《长沙市海绵城市建设标准图集（试行）》《长沙市海绵城市建设工程设计文件编制深度要求（试行）》《长沙市海绵城市建设工程施工及质量验收指南（试行）》4 项规范标准正式发布，对科学指导长沙市海绵城市的具体项目建设具有重要的现实意义。

2. 学习借鉴海绵城市试点的典型经验

全面推介望城示范区海绵城市建设理念，多次组织各级各部门从组织保障、规划引领、技术管控、资金保障等方面来探索全市海绵城市建设经验；同时，为借鉴先进理念，加快工作进度，多次组织相关部门和单位到常德市和全国首批海绵城市试点进行考察学习；定期派员参加国家住建部、省住建厅组织的海绵城市座谈会和经验交流会，不断积累经验和梳理思路。

3. 积极推进长沙市的海绵城市示范建设

湘江新区在梅溪湖、洋湖、滨江积极推进海绵城市示范区建设；芙蓉区以黑臭水体整治为依托，在项目建设中融入海绵城市的建设理念；天心区在港子河风光带和新开铺片区积极推进海绵城市建设试点，启动了港子河两厢和滨江公园海绵城市建设项目；岳麓区结合海绵城市建设启动了后湖水环境综合整治项目；雨花区圭塘河流域海绵城市建设试点正委托德国汉诺威、中规院、长堪院负责开展总体规划研究工作；长沙县编制了《星沙新城海绵城市专项规划》的初步成果，同时，加强项目设计方案技术把关，积极推进海绵城市建设；浏阳市完成了海绵城市建设专项规划初稿，正在制定工作方案；宁乡县编制了《宁乡县海绵城市建设规划》，制定了《宁乡县海绵城市建设实施意见》，启动了玉潭公园、亮月湖、市民公园及市民之家海绵城市示范项目建设。

（二）社区实施海绵改造的建设思路

海绵城市建设，就是要在流域、区域、社区三个空间尺度上构建经过总体设计安排的海绵体，恢复城市的自然调节属性，减缓社区、城市对江河湖泊的洪涝压力、生态环境压力以及气候变化压力。在这一过程中，社区空间尺度的小海绵体即社区（汇水区）雨水花园的建设十分关键，因为社区是城市的细胞，也是构建海绵城市的基本单元，贯彻雨水就地分散处理、蓄留、净化、渗透的海绵城市的基本原则，落脚点就在社区，而小流域子单元也应被看成一个社区单元。

1.海绵社区的建设设计思路

根据国家海绵城市试点的技术导则、生态社区建设规范等相关要求，设计了如下海绵社区的建设思路，其中的主要内容是通过社区新建或改造，实施"低影响开发绿地系统"示范工程，在施工建设中达到相关技术规范，并注重后期的养护与维护。海绵社区的建设思路与内容设计如图3所示。

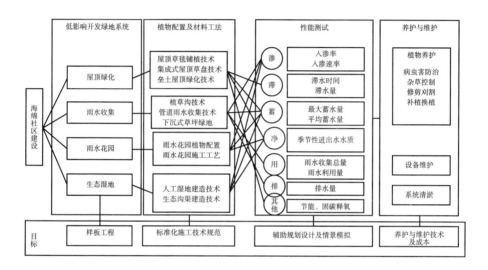

图3 海绵社区的建设思路与内容设计

2.海绵社区的建设内容

海绵社区的主要建设内容包括以下几个方面。

（1）屋顶绿化。一般采用草毯式屋顶绿化技术、集成式屋顶草盘技术、垒土屋顶绿化技术三种方式进行，具体施工有便捷高效、即铺成坪的优势。需要测定的主要性能参数包括：蓄水能力（最大蓄水量、平均蓄水量）、基质流失率、季节性水质、不同降水情景（小雨、大雨、暴雨）下的滞水时间及滞水量、节能效果（屋面温度对比、室内温度对比、平均日节能量、节能总量）、固碳释氧效果等。

（2）雨水收集。包括屋面雨水收集和地面雨水收集，可因地制宜，可采用管道集水、植草沟、雨水收集罐、地下蓄水模块、渗透井、渗透式草坪

等多种方式。需要测定的参数包括：雨水收集量（安装流量计）、雨水迟滞效果（不同降水情景下的滞水时间及滞水量）、雨水渗透性能（入渗速率、雨水渗透系数、入渗率等）、水质变化等。

（3）雨水花园（生态滤池）。雨水花园可采用不同的植物配置组合和施工方式进行，包括5~10个小型雨水花园（生态滤池），每个雨水花园面积根据现场条件控制在一定空间（面积和深度）内。按照国家发布的《海绵城市建设技术指南——低影响开发雨水系统（试行）》中的雨水花园建设标准进行施工。需要测定的主要性能参数包括：蓄水能力，雨水迟滞效果，雨水渗透性能，水质变化，植物抗病、虫害性能（监测不同植物配置情况下雨水花园植物抗病害、虫害情况）。计算人工除杂、刈割、补植等综合成本，最终给出实际养护成本费用范围。

（4）生态湿地。可因地制宜采用人工湿地系统、植物塘、生态沟渠等方式，生态产品包括：水生植物毯、鹅卵石、草毯、防渗布等。按照国家发布的《海绵城市建设技术指南——低影响开发雨水系统（试行）》中的下沉式绿地的标准进行施工。主要的性能测试内容包括：蓄水能力，雨水迟滞效果，雨水渗透性能，水质净化效果，植物抗病、虫害性能，生物多样性状况等。

图4是海绵社区（雨水花园）的构建示意，其中雨水花园是主要的构建，包括露天绿化系统、生态滤池、雨水收集罐、景观蓄水池、生态草沟系统等。

三　长沙市海绵社区建设面临的主要问题

目前长沙市海绵社区建设主要依托"小区提质提档改造"工作进行，总体目标是：打造海绵社区样板工程，建成海绵社区雨水工程及热岛效应实验室，形成规范标准的海绵社区低影响开发绿地系统建设技术体系，推动生态产业成为长沙市新的经济增长点。然而，实践中仍然存在一些政策、机制、技术等方面的难点和问题。

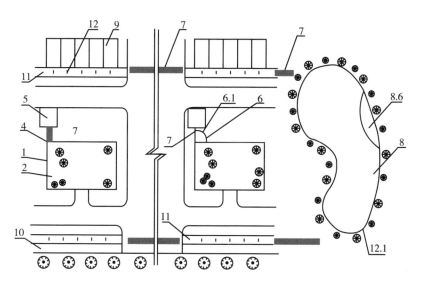

图4 海绵社区（雨水花园）构建示意

注：1 建筑物，2 露天绿化系统，3 排水管，4 下泄管，5 生态滤池，6 雨水收集罐，6.1 溢流导管，7 导水槽，8 景观蓄水池，8.6 亲水平台，9 停车场，10 道路，11 生态草沟系统，12 溢流隔板，12.1 溢流口。

（1）小区提质提档改造与海绵社区建设存在一定差距。小区提质提档改造主要是以下四个方面的工作。①道路交通。通过道路及栋间路修补、加铺沥青路面使地面硬化。②排水设施。将原下水系统清理疏通，更换老旧设施等排水系统改造。③绿化景观。通过新增乔灌木，草皮更换，改造原有绿化景观。④建筑改造。通过建筑外立面粉刷，建筑屋顶防水，公共建筑装饰装修改造，围墙整修粉刷等方式进行建筑改造。然而，传统社区改造存在诸多弊端，老旧小区改造未纳入生态元素，各地小区提质提档改造工作注重面子工程，千城一面，大面积使用硬质铺装，保持传统排水系统，未充分利用绿化景观调蓄功能和发挥屋顶收集作用，使得洪涝风险加剧，生态问题更加严重。

（2）海绵社区管理体系有待加强。海绵城市建设是一项系统性工作，任务重、要求高、部门多、涉及面广，需要各级各部门长期共同努力配合。目前，诸多职能部门虽然都有海绵城市建设工作理念且各自开展了一些工

作，但未建立联动机制，工作合力不够，难以有效形成全市一盘棋的海绵城市建设大格局。建议办公厅加速出台强制性的实施措施（长沙市海绵城市建设项目管理暂行规定），从国土、规划、建设、水务、环保等部门的审批阶段开始将海绵城市建设要求强制性纳入项目的整体建设，从源头上将海绵城市建设的内容落到实处。

（3）海绵社区的技术研究支撑不足。当前长沙市大量重大项目已经启动建设，但海绵城市建设相关规划的编制及技术体系设计存在一定滞后性，项目建设时序与执行海绵城市建设要求不同期，可能导致近期启动的项目无法完全结合海绵城市要求进行建设。技术导则的出台亟须科学研究的支撑，例如，未来气候变化、城镇化及人口发展的不同情景，海绵社区技术的适用性等研究。此外，海绵社区建设也缺乏长期、量化的数据支持。海绵社区（雨水花园）建设是一个新的理念，在技术、手段、使用方法上缺少实践操作，国内海绵社区低影响绿地开发系统缺乏性能测试，雨水水文规划设计缺乏定量化数据支撑，无法为海绵社区规划设计提供定量依据。对此，需要加强海绵社区的长期监测，设计适用于长沙不同地域的低影响开发绿地建设技术体系，设计海绵社区建设的定量评价指标，以便推动海绵社区建设的考核与评估工作。

四 依托海绵社区推动海绵城市建设的对策建议

城市的生态建设投资，在改善城市人居环境、打造城市建设绿色转型样板的同时，完全可以转化成新的经济增长点，形成生态产业发展的新机遇。目前长沙市的部分海绵社区建设项目已采用了海绵城市的理念，下一步，需要对已开工和部分建成的项目总结经验，甄别适用技术、提升成效，以便整体推进海绵社区建设，努力打造有长沙特色的海绵城市"升级版"，实现长沙市城镇化水平的提升、经济腾飞的创新和突破。对此，本文提出以下建议。

（一）建立各部门联动机制，将海绵城市建设纳入部门绩效考核

建议按照全市海绵城市建设工作目标，建立各级各部门联动机制，进一步强化责任、划分任务、明确步骤、落实措施、制定标准，强化建设管控，形成工作合力，积极协调解决在海绵城市建设推进过程中遇到的困难和问题。将全市海绵城市建设推进情况纳入绩效考核，对不达标的区、县（市）政府或市直相关单位进行交办督办，建议由市政府督查室开展海绵城市建设推进工作季度督查，推进全市海绵城市年度工作目标的落实。

（二）总结试点经验，加强示范引领

国家级海绵城市建设要求试点城市区分老旧城区、新建城区两个部分进行有针对性的、区别化的设计和实施。

（1）老旧社区提质提档改造。长沙市要求在"社区提质提档"改造工作中纳入海绵社区元素，依托长沙市各社区环境改造的场地资源，通过低成本、低影响的绿地开发（如屋顶绿化、雨水花园、生态湿地），优化社区服务阵地、公共交通、停车场地、管网体系、绿化美化等基础设施项目，有效提升了道路交通、排水设施、绿化景观、建筑改造等社区建设目标，将许多城市社区打造为示范性海绵社区，是海绵城市建设的有效途径之一。

（2）启动城市新城区的海绵示范、重点工程、住宅小区和老城区市政改造示范，望城区滨水新城省级示范区海绵城市建设是新城海绵改造的典型案例之一。通过科学谋划，在望城示范区实施河湖连通工程，通过完善水系规划、新建改造雨污管网、整治黑臭水体等措施，打造望城区"大海绵体"；通过分类示范引领，以点连片，形成一批有示范性、可复制性、可推广性的海绵建设项目，充分发挥试点示范的全局性效应，在2017年年底实现部分示范项目的竣工投运。

（三）出台政策立法，为海绵社区建设筹措专项资金

长沙市共有3000多个社区，全部建成海绵社区需要500亿元。为推进

长沙市生态海绵社区建设进程，提高各地方政府参与海绵城市建设的积极性，建议尽快出台海绵城市（海绵社区）试点建设的财政奖励和补贴制度，明确年度预算、资金筹措、财税支持、投入机制及资金来源措施，为长沙市的海绵城市建设创造良好的制度保障和市场环境，吸引社会资金投入建设运行。①在社区提质提档改造原有财务安排的基础上，由市级财政提供海绵社区试点30%的建设资金，剩余资金由各区政府配套；也可参照国家试点办法，由市级财政对试点社区建设给予10%的奖补资金支持。②组建生态海绵社区建设基金，按照1∶9的杠杆比例，政府财政投入10%作为引导基金，以提升社会公信力，改变过去政府全负债建设模式。另外90%面对特定投资主体募集，在此基础上形成政府和社会资本合作的项目建设平台，政府担任监管者角色，委托专业基金管理公司运营基金项目。③委托专业银行发行一定年限的绿色债券，面向社会公众筹集建设资金，回报收入由政府进行可持续性的城建投入，如海绵城市建设附带的能源合同管理和水资源合同管理收入、碳减排及交易收入、政策性收费收入等。④通过地方环境政策立法，统筹开征垃圾处理费、污水处理费、雨水排放费等涉及环境治理征费的制度，开征费用可纳入环境治理基金统一管理使用。

长沙海绵城市建设是从根本上改变长沙城市水生态环境的大事，关乎社会民生，应利用各种媒体和渠道，及时报道海绵城市工作进展情况，让市民在项目建设中更加理解和支持建设改造工作，使社会各界对海绵城市建设达成深刻共识，营造全社会广泛关注并积极参与的良好氛围。此外，还应当加强与高校科研机构的合作，鼓励海绵城市技术与材料的创新，形成技术体系、自主知识产权体系，增强产业核心竞争力。

G.13

能源互联网推进能源转型*

何继江 王宇 陈文颖**

摘 要: 温室气体净零排放首先要实现能源系统摆脱化石能源。包括电力系统、供热系统和交通系统在内的整个能源系统都要不断提高可再生能源的比重。风电和光伏将成为未来的主体能源,而要平衡风电光伏的波动性要求高比例可再生能源系统必须要能够提供足够的灵活性。能源互联网作为一种全新的解决方案将大幅增加能源系统的灵活度,提高接纳可再生能源的比例,从而有力地促进全社会从建筑、工业、交通等终端能源部门推动清洁电力和可再生能源替代化石能源,建立未来能源体系,实现能源革命。

中国已经初步建立起鼓励能源互联网的政策体系,广泛开展的各类能源互联网试点示范项目标志中国的能源互联网建设已经快速起步。

关键词: 能源互联网 能源转型 灵活性

---

* 本文得到科技部课题"科技发展引领应对气候变化治理策略研究"的支持。

** 何继江,清华大学能源互联网创新研究院政策发展研究室主任,研究领域为能源互联网、能源政策等;王宇,清华大学能源环境经济研究所讲师,研究领域为低碳政策;陈文颖,清华大学能源环境经济研究所教授,研究领域为低碳政策。

一 能源转型与能源互联网概念的提出

（一）能源转型是应对气候变化的核心问题

IPCC 第五次评估报告指出，源自化石燃料燃烧和工业流程的 CO_2 排放对 1970～2010 年时期温室气体排放总增加量的贡献率大约为 78%，而对于 2000～2010 年时期也有类似的贡献率。如何减少化石燃料燃烧的温室气体排放是全球温室气体减排的关键。《巴黎协定》明确了温室气体减排的长期目标是"尽快实现温室气体排放达峰，并在此后迅速下降，继而于本世纪（21 世纪）下半叶实现温室气体净零排放"，这也给能源转型设定了目标，温室气体净零排放首先要实现化石能源行业基本上不再有规模化的温室气体排放，具体的时间，最早是 2050 年，最晚则是 2100 年。

欧美发达国家和地区在制定温室气体减排目标的同时，都制订了能源转型的目标。欧盟于 2008 年制订了到 2020 年实现"三个 20%"的目标，即可再生能源电力占比提高到 20%，能效提高 20%，碳排放量相比 1990 年水平减少 20%。[①] 欧盟 2030 年的目标中，可再生能源占一次能源的比重确定为 27%，其中电力系统中可再生能源的比重达到 45%。德国的目标是 2050 年温室气体排放比 1990 年减排 80%～95%，其相应的能源转型目标是 2050 年总发电量中可再生能源电力的比重要达到 80%。[②] 丹麦和冰岛则提出到 2050 年全部摆脱对化石能源的依赖。

欧洲部分国家和地区的能源转型正在快速推进。欧洲环境署 2016 年发布的报告显示，与 1990 年相比，欧盟 2015 年的温室气体排放减少 22%，可再生能源占比则在 2013 年已经达到 21%，2020 年的温室气体减排目标已经

---

① 高洪善：《欧盟关于气候变化政策的新进展》，《全球科技经济瞭望》2009 年第 12 期，第 46～50 页。

② 王志强：《德国联邦政府 2050 年能源规划纲要——致力于实现"环境友好、安全可靠与经济可行"的能源供应》，《全球科技经济瞭望》2011 年第 3 期，第 5～17 页。

提前达成。2014 年，冰岛一次能源体系中可再生能源占比已经达到 85%。同时，冰岛已经成为世界上唯一一个电力 100% 来自可再生能源的国家，其发电方式是水力发电和地热发电。2016 年，丹麦风电发电量在全年电力消费中的比重达到了 42.1%，[1] 是全球风电在电力系统中占比最高的国家。德国的可再生能源发电占比则从 1990 年的 3.4% 跃升到 2015 年的 32.5%，[2] 超过了之前预定的目标。这些国家能源转型的进展带动更多的国家加速能源转型进程。

国家发改委能源研究所的研究提出 2050 年中国可再生能源占一次能源的比重超过 60% 是可能的，而对 2050 年供电系统的模拟运行情况显示，若可再生能源发电量达到 85%，其中约 60% 来自波动性可再生能源发电。[3]

不断增长的光伏和风电给电力系统带来巨大挑战。光伏仅在白天发电，而且明显集中在正午前后，风电也有强烈的波动性。高比例的风电光伏给电力系统的实时平衡带来巨大的挑战，这成为制约电力系统转型的关键障碍。能源互联网正是在解决这一障碍的过程中应运而生。

（二）能源互联网概念的提出

最早提出能源互联网的学术文献是 2004 年发表于英国《经济学人》杂志的 "building the energy internet"。技术层面的探索产生于 2008 年左右，德国提出 E-Energy（信息化能源）计划，充分利用信息和通讯技术，以求打造全新的能源互联网，解决未来分布式能源为主的电力系统面临的新问题。美国专家里夫金的著作《第三次工业革命》使能源互联网的概念在中国得到广泛传播。在里夫金的设计中，能源互联网是一种依托于可再生能源技术，通信技术与能源系统深度融合的，涵盖多类型能源网络与交通运输网络的新型能源利用体系。[4]

---

① 秦海岩：《看得到的和看不到的》，《风能》2017 年第 2 期，第 1 页。
② 张玥：《德国依靠市场交易和法规保障风电消纳》，《风能》2016 年第 2 期，第 36 页。
③ 国家发改委能源研究所：《中国 2050 高比例可再生能源发展情景暨路径研究》，2015 年 4 月。
④ 〔美〕杰里米·里夫金：《第三次工业革命》，中信出版社，2012。

（三）欧洲能源互联网的探索

2011 年，欧洲启动了未来智能能源互联网（Future Internet for Smart Energy，FINSENY）项目，通过识别智能能源系统的需求和分析智能能源场景，实现支撑配电系统的智能化，从而构建未来能源互联网的 ICT 平台。[①]

德国的探索尤其值得重视。2008 年，德国联邦经济技术部与环境部推出名为 E-Energy 的技术创新促进计划，提出打造新型能源网络的目标。E-Energy 为满足未来以分布式能源供应结构为特点的电力系统的需求，在能源系统中充分利用通信技术，最大限度地利用风电和光伏。德国的 E-Energy 大体可以理解为德国的能源互联网，这是能够实现大比例接纳可再生能源的以信息通信技术（ICT）为基础的未来能源系统。

能源互联网的建设为德国和丹麦等国提高可再生能源在电力系统中的比重已经显现了成绩。2014 年 6 月 9 日中午，德国出现了光伏发电比例超过全网 50% 用电量的情况。2017 年 4 月 30 日，德国电力系统中的风电、光伏、水电和生物质所占比例总计达到 85%。丹麦经常出现风电发电量高于全国用电量的情况。德国和丹麦的能源转型已经提供了一个利用能源互联网推动高比例可再生能源借鉴的范例。能源互联网作为接纳高比例可再生能源的有效方案，逐渐得到更多的认同。

二　能源互联网支持高比例可再生能源接入

（一）能源互联网增强了电力系统的灵活性

通过利用互联网技术，能源互联网促进能源系统内各类设备的信息交互，提高电力系统的灵活性，保障发电侧与用电侧的实时平衡和完全稳定，

---

① 田世明、栾文鹏、张东霞等：《能源互联网技术形态与关键技术》，《中国电机工程学报》2015 年第 14 期，第 3482 ~ 3494 页。

从而高比例接纳波动性的风电和光伏。

随着风电和光伏的成本快速降低，风电和光伏的装机量将迅速增长。但二者的发电量因天气影响而明显的波动性，如果可再生能源渗透率要达到较高比例，甚至100%以上，那就要求电力系统具有足够的灵活性。灵活性主要来自以下方面。

（1）提高常规发电厂调节灵活性。除了水电和抽水蓄能电厂以外，还要增加燃煤发电机组的灵活性，可以对风力发电和太阳能发电的波动性进行平衡。

（2）天然气电厂和生物质电厂的调峰功能。天然气在电力系统中所占的比例正在迅速上升。燃气电厂具有很好的调峰功能，尤其是中小功率燃气轮机机组。生物质电厂在规模和成本上无法与大电厂相比，但它所具有的灵活性使其适于承担电网调峰功能。

（3）扩展输电基础设施。使更大区域内的风电光伏实现互补，平抑其波动性。

（4）通过信息互联，让电力网与气象网实现高度协同，使得对风光电发电的预测和调度更加精细化，提高电力系统对风电光伏的适应性。

（5）有效开发电力需求侧资源。工商业的可中断负荷等零散的需求响应能够通过互联网技术整合起来形成大规模的调峰能力，通过移峰填谷和负荷转移来提供灵活性。家庭中的冰箱、空调、储能装置等智能家居通过互联网形成巨大的需求响应能力，以分布式的形态参与电网的调峰调频，此外，热泵和冷藏仓库等"灵活消费"也能够提供灵活性。

（6）储能和电动汽车。分布在发电侧、输电侧和用电侧的储能设备可以有效平抑风电光伏的波动性，而大量的电动汽车则是一种可移动的分布式储能，通过互联网加以整合，可以提供大量需求响应能力。

（二）电动汽车与能源互联网

目前的交通系统主要依赖汽柴油等化石能源，交通能源系统转向可再生能源的关键之一是电动汽车。大规模发展电动汽车以及未来的燃料电池汽

车，将实现交通体系的电气化，逐步减少汽柴油的使用，同时使交通体系与电力体系深度耦合，随着电力系统中火电发电不断减少，风电光伏不断增加，交通系统也将彻底摆脱化石能源。

电动汽车充电设施可以从电网取电，也可以直接从太阳能光伏取电。光伏与充电桩结合形成光伏充电站，是电动汽车促进可再生能源消纳的最直接的物理形态。[①]

电动汽车既是交通工具，也是用电设施，同时也是储能设施，而且是移动式的储能设施。数量庞大的电动汽车能够为电力系统提供巨大的灵活性。电动汽车如果在电网负荷高峰期充电，会增加电网的负担，增加安全隐患，但如果电动汽车避开用电高峰期，在电网负荷低谷期充电，就可以成为需求响应资源从而为电力系统提供灵活性。中国制订的电动汽车发展目标是2020年保有量500万辆。在北京及京津冀地区，10年之后，新增汽车中的绝大部分可能会是电动汽车。当百万辆计的电动车构成的分布式储能系统与电力系统智慧化协同，不但能够大幅降低电动汽车对电网的影响，还能提供很强的需求响应能力。[②] 有关课题预测，到2030年电动汽车能够形成上亿千瓦低谷负荷和灵活资源。[③] 能源互联网能够很好地协调电动汽车作为低谷负荷的资源，以及作为储能设备的资源，极大增强电网接纳可再生能源的能力。

随着电动汽车放电V2G技术的成熟，电动汽车还可以用作备用电源，在尖峰电价时，向电网送电，参与电网调频调峰。在这里，电动汽车既是能源的消费者，又是生产者，即能源互联网中的产消者。按照目前的国标，电动汽车充电桩的慢充功率标准是7千瓦，从技术角度而言，这种充电桩可以较容易地改为7千瓦的充放电一体化设施。如果北京有300万辆具有充放电

---

① 何继江：《电动汽车是能源互联网的重要支柱》，《中国电力企业管理》2016年第3期。
② 何继江：《中国为世界贡献全球清洁能源解决方案》，《中国电力企业管理》2015年第7期，第18~21页。
③ 国家发改委能源研究所：《中国2050高比例可再生能源发展情景暨路径研究》，2015年4月。

功能的电动汽车，同时放电的功率将达到 2100 万千瓦，几乎相当于北京市 2016 年 8 月的最大电力负荷。如果每辆车存储电量 40 千瓦时，300 万辆电动汽车所存储的电量可以满足北京市生活用电两天之久。

（三）供热系统与能源互联网

热力行业在能源转型中的角色也非常重要，能源互联网的建设必须考虑供热系统。

供热能源转型要求可再生能源取代石油和燃气供热。全球能源消耗中，热能的能源消耗超过电能，北方寒冷地区尤甚。未来建筑采暖将大量利用太阳能、生物质、地热等可再生能源，通过集中供热、小区锅炉、热泵供热、可再生能源直接供热等途径，实现主要由电力和可再生能源供热。

热力系统可为电力系统提供灵活性。热电联产发电厂（CHP）既生产热能也生产电能，已经为电力和热力行业提供了耦合方式。传统的热电联产一般是以热需求为准，同时产生电能。调整热需求可以采用开关锅炉、蓄热设备蓄热放热、供热管道蓄热放热等方式。借助以需求响应为基础的热需求转移，可以在保障供热能力的情况下，提高发电系统的灵活性。

热能与电能相比，一个重要的优势是更易于存储。通过位于城市集中供暖系统或分布式供热网络中的私人住宅隔热水箱，可轻易存储家庭用热能（热水和暖气）。像这样的热能存储系统能以非常低的成本持续供热若干小时或若干天。其中的能源损耗也远低于电能存储。与储热相似，热能还可以通过商用制冷等相对较低的成本和损耗方式来短期储存冷却能。

在风能和太阳能发电充足时，系统利用较低的电价将电能通过电锅炉或电热泵转换为热能，再配上储热装置供热，可以使供热系统大幅提高消纳风电和光伏的能力。

（四）多能互补的灵活的能源系统

未来的零碳能源系统中，"强耦合，可再生"是两大特点。首先，能源的来源主要是非化石能源，非化石能源中主要是太阳能、风能、生物质等。

145

能源的用途主要包括四个方面，电力、热、冷和交通。此前，这四个用途主要是由基本相分离的能源系统给予保障，而未来的能源系统则是强耦合的，体现为源、网、荷、储的深度融合、紧密互动，形成"以智能电网为基础，与热力管网、天然气管网、交通网络等各种类型网络互联互通，多种能源形态协同转化，集中式与分布式能源协调的能源互联网"。① 同时，整个能源系统的可持续性得到提高，系统安全可靠，且能源价格降低。

在能源互联网中，电网、气网和热网将作为三条主干网络，实现供电、供气和供暖。在三条主干网络之间，通过燃气轮机、电制氢、人造天然气等，实现气网与电网的耦合；通过热电联产、热泵、热存储等方式，实现热网和电网之间的耦合；通过热电联产机组等实现气网和热网之间的耦合。通过电动汽车，可以实现智慧交通网和智能电力网之间的耦合。

从更长远的角度看，使用共同且可相互转化的气态燃料，像天然气、沼气或电转气，将使电和气两个行业更加紧密地联系在一起。电转气技术是将水电解为氧气与氢气，再将氢气与二氧化碳化合产生甲烷。电转气技术将过剩时段的风电光伏转化为甲烷，以气态形式储存，或注入天然气管网进行运输。这里的天然气还可指沼气，即由生物质生成的"生物燃气"，经提纯后的甲烷气体注入天然气管网。气态的甲烷可用于集中式或分布式发电，可用于热电联产发电厂的热电联产，也可用于只生产热能的系统，其好处在于，可将燃料储存很长时间，现有的燃气存储装置和管网也能够充分发挥作用。

通过能源互联网可以实现电力系统与热力系统、供冷系统、天然气系统的多能贯通，使得不同形式的能源需求也具备相互协调、互为调峰的能力。通过将能源网、物联网和互联网耦合形成"能源互联网"，将工业、建筑、交通部门各类用能设施与集中电网、管网和本地太阳能、风能、地热能等分布式能源等各种新能源高效集成。通过构建充分利用电、热、气网络的灵活系统，能够有效促进帮助城市或地区实现100％利用可再生能源。

---

① 董朝阳、赵俊华、福拴等：《从智能电网到能源互联网：基本概念与研究框架》，《电力系统自动化》2014年第15期，第1~11页。

（五）能源互联网发展的三层次

能源互联网将经历多种能源网络的互联，通信与能源融合，基于互联网思维创新能源系统商业模式三个层次。第一层次是多种能源网络的互联，这是实现能源系统之间优化互补的物理基础，表现为多种供能设施和用能设施以电力系统为核心枢纽实现互联，并进而实现电网、热网和气网的互联，以及与交通系统之间的互联。第二层次是通信系统与能源系统的深度融合，在互联网技术、物联网技术、大数据、云计算等技术的支撑下，能源系统的灵活性不断提升，提高对风电光伏的消纳能力，进而实现电力系统、热力系统和交通系统互相融合，互相提供灵活性，支持高比例可再生能源系统的形成，同时不断提高能效，降低能源系统成本。第三层次是互联网思维创新能源系统商业模式。一方面，互联网催生了能源领域新的商业模式；另一方面，能源互联网将屋顶光伏、电动汽车、储能装置都转变为能源的产消者，其庞大的能源交易主体数量，在能源互联网交易市场平台上，将形成新型的能源市场，形成一体化的全新能源产业形态，并在此基础上激发能源互联网与相关行业的融合，促发新型的能源科技信息服务，产生新的商业模式。

三　中国鼓励能源互联网的政策渐成体系

能源互联网的核心目的是适应可再生能源的发展，推动我国能源革命进程。

2015 年 7 月，国务院发布《关于积极推进"互联网＋"行动的指导意见》，其中有一个单元专门论述"互联网＋"智慧能源，对其核心任务和目标进行了专门阐述，强调"通过互联网促进能源系统扁平化，推进能源生产与消费模式革命"，强调"加强分布式能源网络建设，提高可再生能源占比"，促进能源利用结构优化。在此之后，国家发展改革委、国家能源局等部委陆续发布了若干鼓励能源互联网的政策，其中主要有"互联网＋"智慧能源、多能互补集成优化、微电网管理办法等文件，这些文件构成了支撑综合能源业务发展的政策引导体系。

（一）互联网＋智慧能源

2016年2月，国家发展改革委等三部委发布《关于推进"互联网＋"智慧能源发展的指导意见》。该指导意见是对能源互联网发展最关键的文件，对能源互联网做出了官方的定义，明确了能源互联网的主要任务，确认了能源互联网对能源革命的重要作用。该文件将能源互联网作为"互联网＋"智慧能源的简称，认为"能源互联网是一种互联网与能源生产、传输、存储、消费以及能源市场深度融合的能源产业发展新形态"，其主要特征有"设备智能、多能协同、信息对称、供需分散、系统扁平、交易开放等"。

该指导意见强调了多种能源间的物理协同，主要内容有：①智能电网与热力管网、天然气管网、交通网络等多种类型能源网络互联互通；②多种能源形态协同转化的综合能源网络。③支持分布式能源交易的综合能源微网。④基础设施建设要能支撑电、冷、热、气、氢等多种能源形态灵活转化和协同控制。

该指导意见强调了通过深化能源与通信系统的融合，实现多种能源的协同以及灵活的能源交易，主要内容有：①电能、热力、制冷等能源消费的实时计量、信息交互与主动控制；②基于互联网的智慧用能交易平台建设；③鼓励分布式资源、电力负荷资源、储能资源等产消者之间的自主交易。

国家发展改革委和国家能源局于2016年6月份发布的《组织实施"互联网＋"智慧能源（能源互联网）示范项目的通知》要求组织开展能源互联网示范项目，该通知明确了园区、城市和跨地区三类能源互联网综合试点。其中城市能源互联网综合示范区设计要"集成各类可再生能源、智能电网、电动汽车及充放电设施"。对100%可再生能源示范区开展研究规划。此外还鼓励利用能源互联网的通信功能和各类用能大数据支撑智慧城市建设。

（二）多能互补集成优化

2016年，国家发展改革委、国家能源局发布《关于推进多能互补集成优化示范工程建设的实施意见》和《关于申报多能互补集成优化示范工程有关事项的通知》，这两份文件强调建设多能互补集成优化示范工程是构建"互联网＋"智慧能源系统的重要任务之一，有利于推动能源清洁生产和就近消纳，减少弃风、弃光、弃水限电。

多能互补示范工程要求建设两类试点，一类是终端一体化集成供电系统，一类是风光水火储多能互补系统。园区终端一体化集成供能系统强调在新增用能区域，加强终端供能系统统筹规划和一体化建设，通过天然气热电冷三联供、分布式可再生能源和能源智能微网等方式实现多能互补和协同供应。以上文件要求各地新建产业园区采用终端一体化集成供能系统的比例设定 2020 年达到 50% 左右的目标。

（三）微电网

2017 年 2 月，国家能源局发布《微电网管理办法》（征求意见稿），该管理办法鼓励建设"以风、光发电、燃气三联供系统为基础的微电网"，提高能源综合利用效率；鼓励在微电网内，"构建冷、热、电多种能源市场交易机制"。这两方面都体现了能源互联网的核心特征。7 月份，国家发展改革委、国家能源局印发的《推进并网型微电网建设试行办法》强调并网型微电网可通过"能量优化配置和交易，实现本地能源生产与用能负荷基本平衡"，同时也强调微电网能够"与公共电网灵活互动且相对独立运行"，反映了能源互联网的重要特征。

（四）有序放开配电网业务管理办法

2016 年 10 月 8 日，国家发展改革委和国家能源局印发了关于《有序放开配电网业务管理办法》的通知。这一管理办法明确配电网运营者可向客户提供电力服务，提供有关用电规划、智能用电相关的增值服务，此外，还可以向用户提供发电、供热、供冷、供气、供水等智能化综合能源服务。该管理办法鼓励增量配电网运营商不局限于供电业务，而是可以发展供热供冷等能源服务，进而提供区域综合能源服务，从而有效促进区域能源互联网发

展。该管理办法对于110千伏变电站覆盖区域，以及工业园区内的220千伏覆盖区域的区域能源互联网建设做出了重要的制度设计。

（五）可再生能源供热

2017年4月国家能源局发布《促进可再生能源供热的意见》（征求意见稿），鼓励热力与电力系统的综合集成多能互补。明确要"统筹规划区域内热力和电力等能源系统，建立综合热能供应体系"。

该意见鼓励结合可再生能源消纳推广清洁电力供热，把"可再生能源电力与地热及低温热源结合"起来推广综合性绿色供热系统，提高清洁电力本地消纳利用。该意见鼓励利用"互联网＋能源"建立能源供给侧和需求侧响应机制，在热电联产厂和区域能源站中对短期蓄热和季节性储热等热能储存技术进行试点和推广。储热装置使热力系统为电力系统提供了灵活性，优化电力和热力的生产和供应，有助于风电光伏的消纳。该意见探索了供热能源系统融入能源互联网的技术方向和政策导向。

（六）能源互联网项目进展

2016年下半年以来，新能源微电网、增量配电网、多能互补优化集成、能源互联网等四类试点示范项目陆续发布（见表1）。

表1 能源互联网试点示范项目获批情况

试点类型	发起部门	获批示范项目数量
新能源微电网	国家能源局新能源司和电力司	28
多能互补优化集成	国家能源局规划司	23
能源互联网	国家能源局科技司	55
增量配电网（第一批）	国家发展改革委经济体制综合改革司	105

这四类试点中，新能源微电网突出可再生能源的高比例消纳，增量配电网侧重体制创新，多能互补集成优化侧重多能流的融合，能源互联网则侧重能源互联网前沿技术的创新，这四类试点之间相辅相成，都反映了能源互联

网的基本理念。

在并网型的 24 个新能源微电网试点示范项目中都明确提出了可再生能源的渗透率，按照要求，所有项目的可再生能源渗透率都高于 50%，有多个项目高于 100%，最高的甘肃肃州新能源微电网项目，其可再生能源渗透率达到了 300%。延庆新能源微电网示范项目是由北京八达岭经济技术开发区及其周边地区 6 个微电网构成的微电网群，合计供电面积为 4.3 平方千米，示范区内电力负荷为 25 兆瓦，热力负荷为 76.4 兆瓦，供热面积为 108 万平方米，这个示范项目中可再生能源渗透率大于 100%，电量自给率达 113%。

在能源互联网试点示范项目中，也有若干个项目明确提出了高比例可再生能源目标。崇明能源互联网综合示范项目提出了 100% 可再生能源的目标，此外，具有代表性的项目还有浙江嘉兴城市能源互联网综合试点示范项目、上海临港区域能源互联网综合示范项目、靖边县 1GW 光气氢牧能源互联产业示范园项目、湖州长兴新能源小镇"源网荷储售"一体化能源互联网示范项目。这些项目在能源技术方面将涵盖屋顶光伏、燃机热电能源中心、天然气分布式能源、需求侧管理、智慧交通、制冷中心、终端一体化服务公司等各方面。这些项目还基于"互联网+"思维，推动分布式能源、电动汽车、分布式能源储能的普及，提供需求响应和灵活性资源，建立灵活的售电公司以及能源交易平台，实现高比例可再生能源渗透，多能互补的能源互联网系统。

在这些项目中将涌现出中国推进能源互联网的灯塔项目，展现先进的互联网技术和能源开发利用技术的有效融合，推进能源互联网从概念走向现实。

（七）能源互联网典型案例：青海连续168小时可再生能源能源供电

青海省于 2016 年提出了 2050 年建成完全摆脱化石能源的电力系统规划研究报告，这也是我国第一份中远期高比例可再生能源电力系统的省级规划研究报告。青海在 2017 年 6 月完成了连续 168 小时完全由可再生能源供电

的试验，这可以称为中国能源互联网发展的一个重要标志性事件。

2017年6月17日0时至23日24时的168个小时内，青海全省供电全部使用光伏、风电和水电等可再生能源。这是中国首次尝试在一个省级行政区域内全部由可再生能源供电，也创造了全球可再生能源供电的时长记录。青海的这次供电试验能够成功，以下三个因素至关重要。

首先，因为青海具有丰富的可再生能源，同时具有庞大的水电规模和近年来快速发展的风力光伏。青海地处黄河上游，水电资源丰富，可开发利用水电资源超过2300万千瓦；青海是全国太阳能资源最丰富的地区，而且拥有广阔的荒漠化土地适于安装光伏；另外，青海的风能资源也很丰富。据青海电力公司统计，截至2017年5月底，青海电网可再生能源装机1943万千瓦，占青海省总装机容量的82.8%。[1]

其次，青海省本身的用电负荷比较小，同时西北电网利用邻省的发电资源和负荷资源进行配合。这些智慧化的调峰和调度技术都是能源互联网的重要基础。6月17～23日，日均用电负荷720万千瓦，全省总用电量为11.78亿千瓦时，青海各电站累计清洁能源发电量为10.09亿千瓦时，不足的1.69亿度电通过外购西北区域内新能源电量进行补充，而青海在此期间的火电电量全部通过市场交易方式送出。[2]

最后，水光互补技术对此次试验成功起到非常重要的作用。该试验期间78.3%的电力供应来自水力，来自风电光伏的电力占比达21.7%。[3] 水电对平衡光伏波动性起到了很好的作用。光伏中午时间发电功率大，这时可以减少水电发电功率；到下午，光伏出力逐渐减少，水电发电出力逐渐加大；到晚上则完全是水电发电。依托128万千瓦装机的龙羊峡水电站建设的85万千瓦的光伏项目，是国内最大规模的水光互补项目。龙羊峡水电站水库库容大，水电机组水电机组启动迅速、调节灵活、负荷响应快，可以对光伏电站

---

① 《青海连续7天全清洁能源供电》，http://www.sgcc.com.cn/xwzx/gsyw/2017/06/340536.shtml，2017年6月20日。

② 《青海连续7天全清洁能源供电》，《电力与能源》2017年第3期，第335页。

③ 《青海连续7天全清洁能源供电》，《电力与能源》2017年第3期，第335页。

出力变化进行快速补偿调节。依托水轮发电机组的快速调节能力和水电站水库的调节能力，进行水光互补发电，达到平滑、稳定的发电曲线，能够有效弥补独立光伏电站间歇性、波动性、可调度性差的不足，提高了电力系统的安全性和稳定性。[1]

以全部清洁能源对一个省份连续 7 天供电在全国尚属首次，具有重要的象征意义，展示了能源互联网技术推动高比例可再生能源电力系统的良好前景。从技术角度来看，可再生能源发电装机占比很高的四川省和云南省也可以实现这种试验效果。在煤电提高调峰能力的情况下，其他一些省份也能够在技术上实现更高比例的可再生能源电力比重。这次成功的试验，对于社会各界增强高比例可再生能源电力系统的技术潜力，促进全国范围内可再生能源的发展与消纳将起到了重要作用。

---

[1] 张娉、杨婷：《龙羊峡水光互补运行机制的研究》，《华北水利水电大学学报》（自然科学版）2015 年第 3 期，第 76～81 页。

G.14
全国碳排放权交易体系
设计中的关键问题

段茂盛 邓 哲 李梦宇 李东雅*

摘 要： 碳排放权交易体系（Emissions Trading System，ETS）作为控制温室气体排放的一种市场手段，已经被多个国家或地区使用。我国计划在试点的基础上，于 2017 年启动全国统一 ETS。本文分析了全国 ETS 设计的主要特点，并分析了这些特点形成的关键原因，识别了仍需要解决的关键问题和面临的挑战。全国 ETS 采用中央和省两级管理体系，既注重规则的统一性，又给予省级主管部门一定的自主权；主要采用了基于强度的总量目标，使用基于实际产量的基准线法来分配免费配额；纳入了间接排放，并以企业法人作为核算边界。目前全国 ETS 建设及运行中面临的问题和挑战主要包括：体系所依据规则的法律层级较低，监测、报告与核查（MRV）规则与基准线法分配对数据要求不协调、不一致等问题，与其他能源气候政策的有效协调对接机制还未制定。我国应尽快推进针对全国 ETS 的更高层级的立法，颁布具有可操作性的实施细则来指导配额分配、MRV、第三方核查机构资质管理、履约、交易等重要环节，协调好与金融行业监管和财政预算处理相关的规则，制定与其他能源气候政策的对接机制。

---

* 段茂盛，清华大学核能与新能源技术研究院研究员，博士生导师，研究领域为气候政策；邓哲，清华大学核能与新能源技术研究院博士研究生；李梦宇，清华大学核能与新能源技术研究院博士研究生；李东雅，清华大学核能与新能源技术研究院博士研究生。

关键词： 碳排放权交易体系 基准线法 碳强度目标

碳排放权交易体系（Emissions Trading System，ETS）是控制温室气体排放的一种市场手段。[1] 目前，欧盟、瑞士、新西兰、韩国等国家和地区以及美国、加拿大和日本等的部分区域已经实施了 ETS。[2] 我国已建立了七个试点 ETS，并将于 2017 年启动全国统一的碳排放权交易体系。目前全国 ETS 的总体设计工作已基本完成，本文试图总结全国 ETS 的总体设计方案，提炼其关键设计特点；并根据国外主要 ETS 和中国试点 ETS 的经验，结合中国经济社会发展的特殊情况，分析全国 ETS 设计特点的形成原因，以及仍需要解决的问题；最后为全国 ETS 的建设运行提出建议。

一 全国 ETS 的总体设计

（一）法律基础

目前，我国关于碳排放权交易的法律文件主要包括部门规章——国家发展改革委颁布的《碳排放权交易管理暂行办法》（简称《暂行办法》），以及试点地区的地方人大立法、地方政府规章和相关的政策文件。[3]《暂行办法》明确了全国 ETS 的框架，对全国 ETS 的关键要素做出了原则性规定，是目前全国 ETS 细化设计和建设的主要依据。

国家发展改革委在《暂行办法》的基础上起草了《碳排放权交易管理条例（送审稿）》（简称《条例》），并已提交国务院审议，拟申请以行政法

---

[1] 段茂盛、李东雅、李梦宇：《中国碳排放放权交易市场建设》，载张希良、齐晔主编《中国低碳发展报告（2017）》，社会科学文献出版社，2017，第 89 页。

[2] World Bank, Ecofys and Vivid Economics, "State and Trends of Carbon Pricing 2016," https：// openknowledge. worldbank. org/bitstream/handle/10986/25160/9781464810015. pdf？ sequence = 7&isAllowed = y，2016。

[3] 王彬辉：《我国碳排放权交易的发展及其立法跟进》，《时代法学》2015 年第 2 期，第 13 页。

规的形式颁布。与《暂行办法》相比,《条例》进一步明晰了监管部门的职责分工,明确了碳排放权配额的法律属性,增加了对核查机构的资质管理,规定了对重点排放单位、核查机构、交易机构违法违规行为的经济处罚。

(二)管理体系

全国ETS将按照中央和省两级管理体系进行管理。国务院碳交易主管部门负责全国ETS的顶层设计,统一制定关键规则;省级碳交易主管部门负责对本行政区域内的碳排放权交易进行实际监管,包括确定重点排放单位名单、确定本地配额分配方案并对重点排放单位进行配额分配、管理碳排放的报告和核查、督促重点排放单位履约等。

针对不同地区之间经济发展、碳排放总量和结构、排放控制目标等的差异,体系设计也给予省级碳交易主管部门一定的自由裁量权:经由国务院碳交易主管部门批准后,其可以扩大全国体系在本行政区域内的行业覆盖范围和纳入体系企业的排放门槛;可以制定并执行比全国统一的免费配额更加严格的分配方法和标准;扣除本行政区域的免费分配配额量后,可以对剩余配额进行有偿分配,有偿分配的收益可用于促进地方减碳及相关能力建设。

(三)覆盖范围

从覆盖地区来看,全国ETS将覆盖大陆的所有地区,确保ETS的完整性。从覆盖行业和纳入门槛来看,全国ETS遵循"抓大放小"原则,即首先纳入排放总量大、排放占比高、减排潜力大、数据基础好的行业和企业。全国ETS初期考虑纳入电力等基础数据较好、产品比较容易标准化的行业,待后续条件成熟时再逐步纳入其他行业。纳入门槛为2013~2015年中任意一年达到综合能源消费总量标准煤1万吨(含)以上或者二氧化碳排放量达到2.6万吨(含)以上的企业法人单位或独立核算企业单位。[①] 从纳入温

---

① 《关于切实做好全国碳排放权交易市场启动重点工作的通知》(发改办气候〔2016〕57号),国家发展改革委网站,http://qhs.ndrc.gov.cn/qjfzjz/201601/t20160122_791850.html,2016年1月11日。

室气体种类来看,全国 ETS 暂时只纳入二氧化碳一种温室气体。在管控对象上,考虑到数据和管理的可行性,全国 ETS 选用企业法人作为核算边界,而不是设施。在管控环节上,全国 ETS 不仅纳入了燃料燃烧和工业过程的直接排放,而且纳入了外购电力和热力消费中包含的间接排放。

(四)总量设定与配额分配

全国 ETS 吸收了多数试点的经验,采取"自顶向下"和"自底向上"相结合的方式确定体系排放上限。其中,"自顶向下"的方式是指根据社会总体排放控制目标和纳入行业的特点确定体系的排放总量;"自底向上"的方式是指根据不同行业具体的配额分配规则,加总各企业实际获得的配额总量得到体系的实际总量上限。[①]

排放配额分配在初期以免费分配为主,将适时引入有偿分配,并逐步提高有偿分配比例。[②] 全国碳交易市场配额分配方法的初步设想为:免费分配采用基于实际产量的行业基准法,分为预分配配额和后期调整配额。为了测试所建议方法的合理性、准确了解所建议方法对行业和企业的影响,全国体系引入了试算这种在其他体系没有未采用过的新尝试。试算工作完成后,由国务院碳交易主管部门根据试算结果对配额分配方法进行修改完善,并最终确定免费分配的具体方法和程序,包括基准值和预分配比例的最终取值、基准值更新规则等,明确各个行业统一的配额分配方案和技术指南,并在全国范围内开展配额分配工作。

(五)排放、报告与核查(MRV)体系

国家发展改革委已发布了 24 个行业的企业温室气体排放核算方法与报告指南,其中 10 个行业指南经过修改完善已经作为国家标准正式发布,用

---

① 段茂盛、李东雅、李梦宇:《中国碳排放权交易市场建设》,载张希良、齐晔主编《中国低碳发展报告(2017)》,社会科学文献出版社,2017,第 89 页。

② 《碳排放权交易管理暂行办法》,国家发展改革委网站,http://qhs.ndrc.gov.cn/qjfzjz/201412/t20141212_697046.html,2014 年 12 月 10 日。

于支撑全国碳排放权交易市场的建设。为了满足全国 ETS 配额分配的数据需求，国家发展改革委在《关于切实做好全国碳排放权交易市场启动重点工作的通知》（本文以下简称《通知》）中提供了首批拟纳入全国 ETS 的企业碳排放补充数据报告表格，要求企业填报除指南要求的信息外，还有相关的关键技术信息、工序划分、产量数据等信息。国家发展改革委还发布了核查机构及人员参考条件、第三方核查参考指南，[①] 以指导地方政府遴选核查机构，并指导核查机构的核查活动，保证其规范性。为进一步规范地方历史数据的盘查，国家还建立了 MRV 技术交流平台，由相关专家回答盘查过程可能遇到的问题。

（六）遵约机制

根据《暂行办法》，重点排放单位每年应向省级碳交易主管部门提交不少于其上年度经确认排放量的排放配额，履行配额清缴义务。未完成履约义务的重点排放单位，将由省级碳交易主管部门依法给予行政处罚；同时，国务院碳交易主管部门将建立企业碳交易的相关行为信用记录，纳入信用管理体系，并对严重违法失信的企业建立"黑名单"，依法予以曝光。但《暂行办法》未就行政处罚的具体方式和力度做出说明。《条例》则在此基础上针对企业未履约行为设立了更为具体的行政处罚措施，并明确了经济处罚力度。对于未完成履约义务的重点排放单位，其不足的配额量将由省级碳交易主管部门处以清缴截止日前一年配额市场均价 3~5 倍的罚款，并在下一分配时段的配额中扣除；逾期不缴纳罚款的，每日按罚款数额的 3% 加处罚款。

（七）其他

除了法律基础、管理体系、覆盖范围、总量设定与配额分配、MRV 体

---

① 曾雪兰、黎炜驰、张武英：《中国试点碳市场 MRV 体系建设实践及启示》，《环境经济研究》2016 年第 1 期，第 132 页。

系、遵约机制等要素外，全国 ETS 的建设运行还依赖相关设施的建设，主要包括注册登记系统和交易平台的建设。注册登记系统用于记录排放配额的持有、转移、清缴、注销等相关信息。注册登记系统为主管部门、重点排放单位、交易机构和其他市场参与方设立了不同功能的账户，并按照"三级管理"模式进行功能设计。全国 ETS 还需要利用交易平台实现配额流转，达到对碳排放权这一稀缺资源进行优化配置的目的。国务院碳交易主管部门已经备案了北京、天津、上海、重庆、广东、深圳、湖北、四川和福建 9 个自愿减排交易机构，全国体系下的交易平台有望在这 9 家交易机构中产生。

二 全国 ETS 的关键设计特点及原因

与国外体系和国内试点体系相比，全国 ETS 的设计特点主要反映在管理体系设置、总量和配额分配方法、覆盖范围选取三个方面。

（一）采用中央和省两级管理体系

全国 ETS 采用中央和省两级管理体系，并具有两大特点：由国务院碳交易主管单位负责全国 ETS 统一规则的制定；在配额分配方面给予地方从紧调整的权限，在覆盖范围方面给予地方扩大范围的灵活性。首先，全国 ETS 的顶层设计需要由国务院碳交易主管部门统筹负责，避免各地规则不一致导致全国市场的规则不一致。规则不一致既不利于提高全国市场的效率，也不利于各地企业的公平竞争。其次，由于全国 ETS 是我国为了实现全国整体碳强度减排目标而设立的政策，其在配额分配和总量设定时参考的是各行业的国家平均技术水平。但地方政府也需要依靠纳入全国 ETS 的重点排放企业实现其"十三五"规划中 GDP 二氧化碳排放强度下降的目标。对于部分省份，完全遵循统一的全国 ETS 的配额分配规则可能难以满足其地方减排的需求。因此，全国 ETS 允许省级碳交易主管部门在本行政区域内实施比国家更严格的分配方法。

（二）总量和配额分配使用强度控制目标与基于实际产量的行业基准法

全国 ETS 不设置明确的绝对总量控制目标，而主要采用加总给各纳入企业的配额分配量的方法来得到全国体系的配额总量。全国 ETS 的配额分配以免费分配为主，采用基于实际产量的行业基准法。因此，从本质上来看，全国 ETS 采用的是强度控制目标而非绝对量控制目标。

强度控制目标和基于实际产量的行业基准法是中国 ETS 设计的一个创新之处，主要是为了在全国 ETS 设计中兼顾相关行业的发展需求，同时与产业政策等其他相关政策协调。

首先，我国还处于经济的较快增长期，温室气体排放量还处于上升阶段，设置绝对总量目标可能会限制我国经济发展。我国在国家自主决定贡献（Nationally Determined Contribution，NDC）中承诺的减排目标也采用了强度目标的形式，[①] 使用强度控制目标和基于实际产量的行业基准法可以更好地适应我国发展需求，且更好地服务于国家承诺的实现。

其次，这一设计也可以解决因为经济发展的不确定性而造成的 ETS 设计中面临的极大不确定性问题。根据国外已有的 ETS 经验，采用固定的绝对总量目标，可能导致面对未预料的经济发展、能源价格等冲击时，配额供给不能灵活应对配额需求的变动，从而造成价格过高或过低、价格波动过大等问题。这会使得 ETS 不能提供稳定的碳价信号，难以有效激励企业的低碳投资；或 ETS 政策造成企业短期内面临过大的减排压力，过大影响企业的竞争力，甚至造成可能的碳泄漏。

中国的试点 ETS 实际应用表明，基于实际产量的行业基准法适合我国相关行业发展不确定性较大的问题和相关政策与 ETS 政策相互影响问题，也得到了重点排放企业的支持。另外，这一分配方法也兼顾了相关行业可能受到

---

① 《强化应对气候变化行动——中国国家自主贡献》，国家发展改革委网站，http：//www. ndrc. gov. cn/gzdt/201506/t20150630_ 710226. html，2015 年 6 月 30 日。

严格管控，从而企业不能完全自主决策的问题。例如，考虑到电力行业不同机组服务于电力系统安全稳定运行的不同职能，如大型燃煤机组通常承担基荷发电量，许多燃煤机组还间歇性承担系统备用的职能，燃气机组普遍承担系统调峰的职能等，而且机组的发电量不完全是由市场决定，全国 ETS 针对电力行业根据压力、机组容量和燃料类型设置了多个类型的排放基准值。[①]

（三）覆盖范围纳入间接排放和以企业法人作为核算边界

全国 ETS 的覆盖范围存在两个显著特点：一是纳入了外购电力和热力消费中包含的间接排放，二是选用企业法人作为核算边界。

纳入间接排放是与中国的电力市场管制、电价传导不完善等实际情况密切相关的。长期以来，我国电力部门具有很强的政府强制管制的色彩，施加在电力生产侧的碳价格信号不能有效传导至消费侧，难以对消费者形成节约电力和热力使用的激励。虽然目前中国正在实行电力体制改革，但电价传导不畅的问题仍将在全国范围内持续存在。通过纳入间接排放，可以有效激励下游消费者减少电力和热力的使用。

全国 ETS 以企业法人作为核算边界，而不是以设施为核算边界，这是与我国的数据统计体系以及我国节能减排的监管制度相适应的。我国统计、工商、税务、工信等部门对企业的数据统计均以企业法人为边界，数据基础较为完善，可以通过交叉检验的方式为全国 ETS 设计中的参数选择提供参考。在全国 ETS 实施过程中，一致的统计口径也便于相关监管部门之间的协调，还可以通过行政处罚之外的金融征信、科技奖励和税收优惠等多方面的政策促进全国 ETS 的有效运行。

三　全国 ETS 建设和运行的挑战

全国 ETS 的建设和运行是一个复杂的、系统性的工程，虽然目前全国

[①] 《全国碳交易市场配额分配方案（讨论稿）公布》，http://www.ideacarbon.org/archives/39381，2017 年 5 月 9 日。

ETS体系的基本框架已经搭建，但在许多关键问题的设计上仍面临较大挑战，包括法律体系的完善、温室气体数据监测与报告指南的完善、与其他相关制度的协调、与其他能源气候政策的协调四个方面。

（一）法律体系的完善

目前，国家发展改革委已发布了《暂行办法》，但其属于部门规章，法律层级有限，对全国ETS参与主体的约束力不足。突出表现为：不具有设立行政许可的权限；在设立行政处罚时也受到一定限制；全国ETS需要多个政府部门协同合作，而部门规章对其他部门的约束力有限。根据试点建设经验可知，在全国ETS设计和运行中，需要建立包括碳排放配额分配与清缴制度、碳排放核查机构资质制度、碳排放交易机构资质制度等在内的行政许可，以确保相关工作安排和从业人员的专业能力；较低的违约处罚额度也不能起到约束企业行为的作用。配额分配、交易、MRV、履约、市场调节等相关细则的制定也需要高层级立法作为依据。因此，国家还需尽快出台《条例》，并在此基础上发布相关配套细则，建立健全碳排放权交易的法律法规体系，为全国ETS的建立和运行提供制度保障。

（二）温室气体数据监测与报告指南的完善

目前，虽然全国ETS已经发布了相关的指南，但是指南还存在较多不完善的地方，主要包括：对数据收集的要求不能满足全国ETS配额分配的需要；需要通过设定新的MRV指南来增强某些行业的数据基础，为这些行业之后被纳入全国ETS做准备。

目前的行业指南中，只需要企业报送产量、能源消耗量、温室气体排放量等数据，这些数据已经可以满足全国ETS履约核定等的需求。但是，由于全国ETS拟采用基于实际产量的行业基准线法，还需要企业区分工艺流程和技术细节，获取不同工序和技术的碳排放强度数据。在历史数据盘查时，国家发展改革委已注意到相关问题，要求企业填写补充表格。但这并非长久之计，应及时更新完善核查指南，出具适应新配额分配方法的指南。

数据是确定 ETS 体系覆盖范围的关键，而覆盖范围也将在一定程度上决定 ETS 对于全国范围内 GDP 二氧化碳强度下降目标实现的贡献力度。在2016 年 1 月，国家发展改革委在《通知》中提出全国 ETS 第一阶段将涵盖8 个重点排放行业的 18 个子行业。而到了 2017 年 5 月，《全国碳交易市场配额分配方案（讨论稿)》却只公布了三个行业的配额分配方法初稿。这一变化主要是因为其他行业使用基准线法所需数据基础不足，数据能力建设跟不上来。因此，设定详细的 MRV 指南，指导企业进行数据能力建设，是未来全国 ETS 纳入更多行业的前提。

（三）与其他相关制度的协调

全国 ETS 作为一项新的政策，其在设计和运行过程中需要跟现有制度进行协调。目前看来，全国 ETS 的建设主要在金融和财政预算问题上需要做一些特殊安排。在金融问题上，引入碳金融产品与金融期货市场现有的监管规则存在一定的冲突。从国外体系与国内试点体系的经验来看，通过金融市场的创新，开发碳排放权的金融衍生品，如期货、远期、质押等碳金融产品，能够有效吸引其他投资者，扩大市场容量，提高市场流动性和市场效率，有利于更加充分地发挥全国 ETS 发现碳价格、激励碳减排的作用，且可以为企业提供对冲长期风险的途径。但根据《国务院关于清理整顿各类交易场所切实防范金融风险的决定》（国发〔2011〕38 号）和《国务院办公厅关于清理整顿各类交易场所的实施意见》（国办发〔2012〕37 号）的规定，以碳排放权作为标的物的标准化合约不得采取集中交易方式进行交易，包括集合竞价、连续竞价、电子撮合、匿名交易等；不得将权益按照标准化交易单位持续挂牌交易；不得以集中交易方式进行标准化合约交易等。这些规定在防范 ETS 风险的同时，也严重限制了 ETS 的发展，而且违背了金融行业发展的基本规律，例如，配额就是天生标准化的产品，适合标准化合约。碳交易主管部门需要与相关部门协调，在保障市场良好运行的同时，解除对碳交易的不合理限制。

在财政预算方面，为更好地发挥激励减排的作用，提高企业和公众

对其政治接受度，ETS 应按照"取之于碳，用之于碳"的原则，将配额有偿分配收入和对相关违约行为的处罚收入用于促进节能减碳行动；且全国 ETS 的市场调节需要及时持有灵活、充足的资金以供买卖配额。EU ETS、RGGI、加州 ETS 都设立了专门的基金来负责相关资金的运作。但是，根据《预算法》和《财政部关于将按预算外资金管理的收入纳入预算管理的通知》（财预〔2010〕88 号）的规定，政府的全部收入和支出都应当纳入预算。根据国内试点经验，统一纳入财政预算管理可能会造成 ETS 的收入不能专项用于 ETS 建设，激励企业减排的费用也无法足额获取。ETS 主管单位可以通过将相关费用列入国家预算等方式来解决这个问题。

（四）与其他能源气候政策的协调

全国 ETS 作为一种控制温室气体排放的市场型政策手段，是我国在温室气体减排领域深化体制改革的重要尝试。虽然全国 ETS 本身自成体系，但与我国已有或将要实施的能源气候政策，如"十三五"碳强度下降目标考核制度、可再生能源绿色证书交易机制和用能权有偿使用和交易制度等，在监管机构、管控对象和管控目标等方面存在交叉或重叠。这些政策的协同实施虽然可以在一定程度上促进我国经济的低碳转型，但也可能存在矫枉过正的现象：一方面，造成企业受多个政策管控，生产成本和负担进一步增加；另一方面，增加政策实施成本，尤其是行政管理成本。因此，在设计全国 ETS 各项规定时，还需注意与其他能源气候政策的协调。

首先，全国 ETS 是国家和地方实现碳强度下降目标的关键手段，因此国家在设定全国 ETS 的配额分配方法时，既应考虑国家总体碳强度下降目标，又应对地方"十三五"碳强度下降考核目标有所兼顾。另外，由于后者是中央对地方政府节能减排工作的行政考核指标之一，在全国 ETS 建立之后，跨区域购买的配额是否计入买入地区的碳强度下降目标考核，会影响地方政府推动配额跨区域流通的积极性。

绿色证书交易机制通过设定燃煤发电机组和售电企业的可再生能源配额

指标，要求市场主体通过购买绿色证书完成可再生能源配额义务。[①] 用能权有偿使用和交易制度需要首先合理确定能源消费总量控制目标，确定用能单位初始用能权，允许在市场上交易用能权，超出配额的用能权需有偿购买。[②] 这两个政策分别建立在设定可再生能源配额指标量和能源消费总量的基础上，管控对象具有很高的重合度，且管控目的具有一定的一致性。若这些政策与全国ETS同时存在，必定会面临在设置ETS的总量和配额分配方法时，需要考虑其他政策目标的作用，防止因其他政策的作用而导致企业出现过多配额盈余，碳价过低，全国ETS失去政策作用。另外，也可考虑允许企业将其购买的绿色证书或超额有偿购买的用能权用于在全国ETS中按照一定比例抵消其温室气体排放，以减轻企业因多重政策管控而增加的负担。可再生能源"十三五"规划也明确指出应实现绿色证书交易机制与碳交易市场的对接。

四 全国 ETS 启动展望与建议

目前全国碳排放权交易市场已经完成了基本框架的设计，平台搭建与能力建设工作也在有序开展中。在充分借鉴试点经验和教训的基础上，全国ETS形成了自己的突出特点，并充分考虑了全国ETS的市场统一性要求和中国的区域发展差异。

全国ETS还面临着一些关键问题和挑战：法律层级较低、法律体系不健全；MRV规则未能达到基准线法分配对数据的要求；在金融产品管理和财政预算上还需要进一步协调；与"十三五"碳强度下降目标考核制度、可再生能源绿色证书交易机制和用能权有偿使用和交易制度等能源气候制度的协调对接机制还未制定，等等。全国ETS应尽快推进《条例》的出台，

---

① 《可再生能源发展"十三五"规划》，国家发展改革委网站，http：//www.ndrc.gov.cn/zcfb/zcfbtz/201612/W020161216659579206185.pdf，2016年12月。

② 《用能权有偿使用和交易制度试点方案》，国家发展改革委网站，http：//hzs.ndrc.gov.cn/newzwxx/201609/W020160921341164855785.pdf，2016年7月28日。

并颁布具有可操作性的实施细则来指导配额分配、MRV、第三方核查机构资质管理、履约、交易等重要环节，协调好与金融行业监管和财政预算处理相关的规则，制定与其他能源气候政策的对接机制。

启动只是全国ETS运行和推进工作的开始，后续需要进一步完成的工作主要包括拍卖规则、市场调节机制、抵消机制等关键要素的具体设计。这些设计要素对启动全国ETS不是完全必需的，但是对于未来体系的调整和完善十分重要。在全国ETS启动实施后，可以采用分阶段逐步推进的方法，逐步扩大纳入行业企业范围，逐步增加有偿分配的比例，并通过定期回顾与调整，不断完善我国的ETS制度，保障全国碳交易市场平稳、健康地运行。

G.15
交通运输低碳发展动态及展望

黄全胜*

摘　要：　交通运输低碳发展是促进交通运输业践行生态文明加快绿色发展的重要内涵和策略。本文拟对推进交通运输结构调整、优化交通运输能源消费结构、健全完善低碳交通制度体系、开展低碳交通示范创建、推进交通运输智能化、参与低碳交通国际合作等交通运输低碳发展主要举措的动态进行评述，结合对交通运输低碳发展面临形势的分析，对交通运输低碳发展进行展望。

关键词：　交通运输　低碳　实践

交通运输是全社会能耗与碳排放的三大领域之一，目前公路和水路运输能耗占全国石油及制品消耗总量的比重超过30%①，自2009年国务院明确要求"打造以低碳排放为特征的工业、建筑和交通运输体系"以来，低碳概念走进交通运输，加快低碳交通运输体系建设，促进行业节能减排降碳目标实现，成为交通运输行业践行生态文明、加快绿色发展进程中一项可圈可点的工作，呈现一道道亮丽的风景。

＊　黄全胜，高级工程师，交通运输部规划研究院环境资源所副所长，研究领域为交通运输节能减排与应对气候变化。
①　《交通运输部关于印发交通运输节能环保"十三五"发展规划的通知》（交规划发〔2016〕94号），2016年5月31日。

一 交通运输低碳发展动态

（一）继续推进交通运输结构调整

结构调整是促进交通运输节能减排降碳的战略举措，又是最为复杂艰巨的抓手，受制于体制机制、规划、投资等关键因素，需要坚定的决心和务实的态度。交通运输行业应从以下关键方面着力推进结构调整。

1. 加快调整优化运输结构。积极促进不同运输方式的高效衔接。依托水运优势和干线铁路网络，大力发展全国江海河联运、公铁水联运、海铁联运；提高水运和铁路在综合运输中的承运比重。国务院已编制《"十三五"现代综合交通运输体系发展规划》，进一步优化交通基础设施布局，推进现代综合交通运输体系建设，充分发挥不同运输方式的比较优势和组合效率。

2. 优先发展城市公共交通。建立以城市公共交通（公交、地铁）为主导、出租汽车为补充、慢行交通（步行、自行车）为辅助、私家车适度发展的城市综合客运交通系统，提高公共交通出行分担比例，这也是构建城市绿色低碳出行系统的必然选择。

3. 优化客货运输组织管理模式。提高道路客运企业规模化、集约化水平，引导货运企业规模化发展，提高物流组织化程度。加快发展甩挂运输和多式联运，作为转变道路运输发展方式、调整公路运力结构、提高货运实载率的突破口。

截至 2016 年底，全国累计启动 4 批共 209 个试点项目，累计为 121 个项目下拨补助资金 8.1 亿元。试点项目实施以来累计为全社会节约燃油约 21 万吨，减少二氧化碳排放量约 64.6 万吨。2016 年，交通运输部等十八个部门联合下发了《关于进一步鼓励开展多式联运工作的通知》，标志着多式联运上升为国家层面的制度安排，交通运输部已联合国家发改委建设第一批多式联运示范工程，旨在培育典型运输组织模式，充分发挥示范引领作用。

（二）优化交通运输能源消费结构

1. 继续实施道路运输车辆和营运船舶燃料消耗量限值准入制度。2016年公布4批6597个车型、10146个配置的达标车型公告。继续推进"绿色货运""中美新能源公交车竞赛项目"等国际合作项目。2017年下半年，正在从国内20多个申报城市中遴选首批参与新能源公交车竞赛的城市。

2. 加大新能源和清洁能源在城市公共交通领域的应用。进一步完善城市新能源公交车成品油价格补助政策。2016年，全国拥有新能源公交车16.49万辆，占全国公共汽（电）车总数的27.01%。目前，结合新形势，交通运输部正在组织对此目标的总量和结构进行评估与预测，并打算进行相应调整，总体方向是调高总量、优化结构、促进新能源汽车可持续推广应用。

3. 有序推进船舶与港口应用液化天然气（LNG）。总结评估首批试点示范项目成效，遴选确定了长江、西江水域的9个项目列入第二批试点示范项目。

4. 大力推动靠港船舶使用岸电。将上海港、宁波港、连云港等7个岸电项目列入码头船舶岸电示范项目；研究制定靠港船舶使用岸电资金政策；组织开展了全国港口岸电布局建设方案研究工作，支持《全国港口岸电布局方案》的编制。

（三）健全完善低碳交通制度体系

1. 继续建立健全绿色低碳交通制度和标准体系。2016年5月，交通运输部印发了《交通运输节能环保"十三五"发展规划》（交规划发〔2016〕94号）。2016年1月，交通运输部下发了包含6大类、185项标准的《绿色交通标准体系（2016年）》，发布了《混合动力城市客车技术条件》等13项行业标准。绿色交通标准体系建设将为交通运输绿色低碳发展提供更加科学有力的技术支撑，也将为交通运输探索应用市场机制促进绿色低碳提供必要的基础性的"工具"和"方法"。

2. 完善交通运输能耗监测统计制度。修订了《交通运输能耗监测统计

报表制度》，北京、江苏等地建立了交通运输节能减排统计监测信息平台，为政府决策、规划编制、实施、评估与优化、企业实践提供了有力支撑。

3. 注重推广应用节能减排技术。制定并发布交通运输行业重点节能低碳技术和产品推广目录；推广应用运输装备节能驾驶、节能操作和车船绿色维修技术。

4. 注重开展绿色低碳交通战略性研究。组织开展了《交通运输绿色循环低碳发展制度体系框架研究》、《交通运输"十三五"期节能减排关键因素、潜力及资金需求研究》、《交通运输行业落实国家应对气候变化"国家自主决定贡献"目标行动方案研究》、《交通运输参与国内碳交易策略研究》、《交通运输碳排放统计核算方法及标准研究》、《交通运输能效领跑者制度研究》、《交通运输低碳发展产业基金研究》和《交通运输合同能源管理应用研究》等战略性前瞻性课题研究，支撑了交通运输绿色低碳发展。

（四）组织开展低碳交通示范创建

2011 年起，中央财政决定从一般预算和车辆购置税中安排资金用于支持公路水路交通运输行业节能减排"十二五"规划各项任务的落实。2011～2016 年共计投入专项资金 47.5 亿元，其中 2016 年为 15 亿元。

截至 2016 年底，该专项资金共支持了 976 个项目，取得了积极成效，引领了交通运输行业绿色发展，加强了国家节能减排目标和"稳增长、促改革、调结构、惠民生"政策的落实。2016～2018 年，中央财政将继续从车购税中安排资金以奖励的方式支持港口岸电设备设施和船舶受电实施设备加快改造，三年可安排资金规模达 11.5 亿元。2017 年 5 月，交通运输部完成了靠港船舶使用岸电"十三五"规划第一批项目审核工作，奖励项目 56 个，项目总投资额合计约 62140 万元，奖励金额合计约 20645 万元，形成约 5.5 万吨的年替代燃料量。其中，属于长三角、珠三角和环渤海（京津冀）水域船舶污染排放控制区的奖励金额占 64.1%。

低碳交通示范创建取得了显著的节能减排效果。据测算，专项资金支持项目共节能 274.28 万吨标准煤，减少二氧化碳排放量 1928.62 万吨。在专项资金引领下，与2010年相比，交通运输行业营运车辆单位运输周转量能耗下降6.5%，营运船舶单位运输周转量能耗下降10.5%，港口综合单耗下降7.5%，有力地促进了《节能减排"十二五"规划》（国发〔2012〕40号）目标的实现，使交通运输重点领域的能耗增幅得到有效控制。交通运输部还组织开展了绿色公路建设和绿色港口创建。关于绿色公路建设，印发了《关于实施绿色公路建设的指导意见》（交办公路〔2016〕93号），明确提出建设以质量优良为前提，以资源节约、生态保护、节能高效、服务提升为主要特征的绿色公路，迄今共确定三批绿色公路建设典型示范工程项目，遍布各省份。目前正在组织编制绿色公路技术指南、绿色公路评价办法。绿色公路建设要求积极推行生态环保专项设计，推广已建公路生态修复工程，加强公路绿色廊道建设力度，试点推动公路碳汇开发与交易，逐步构建生态景观公路服务体系；组织实施公路隧道绿色照明与智能控制工程，推进电子不停车收费（ETC）普及应用，加快公路领域清洁能源与新能源开发与应用，实施高速公路服务区及收费站节能环保改造工程；积极推进公路建设废旧材料规模化循环再生利用，大力推行公路建设全过程节能环保设计与施工管理。关于绿色港口创建，制订并实施港口船舶大气污染物与温室气体协同管控计划，组织实施港口生态修复工程，在原油和成品油码头推广油气回收，加快推广应用船舶靠泊岸电等节能环保举措，组织实施港区堆场绿色照明工程，推进港作机械电气化智能化进程，加快港口领域清洁能源与新能源开发与应用，推进港口能源环境数据监测与智能管理体系建设。

（五）推进交通运输信息化智能化

全面加快智能信息技术应用。鼓励利用"互联网＋"提升交通运输系统运行效率，充分发挥"互联网＋交通运输组织"的绿色效应。今后将大力推广智慧交通技术，如物联网、车联网、船联网、智慧公路、智慧港口和公众出行服务系统等，促进智慧交通与绿色交通的深度融合。

交通运输行业应依托公交智能化示范工程，优化调度管理，推广应用公交出行服务APP；加快推进全国交通一卡通互联互通。加快推进高速公路

ETC 系统推广应用，截至 2016 年 11 月，全国有 29 个省份 ETC 专用车道 13572 条，累计发展用户 4345 万，经测算节约车辆燃油约 7.9 万吨。交通运输部启动的智慧公路试点，重点推进车路协同等应用实践。网约车已成为"互联网＋"交通的热点，共享汽车（包括共享电动汽车）、共享单车快速发展。据摩拜单车平台统计，在不到一年时间里，摩拜单车全国用户累计骑行超过 25 亿公里，减少碳排放量 54 万吨，相当于减少 17 万辆小汽车一年的出行碳排放量，节约了 4.6 亿升汽油。

（六）参与低碳交通国际交流合作

积极参加《联合国气候变化框架公约》和国际海事组织（IMO）框架下的海运温室气体减排谈判；积极组织启动中美"零排放公交车"项目，深化绿色货运国际合作项目；完成全球环境基金项目"中国城市群综合交通发展"相关工作，包括"缓解交通拥堵减少碳排放"相关课题研究和示范工程建设，推进中德清洁燃料战略科研合作。

二　交通运输低碳发展面临的形势

"十三五"时期，交通运输行业仍将处于黄金发展机遇期，需要大力深化供给侧改革，当好经济社会发展先行官，服务好京津冀一体化、长江经济带、一带一路。伴随新型城镇化、信息化、机动化的发展进程，向着"货畅其流、人变其行""客运零换乘、货运无缝衔接"的交通运输发展愿景，交通运输业如何践行生态文明，加快绿色循环低碳发展，不断提高绿色、低碳、集约发展水平，更好地发挥"绿色交通"的引领作用，推动实现绿色生产方式与绿色生活方式，是刻不容缓的战略性任务和极富挑战的系统工程。

多式联运战略、节能降碳与环境保护的协同、交通与旅游的融合发展、清洁能源和新能源汽车的推广应用、智慧交通与绿色交通的深度融合、交通运输绿色循环低碳制度体系的健全与完善、节能减排市场机制的探索应用、卓有成效的国际交流与合作等，对于交通运输实现"全方位、全过程"的绿色低碳发展，既是策略，也是需要，更是使命。

客观而言，目前交通运输节能环保统计监测能力整体仍然薄弱，基础数据的匮乏使得有关决策与管理缺乏有效数据支撑，绿色交通的标准规范体系尚不健全，绿色交通工作考核体系尚未建立，行业节能环保监管缺少手段，相关市场机制的引入缺少配套政策支持。

三 低碳交通展望

（一）低碳制度体系加快完善

必须加快健全完善交通运输绿色低碳发展制度体系，包括重大政策、规划、标准等，加快形成系统完备、科学规范、运行有效的绿色交通制度体系。这也是当前推动绿色交通发展最紧要的任务。以夯实基础、加强能耗统计监测这一基础性工作为例，交通运输部拟制定交通运输行业能耗统计监测实施方案，完善部级能耗统计监测平台，从设备选型、数据整合、运行维护等方面指导行业建立省级平台，推进能耗在线监测工作，支持行业绿色低碳发展决策与实践。

（二）低碳资金来源不断拓展

"十二五"期间，中央财政安排的交通运输节能减排资金，对交通运输绿色低碳发展起到了很好的引导和支持作用，同时，应该承认，专项资金总量仍嫌不足，资金总量与行业需求之间的矛盾仍是主要矛盾，为实现2020年初步建成适应小康社会发展要求的绿色交通运输体系的目标，打造"十百千"绿色交通示范工程，完善行业规划和标准体系，提升政府节能减排监管能力，还需要大量的投入。应该继续争取中央财政资金和地方财政的支持，依靠市场主体投入，以及运用市场机制筹措资金，"多轮驱动"，解决资金投入不到位问题，是交通运输绿色低碳发展的必要条件，正所谓"巧

妇难为无米之炊"。就市场机制而言，应当加大合同能源管理、绿色信贷、绿色债券、绿色发展产业基金、融资租赁、碳交易等机制和手段的探索应用。

（三）科技支撑作用更加明显

"十百千"绿色交通示范工程中的"百"，概指一百项交通运输节能减排实用技术，为行业绿色低碳发展提供了重要支撑。通过层出不穷的科技创新与广泛应用，科技对交通运输低碳发展的支撑作用将进一步体现在以下方面。一是促进行业发展转型升级。促进运输结构、用能结构、运力结构优化。太阳能、风能、天然气、电力在交通设施及车船装备中将得到规模化应用，运输装备将进一步向大型化、专业化发展，能源利用效率将大大提高。二是新材料、新技术、新工艺加快推广应用。例如，船舶使用岸电技术从无到有，形成了企业专利和行业标准；"互联网＋交通运输"新业态蔚然成风，显著提高了行业运行效率和管理效能。三是带动了战略性新兴产业发展。例如，应用橡胶沥青提升废旧路面，在线监测系统、智能监控系统、智能调度系统、物联网、云计算广泛应用。未来的交通运输，绿色循环低碳技术将与智慧交通深度融合，为绿色交通插上翅膀。

（四）低碳发展理念深入人心

在中央政治局第41次集体学习时，习近平总书记强调，在促进资源集约节约利用方面，要加强高能耗行业能效管理，强化交通节能；在倡导推广绿色消费方式方面，要推广绿色低碳出行。今后，交通运输行业要让各级领导干部成为绿色发展的倡导者和践行者，使企业发展方式绿色化、公众出行方式绿色化深入人心，知行合一。加快形成交通运输行业绿色发展的"软实力"和"大交通、大绿色""全方位、全要素、全过程""典型引路、全员低碳"的"硬格局"。

（五）国际合作更加积极

随着《2030年可持续议程》的推进、《巴黎协定》的诞生、"一带一路"倡议的实施，打造人类命运共同体，只有一个地球，环球同此凉热，都昭示着中国交通运输低碳发展面临前所未有的机遇和使命，也将更加紧密地与世界各国联系在一起。中国交通运输绿色低碳发展必须进一步加强国际交流与合作，在参与国际谈判，完善绿色治理体系，研发和推广绿色低碳技术及绿色装备，加强与国际组织的联系与交往，加强国际交通运输绿色公路、绿色港口、绿色枢纽建设，发展绿色运输，加强低碳能力建设等方面，理应也必将更加积极有为。

（六）碳排放强度明显下降

"十三五"时期，交通运输基础设施和运输服务需求都将在原有规模基础上继续维持较高的增长速度，预测到 2020 年交通运输能耗和碳排放总量可能较 2015 年增长 20% 以上。碳排放总量急剧可能的持续增长，就使得交通运输实现碳排放强度下降显得更加必要同时也更加不易。这显然是复杂的系统工程，需要系统谋划、务实推进、久久为功。相比 2015 年，力争到"十三五"末期，营运车辆单位运输周转量二氧化碳排放下降率达到 7.9%，营运船舶单位运输周转量二氧化碳排放下降率达到 7.1%，城市客运单位运输周转量二氧化碳排放下降率达到 12.5%，港口单位吞吐量二氧化碳排放下降率达到 2.2%。[①]

---

① 《交通运输部关于印发交通运输节能环保"十三五"发展规划的通知》（交规划发〔2016〕94 号），2016 年 5 月 31 日。

G.16
中国风电发展现状与展望

秦海岩* 李 莹

摘 要：近年来，我国风电发展取得了举世瞩目的伟大成就。风电新增和累计装机数量连续多年位居全球首位，是全球最大规模的风电市场。2016年，我国风电新增和累计装机数量继续保持全球第一的领导地位，政策环境也得到了进一步的优化和完善。但是，弃风限电和补贴拖欠等问题仍然没有得到有效解决，风电度电成本仍然较高，风电机组出口比例较低。随着风电标杆上网电价的进一步下调，风电开发面临前所未有的挑战。在"十三五"规划目标的引导下，风电产业将从规模化发展向精细化发展转变。建议有关部门积极加强在绿色电力证书交易、风电平价上网、电力体制改革、金融保险和风电国际化发展方面的政策制定，创新和完善风电产业发展的政策体系，为我国风电产业健康可持续发展提供保障。

关键词：风电 绿色电力证书 可再生能源

随着气候变化问题的日益严峻，能源与环境问题的矛盾不断突出，绿色、低碳发展已经成为时代主流，发展可再生能源已经成为全球趋势，也是

---

* 秦海岩，中国可再生能源学会风能专业委员会秘书长，北京鉴衡认证中心主任，研究领域为风电政策与经济。

众多发达国家和发展中国家应对能源安全和气候变化双重挑战的一个重要手段。全球主要国家纷纷提出 2050 年高比例的可再生能源发展愿景，我国也提出了到 2020 年非化石能源占一次能源消费的比重达到 15%、2030 年达到 20% 的宏伟战略目标。

在国家政策的支持下，我国风电技术逐步趋于成熟，发电成本也在不断下降，风电已经从补充能源进入替代能源的发展阶段，是我国新增电力装机的重要组成部分。目前，我国在风电产业发展方面基本建立了较为完善的行业管理和政策体系，出台了包括风电项目开发、建设、并网、运行等全生命周期各个环节的管理规定和技术要求，并且简化了核准流程，基本形成了较为完善的行业政策环境。

"十三五"时期，我国进一步支持风电产业的发展。《风电发展"十三五"规划》提出到 2020 年风电累计并网装机容量达到 2.1 亿千瓦以上的总体发展目标，在稳定发展规模的基础上，重点提升风电发展品质，为风电产业做优、做大、做强提供了重要的战略指导。

一 风电发展现状

（一）产业基本情况

1. 风电市场规模持续扩大

近年来，中国对风电产业持续不断地扶持及投入，风电装机容量不断增加。目前，中国已经成为全球规模最大、增长最快的风电市场。全球风能理事会（GWEC）发布的《全球风电统计数据 2016》显示，2016 年，全球风电新增装机容量超过 5460 万千瓦，累计装机容量达到 4.87 亿千瓦。其中，中国新增装机容量为 2337 万千瓦，累计装机容量为 1.69 亿千瓦，分别占全球装机容量的 42.8% 和 34.7%，位居全球首位。[1] 根据国家能源局统计数

---

① 全球风能理事会：《全球风电统计数据 2016》，2017。

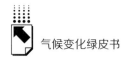

据，2016 年中国风电新增并网装机容量达到 1930 万千瓦，累计并网装机容量达到 14864 万千瓦（见图 1）。[①]

图 1 2010～2016 年中国风电并网装机情况

资料来源：国家能源局统计数据。

随着风电并网装机的不断增加，风电装机量在全国电力总装机量中的比例也逐年提高，2016 年达到 9%（见图 2）。风电发电量不断提高，2016 年占全部发电量的 4%，为 2410 亿千瓦时。目前，风电已成为继火电、水电之后的第三大电源。

2. 风电开发布局向中东部和南方地区转移

近年来，受"三北"地区弃风限电因素影响，风电开发布局逐步向中东部和南方地区转移。根据中国可再生能源学会风能专业委员会（CWEA）统计，中东部和南方共 19 个省份（包括河北、山东、安徽、江苏、浙江、福建、广东、广西、海南、山西、河南、湖北、湖南、江西、陕西、四川、重庆、云南和贵州）新增装机量占全国新增装机量的比例从 2010 年的 32.6% 增长至 2016 年的 65.1%（见图 3），装机总量翻了一番。2016 年中

[①] 《2016 年风电并网运行情况》，国家能源局官网，http://www.nea.gov.cn/2017－01/26/c_
136014615.htm，2017 年 1 月 26 日。

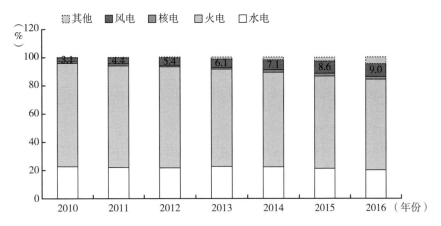

图2 2010～2016年风电装机量在全国电力总装机量中的比例

资料来源：国家能源局统计数量。

东部和南方19个省份新增装机容量达到15224万千瓦，占全国新增容量23370万千瓦的比例超过50%。①

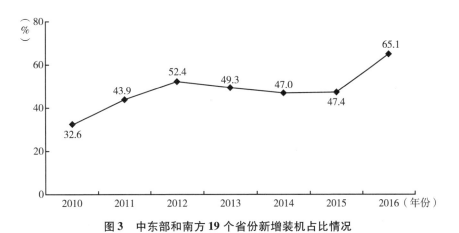

图3 中东部和南方19个省份新增装机占比情况

资料来源：中国可再生能源学会风能专业委员会统计数据。

3. 海上风电建设取得进展

在海上风电建设方面，2016年，中国海上风电新增装机容量达到59万

---

① 中国可再生能源学会风能专业委员会：《中国风电产业地图2016》，2017。

千瓦，同比增长64%。新增海上风电项目中全部是近海风电场。截至2016年底，中国已安装的海上风电项目累计装机容量共计163万千瓦（见图4）。其中，潮间带累计风电装机容量达到63.2万千瓦，占海上装机容量的38.8%；近海风电装机容量为99.5万千瓦，占海上装机总容量的61.2%。[①]

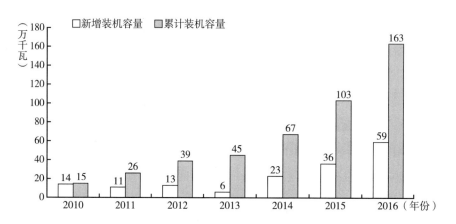

图4　2010～2016中国海上风电新增和累计装机容量

资料来源：中国可再生能源学会风能专业委员会统计数据。

截至2016年底，我国海上风电项目累计并网数量为148万千瓦，主要位于江苏、上海和福建三省市。其中，江苏省累计并网海上风电项目最多，为112万千瓦（见图5），占全国总并网规模的76%。[②]

4. 风电市场集中度进一步提升

根据中国可再生能源学会风能专业委员会统计数据，2016年，新增装机的中国风电整机制造商数量共计25家。其中，新增装机容量最多的是金风科技，为634.3万千瓦，在国内市场中的份额达到27.1%，其次是远景能源、明阳风电、联合动力和重庆海装。截至2016年底，累计装机容量超过1000万千瓦的中国风电整机制造商有5家，合计市场份额达到55.9%。其中，累计装机容量最多的是金风科技，为3748万千瓦，在国内市场中的

---

① 中国可再生能源学会风能专业委员会：《中国风电产业地图2016》，2017。
② 水电水利规划设计总院：《2016中国风电建设统计评价报告》，2017。

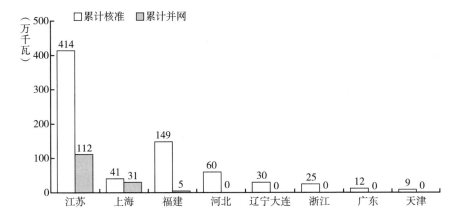

图5 中国主要省市海上风电累计核准及累计并网情况

资料来源：《2016 中国风电建设统计评价报告》。

份额达到22.2%。在 FTI 咨询公司（FTI）公布的 2016 年排名前 15 位的全球风电整机制造商中，有 8 家是中国企业（见表1）。

表1 2016 年排名前 15 位的全球风电整机制造商市场占有率情况

序号	制造商	国家	新增装机市场占比（%）
1	VESTAS	丹 麦	15.8
2	GE	美 国	12.1
3	金风科技	中 国	11.7
4	GAMESA	西班牙	7.5
5	ENERCON	德 国	6.8
6	SIEMENS	德 国	5.6
7	NORDEX	德 国	4.8
8	联合动力	中 国	3.8
9	远景能源	中 国	3.5
10	明阳风电	中 国	3.5
11	重庆海装	中 国	3.2
12	上海电气	中 国	3.0
13	SENVION	德 国	2.5
14	东方电气	中 国	2.2
15	湘电风能	中 国	2.2
其他			11.8

资料来源：FTI 咨询公司统计数据。

对排名前 5 位和前 10 位的整机制造商市场份额进行统计发现，伴随着风电产业商业化运作的不断成熟，我国风电整机制造商的市场份额集中化趋势明显。2013 年中国排名前 5 位的风电整机制造商市场份额为 54.1%，2016 年增加到 60.1%；2013 年排名前 10 位的风电制造商市场份额为 77.8%，2016 年已经增加到 84.2%（见图 6）。

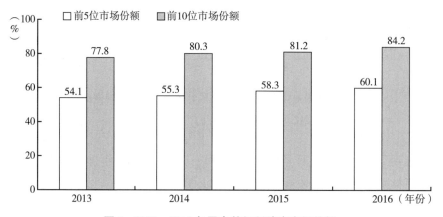

图 6　2013～2016 年风电整机制造商市场份额

资料来源：中国可再生能源学会风能专业委员会统计数据。

5. 风电开发商仍以国有企业为主

根据中国可再生能源学会风能专业委员会调研统计，2016 年，有新增装机的中国风电开发商超过 100 家。其中，排名前 10 位的风电开发商装机总容量超过 1300 万千瓦，在国内市场中的占比达到 58.8%；累计装机总容量超过 1 亿千瓦，在国内市场中的占比达到 69.4%。

从风电开发商的企业性质分类来看，2016 年国有企业的新增风电装机占比达到 77.9%（见图 7），较去年下降 0.7 个百分点，在风电开发中仍然占据主导地位。民营企业新增风电装机近年来持续增长，2016 年新增装机容量占比达到 21.6%，较 2010 年增长了 11.9 个百分点。

（二）发展政策环境

2016 年是我国进入"十三五"时期的关键一年，国家从规划、年度规

图 7 2010～2016 年不同性质风电开发商市场占比情况

资料来源：中国可再生能源学会风能专业委员会统计数据。

模管理、并网运行、上网电价、产业监测和投资预警等方面制定了一系列的支持政策和管理规定，为风电产业的可持续发展提供了保障。

1. 规划目标引导

2016 年 11 月，国家能源局印发了《风电发展"十三五"规划》（国能新能〔2016〕314 号），明确了我国风电在之后五年的发展目标、建设布局和发展方式等，为我国"十三五"时期风电产业的发展提供了重要战略指导。

根据规划，截至 2020 年底，我国风电累计并网装机容量将达到 2.1 亿千瓦以上。其中，海上风电的累计并网装机容量将达到 500 万千瓦以上。在布局思路上，风电开发的主战场也由"三北"地区适当调整到消纳能力较好的中东部和南方地区。

2. 年度规模管理

2016 年 3 月，国家能源局印发《关于下达 2016 年全国风电开发建设方案的通知》（国能新能〔2016〕84 号），确定 2016 年全国风电开发建设总规模为 3083 万千瓦，并对弃风限电严重的地区暂不安排新增项目建设规模，而是增加了中东部地区的风电装机规模比例，使我国风电发展布局进一步优化。按照该通知的要求，"十三五"时期国家能源局将不再统一下发带有具体项目的风电核准计划，仅对全国的总建设规模和布局进行规定，进一步简

化了风电项目的审批流程，调动了地方政府和企业发展风电的积极性。

3. 并网运行管理

2016 年 3 月，国家能源局印发《关于做好 2016 年度风电并网消纳工作的通知》，首次提出在电力供应严重过剩且弃风限电情况严重的地区，研究暂停或暂缓包括新能源在内的各类电源的核准建设。为了保障 2020 年非化石能源发展目标的实现，2016 年 3 月国家发改委发布《关于印发〈可再生能源发电全额保障性收购管理办法〉的通知》（发改能源〔2016〕625 号），明确电网企业要根据国家确定的上网标杆电价和保障性收购利用小时数，全额收购规划范围内的可再生能源项目发电量。5 月，国家发改委、国家能源局联合发布《关于做好风电、光伏发电全额保障性收购管理工作有关要求的通知》（发改能源〔2016〕1150 号），核定了弃风、弃光地区风电、光伏发电最低保障性收购年利用小时数，确保弃风、弃光问题得到有效缓解。

4. 投资监测预警

2016 年 7 月，国家能源局发布《关于建立监测预警机制促进风电产业持续健康发展的通知》（国能新能〔2016〕196 号），明确了风电开发投资风险预警指标和计算方法，并将各地区的风电开发投资风险预警程度由高到低分为红色、橙色和绿色三个等级，每年定期更新发布。预警结果为绿色表示正常，企业和地方政府可以继续合理推进风电项目的开发建设；预警结果为红色和橙色的地区，均具有开发投资风险，发布预警结果的当年不再下达年度开发建设规模，特别是预警结果为红色的区域，地方政府也应暂缓核准新的风电项目。通过建立风电投资预警机制，国家可以引导风电企业向没有投资风险的区域转移，同时可以监管地方政府风电开发建设的违规情况，促进风电项目的合理布局和建设。

5. 电价管理政策

2016 年 12 月，国家发改委发布《关于调整光伏发电陆上风电标杆上网电价的通知》（发改价格〔2016〕2729 号），进一步降低了 2018 年 1 月 1 日之后新核准建设的陆上风电标杆上网电价，在 2016 年核准项目标杆上网电价基础上继续下降 0.03～0.07 元/千瓦时，调整后 Ⅰ、Ⅱ、Ⅲ、Ⅳ类资源区

的标杆上网电价分别为 0.4 元/千瓦时、0.45 元/千瓦时、0.49 元/千瓦时和
0.57 元/千瓦时。另外，云南省也由Ⅳ类风资源区调整到了Ⅱ类风资源区。
新一轮风电标杆上网电价的调整，继续引导风电项目开发布局向中东部等负
荷中心区转移。

二　风电发展存在的问题

（一）弃风限电问题仍然突出

2016 年，全国弃风损失电量达到 497 亿千瓦时（见图 8），同比增加
46.6%，弃风限电形势仍然严峻。其中，吉林、新疆和甘肃弃风情况较为严
重，弃风率均超过 30%。

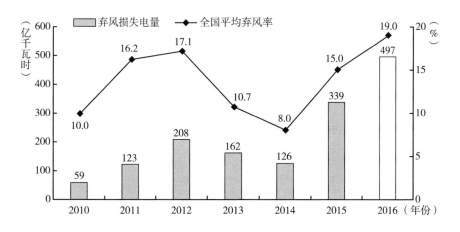

图 8　2010～2016 年我国弃风限电情况

资料来源：国家能源局统计数据。

目前，弃风限电成为我国风电产业发展的最大制约。以一个 5 万千瓦的
陆上风电项目为例，按照全国平均单位千瓦造价 8000 元估算，风电上网电
价按 0.50 元/千瓦时（含税）进行计算，在等效利用小时数满发的情况下
（2500 小时），税后的财务内部收益率为 8.04%。弃风 10% 的情况下，税后

的财务内部收益率就突降到 6.34%，严重影响项目财务收益。因此，弃风限电问题已经成为制约我国风电产业健康发展的一个重要瓶颈。

（二）可再生能源补贴拖欠日益严重

可再生能源补贴发放不及时、不到位已成为阻碍新能源发展的重要因素。根据国家能源局统计，截至 2016 年底，可再生能源补贴资金缺口累计已超过 600 亿元。随着我国年度可再生能源装机规模的不断增加，旧的补贴资金没有及时到位，而新的补贴需求增长迅速，导致可再生能源补贴资金缺口日益扩大。根据测算，到 2020 年我国可再生能源补贴资金缺口将扩大到3000 亿元以上。

补贴资金拖欠导致风电企业经营困难，现金流吃紧，难以覆盖银行贷款利息，财务费用增加，资金实力较弱的风电企业面临资金链断裂的风险。根据测算，年度累计未结算可再生能源电价附加资金为 17 亿元的情况下，按照一年期贷款基准利率 4.6% 测算，年增加财务费用达 0.78 亿元左右，相当于降低度电利润 0.012 元/千瓦时。因此，旧有的补贴机制已经不能满足我国风电装机的大规模增长需求。

（三）风电度电成本仍然较高

"十二五"期间，我国风电平均单位千瓦造价（概算）为 8500 元左右，单位千瓦造价（决算）数据为 7700 元左右。其中，风电机组设备及安装工程约占总造价的 77%。根据水电水利规划设计总院历年的统计数据，2011～2014 年风电造价下降主要集中在设备费用和利息上。但自 2015 年以来，风电机组价格基本稳定在 4200 元/千瓦左右的水平，没有发生大的变动，局部地区甚至略有上升。"十三五"期间，我国风电开发重心将逐步向中东部和南方地区转移。该区域地形地势复杂，人口密集，土地使用成本高，项目开发难度大，单位千瓦造价增加。即使综合考虑风电技术进步、集成开发等措施对成本上涨的对冲，局部地区的风电开发成本也有上升的趋势。另外，风电机组的可靠性直接关系到风电场运维成本的高低。目前我国风电设备可靠性技术规范和标准不统一，导致风电质量良莠不齐、各类事故频发等问题出现，使得风电场运行效率低下，运维成本仍然较高。

（四）风电机组出口比例较低

2016 年，我国风电机组出口容量最大的是金风科技，为 27.35 万千瓦，出口容量占 2016 年新增总装机的比例仅为 4.1%，共计出口到 3 个国家。根据 FTI 咨询公司统计，2016 年全球排名前 5 位的风电整机制造商中，除金风科技外，Vestas、GE、Gamesa 和 Enercon 在非主要市场的装机容量占比均超过 40%（见表 2）①。截至 2016 年底，国际风电巨头 Vestas 已经在全球 6 大洲的 76 个国家和地区安装了风电机组，市场遍布全球。与此相比，我国风电机组出口容量占比和市场覆盖度仍然较低。

表 2　2016 年全球排名前 5 位风电整机制造商市场占比情况

制造商	2016 年主要市场国家	2016 年市场数量（个）	2016 年总装机（万千瓦）	主要市场装机（万千瓦）	主要市场占比（%）	非主要市场占比（%）
Vestas	美国	34	896	358.96	40.1	59.9
GE	美国	19	684.9	376.47	55.0	45.0
Goldwind	中国	4	661.6	634.25	95.9	4.1
Gamesa	印度	18	426.2	146.59	34.4	65.6
Enercon	德国	26	383.3	182.92	47.7	52.3

资料来源：FTI 咨询公司统计数据。

三　"十三五"风电发展趋势预测

（一）市场规模预测

1. 陆上风电发展预测

"十三五"期间，我国的陆上风电发展逐步放缓，不再以增速为目标，

---

① FTI Consulting Inc. , "Global Wind Market Update – Demand & Supply 2016 ," 2017.

而是在保障适当新增装机规模的基础上，更加注重品质的提升，总量目标稳中有升。根据国家能源局发布的《风电发展"十三五"规划》，"十三五"期间，我国风电新增装机容量预计为8100万千瓦以上，每年平均新增风电装机容量为1600万千瓦左右，年均增长率约为7.4%，与"十二五"期间年均约23.4%的增长率相比大幅度降低。

在风电开发布局方面，我国风电主战场将逐步由弃风限电严重的"三北"地区向中东部和南方地区转移。根据《风电发展"十三五"规划》中各省份的并网目标，结合国家能源局公布的2016年风电并网数据可以推算，到2020年全国各省份的并网容量空间中"三北"地区剩余容量空间有限，"十三五"时期我国风电的新增并网容量将主要集中在中东部和南方地区。2017～2020年全国主要省份并网容量空间数据如表3所示。

表3　2017～2020年全国主要省份并网容量空间

省份	2016年累计并网容量（万千瓦）	到2020年累计并网容量（万千瓦）	2017～2020年并网容量空间(万千瓦)
河　北	1188	1800	612
河　南	104	600	496
云　南	737	1200	463
湖　南	217	600	383
四　川	125	500	375
山　东	839	1200	361
广　东	268	600	332
陕　西	249	550	301
湖　北	201	500	299
广　西	67	350	283
贵　州	362	600	238
江　西	108	300	192
浙　江	119	300	181
安　徽	177	350	173
内蒙古	2557	2700	143
青　海	69	200	131
山　西	771	900	129
甘　肃	1277	1400	123

省份	2016年累计并网容量 （万千瓦）	到2020年累计并网容量 （万千瓦）	2017～2020年并网容量 空间（万千瓦）
辽　宁	695	800	105
江　苏	561	650	89
福　建	214	300	86
天　津	29	100	71
黑龙江	561	600	39
北　京	19	50	31
新　疆	1776	1800	24
重　庆	28	50	22
西　藏	1	20	19

资料来源：国家能源局统计数据。

2. 海上风电发展预测

根据《风电发展"十三五"规划》，"十三五"期间，我国将重点推动江苏、浙江、福建、广东等省份的海上风电建设，到2020年以上四省海上风电开工建设规模均达到100万千瓦，全国海上风电开工建设规模达到1000万千瓦，累计并网容量达到500万千瓦。

结合中国可再生能源学会风能专业委员会对海上风电装机规模的调研统计，2017～2020年海上风电开工规模空间如表4所示。

表4　2017～2020年海上风电开工规模空间

序号	地区	2016年累计开工规模 （万千瓦）	2020年开工规模目标 （万千瓦）	2017～2020年开工规模 空间（万千瓦）
1	江苏省	120.59	450	329.41
2	福建省	7.1	200	192.9
3	浙江省	0	100	100
4	广东省	0.15	100	99.85
5	河北省	0	50	50
6	海南省	0	35	35
7	天津市	2.7	20	17.3
8	辽宁省	0.15	10	9.85
9	上海市	30.5	40	9.5

资料来源：中国可再生能源学会风能专业委员会统计数据。

（二）政策环境预测

1. 绿色电力证书交易机制

随着弃风限电和补贴拖欠问题的不断加剧，我国亟待出台新的可再生能源补贴机制。2017年1月，国家发改委、财政部和国家能源局联合发布《关于试行可再生能源绿色电力证书核发及自愿认购交易制度的通知》（发改能源〔2017〕132号），在全国范围内试行可再生能源绿色电力证书核发和自愿认购。绿色电力证书（简称绿证）是对可再生能源发电方式予以确认的、可交易且能兑现为货币的一种凭证，既可以作为计量工具，也可以作为一种能够转让的交易工具。绿色电力证书交易机制则是通过市场化的手段对可再生能源电力进行补贴、促进可再生能源发展的一种政策机制。绿色电力证书交易机制的落实为我国风电发展释放了市场空间，可以在一定程度上解决补贴资金不足和补贴拖欠的问题。

目前绿色电力证书仍处于自愿认购阶段，企业可以选择享受固定电价补贴，也可以选择出售绿色电力证书，以缓解因为补贴拖欠而造成的资金压力。根据该通知，从2018年起我国将适时启动可再生能源电力配额考核和绿色电力证书强制约束交易。强制性交易机制实行后，有购买绿色电力配额的主体必须在规定期限内通过购买绿色电力证书完成配额指标，否则将接受惩罚。

由此来看，"十三五"时期绿色电力证书交易机制将逐步得到完善，由固定电价转为绿色电力证书认购交易、建立市场化的补贴机制是风电产业健康可持续发展的必然选择。

2. 风电平价上网政策

在目前的风电标杆上网电价水平下，技术进步使原来不具备开发条件的地区也具备了开发价值。但在资源好的地区，度电成本降低被众多因素掩盖，例如，弃风限电、补贴延缓、各路盘剥等都导致了风电度电成本有上升的趋势。由于弃风限电，目前机组可靠性方面的问题尚未暴露出来，影响了企业对技术改进方向的判断和确认，也影响了技术的进一步发展。

2017年5月，国家能源局综合司发布《关于开展风电平价上网示范工作的通知》，要求各地组织申报风电上网示范项目，并规定其上网电价按当地煤电标杆上网电价执行，确保示范项目不限电，相关发电量不核发绿色电力证书。该通知最重要的一个目的是探索在没有其他政策支持的情况下，风电如何依靠技术突破、市场转移、电力改革等影响因素实现平价上网，期望找到规律，以便通过示范项目提前对风电平价上网的技术、管理等各方面条件进行摸底，找出平价上网的约束条件，比如限电、乱收费等，为今后大规模的平价上网奠定基础。另外，也可通过示范项目总结经验，并将边界条件、经验做法推广出去，撬动全国更大范围的风电平价上网。

《可再生能源发展"十三五"规划》提出，到2020年，风电项目电价可与当地燃煤发电同平台竞争。因此，"十三五"时期，风电平价上网边界条件的界定、平价上网政策体系的完善将成为重点工作之一。推进风电平价上网示范工作就是一个很好的开端。

3. 电力体制改革相关政策

自2015年以来，国家各级部门积极推进新一轮电力体制改革，力求建立一个真正有效的电力市场机制。电力体制改革将通过竞争电价放开、配售电主体放开等改革，逐步培育多元的市场化竞争格局，打破电网公司的垄断格局。按照《电力发展"十三五"规划》，我国要深化电力体制改革，完善电力市场体系；组建相对独立和规范运行的电力交易机构，建立公平有序的电力市场规则，初步形成功能完善的电力市场；同时，随着电力体制改革的深入，还要继续推进简政放权，为风电开发营造更好的发展环境。

4. 金融保险政策

目前中国风电场建设的资金来源仍然以银行贷款为主，融资成本较高。为了降低风电开发运维过程中的投资风险，一方面，要创新政策机制，积极推进绿色债券、供应链金融等新型金融工具的应用，通过多元化的金融手段，降低风电项目的融资成本；另一方面，充分发挥保险在风电项目融资过程中的作用。通过制定风电设备、风电场风险评级标准规范，定期发布行业风险评估报告等手段，推动风电设备和保险产品的结合。通过政策引导，促进金融和保险在风电开发各个环节发挥作用。

5. 风电国际化发展政策

在国家"一带一路"倡议下，风电产业国际化发展已经成为必然趋势。目前，中国风电整机商虽牢牢掌控着中国市场绝大部分市场份额，但在国际市场上仍难敌维斯塔斯、西门子等跨国巨头，我国风电"走出去"的比例仍然较低。中国风电开发企业要抓住机遇，充分利用我国的资金和技术优势，积极开拓海外市场，实现国际化发展。但是企业单打独斗探索"走出去"的成本较高，在国家层面，还需进一步加强我国风电"走出去"政策和措施的制定，在 IECRE 体系基础下，加强风电检测认证结果的国际化采信，帮助中国风电企业顺利实现"走出去"。

四 结论及建议

在国家大力支持下，我国风电产业取得了举世瞩目的发展成就，已经成为我国引领全球的战略性新兴产业之一。但是，随着风电规模化发展的不断推进，电力系统不能适应可再生能源发展的矛盾逐步暴露出来，弃风限电、补贴拖欠等问题已经成为制约我国风电产业健康可持续发展的重要瓶颈。

为了解决我国风电发展面临的现实问题，促进"十三五"时期我国风电产业健康有序发展，在政策体系方面我们还应重点布局绿色电力证书交易机制、风电平价上网政策、电力体制改革以及金融保险等。一是要积极推进可再生能源电力配额考核和绿色电力证书强制约束交易；二是要准确界定风电平价上网的各项边界条件，完善平价上网政策体系；三是要结合我国电力体制改革，努力解决风电消纳和补贴拖欠的问题；四是要加强金融和保险体系在风电发展过程中的作用，提升风电项目的风险防控水平，增加风电产业的资金投入，降低风电度电成本；五是要加强政策保障，推动风电产业顺利实现国际化发展。

G.17
中国分布式可再生能源
发展现状及展望

张 莹*

摘　要： 大力发展分布式可再生能源，对于我国的能源结构调整和能源清洁化有着重要的意义，通过分布于用户端周边直接向用户供能，灵活实现冷、热、电等多种供能方式的互补利用，能有效提高能源利用效率，同时还具有显著的环境和社会效益。当前我国太阳能、风能、水能、生物质能等可再生能源一直保持快速发展，但智能电网建设和并网制度的落后也给不断增加的可再生能源利用消纳带来了压力。为了更好地促进分布式可再生能源发展，需要加强对于分布式可再生能源的政策保障、创新鼓励分布式可再生能源发展的市场机制、探索分布式可再生能源就近消纳的成功经验、完善鼓励分布式可再生能源发展的产业政策以及加快分布式可再生能源的商业模式重构和投融资机制创新。

关键词： 分布式可再生能源　就近消纳　能源利用效率

　　分布式能源指的是分布于能源终端使用者附近，较为分散化的小规模供能系统，而分布式可再生能源则主要是利用太阳能、风能、水能、生物质能

---

* 张莹，中国社会科学院城市发展与环境研究所助理研究员，研究领域为能源经济学、环境经济学、数量经济分析。

以及地热能等可再生的能源形式所开发建立的分布式用能系统。大力发展分布式可再生能源有助于实现能源结构的绿色、低碳转型。形式灵活的分布式可再生能源项目不但有助于保护环境、改善空气污染，而且能为一些无法提供集中供能的边远地区保障基础性的能源供给，帮助其实现经济脱贫，并能促进相关技术和新兴产业的发展以及创造就业机会。在当前可再生能源开发局部地区产能过剩的背景下，发展小型分布式可再生能源项目，鼓励可再生能源利用就地消纳，将有助于解决弃水弃风弃光等问题，具有巨大的发展潜力。

一 分布式能源的基本情况与发展优势

（一）分布式能源概况

分布式能源，是相对于传统的集中式供能而言的一种新的能源供应形式。集中式供能系统主要采用大容量设备、集中生产，然后以专门的输送设施将各种能源形式提供给较大范围的众多用户；分布式能源系统则是直接面向用户，利用分布在用户侧的小型设备（通常小于10MW），按用户的需求就地生产并向用户提供电、热、冷、蒸汽、热水等，具有多种功能的中小型能量转换利用系统。

从分布式能源的发展历史来看，最早的分布式能源是用柴油发电设备为一些难以连入电网地区的少数用户提供电力供应。我国早期的分布式能源项目也多是以燃煤热电厂为主的地方小型热电联产项目。2011年，国家发展改革委、财政部、住建部和国家能源局联合发布了《关于发展天然气分布式能源的指导意见》，标志着从国家层面掀起大力推广分布式能源的新浪潮。虽然分布式能源项目相对于传统的集中供能方式能效利用率更高，也更具环保节能优势，但是过去的分布式能源项目所依靠的基础能源仍多为化石能源形式。近年来，随着能源技术的不断进步，各种使用清洁能源的绿色分布式能源系统也开始高速发展起来。

可再生能源的利用也可以分为集中式和分布式两大类。集中式可再生能源利用的原理与传统集中供能方式类似，在可再生能源较为丰富的地区建立能源生产基地，然后通过长距离能源网络将供能输送到负荷中心；而分布式可再生能源利用系统也是在终端用户周边建立能源生产和供应系统，供应的一次能源以可再生能源为主，部分系统还可以在使用者周边提供冷热电联产系统，将电力、热力、制冷同蓄能技术结合，满足用户多种需求，实现能源梯级利用。[①] 利用可再生能源的分布式能源系统主要包括太阳能光伏发电、太阳能热发电、太阳能热利用，以及小水电、风能、生物质能、地热能利用等。通过小型发电系统将可再生能源的生产和消费结合在一起，所提供的能源首先满足本地用户的需要，再通过智能电网将富余部分传输给邻近地区的其他用户。分布式可再生能源和智能微网系统具有清洁、可持续以及灵活性等多种优点，在全球积极应对气候变化以及节能减排目标日趋严格的大背景下，具有巨大的发展潜力和重要的意义。

（二）分布式能源系统和技术的分类

分布式能源系统是建立在能源梯级利用概念基础之上、安装在需求侧附近的能源梯级利用以及资源综合利用的能源设施。分布式能源系统的核心是分布式的电力生产和供应或分布式冷热电联产系统，由于分布式能源系统种类繁多，因此按照不同的分类方式，可以将各种分布式能源系统分为不同类型。例如，按照所利用的能源类型进行分类，可以分为非可再生能源系统、可再生能源系统以及两种能源互补的分布式冷热电联产系统三种，分布式非可再生能源系统又可以进一步分为柴油、煤油、天然气等形式，而分布式可再生能源系统则可以分为风能、太阳能、小水电、生物质能、地热利用等形式；按照分布式能源系统所使用的热机类型进行分类，可以分为燃气轮机、

[①] 路甬祥：《大力发展分布式可再生能源应用和智能微网》，《中国科学院院刊》2016年第2期。

内燃机、汽轮机、斯特林发动机以及燃料电池等。

由于分布式能源系统的能源利用形式和燃机种类都存在很大差异，因此所涉及的技术种类也非常繁多及复杂，既包括燃机技术和外燃机技术，也包括储能和各种可再生能源利用技术，还有相关的燃料电池技术和智能微网技术（见图1）。虽然近年来各种技术已经取得了长足的发展，但是要推动分布式能源系统的应用进一步推广，必须继续加大对重点技术的投入，进一步降低利用成本，提高相关设备、材料和系统的能效，例如，提高可再生能源的利用效率，实现可再生与非可再生的分布式能源共同高效利用，发展更高效的分布式储能技术和智能微网技术。

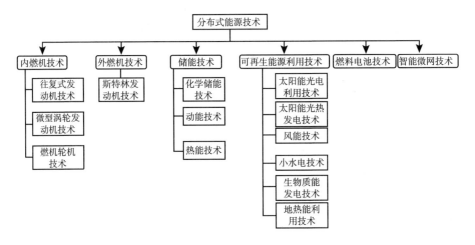

图1　分布式能源主要相关技术

（三）分布式能源的发展优势

相对于传统的集中式供能方式，分布式能源具有一些无法比拟的优势，主要体现在以下几个方面。

1.提高能源利用效率

相对于传统的集中式供能，分布式能源的规模和位置更加灵活，可以根据具体的能源需求，实现精准对口供应能源，避免了供能范围的扩大以及输送距离的延长，因此能将输送环节的损耗降至最低。[①] 此外，有些分布式能源形式，如冷热电三联供项目，可以将发电的余热重复利用，因此能够大幅度提高能源利用效率。

2. 提高供能可靠性和稳定性

除了提高能源利用效率之外，分布式能源技术能够为一些产业或地区提供更加稳定的能源供给，这对于一些要求连续电力供应的工业部门（如半导体生产行业）显得尤为重要。集中式供能系统一旦发生技术故障导致系统瘫痪，将带来巨大的经济损失。为了应对电力负荷的变化，集中式供电一般需要牺牲部分供电机组的负荷。而分布式能源系统是一个相对比较独立的能源生产和供应体系，能够通过与集中式大电网的互补来帮助解决供电的安全性问题。[②] 大力发展分布式能源来保障持续功能远比改造原有电网体系更加简便，成本也更低。分布式发电装置能够在发生电网崩溃和意外灾害的情况下维持重要用户的供电，因此保障了提高供电的稳定性和可靠性。如果与电网配合供电，供电的平稳性和可靠性还将进一步提高，并能直接避免一些灾难性后果。[③]

除此之外，分布式能源还能帮助电网调节供电，保障其平稳运行。在用能高峰时期，可以采用分布式能源作为对集中电网的补充，缓解电网电力供给不足的问题。同时，由于一些小型分布式能源系统启停方便，成本较低，可以配合常规电力供给减少电网负荷的昼夜峰谷差；通过缓解用电季节峰谷差和昼夜峰谷差实现分布式能源系统与电网的互补调剂，保证电网能够更加平稳地运行。

3. 环保效益明显

相对于传统的集中式功能方式，分布式能源项目通常都采用更加清洁的

---

① VTT（Technical Research Centre of Finland Ltd.），"Distributed Energy Systems, DESY," VTT Technology 224, http://www.vtt.fi/inf/pdf/technology/2015/T224.pdf（Utgivare Publisher, Espoo），2015.

② 尹学生、王小伍：《从全方位评价看发展分布式能源站的必要性》，《工业工程》2008年第1期。

③ 郭世伟：《前途看好的分布式能源》，《电力需求侧管理》2005年第3期。

能源形式，如化石能源中含碳量较低的天然气或者各种绿色的可再生能源形式，在能源生产和供应过程中产生的空气污染物和固体废弃物的排放量非常小。目前，我国主要的分布式能源形式通常以天然气、煤层气和沼气作为燃料，能源构成较为清洁，有助于实现国家节能减排和环境保护的目标。而分布式可再生能源系统则更加具有环保优势，能够显著降低电力生产过程中产生的温室气体排放，有效缓解传统化石燃料利用过程中造成的环境污染问题。

4. 经济效益较好

分布式能源体系一般能够实现能源供应就地消化，这样可以显著减少建设和传输成本，因此分布式能源体系能够降低能源生产成本，为能源使用者和生产者带来明显的经济效益。消费者所获得的经济收益体现在为能源使用所支付的总成本能够减少，而生产者也能够通过减少投资获得相应的经济回报。此外，有些分布式能源项目的使用者同时也是生产者，这些分布式能源供应体系所生产出的能源在满足当地终端使用者的需求之后，将通过电网等形式向外输送，也能获得一定的经济收益。

随着技术的不断发展，许多可再生能源发电和利用的成本也在不断降低。例如，太阳能光伏发电的成本从 20 世纪 90 年代起一直保持下降趋势，德国的屋顶太阳能利用设备的成本就从 1990 年的 14000 欧元/千瓦降至 2015 年末的 1270 欧元/千瓦[1]，中国的光伏电池组件价格从 2007 年的 36000 元/千瓦降至 2016 年的 4200 元/千瓦，光伏发电整体系统的价格也从 60000 元/千瓦降至 8000 元/千瓦[2]，这种价格的快速下降也使得分布式可再生能源项目在同传统集中供能项目竞争时不再具有明显的成本劣势。甚至在强有力的环保政策辅助下，分布式能源系统在一些地区能够比集中式化石能源发电项目更具有成本优势。

---

[1] "Fraunhofer Institute for Solar Energy System," Photovoltaics Report 2016, http://www.ise.fraunhofer.de.

[2] 路甬祥：《大力发展分布式可再生能源应用和智能微网》，《中国科学院院刊》2016 年第 2 期。

5. 具有一定的社会效益

分布式能源灵活的独立运行模式，能够适用于那些集中电网无法覆盖的边远地区，为其提供单独供电，帮助这些地区降低供电成本，也有利于缓解这些条件较为艰苦恶劣地区的能源贫困问题。[①]

此外，发展分布式能源还将带来新的商业和就业机会，例如，带动相关设备制造技术和推动机械工业的创新，形成产业链，促进资本流动，成为未来新的经济增长点。

6. 有助于实现可再生能源的就近消纳

伴随经济增速趋缓，近年来对电力需求的增速也逐步放缓，同时出现了明显的火电过剩，而可再生能源发电项目又逐年高速增长，因此可再生能源发电利用也面临着过剩的问题，需要妥善消纳风、光等可再生能源生产出的电力。当前我国的电网规划与电源项目建设还具有一定的不匹配性，因此导致局部地区也有可能面临电力生产和需求的不匹配性，部分风电厂和光伏发电项目在规划建设期没有充分考虑到输出和市场消纳问题，导致部分可再生能源发电无法输出到需求地区，面临消纳困难。在过去较高电价政策的激励下，一些风光发电项目一窝蜂地大批上马，使得消纳问题集中爆发。此外，中国可再生能源禀赋丰富地区多为甘肃、新疆和内蒙古等偏远地区，对电力需求较小，输电线路建设也较为落后，因此在这些地区，弃风弃光问题更为突出。

发展分布式可再生能源问题，以局部地区的自发自用为主，辅以储能技术的发展，鼓励分布式可再生能源在局域电网就近消纳，将有助于缓解新能源发电的弃风弃光问题。

二 分布式可再生能源在我国的发展现状

我国主要的分布式可再生能源形式包括分布式太阳光伏项目、分布式风

[①] Schnitzer et al. , "Microgrids for Rural Electrification, A Critical Review of Best Practices Based on Seven Case Studies," United Nations Foundation, 2014.

能项目、小水电项目以及其他形式的可再生能源小型发电供能设备及项目。本部分将主要总结我国各种分布式可再生能源项目的发展现状及相关的政策和发展目标。

（一）分布式太阳光伏项目

分布式太阳光伏项目是指分布于用户周边，带有储热或多能互补的，可以脱离大电网独立运行的，运行方式以用户侧自发自用、多余电量上网，且在配电系统平衡调节为特征的光伏发电系统。目前我国的太阳能发电项目大多是大型地面项目，小型的分布式太阳能发电站所占比例并不高，但分布式太阳光伏发电具有广阔的发展前景，它形式较为灵活，既可以在农村、牧区、山区中得以应用，也可以在城市或商业区加以建设。

根据国家能源局公布的数据，截至 2016 年底，我国光伏发电新增和累计装机容量均为全球第一，新增装机容量为 3454 万千瓦，累计装机容量达 7742 万千瓦。其中集中式光伏电站累计装机容量为 6710 万千瓦，分布式光伏电站累计装机容量为 1032 万千瓦，分布式光伏电站累计装机容量占所有光伏电站累计装机容量的比重约为 13.3%。2016 年全年发电量达 662 亿千瓦时，占我国全年总发电量的 1%。近年来，我国不断加大对分布式光伏发电的投资和开发力度，2016 年新增装机容量为 426 万千瓦。2017 年上半年，分布式光伏电站累计装机容量达到 1743 万千瓦（见图 2），新增装机容量为 2016 年同期新增规模的约 3 倍。

我国分布式光伏电站的分布也具有明显的地区差异性，大型地面光伏电站主要分布在西北和华北地区，而规模较小、形式灵活的分布式光伏电站则主要分布在华东地区。截至 2017 年 6 月底，国家电网经营区域华东地区分布式光伏电站累计装机容量已达 847 万千瓦，占国家电网分布式光伏并网总容量的 52%。

为了大力推广和开拓分布式光伏发电的应用，我国曾先后分批组织具备条件和相对经济性较好的地区或工业园区开展分布式光伏发电应用示范，在 2013 年、2014 年一共发展了 30 个分布式光伏示范区项目，总规划

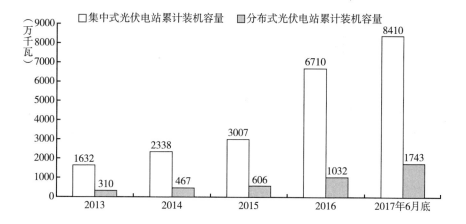

图2　2013～2017年上半年不同类型光伏电站累计装机容量对比

资料来源：根据国家能源局公布数据整理。

容量达3350万千瓦。各地也因地制宜，发展了一些地方性的分布式光伏发电项目。

（二）分布式风电项目

分布式风力发电主要是采用风力发电机作为分布式电源，将风能转换为电能的分布式发电系统，这些发电系统的功率一般在几千瓦至数百兆瓦（也有的建议限制在30～50兆瓦，甚至以下）。受制于成本和发电条件的限制，分布式风电项目的发展情况和数量均不如天然气和光伏发电项目，通常这些分布式风电项目总是和太阳能发电或柴油发电相结合，形成风光互补发电系统或风光油互补发电系统，以风、光两种可再生能源为主，以化石燃料柴油发电为辅，为目标使用者或负载供电，并将多余的电能储存进蓄电池。

从国外经验来看，小型风电机组直接并网对电网的冲击较小，而通过这种方式发电既经济又可靠。我国在风电设备制造以及小型风机的技术领域具有一定的优势，因此具有发展小型分布式风电项目的良好基础。相较于光伏发电，风电装机的发展虽时有波动，但总体仍保持增长趋势。"十二五"期间，风电发电装机规模整体增速约为32.8%。到2016年底，我国（台湾地区除外）风电新增装机量约为2337万千瓦，累计装机容量已经达到16873万千瓦（见图3）。

图3 2010～2016年中国新增和累计风电装机容量（台湾地区除外）

资料来源：中国风能协会历年中国风电装机容量简报。

风电项目同样呈现明显的地区差异，西北地区因其风能禀赋较好，地域广阔，仍为新增风电项目最多的地区。2016年，我国六大区域的风电新增装机容量所占比例分别为西北地区26%、华北地区24%、华东地区20%、西南地区14%、中南地区13%以及东北地区3%。

根据《可再生能源发展"十二五"规划》，在规划的1亿千瓦风电装机目标中，预计分布式风电到2015年装机将达到3000万千瓦。在2011年，国家能源局就下发了《分散式接入风电项目开发建设指导意见》，对分散式接入风电项目的定义、接入电压的等级、项目的规模以及核准审批等问题进行了界定，为分布式风电项目未来的发展方向奠定了基础。然而，相比较于分布式太阳能利用，分布式风电项目的发展成效比较有限，主要原因在于同集中式风电相比，分布式风电主要针对低风速、高负荷地区，而在这种条件下，有针对性的风电机组的制造成本一般都高于中高风速地区所需要的风电机组，而成本也是限制分布式风电发展的重要因素。目前我国风电投资的投资主体绝大部分都依赖于国有资本，对于大型央企而言，分布式风电相较于集中式风电的高成本阻碍了其对分布式风电项目的投资热情，因此可以出台一些政策来鼓励民营企业在这个领域加大参与力度。2017 年 6 月，国家能源局再次发布《关于加快推进分散式接入风电项目建设有关要求的通知》，提出为提高分散式风能资源的利用效率，优化风电开发布局，"十三五"要切实做好分散式接入风电项目建设。但该通知同时提出对于存量风电项目消纳存在问题的地区，要暂缓建设新增分散式风电项目。

（三）小型水电项目

小型水电项目一般指的是装机容量很小的水电站或水力发电装置。目前世界各国对小型水电项目的定义和容量范围并没有统一的定义，我国一般将装机容量小于 50 兆瓦的水电项目视为小型水电项目。作为能源结构调整的主要替代性清洁能源，我国一贯鼓励和支持发展水电项目，而从其规模特点来看，小型水电项目是一种重要的分布式可再生能源利用方式，较为适宜在一些山区或农村地区进行分散开发，是农村地区重要的水利基础设施和公共设施，并助力很多贫困山区实现了农村电气化。

截至 2014 年底，全国共建成农村小型水电站 47073 座，总装机容量达到 7322 万千瓦，年发电量达 2281 亿千瓦时，约占全国水电装机和发电量的 1/4。目前，在 31 个省份均分布有小型水电项目，其中云南省和四川省的装机规模居于全国前两位。全国有小型水电项目的县共 1535 个，其中四川省、云南省、湖南省和广西壮族自治区等地拥有小型水电项目的县最多。

尽管小型水电项目在我国分布广、数量多，但近年来对小水电项目的管理和规划，更加强调和重视在开发中对生态环境的保护。国家能源局于2016 年底所发布的《水电发展"十三五"规划》明确提出："要按照流域内干流开发优先、支流保护优先的原则，严格控制中小流域、中小水电开发，保留流域必要生境，维护流域生态健康。水能资源丰富、开发潜力大的西部地区重点开发资源集中、环境影响较小的大型河流、重点河段和重大水电基地，严格控制中小水电开发；开发程度较高的东、中部地区原则上不再

开发中小水电。弃水严重的四川、云南两省，除水电扶贫工程外，'十三五'暂停小水电和无调节性能的中型水电开发。"

（四）分布式生物质能项目

生物质是通过植物光合作用产生的有机物质，因此其来源多样，能源密度较低、分布也较为分散。这些特点决定了生物质能适宜于分散化的就地开发，并能通过联网形成对于化石能源的有力补充。

分布式生物质能的利用方式非常灵活，既能够建设一些以生物质为燃料的小型发电站，也能作为居民生活燃气，还可以作为供热、工业窑炉或燃料电池的燃料。而且分布式生物质能项目规模有限，因此资金门槛要求低，投资回报率较高，未来在中国的发展具有比较广阔的应用前景。然而，在实际发展过程中，受到原来可获得性、政策稳定性等因素的影响，分布式生物质能的发展并不及预期。在我国《生物质能发展"十二五"规划》中提出，到2015年希望能实现生物质发电装机容量1300万千瓦、年发电量约780亿千瓦时，生物质年供气220亿立方米，全国沼气用户5000万户，年产气量190亿立方米。但在实际中，沼气用户仅为4380万户，生物质能发电量实际为1030万千瓦时（见表1）。

表1 2015年底全国生物质能利用现状

利用方式	利用规模		年产量		折标煤
	数量	单位	数量	单位	万吨/年
1. 生物质发电	1030	万千瓦	520	亿千瓦时	1520
2. 沼气用户	4380	万户	190*	亿立方米	1320
3. 大型沼气工程	10	万处			
4. 生物质成型燃料	800	万吨			400
5. 生物燃料乙醇			210	万吨	180
6. 生物柴油			80	万吨	120
总　计					3540

* 沼气用户年产量为户用沼气和大型沼气工程生产量加总。
资料来源：《国家能源局关于印发〈生物质能发展"十三五"规划〉的通知》。

三　分布式可再生能源发展所面临的挑战

尽管各种分布式可再生能源的形式和项目已经实现了快速发展，但在更大范围内普及分布式能源仍面临各种困难与挑战，制约分布式可再生能源进一步发展最大的困难在于如何将分布式能源并入集中式电网。具体的挑战包括以下几个方面。

（一）一些分布式可再生能源的开发成本和条件仍然不具竞争优势

随着技术的进步，有些可再生能源的成本已经大幅削减，但在面对传统的集中式供能形式时仍然不具备竞争优势。例如，风电和太阳能光伏发电的开发利用受到自然条件和季节的限制，因此在一些条件下成本仍高于集中式化石能源利用项目。又如，太阳能光伏发电晚上就没有办法持续生产，因此如果没有备用发电设置或储能装备，分布式光伏发电项目就很难成为一个具有可持续性的能源供给模式。因此，如果没有针对性的政策支持或干预，从中短期来看，对分布式可再生能源的大规模利用无法实现经济的可持续发展。从我国的实际情况来看，在华东、华北、东北等地区适合发展一般工商业分布式光伏项目，大工业的分布式光伏项目也只有华北及西部部分地区具有发展条件，但是项目的商业盈利能力也较为一般。

在现实中，鼓励分布式可再生能源发展的政策需要在可再生能源利用的发展规模和经济成本之间寻求一个平衡，然而在实践中，很难完美地实现两者之间的均衡。例如，欧洲的发展经验表明，尽管政策的鼓励和推动使可再生能源实现了显著的发展，但是对于消费者而言，使用这些可再生能源发电实际上需要承担额外的成本。于是为了降低消费者承担的能源成本，在西班牙、意大利等国，政府又开始大幅减少对可再生能源的补贴这项支持政策，这又会导致可再生能源发展趋缓，给相关产业带来不利的冲击。

（二）一些可再生能源的开发面临严峻的消纳问题

近年来，在一些地区出现了可再生能源的消纳问题，2014 年，全国因弃水、弃风、弃光造成的电量损失超过 300 亿千瓦时，仅云南、四川两省总弃水电量已超过 200 亿千瓦时；全国累计弃风电量也高达 126 亿千瓦时；部分地区如甘肃省酒泉、敦煌和青海格尔木，弃光问题比较严重，局部地区弃光比例超过 20%。①《2015 年度全国可再生能源电力发展监测评价报告》的数据显示，2015 年弃风限电形势依旧严峻，全国弃风电量达 339 亿千瓦时，同比增加 213 亿千瓦时，其中，甘肃弃风电量为 82 亿千瓦时，弃风率达 39%；新疆弃风电量为 70 亿千瓦时，弃风率达 32%；吉林弃风电量为 27 亿千瓦时，弃风率达 32%；内蒙古弃风电量为 91 亿千瓦时，弃风率达 18%。西北五省（区）的弃风弃光问题在 2016 年仍然没有得到很好的缓解，包括甘肃、新疆、宁夏、陕西和青海在内的这五省（区）在 2016 年整体弃风率为 33.34%，整体弃光率为 19.81%。造成这种现象的原因既包括传统能源和可再生能源开发中的产能过剩问题，也包括相关技术、配套设施不完善等客观因素。

（三）相关法律法规的缺失，配套政策不完善

在《节约能源法》《可再生能源法》中，只有些许章节提及对分布式可再生能源项目的支持，如《节约能源法》曾提到国家鼓励发展热电冷联产。《可再生能源法》也明确提出分布式可再生能源项目的合法并网等问题。但是相关的内容缺乏具有可操作性的实施细则、技术标准和配套政策。相关配套法律法规的缺失使得我国无法以法律形式将鼓励分布式可再生能源综合利用的发展方向确定下来，在很大程度上制约了各种分布式可再生能源利用项目的持续快速发展。

政府的支持是发展分布式可再生能源的关键，也决定了未来发展的成败，政府应当积极推进各种分布式可再生能源相关技术积极发展，帮助这些新技

---

① 陆澜清：《我国弃水弃风弃光严重现状及原因浅析》，https：//www.qianzhan.com/analyst/detail/329/160302 - 0be354e3.html，2016 年 3 月 2 日。

术在与占据市场主导的传统技术竞争时取得一些政策性优势。但与一些分布式可再生能源发展较快的国家相比，目前我国相关配套政策仍不完善，政策可持续性较低，这也制约了对分布式可再生能源项目的投入与建设力度。

（四）并网障碍依旧突出

分布式可再生能源发电项目的并网障碍既有来自技术方面的制约，也有体制因素的影响。落后的技术规范导致电力接入缺乏规范和标准，电网公司可以以各种理由阻碍各种分布式能源发电并入集中电网。受到电力产业政策的约束，建立可再生能源发电项目相当于与电网公司争夺用户，因此电网公司推动分布式可再生能源发展的主观能动性不强。从深层次进行剖析，并网障碍的本质还是发电与买电双方的利益分配问题。对于分布式可再生能源项目而言，个别地区居民分布式光伏发电并网困难，上网电费结算时间较为滞后，这些因素客观上都阻碍了相关技术和产业的发展。

四　分布式可再生能源未来发展的政策建议

总体而言，受制于一些自然条件和制度因素，我国的分布式可再生能源项目仍然处于示范和推广阶段。虽然中国政府和相关部门已经出台了一系列的政策和措施来引导分布式可再生能源的发展，但是分布式可再生能源开发利用仍然不是用能主流，在总的装机容量中占比极低，除了分布式光伏发电之外，其他种类的分布式可再生能源项目的发展受宏观形势和政策影响较大，多次出现波动，一些分布式可再生能源的发展也不及预期。为了解决现在所面临的一些问题和障碍，需要出台更具有针对性的政策措施，本文总结了一些较为重要的政策建议。

（一）加强针对于分布式可再生能源的政策保障

对于鼓励分布式可再生能源发展的政策和法规，多为原则性意见，操作性不强，容易产生难以落实的问题。应当针对分布式可再生能源的发展需

要，出台具有法律约束力的法规条文，对于有利于可再生能源发展的相关法律和法规，应根据实际情况和国际先进经验加以修订和补充，形成合理的体系，具有更强的操作性。

当前对于发展分布式能源，特别是分布式可再生能源，在发展规划、并网技术标准、价格机制、优惠政策以及运营模式等各方面都存在政策针对性和保障性不强的问题。分布式可再生能源与当前主流的分布式天然气在发展定位、使用条件、开发潜力以及经济效益等各方面都有着很大的差异，而现有的鼓励分布式能源发展的政策体系多是针对天然气所制定的，因此需要根据可再生能源的特点，制定区别于其他类型分布式能源的政策和法规。

（二）创新鼓励分布式可再生能源发展的市场机制

为了提高分布式可再生能源同其他能源形式相比较的竞争力，在现阶段仍需要实施和创新鼓励分布式可再生能源发展的市场机制。例如，通过创新定价机制来帮助分布式可再生能源提高生产效率、降低成本并实现规模化发展。从国际经验来看，目前全球并无一种统一的电力定价机制可以适用于所有国家，而分布式可再生能源并网后的价格机制更属于较新的研究领域，通过合理的定价机制可以在初期给予分布式可再生能源项目一定的补贴，引导资本投入于该领域以及引导企业积极进行技术创新，从而达到降低发电成本，同常规电力成本相当甚至比常规电力成本更低的最终目的。可以采取一些更加灵活的价格机制，如将分布式可再生能源上网电价随发电成本进行调整，在发展初期给予更高的补贴，并随成本降低进行适时调整。

（三）探索分布式可再生能源就近消纳的成功经验

为了促进清洁的可再生能源能够得以可持续发展，必须寻求成功经验来解决当前因规划和发展失当导致的可再生能源利用消纳困难和弃水、弃光、弃风问题。要解决可再生能源并非扩张导致的产能过剩和弃风、弃光等问题，必须创新举措来规划分布式能源就近消纳，促进分布式可再生能源的多发满发。当前中国的可再生能源发展，集中式供电方式仍是主流。究其原因，可再生能源直供电制度面临种种障碍，一旦在该领域实现制度创新，解决消纳问题之后，分布式可再生能源将迎来更大的发展。

要通过鼓励分布式可再生能源的就近消纳解决弃风、弃光问题，既需要技术上的进步，也需要制度上的创新。从技术上来看，通过建立新的智能电网、能源互联网来实现不同类型能源的互联互通；从制度上来看，需要通过推进电力体制改革来破除可再生能源全面并网的制度障碍。创新发电计划管理方式，允许发电厂和用户端直接的电力交易，促进多种类型分布式发电经营模式的发展。

（四）完善鼓励分布式可再生能源发展的产业政策

积极发展分布式可再生能源，对于实现创新驱动，促进节能减排和污染防治，拉动国内市场需求，培育新的增长点，实现产业发展和环境保护"双赢"，具有十分重要的意义。

从产业政策的角度去支持分布式可再生能源的发展，要对相关的高新技术企业进行严格的认定，对于符合条件的企业，可以给予所得税减免、固定资产加速折旧等具体的产业优惠政策。但同时也应该在产业规划方面加强管理和规划，避免落后产能盲目扩张。

（五）加快分布式可再生能源的商业模式重构和投融资机制创新

分布式可再生能源项目同传统的集中供电和其他分布式能源形式有着完全不同的特点，因此从开发到发展都需要打破传统的商业模式，积极进行商业模式重构。当前的金融体系仍以服务于传统大型国企主导的集中式能源生产模式为主，对于分布式项目缺乏相应的金融服务机制，这也限制了分布式能源项目的发展。由于一些分布式可再生能源的发展现金流严重依赖补贴，一旦可再生能源电价附加资金收支不平衡，补贴资金资格认定周期较长、发放不及时，项目开发和经验将面临问题。为了解决这些问题，依托于电力体制改革的总体方案，国家发改委、国家能源局于2017年上半年连续下发了

《关于开展分布式发电市场化交易试点的通知》和《依托能源工程推进燃气轮机创新发展的若干意见》等对分布式能源支持的政策，在原有的电力用户内部消纳、电网企业统一收购等模式之外又增加了分布式发电项目与电力用户直接交易的模式。此外，还应开拓建立项目评级制度，为项目融资打下基础，充分发挥多层次资本市场的作用，创新金融组织管理方式，探索项目证券化。

"一带一路"专论

The Belt and Road Column

G.18

"一带一路"沿线国家气候风险评估及对策建议*

王朋岭　周波涛　徐　影　许红梅**

摘　要：　"一带一路"沿线国家气候类型复杂多样，全球变暖背景下
沿线国家极端天气气候事件频发，高温热浪、暴雨洪涝、沿
岸洪水、台风、干旱等天气和气候有关的灾害频繁。"一带一
路"沿线主要国家的气候风险普遍偏高、灾害损失重，南亚
和东南亚地区尤为突出。预估分析表明，"一带一路"沿线
国家未来极端气候事件发生的频率和强度均将增加。积极应

* 本文获得了公益性行业（气象）科研专项（GHYH201406016）"气候数据时空分析关键技术
及网格化产品的研发应用"课题的资助。
** 王朋岭，国家气候中心高级工程师，研究领域为气候变化及区域气候环境演变；周波涛，国
家气候中心气候变化室主任、研究员，研究领域为气候变化、东亚气候变异及机理；徐影，
国家气候中心研究员，研究领域为气候变化情景预估；许红梅，国家气候中心研究员，主要
研究领域为气候变化影响评估。

对气候及极端天气气候事件变化对"一带一路"沿线国家人类和自然系统所造成的可能影响,科学管理沿线国家面临的气候灾害风险,提升适应气候变化和防灾减灾综合能力,为实施"一带一路"国际合作行动和实现区域可持续发展提供科技支撑信息。

关键词: 气候变化 极端气候事件 气候风险 "一带一路"

引 言

2013 年 9 月和 10 月,中国国家主席习近平在出访中亚和东南亚国家期间,先后提出共建"丝绸之路经济带"和"21 世纪海上丝绸之路"(以下简称"一带一路")的重大倡议,并得到国际社会高度关注和有关国家的积极响应。作为一项全局性、长远性的国际倡议,其赋予古丝绸之路新的时代内涵。加快"一带一路"建设,有利于促进沿线各国经济繁荣与区域经济合作,提高互联互通水平,构建不同文明互相理解、各国民众相知相亲的和平发展格局,福泽世界各国人民。

共建"一带一路"是一项长期和复杂的系统工程,各国在自然环境、社会政策、经济和文化等方面均存有明显差异,都面临复杂的可持续发展的挑战。"一带一路"沿线国家地质地貌、气候等自然环境差异大,自然灾害类型多样,尤其全球气候变化背景下极端天气气候事件频发,暴雨洪涝、干旱、高温热浪、台风等高影响事件分布广泛、活动频繁、危害严重,且沿线国家多数经济欠发达,灾害恢复力水平偏低,频繁发生的气候及相关灾害严重影响民生安全、制约经济社会发展①。科学防灾减灾需求迫切,管理气候

---

① 崔鹏:《"一带一路"自然灾害风险与综合减灾国际研究计划》,《中国科学院院刊》(增刊)2017 年第 32 卷。

灾害风险、保障气候安全是"一带一路"沿线国家共同面临的重大现实问题。

一 "一带一路"沿线国家的气候背景及气候风险现状

（一）"一带一路"沿线国家气候基本特征

"一带一路"沿线（包括中国、蒙古国、东盟 10 国、南亚 8 国、西亚 18 国、中亚 5 国、独联体 7 国、中东欧 16 国、肯尼亚、吉布提等国家和地区）气候类型复杂多样，气候地带性分布特征明显。东南亚地区的中南半岛属于热带季风气候，马来半岛属热带雨林气候，印度尼西亚属热带雨林气候；菲律宾北部属海洋性热带季风气候，南部属热带雨林气候。南亚大部分地区属热带季风气候，全年高温，降水集中，雨季和旱季分明。东亚是全球季风气候最为典型的地区，受海陆热力差异、气压带和风带季节性更替变化影响，夏季高温多雨、冬季低温少雨，且降水年际变率较大。西亚地区以热带沙漠气候（全年高温少雨）和温带大陆性气候（夏季高温少雨、冬季低温干旱）为主。

欧亚大陆腹地的主要气候类型包括温带沙漠气候、草原大陆性气候及高原气候，多属干旱半干旱区。中东欧处于温带气候带，西部地区为温带海洋性气候，东部为温带大陆性气候[1]。北非地区可分为热带沙漠气候（终年炎热干燥）和地中海气候（夏季炎热干燥、冬季温和多雨），东非地区以热带草原气候为主。

"一带一路"沿线国家降水区域差异明显，水资源分布不均。中国长江流域及其以南地区、印度半岛大部分地区、东南亚及环地中海部分地区雨量丰沛、水资源丰富，年降水量超过 800 毫米，其中中南半岛西南部、印度尼

---

[1] 马建堂、郑国光主编《气候变化应对与生态文明建设》，国家行政学院出版社，2017，第 71 页。

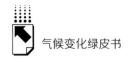

西亚、马来西亚和菲律宾年降水量可达 2000 毫米以上。中国西北部地区、蒙古国、中亚地区大部、南亚西北部、西亚和北非大部分地区为干旱半干旱地区，年降水量少于 400 毫米；中国塔里木盆地、中亚西部、阿拉伯半岛大部分地区、北非大部分地区气候最为干旱，常年降水量不足 200 毫米。中国华北和东北地区、中东欧、独联体国家、德国、荷兰、意大利南部地区多为半湿润地区，年降水量介于 400 毫米和 800 毫米之间。

（二）"一带一路"沿线国家主要气象灾害及气候风险的现状

IPCC 第五次系列评估报告强调，自 1950 年以来的观测证据表明，大多数陆地区域暖昼和暖夜数量增加，欧洲、亚洲和澳大利亚大部分地区高温热浪事件频次增多；强降水事件数量增加的区域可能要多于减少的区域；部分区域经历了更强和持续时间更长的干旱，特别是在欧洲南部和非洲西部。与天气和气候灾害有关的经济损失已经增加，在发达国家与天气、气候和地球物理事件相关的灾害经济损失更高；而在发展中国家，死亡率更高，经济损失占国内生产总值的比重更大[1]。

全球变暖背景下，"一带一路"沿线国家极端天气气候事件频发，且极端事件的强度增强，并对沿线国家人民的生命财产安全、基础设施建设和生态环境等产生严重影响。"丝绸之路经济带"沿线地区高温热浪、暴雨洪涝、暴风雪、寒潮、区域性气象干旱等灾害频繁，影响大。2003 年夏季，高温热浪席卷欧洲大部，持续的高温干旱天气直接导致超过 67000 人异常死亡；2010 年 7 月至 8 月，俄罗斯发生极端高温热浪，受事件影响死亡人口超过 55000 人[2]。东南亚和南亚地区临近西北太平洋台风及北印度洋飓风源地，易受台风、暴雨洪涝、沿岸洪水及滑坡泥石流、海平面上升等灾害影响。2008 年 5 月，台风"纳吉斯"袭击缅甸[3]，伊洛瓦底江三角洲地区死亡

---

① IPCC：《管理极端事件和灾害风险推进气候变化适应特别报告决策者摘要》，2012，第 7～8 页。

② WMO：《The global climate：2001－2010 A decade of climate extremes》，2013，第 33 页。

③ OCHA，2012，http：//reliefweb. int/sites/reliefweb. int/files/resources/.

和失踪人口约 14 万，2400 万人无家可归。1987 年 7 月，孟加拉国因连续强降水引发大洪水，造成 2280 人死亡，受灾人数达 2970 万。

基于慕尼黑在保险公司的全球自然灾害统计数据，德国观察组织①全面分析各类气候相关灾害的死亡人口和经济损失数据，综合考虑绝对和相对两类分项指标，研发全球气候风险指数（CRI）以定量化评估极端天气气候事件的影响，并评定各国的综合气候风险等级水平，以表征人类和自然系统对于极端事件的暴露度和脆弱性水平。《全球气候风险指数 2017》报告②风险综合评估结果显示，"一带一路"沿线主要国家的气候风险普遍偏高、灾害损失重，南亚和东南亚地区尤为突出；从 1996 ~ 2015 年的平均水平看，全球受极端天气气候事件影响排名前十的国家和地区中"一带一路"沿线占其中 6 个，依次为缅甸、菲律宾、孟加拉国、巴基斯坦、越南和泰国；阿富汗、柬埔寨、印度分别排名第 12、13 和 14 位，气候风险较为突出；德国（第 23 位）、意大利（第 25 位）、罗马尼亚（第 28 位）、阿曼苏丹国（第 30 位）、俄罗斯（第 31 位）、克罗地亚（第 32 位）、中国（第 34 位）、塔吉克斯坦（第 37 位）和吉布提（第 38 位）等国的气候风险等级亦较高（见表 1）。

表 1　气候风险指数统计表（1996 ~ 2015 年）：受极端天气气候事件影响最严重的十个"一带一路"沿线国家

全球排名	国家	气候风险指数	年平均死亡人口	年平均死亡人口比例（/10 万人）	年平均经济损失（百万美元）	直接损失 GDP 占比（%）
2	缅甸	14.17	7145.85	14.71	1300.743	0.7368
5	菲律宾	21.33	861.55	1.00	276.533	0.6279
6	孟加拉国	25.00	679.05	0.48	2283.378	0.7324
7	巴基斯坦	30.50	504.75	0.32	3823.175	0.6469
8	越南	31.33	339.75	0.41	2119.368	0.6213
10	泰国	34.83	140.00	0.22	7574.620	1.0040

---

① http：//reliefweb.int/organization/germanwatch.

② Kreft S，Eckstein D and Melchior I，*Global Climate Risk Index 2017*，2017，第 3 ~ 17 页。

全球排名	国家	气候风险指数	年平均死亡人口	年平均死亡人口比例(/10万人)	年平均经济损失（百万美元）	直接损失 GDP 占比(%)
12	阿富汗	36.17	278.65	1.02	150.898	0.3538
13	柬埔寨	36.50	57.45	0.43	241.939	0.8795
14	印度	37.50	3589.75	0.32	11335.170	0.2756
23	德国	43.50	476.60	0.58	3597.266	0.1209

数据来源：《全球气候风险指数2017》。

二 "一带一路"沿线国家气候变化的观测事实

（一）"一带一路"沿线国家气温变化

20世纪中叶以来，"一带一路"沿线国家及毗邻地区总体表现为一致性的升温趋势，中高纬地区变暖的幅度明显高于副热带和热带地区。1951～2015年，欧亚大陆北纬40度以北地区升温速率普遍高于0.20℃/10年，高于相同时段内全球陆地的平均水平（0.18℃/10年）；中国内蒙古中部和新疆西北部、蒙古国、俄罗斯大部、欧洲东部及东非西北部地区升温速率超过0.30℃/10年，俄罗斯中北部部分地区甚至会超过0.40℃/10年；而中国西南部地区、东南亚大部、南亚北部地区升温速率最小，低于0.10℃/10年；西亚大部地区、欧洲南部和西部、东非印度洋沿岸地区及北非环地中海地区升温速率为0.10～0.20℃/10年。

20世纪中叶以来，"一带一路"沿线国家冬、夏两季气温变化差异明显。1951～2015年，欧亚大陆中高纬度地区冬季升温速率为0.30～0.50℃/10年，升温幅度明显高于夏季和年平均气温，尤其中国北疆地区和俄罗斯东北部部分地区甚至超过0.50℃/10年；而欧洲南部环地中海地区、北非、西亚和中亚南部地区夏季升温速率略高于冬季和年平均气温；同期，南亚大部和东南亚热带地区冬、春季升温速率均相对偏小，且无明显季节差异。

20 世纪中叶以来，"一带一路"沿线局部地区表现为降温趋势。受海陆位置、地形地貌及人类活动等共同作用的影响，冬季欧洲东南部地中海沿岸地区和北非西北部地中海沿岸部分地区、南亚西北部部分地区表现为弱的降温趋势；同时，夏季中国西南部部分地区和南亚西北部部分地区亦呈降温趋势。

（二）"一带一路"沿线国家降水变化

20 世纪中叶以来，"一带一路"沿线国家降水变化的区域差异显著。1951～2015 年，欧洲中北部至北亚大部、中国西部—中亚南部—南亚西北部、中国华东地区、中南半岛东部、菲律宾、马来西亚年降水量呈增多趋势；而蒙古国大部、中国东北—华北—华中—西南地区、中南半岛西部、南亚东北部、西亚大部、欧洲南部和北非环地中海地区、东非肯尼亚和吉布提年降水量则表现为减少趋势，尤其印度东北部、中南半岛西部、中国华北和东北东部部分地区、蒙古国北部部分地区、伊拉克北部至伊朗西北部、希腊大部降水减少速率达 10～50mm/10 年，缅甸西南部年降水量平均每 10 年减少超过 50mm。

三 "一带一路"沿线国家未来气候变化预估及气候风险

IPCC 第五次评估报告指明，持续的温室气体排放将会导致气候系统所有成员进一步变暖并出现长期变化，会增加对人类和生态系统造成严重、普遍和不可逆影响的可能性[①]。多种温室气体排放情景下，未来全球范围温度将会继续上升；降水变化将呈现不均匀的变化，干旱的地方将会愈加干旱，涝的地方将会更涝；极端高温、干旱和洪涝事件发生的频率和强度都会增加；海洋将继续升温，全球平均海平面也将不断上升。基于国际耦合模式比

---

① IPCC，《气候变化 2014 综合报告·决策者摘要》，2014，第 8 页。

较计划第五阶段（CMIP5①）框架下的多种排放情景，预估并评估"一带一路"沿线国家未来气候和极端气候事件变化及其影响，是确定区域和行业领域的关键风险，并降低和科学管理气候风险的重要前提。

（一）"一带一路"沿线国家未来气温和降水变化预估

预估气候变化需首先提供未来温室气体和硫酸盐等气溶胶的排放情况，即所谓的排放情景。IPCC 第五次评估报告中使用了典型浓度路径情景，包括 RCP2.6、RCP4.5、RCP6.0 和 RCP8.5。四种情景中，RCP2.6 为极低强迫水平的减缓情景，RCP4.5 和 RCP6.0 为中等稳定化情景，RCP8.5 为温室气体高排放情景。在低温室气体排放情景（RCP2.6）下，21 世纪近期（2016～2035 年）"一带一路"沿线国家平均气温将比 1986～2005 年升高 0.5～2℃；21 世纪后期（2080～2099 年）则将较 1986～2005 年升温 1～3℃。而在高温室气体排放情景（RCP8.5）下，21 世纪后期地处高纬度的北亚和东欧地区平均气温将比 1986～2005 年上升 6℃以上，东亚地区将会增暖 5℃左右；南亚和东南亚地区增暖幅度较小，但仍将升温 3℃以上。

降水变化预估分析表明：21 世纪近期，三种温室气体排放情景下，"一带一路"沿线高纬的北亚区域降水增加明显，西亚西南部地区年降水量将增多 25%以上，东亚北部地区降水虽也呈增加的趋势；中国长江以南地区和欧洲西南部降水小幅减少，尤其 RCP8.5 情景下中国长江以南地区降水将比 1986～2005 年减少约 5%。21 世纪中期（2046～2065 年），RCP2.6 情景下，北亚、中国西部地区和中亚地区降水增加明显，且降水增多的幅度大于 RCP4.5 和 RCP8.5 情景。而 21 世纪后期，RCP8.5 高温室气体排放情景下，北亚地区降水增加的幅度大于 RCP2.6 低排放情景。而三种温室气体排放情景下，西亚西南部地区在未来不同时期降水均明显增加。

---

① http：//cmip－pcmdi.llnl.gov/cmip5/.

（二）"一带一路"沿线国家未来极端气候事件预估及可能的气候风险

根据多个全球气候模式对未来气候变化的模拟结果，随着全球平均温度的升高，"一带一路"沿线国家未来极端气候事件发生的频率和强度将会增加，极端事件变化又将放大对自然和人类系统的现有风险并产生新的风险。

在高温室气体排放情景（RCP8.5）下，21世纪近期（2016～2035年），中亚、西亚、东欧及东非地区极端最高气温将会比1985～2005年上升2℃左右，至21世纪后期（2080～2099年）则将上升6℃左右；未来高温热浪的高风险区主要分布于中亚、西亚、欧洲以及中国东部地区。

北亚和东亚北部地区连续无降雨日数将会减少，而中亚、南亚、东南亚和欧洲南部地区连续无降水日数将明显增加。尤其中亚地区，连续无降水日数增加、气候暖干化将会加剧该地区的水资源的短缺问题，中亚各国的水资源紧缺压力和气候变化导致的区域升温和降雨减少两者叠加，将加剧水资源短缺和干旱风险。中东欧地区发生干旱的频率和强度将有所增强；而未来南亚地区极端降水量增加，暴雨洪涝和沿岸洪水灾害影响将更为严重。同时根据IPCC第五次评估报告，预计到2040年，东南亚海平面将上升30厘米；在湄公河三角洲，海平面到2100年将上升100厘米。东南亚将是全球受气候变化影响导致海平面上升速度最快的地区之一。

四 降低"一带一路"沿线国家气候风险、保障气候安全的对策建议

全球气候变暖背景下，"一带一路"沿线国家极端天气气候事件频发，极端天气强度趋强，沿线国家气候风险普遍偏高，气候相关灾害损失重，已经并将继续对沿线国家的粮食安全、人体健康、重大工程安全运行、水资源和生态环境等构成严重威胁。积极应对气候及极端天气气候事件变化对

"一带一路"沿线国家人类和自然系统所造成的可能影响，科学防控和转移气候变化风险，提升经济社会系统恢复能力水平，保障"一带一路"沿线国家气候安全，为推进"一带一路"国际合作行动、构建"人类命运共同体"和区域可持续发展保驾护航。

科学管理"一带一路"沿线国家面临的气候灾害风险，提升沿线国家适应气候变化和防灾减灾综合能力，应重点加强以下几个方面的工作。

（1）建立沿线国家气象、环境、灾损、人口与社会经济信息共享平台和气候变化合作研究网络，建立多灾种监测预警机制，开展沿线国家气候变化事实、成因和预估及极端天气气候事件风险评估研究，为防范气候风险和减轻灾害损失提供科技支撑信息。

（2）利用区域性多边外交平台，建立多国协调的防灾减灾区域合作与巨灾防范机制，开展气候风险分析和减灾关键技术国际合作交流，共享气候风险管理的经验和成果，满足沿线国家跨境、综合减灾需求。

（3）"一带一路"沿线重大工程与基础设施建设、国际经济合作走廊建设和重大国际投资，需加强气候可行性论证、气候承载力评估及预估，充分评估可能面临的气候风险，做好相应的风险管理和防灾减灾能力建设。

（4）综合运用保险、再保险、巨灾债券及气候衍生品等金融工具，通过市场化的运作机制将气候相关灾害损失风险转移至资本市场，保障灾后重建资金和有效控制灾害损失。

G.19

基于中国视角的"一带一路"
气象灾害风险防范*

孔 锋　王志强　吕丽莉　王一飞**

摘　要： "一带一路"倡议是以习近平同志为核心的党中央统筹国内
国际两个大局所提出的重大决策，事关我国和平崛起，事关
现代化建设战略机遇期的延展。为确保"一带一路"倡议顺
利推进需要多方面的保障，其中气象灾害风险识别及其有效
防控是不可或缺的环节。综合地质地理和大气环境因素，"一
带一路"沿线国家和地区隶属重大自然灾害频发区域，这不
仅制约着相关国家的经济社会发展，也制约着"一带一路"
倡议实施的效果，而且在某种程度上也关系着我国企业走出
去的成败。通过气象灾害识别与防范，加强气象防灾减灾国
际合作，确保"一带一路"互联互通的相关重大基础设施的
建设安全，是顺利推进"一带一路"倡议推进的关键，也是
保障沿线国家民生的重大需求。"一带一路"域内国家气象
防灾减灾工作总体上比较薄弱，亟待对"一带一路"沿线国

---

* 本文由中国气象局气象软科学自主项目"新常态下中国自然灾害风险时空格局和综合防灾减
灾工作的现状、趋势、挑战及战略对策范式研究"（2017［36］）和"中国气象灾害防御能
力评估及政策建议"（2017［35］）及中国气象局气象软科学重点项目"基于综合风险防范
视角的中国及周边国家安全和全球战略研究"（2017［21］）资助。

** 孔锋，中国气象局气象干部培训学院工程师，研究领域为气候变化风险、自然灾害与环境演
变研究；王志强，中国气象局气象干部培训学院高级工程师，研究领域为气候变化政策研究；
吕丽莉，中国气象局气象干部培训学院工程师，研究领域为气候变化风险研究；王一飞，中
国气象局气象干部培训学院助理工程师，研究领域为气象标准化研究。

家和地区自然灾害状况开展全面的摸底调查，系统开展自然灾害风险评估。规划和建设"一带一路"沿线地区重大自然灾害监测系统和预警体系，统一和集成现有各国的灾害治理技术、标准和规范，大力提升沿线国家和地区防灾减灾综合能力。同时加强沟通，在互相尊重的条件下开展恰当的防灾减灾援助。

关键词： "一带一路"　防灾减灾　巨灾　国际合作

一　引言

"一带一路"区域孕灾环境复杂，气候环境脆弱，气候变化类型复杂多样，由气象因子导致的各类自然灾害频发[①]。加之"一带一路"区域内人口密集，重特大自然灾害严重威胁着域内人民生命和财产安全[②]。"一带一路"倡议提出以来，已经得到了联合国和"一带一路"域内多数国家的支持，域内各国积极响应，互通有无，深化合作，不断加强与中国多层次的贸易关系[③]。"一带一路"防灾减灾工作已经不单单是中国一国之事，而是域内甚至全球各国经济社会可持续发展必须面临和解决的现实问题之一。因此，统筹国内国际两个大局，为推进"一带一路"倡议的顺利实施，必须加强该区域的防灾减灾工作[④]。

---

① 李晓、李俊久：《"一带一路"与中国地缘政治经济战略的重构》，《世界经济与政治》2015年第10期。
② 翟崑：《"一带一路"建设的战略思考》，《国际观察》2015年第4期。
③ 刘卫东：《"一带一路"战略的科学内涵与科学问题》，《地理科学进展》2015年第5期。
④ 史培军：《推进综合防灾减灾救灾能力建设：学习〈中共中央国务院关于推进防灾减灾救灾体制机制改革的意见〉的体会》，《中国减灾》2017年第3期。

二 "一带一路"区域面临严峻的自然灾害风险

（一）"一带一路"区域面临的自然灾害风险概况

一是"一带一路"区域地理环境复杂多变，防灾减灾能力薄弱。"一带一路"沿线地区自然环境差异大，孕灾环境复杂，通过全球多种地表灾害的高发区，跨越高寒、高陡、高地震烈度区及太平洋和印度洋季风区[1]。加之"一带一路"沿线大多数国家和地区经济欠发达，导致承灾体脆弱性高，尤其是域内多灾种群发群聚，灾害链频发，灾害遭遇突出，同时防灾减灾能力和经验不足，整体抗灾能力相对薄弱，因此，往往造成严峻的灾情[2]。

二是"一带一路"区域建设面临巨大自然灾害风险挑战。"一带一路"区域是世界上自然灾害种类最多，灾害危险最大，灾情最为严重的地区之一[3]。"一带一路"域内地势落差大，地质构造复杂多样，地壳运动活跃，工程建设条件差。加之受季风气候影响，降水高强度集中。因此，域内地震、滑坡、泥石流、雪灾、干旱、暴雨洪涝、台风、风暴潮等自然灾害频发，严重威胁域内重大基础设施的建设和运营安全。"一带一路"域内各地区的主要自然灾害如表 1 所示，其中气象灾害及由气象因子导致的水文、海洋、地质灾害普遍较多。综合自然风险评估的结果表明，中国及周边国家和地区综合自然灾害风险水平在"一带一路"区域中排名靠前（见图 1），是全球自然灾害最频繁，损失最严重的地区之一。

---

① 孔锋、吕丽莉、王一飞等：《"一带一路"建设的综合风险防范及其战略对策研究》，《安徽农业科学》2017 年第 22 期。

② 王义桅、郑栋：《"一带一路"战略的道德风险与应对措施》，《东北亚论坛》2015 年第 10 期。

③ 杨涛、郭琦、肖天贵：《"一带一路"沿线自然灾害分布特征研究》，《中国安全生产科学技术》2016 年第 10 期。

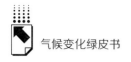

表1 "一带一路"各地区主要灾害分布

地区	主要灾害	地区	主要灾害
东亚	地震、洪涝、风暴、滑坡	西亚	地震、洪涝、干旱、风暴
中亚	干旱、洪涝、极端天气、地震	东南亚	风暴、洪涝、地震
南亚	洪涝、地震、风暴、滑坡	中东欧	极端天气、洪涝、干旱、风暴

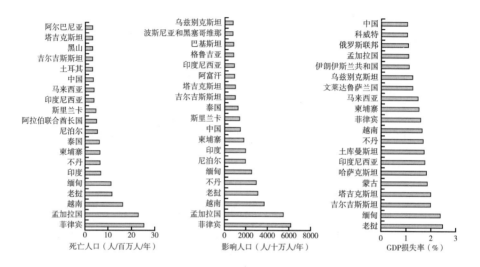

图1 "一带一路"地区综合自然灾害年期望死亡人口率、
影响人口率和GDP损失率排名(前20名)

　　三是"一带一路"地区建设面临严峻的由气象因素导致的重大工程灾害风险。"一带一路"域内山地灾害的类型多样,沿工程廊道山系年轻,降雨丰沛和冰雪消融,地形落差大和坡度陡,是山地灾害集中区和高风险区。近年来,气候变化导致的极端天气气候事件频次和强度趋于增加,升温导致的冰雪消融会增大滑坡、泥石流和冰湖溃决风险,同时加之强地震趋于活跃,集中高强度激发山地灾害的概率增大,因此,大规模工程建设难免会改变孕灾环境并诱发自然灾害。例如对"一带一路"域内高铁建设而言,东欧地区寒冷气候造成的地基土层反复冻融变形,对高铁的施工、运营危害严重。对中亚地区油气管线建设而言,由于气候干旱,土壤荒漠化,建设管线面临广泛分布的盐碱土、砾石戈壁、沙漠、流动沙丘等地质灾害，也面临强风，强降雨、大温差等气候灾害。对"一带一路"域内山地水电工程而言，气候恶劣、昼夜温差大、冻融交替循环，且饱受崩塌、滑坡、泥石流等地质灾害的影响，给水电工程的建设带来巨大的困难。如果不进行有效防范，在多种因素的共同作用下，未来"一带一路"沿线的自然灾害风险，特别是重大工程的自然灾害风险的趋势提升将会是大概率事件。

（二）气象因素导致的重特大自然灾害对"一带一路"建设的影响

"一带一路"地区由气象因素导致的重特大自然灾害风险严峻。具体来看主要包括以下四方面。

一是由气象因素导致的山地灾害的可能影响。"一带一路"沿线地区地形差异大，地质灾害风险高，影响基础设施建设。在全球气候变暖的趋势下，"一带一路"沿线高山区的极端气温、极端降水表现出频率增加、强度增强的趋势。加之"一带一路"区域地质环境脆弱，包括滑坡、泥石流、堰塞湖、溃决洪水、冰川消融等在内的各类次生自然灾害，暴发频度增加，规模不断增大，往往带来巨大的财产损失与人员伤亡。以连接贯通西部丝路南北的关键枢纽中巴经济走廊为例，仅 KKH 段，即中国新疆喀什到巴基斯坦北部城市塔科特，全长 1036 公里，分布着崩塌滑坡 56 处、泥石流 155 条、雪崩 21 处、大型堰塞湖 2 处，以及 10 条大型冰川。IPCC 第五次评估报告预测，在 2050 年全球平均温度比工业革命前升高 2℃ 的情景下，冰川和雪山将加速融化，印度河与雅鲁藏布江的径流将增大 75%。随着极端天气气候事件的增加，洪水、滑坡、泥石流等次生自然灾害的暴发频率也会有所增加。

二是极端降雨事件的可能影响。极端降雨事件是极端天气气候的一个重要表现。丝绸之路经济带沿线地形条件复杂多样，全球变暖背景下频发的极端降雨很可能引发洪水、泥石流、崩塌、滑坡等一系列次生灾害。最近 80 年中，中亚干旱区受西风环流控制，年降雨量整体上表现出增加趋势，其中冬季降水增加趋势明显达到 0.7mm/10a。近 100 年和近 50 年中国年降雨量变化趋势不显著，但年际波动较大。丝绸之路经济带沿线许多国家和地区都发生过极端降雨事件，并造成了严重的财产损失与人员伤亡。2010年8月7日，中国甘肃舟曲县发生泥石流，造成1248人遇难，496人失踪；2011年7月21日，新疆阿勒泰地区自西向东出现不同程度的降水，小时降水20mm以上，此次极端降雨事件造成30000余亩农作物遭受不同程度损坏，9000余人口受灾，多处山洪泥石流暴发，直接经济损失近900万元；2012年10月31日，印度金奈附近遭受暴雨袭击，造成60000人受灾，许多村庄洪水被淹，大量居民房屋被毁。

三是极端干旱事件的可能影响。极端干旱已成为制约国民经济发展的重要影响因素之一。当今世界上最严重的干旱区位于北非和包括我国西北在内的欧亚内陆，而这一地区正是丝绸之路经济带所穿越的区域。据联合国的世界气象组织估计，仅1967~1991年的25年间，干旱影响了全球28亿人，其中130万人因直接或间接地受干旱袭击而死亡。丝绸之路经济带沿线国家干旱发展趋势存在较明显差异。近年来，受全球气候暖化影响，青藏高原地区干旱日趋严重，给地方经济发展和脆弱的生态平衡系统带来严重危害。在中亚一些地区如塔吉克斯坦，受全球气候暖化影响，干旱灾害频发，对农业发展及食品安全造成一定冲击。而其他一些地方如欧洲东部，干旱现象不仅没有增强，反而呈现出减弱的趋势。

四是雪灾的可能影响。丝绸之路经济带沿线多国曾经遭受雪灾的影响。2008年1月中旬至3月8日，青藏高原东北部发生严重雪灾，死亡牲畜65.6万头，经济损失达19.1亿元。2010年1月，新疆北部频现降雪，造成北疆地区积雪深度普遍在25cm以上，塔城、阿勒泰积雪深度在30~90cm；哈巴河、吉木乃等地最大积雪深度均突破冬季历史极值。2011年1月，印度大部分地区遭遇了寒潮天气，北部地区最低气温降至-23.6℃，高海拔地区近3m的降雪造成当地交通瘫痪。相关研究表明，在欧洲一些地方，尽管存在冬季变暖的现象，但是发生严重暴风雪的频次没有降低，极端天气事件在整个冬季仍然时有发生。中国雪灾分布比较集中，全国有399个雪灾县，丝绸之路经济带穿越的内蒙古、新疆、青海和西藏4省区。地域上形成3个雪灾多发区,即内蒙古中部、新疆天山以北以及青藏高原东北部。雪灾年际变化波幅大,总体呈增长趋势。

三 "一带一路"防灾减灾国际合作的现状与重要性

(一)"一带一路"国家开展气象防灾减灾国际合作的紧迫性与可行道路

"一带一路"国家与我国气象防灾减灾的合作较为薄弱。"一带一路"沿线多数国家对灾害形成机理、风险分析、监测预警、工程防治缺乏系统的研究,科学认识与防治技术储备极为缺乏,同时受政治、社会、文化、宗教等因素的影响,在防灾减灾标准、机制等方面存在很大差异。各国目前的技术水平与减灾机制难以满足气候变化、地震活跃和工程扰动加剧条件下日益增长的减灾需求,尤其是跨境巨型灾害,如地震、洪水、干旱、冰雪灾害、风暴潮、台风、海啸,往往牵涉多个国家,某一国家难以单独负担巨型灾害的减灾任务,涉灾国家应建立科学、高效、多层次的减灾合作机制,提升共同应对灾害的能力,保障"一带一路"建设安全,真正形成"一带一路"利益、命运和责任共同体。鉴于"一带一路"沿线国家国际减灾合作面临的形势,在"一带一路"倡议框架下,充分利用沿线各国的双边、多边合作机制以及科技合作机构与机制,创新防灾减灾合作机制,建立多边协调、互联互通、快捷高效、互利互惠的减灾合作机制是目前推动"一带一路"重大基础设施和重大工程建设,推进"一带一路"倡议全面深化实施的重要保障。当前,开展"一带一路"国际减灾合作研究与实践,可以科学利用联合国国际减灾战略、灾害风险国际研究计划、国际山地中心、中国科学院中国—斯里兰卡联合科教中心、加德满都科教中心、中亚生态与环境研究中心、中非联合研究中心、综合风险防范国际科学计划等在本地区开展国际合作与研究的经验与教训,探索建立多边国际防灾减灾机构与机制,构建稳定支撑"一带一路"建设的国际防灾减灾科技合作体系与机制。

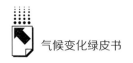

（二）我国与"一带一路"国家的开展防灾减灾合作的愿景和需求

在气候变化、强震活动增强和工程扰动加剧条件下，"一带一路"沿线灾害活动频发，尤其是特大规模、群发性灾害活动频率增加，跨境灾害威胁加剧，对沿线国家防灾减灾提出了新的挑战。我国在"十二五"防灾减灾专项规划实施以来进步显著[①]，成功应对了一系列重大自然灾害，社会经济效益显著[②]。"一带一路"地区许多国家在不同场合呼吁中国在全球和区域气象防灾减灾科技进步方面发挥领导作用[③]。站在新的历史起点上，我国与"一带一路"沿线国家一道以共建"一带一路"为契机，利用我国在防灾减灾领域的技术优势和与周边国家合作平台，全面深化我国与沿线国家减灾合作，系统开展灾害机理、减灾技术、风险管理与国际减灾科技合作机制研究，解决重大灾害与跨境大型灾害减灾的关键科技问题，建立科学、高效、适宜地域条件的自然灾害风险管理与防灾减灾技术体系，整体提升沿线国家防灾减灾能力，是支撑"一带一路"倡议，国际减灾"仙台计划"和联合国 2030 年可持续发展计划实施的保障。

（三）我国与"一带一路"国家开展防灾减灾合作的优势分析

一是区位优势。"一带一路"倡议中提出的中蒙俄、新亚欧大陆桥、中国—中亚—西亚、中国—中南半岛、中巴、孟中印缅等六大经济走廊建设，是支撑"一带一路"倡议的核心与骨架。我国幅员辽阔、自然环境差异明显、区域灾害类型差异巨大，六大经济走廊涉及国内不同的地区，尤其是涉及六大经济走廊的边界省区，其自然环境条件与灾害活动状况与周边国家具有较大的相似性，因此，国内相关区域的研究成果对周边国家防灾减灾活动具有重要的参考与借鉴意义。如我国南海海洋灾害的研究有助于海上丝绸之

① 史培军：《我国综合防灾减灾救灾事业回顾与展望》，《中国减灾》2016 年第 19 期。
② 孔锋、林霖、刘冬：《服务"一带一路"建设，建立南海地区自然灾害风险防范机制》，《中国发展观察》2017 年第 Z2 期。
③ 杜德斌、马亚华：《"一带一路"：中华民族复兴的地缘大战略》，《地理研究》2015 年第 6 期。

路海洋灾害的分析与减灾；青藏高原及周边地区的防灾减灾研究可用于中巴、中尼经济走廊；新疆、内蒙古及东北地区的研究成果可支撑中蒙俄、新亚欧大陆桥、中国—中亚—西亚经济走廊的建设。

二是科技优势。改革开放以来，我国在科技领域取得了长足的进步。经过近 40 年努力，我国在重大地震灾害、气象灾害、山地灾害、水旱灾害、海洋灾害等自然灾害的形成机理、预测预报、监测预警、风险分析、防治技术、风险管理和灾后重建等领域取得系列成果，构建了较为完备的防灾减灾体系，整个国家的防灾、抗灾、减灾能力极大增强，防灾减灾能力已步入世界前列。如 2008 年汶川地震后，中国科学家在地震灾害和地震次生山地灾害抗震救灾、灾害机理、灾害监测、防治技术、风险管理和灾后重建等方面进一步取得了突出的研究进展，相当一部分技术走在了国际前列，并且随着我国境外投资项目建设已经开始在国外发挥效益。而我国周边及"一带一路"沿线大多数国家为发展中国家，受政治体制、经济水平和科技实力的影响，科研研究水平明显不足，人才断代、科研设施陈旧、软硬件缺乏等问题突出，尚未形成防灾减灾业务化的应用体系，难以支撑和保障"一带一路"的实施。通过国际合作计划的实施，一大批中国研究的技术、标准、规范有望走出国门，服务当地社会，在不同环境条件下得到进一步的检验，帮助我们发现新问题，从而不断提高相应水平。

三是装备优势。我国防灾减灾工作通过近 40 年的发展，各类自然灾害检测仪器和设备不断革新，具有自主知识产权的自然灾害监测预警设备比例和水平大幅度提升，通过历次重特大自然灾害的检验，取得了良好的反响和社会经济效益。同时，随着我国综合国力的提高，国家投入到自然灾害仪器装备的开发经费和人员也不断增多，使得我国具有明显的相对优势。而"一带一路"域内多数国家限于人力和财力的限制，防灾减灾的相应装备相对缺乏。因此，"一带一路"域内多数国家需要我国优势装备的输出，同时我国装备的输出也是打造中国装备引领世界防灾减灾技术标准的良好契机。

四是互补优势。"一带一路"跨越的空间尺度大，沿线各国家和地区气候条件、孕灾环境变化大，不同空间位置上自然灾害类型、分布、暴发规模、演化与活动特征差异明显，目前我国缺乏"一带一路"沿线国家和地区的基本地理信息数据，无法支撑域内建设的需要。"一带一路"沿线国家知名科研机构或科学家参与防灾减灾国际合作，将有助于整合各地自然灾害多年的监测与调查数据，为"一带一路"安全建设的深入开展提供基础的数据支持。如苏联在中亚地区开展长达100多年的站点观测与资源环境考察，对山区和绿洲区域具有长期的数据积累，并组建了一系列的科研机构，培养了一大批优秀的科技人才，这些研究机构和科学家已经和中国建立了较好的科研合作关系，与他们合作将能有效地完善和充实我国中亚研究的数据基础及技术储备，使我国能够起到引领中亚区域生态与环境研究的作用。"一带一路"沿线地震研究以地中海－喜马拉雅地震带作为研究对象，同时对整个中亚、西亚、西太平洋北部、印度洋北部等地区进行背景性研究，建立地中海－喜马拉雅地震带重点地区系列地球物理场及大地震孕育演化动力模型，直接应用于地震灾害风险评估与减灾对策研究。研究主体在境外地区，需要收集大量现场数据资料，借鉴当地已有研究成果，因此必须与"一带一路"沿线国家相关研究机构密切合作。

四 "一带一路"气象灾害风险防范的对策和建议

针对"一带一路"沿线国家和地区可能存在的自然灾害风险，中国在大力推进沿线国家重要发展规划、重大工程建设过程中，需要及时调整自然灾害风险防范对策。具体包括以下六个方面。

第一，对沿线国家和地区自然灾害状况开展全面的摸底调查。建立"一带一路"沿线国家和地区的孕灾背景和灾害数据库，域内各国共享已有的基础考察数据，同时组织跨国自然灾害风险联合考察，不断深化对域内自然灾害的了解。

第二，系统开展沿线国家和地区自然灾害风险评估。在充分掌握"一带一路"沿线国家和地区自然灾害孕灾背景、分布规律等要素的基础上，对现有和即将进行的重大规划和建设工程开展全面的灾害风险评估。尤其是借鉴不同地区的优势,对域内频发的重特大自然灾害联合开展风险评估,有利规避未来可能出现的自然灾害风险。

第三,统筹建设"一带一路"国家和地区重特大自然灾害监测预警体系。鉴于"一带一路"域内各国监测预警系统水平不尽一致,为了规避域内自然灾害风险,降低人员伤亡和财产损失,有必要通过协商建立统一的重特大自然灾害监测预警体系。

第四,统一和集成现有各国的灾害治理技术、标准和规范。"一带一路"沿线受自然灾害威胁的区域面积广阔,灾害点比较分散,亟须发展空-天-地立体、全天候的监测预警方法。建议通过各国协商,整合域内各国和地区的优势资源,提高"一带一路"地区监测预警水平,全面科学保障"一带一路"建设的深入开展。

第五,大力提升沿线国家和地区防灾减灾综合能力。"一带一路"沿线大多数国家面临共同的区域自然灾害风险。尤其是在发生跨国巨灾时,以一国之力难以处置。加之各国之间救灾机制和信息共享具有差异,常常造成严重的区域性人员伤亡和财产损失。因此,亟须在风险管理、治理方面,建立多国综合防灾减灾的协调和信息共享机制。各国不断借鉴区域其他国家防灾减灾救灾的优势,提升本国自身综合防灾减灾能力。此外,做好灾前、灾中、灾后各阶段跨国合作的总结,并定期组织开展综合防灾减灾救灾的相关培训工作和区域性灾害风险治理会议,定期开展跨国救灾演练,制订适合本区域的综合防灾减灾救灾预案。

第六,加强沟通,在互相尊重的条件下开展恰当的防灾减灾援助。防灾减灾国际合作可能需要军事能力和资产作为重要手段进行救援,所以,增加了许多国家参与到防灾减灾国际合作中的顾虑。因此,推进"一带一路"沿线国家的防灾减灾国际合作,尊重沿线不同国家和地区的社会、经济、文化、宗教信仰,强化各国之间的政治互信,并且要强调防灾减灾的人道主义救援民事性质,规范各国在合作过程中遵守国际法,注重沟通和协调,在尊重受灾国意愿的基础上开展各项工作。

G.20
深化绿色"一带一路"建设的
现状、问题与展望*

朱守先**

摘　要：　深化绿色"一带一路"建设是"一带一路"倡议的核心内容和突破口之一，也是沿线各方开展全方位合作的共识。建设绿色"一带一路"，要求以"丝绸之路精神"为指引，牢固树立生态文明与绿色发展理念，全面推进"政策沟通""设施联通""贸易畅通""资金融通""民心相通"的绿色化进程。通过探讨新时期中国深化绿色"一带一路"建设的成就、瓶颈问题与未来趋势，发挥绿色发展在中国"一带一路"建设全局过程中的先行示范效应。

关键词：　"一带一路"　绿色贸易　绿色金融

一　推进绿色"一带一路"建设的背景、目标和主要内容

（一）"一带一路"建设的背景

进入 21 世纪，互联互通和区域合作是大势所趋，成为推动世界经济发

---

*　本文由国家社会科学基金项目"气候容量对城镇化发展影响实证研究"（14BJY050）资助。
**　朱守先，中国社会科学院城市发展与环境研究所副研究员，研究领域为城市与区域可持续发展。

展的重要动力。2013 年，中国提出共建"丝绸之路经济带"和"21 世纪海上丝绸之路"倡议后①，得到全球普遍关注和沿线国家及地区的迅速响应。共建"一带一路"，是中国新一届政府根据全球政治经济新格局，以及中国发展的时代特征，提出的促进世界开放型经济体系建设的战略构想。

2015 年，"一带一路"倡议在基础设施互联互通方面，提出强化基础设施绿色低碳化建设和运营管理，在建设中充分考虑气候变化影响。在投资贸易中突出生态文明理念，加强生态经济、环境保护以及应对气候变化合作，共建绿色丝绸之路。

"一带一路"涉及 69 个国家（见表 1），主要位于亚洲和中东欧地区，加上非洲三国和大洋洲的新西兰，其中 17 个为内陆国家。2016 年，"一带一路" 69 个国家国土面积为 5277.7 万 km^2，占世界陆地面积的 40.7%，人口总量为 47 亿，占世界比重为 63.2%，经济总量为 25.7 万亿美元，占世界比重为 34%②。

从人类发展水平分析，根据 2016 年联合国人类发展报告③，世界 188 个国家中位居极高人类发展水平的国家为 51 个（人类发展指数大于 0.8），高人类发展水平国家 55 个（人类发展指数介于 0.7 和 0.8 之间），中等人类发展水平国家 41 个（人类发展指数介于 0.55 和 0.7 之间），低人类发展水平国家 41 个（人类发展指数低于 0.55）。2015 年"一带一路" 69 个国家中，极高、高、中等、低人类发展水平国家分别为 22、23、20、4 个，占比分别为 32%、34%、29% 和 6%，位居极高、高人类发展水平的国家接近 2/3。

从能源和碳排放情况分析，根据国际能源署数据，2014 年"一带一路" 63 个国家能源和碳排放总量分别为 105.6 亿吨标准煤和 188.4 亿吨 CO_2，占世界比重分别为 54% 和 58.2%④。"一带一路"国家能源消费占世界比重与

---

① 授权发布《推动共建丝绸之路经济带和 21 世纪海上丝绸之路的愿景与行动》，新华网，http://news.xinhuanet.com/world/2015 - 03/28/c_ 1114793986. htm。

② 数据来源：世界银行数据库，http://data.worldbank.org/data - catalog/。

③ 《2016 年人类发展报告》，http://hdr.undp.org/en/composite/HDI。

④ 数据来源：国际能源署，http://www.iea.org/bookshop/729 - CO2_ Emissions_ from_ Fuel _ Combustion，阿富汗、巴勒斯坦、不丹、东帝汶、老挝、马尔代夫 6 国数据缺失。

经济总量占世界比重相差超过 20 个百分点，能源利用效率和绿色发展水平总体较低。因此，研究推进绿色"一带一路"建设对于实现全球可持续发展目标至关重要。

表1 "一带一路"涉及国家名单（69个）

区域		国家名称	国家数量
亚洲	东亚	韩国、蒙古、中国	3
	东南亚	东帝汶、菲律宾、柬埔寨、老挝、马来西亚、缅甸、泰国、文莱、新加坡、印度尼西亚、越南	11
	南亚	阿富汗、巴基斯坦、不丹、马尔代夫、孟加拉国、尼泊尔、斯里兰卡、印度	8
	中亚	哈萨克斯坦、吉尔吉斯斯坦、塔吉克斯坦、土库曼斯坦、乌兹别克斯坦	5
	西亚	阿联酋、阿曼、阿塞拜疆、巴勒斯坦、巴林、格鲁吉亚、卡塔尔、科威特、黎巴嫩、沙特阿拉伯、土耳其、叙利亚、亚美尼亚、也门、伊朗、伊拉克、以色列、约旦	18
欧洲	中东欧	阿尔巴尼亚、爱沙尼亚、白俄罗斯、保加利亚、波黑、波兰、俄罗斯、黑山、捷克、克罗地亚、拉脱维亚、立陶宛、罗马尼亚、马其顿、摩尔多瓦、塞尔维亚、斯洛伐克、斯洛文尼亚、乌克兰、匈牙利	20
非洲		埃及、埃塞俄比亚、南非	3
大洋洲		新西兰	1
合计			69

资料来源：中国一带一路网，https：//www.yidaiyilu.gov.cn，以"一带一路"沿线国家和与中国签订"一带一路"相关合作协议的国家为主。

（二）中国绿色发展理念的提出

2012 年 11 月，党的十八大报告提出，坚持节约资源和保护环境的基本国策，坚持节约优先、保护优先、自然恢复为主的方针，着力推进绿色发展、循环发展、低碳发展。

2014 年 10 月，十八届四中全会通过了《中共中央关于全面推进依法治国若干重大问题的决定》，提出建设法律制度来保护生态环境。

2015 年 10 月，十八届五中全会强调，实现"十三五"时期发展目标，破解发展难题，厚植发展优势，必须牢固树立并切实贯彻创新、协调、绿色、开放、共享的发展理念。

（三）绿色"一带一路"概念的提出

共建绿色"一带一路"是"一带一路"顶层设计中的重要内容，促进绿色发展也是全球一体化发展进程中争议最小、最容易达成共识的环节之一。2017 年 4 月，为进一步推动"一带一路"绿色发展，环境保护部、外交部、国家发展改革委、商务部联合发布了《关于推进绿色"一带一路"建设的指导意见》，旨在深入落实中央战略部署，加快推进绿色"一带一路"建设，系统阐述了建设绿色"一带一路"的重要意义。

2017 年 5 月，环境保护部印发《"一带一路"生态环境保护合作规划》，规划指出，生态环保合作是绿色"一带一路"建设的根本要求，是实现区域经济绿色转型的重要途径，也是落实 2030 年可持续发展议程的重要举措。

二 推进绿色"一带一路"建设的主要目标

根据生态文明建设、绿色发展和沿线国家可持续发展要求，从加强交流和宣传、保障投资活动生态环境安全、搭建绿色合作平台、完善政策措施、发挥地方优势等方面做出详细安排，构建互利合作网络、新型合作模式、多元合作平台，切实提高"一带一路"沿线国家环保能力和区域可持续发展水平，助力沿线各国实现 2030 年可持续发展目标，把"一带一路"建设成为和平、繁荣和友谊之路。

绿色"一带一路"建设同样要求政府间，私营部门与民间社会建立伙伴关系。联合国 2030 年可持续发展目标中，以"目标 17：加强执行手段，重振可持续发展全球伙伴关系"为例（如表 2 促进联合国 2030 年可持续发展目标实现的伙伴关系所示）。不论在全球层面，地区层面抑或国家层面，

地方层面，这些包容性伙伴关系都不可或缺。迫切需要采取行动，调动、转移并释放数万亿美元私人资源的变革力量，以实现可持续发展目标。特别是发展中国家的关键部门需要包括外国直接投资在内的长期投资，其中包括可持续能源、基础设施和运输以及信息和通信技术。

表 2　促进联合国 2030 年可持续发展目标实现的伙伴关系

项目	具体措施
筹资	通过向发展中国家提供国际支持等方式，以改善国内征税和提高财政收入的能力，加强筹集国内资源； 发达国家全面履行官方发展援助承诺，包括许多发达国家向发展中国家提供占发达国家国民总收入 0.7% 的官方发展援助，以及向最不发达国家提供占比 0.15% 至 0.2% 援助的承诺，鼓励官方发展援助方设定目标，将占国民总收入至少 0.2% 的官方发展援助提供给最不发达国家； 从多渠道筹集额外财政资源用于发展中国家； 通过政策协调，酌情推动债务融资、债务减免和债务重组，以帮助发展中国家实现长期债务可持续性，处理重债穷国的外债问题以减轻其债务压力； 采用和实施对最不发达国家的投资促进制度
技术	加强在科学、技术和创新领域的南北、南南、三方区域合作和国际合作，加强获取渠道，加强按相互商定的条件共享知识，包括加强现有机制间的协调，特别是在联合国层面加强协调，以及通过一个全球技术促进机制加强协调；以优惠条件，包括彼此商定的减让和特惠条件，促进发展中国家开发以及向其转让、传播和推广环境友好型的技术；促成最不发达国家的技术库和科学、技术和创新能力建设机制到 2017 年全面投入运行，加强促成科技特别是信息和通信技术的使用
能力建设	加强国际社会对在发展中国家开展高效的、有针对性的能力建设活动的支持力度，以支持各国落实各项可持续发展目标的国家计划，包括通过开展南北合作、南南合作和三方合作
贸易	通过完成多哈发展回合谈判等方式，推动在世界贸易组织下建立一个普遍、以规则为基础、开放、非歧视和公平的多边贸易体系；大幅增加发展中国家的出口，尤其是到 2020 年使最不发达国家在全球出口中的比例翻番；按照世界贸易组织的各项决定，及时实现所有最不发达国家的产品永久免关税和免配额进入市场，包括确保对从最不发达国家进口产品的原产地优惠规则是简单、透明和有利于市场准入的系统方面的问题
政策和体制的一致性	加强全球宏观经济稳定，包括为此加强政策协调和政策一致性；加强可持续发展政策的一致性；尊重每个国家制定和执行消除贫困和可持续发展政策的政策空间和领导作用

续表

项目	具体措施
多利益攸关方伙伴关系	在多利益攸关方伙伴关系的配合下,加强全球可持续发展伙伴关系,多利益攸关方伙伴关系收集和分享知识、专长、技术和财政资源,支持所有国家,尤其是发展中国家实现可持续发展目标;根据组建伙伴关系的经验和资源配置战略,鼓励和推动建立有效的公-私部门伙伴关系和民间社会伙伴关系
数据、监测和问责制	到2020年,加强向发展中国家,包括最不发达国家和小岛屿发展中国家提供的能力建设支持,大幅增加获得按收入、性别、年龄、种族、民族、移徙情况、残疾情况、地理位置和各国国情有关的其他特征分类的高质量、及时和可靠的数据;到2030年,借鉴现有各项倡议,制定衡量可持续发展进展的计量方法,作为对国内生产总值的补充,协助发展中国家加强统计能力建设

资料来源:http://www.un.org/sustainabledevelopment/zh/globalpartnerships/。

三 推进"一带一路"绿色化进程面临的主要问题

(一)绿色"一带一路"建设面临复杂的资源环境问题

"一带一路"横跨亚欧非等大陆,涵盖69个国家,需要系统研究沿线国家地理环境结构的整体性和差异性,包括其组成要素的相互联系和相互制约,揭示其内部的系统性、联系性和差异性。另外,由于人类发展水平的差异,各国各地区经济社会发展水平参差不齐,由此引发的环境污染、生态破坏程度也不尽相同。加上沿线地区认知水平和治理能力的不同,即使面临共同应对全球气候变化、缓解水资源危机、治理跨境污染、消除贫困、预防自然灾害等重大资源环境难题,绿色发展的政策手段和实际效果也呈现较大差别。

(二)绿色"一带一路"建设面临共同的经济发展问题

"一带一路"沿线大多数国家或地区尚处于工业化中期阶段,以何种方式迈向工业后期和后工业化阶段成为发展过程中面临的重大现实问题,即经

济发展与环境治理能否协同推进、相互促进，提升绿色发展水平与环境生产力。在环境保护与经济发展相互关系方面，需要避免先污染后治理的发展模式。而实际上包括中国在内的"一带一路"沿线国家正面临这一发展怪圈，如何破除这一发展悖论，只有通过绿色发展合作来实现。

（三）绿色"一带一路"建设面临巨大的体制机制差异

要制定共同的绿色标准与规则，需要突破彼此的法律制度壁垒，建立统一的绿色发展平台机制，依靠多边或双边绿色合作机制，发挥中国及部分国家绿色发展领导力，提出沿线国家绿色发展的"国家方案"。2015年巴黎气候变化大会（COP21）之前，162个国家提交了应对气候变化国家自主贡献（INDC）文件，即各方根据自身情况确定的应对气候变化行动目标，主要包括温室气体总量及强度控制目标、温室气体峰值目标、可再生能源发展目标、碳汇建设目标等内容。体现各国积极应对气候变化，努力控制温室气体排放，提高适应气候变化的能力，并深度参与全球治理，承担合理国际责任的姿态和决心。参照国家自主贡献（INDC）模式，可以制订"一带一路"绿色建设国家自主贡献方案，包括资源利用、环境治理、环境质量、生态保护、增长质量、绿色生活等指标。

四 全面推进"一带一路"绿色化进程的主要任务

（一）大力推进生态文明建设，加强政策沟通，促进民心相通

按照"一带一路"建设总体要求，围绕生态文明建设、可持续发展目标要求，统筹国内国际现有合作机制，构建绿色发展与生态文明建设体系。

"人类绿色发展指数"选择极端贫困、饮水、教育、卫生、健康、收入、空气污染、气候变化、土地、森林、生态、能源12个领域的指标，构建了人类绿色发展指数指标体系，测算了123个国家绿色发展指数值及其排序。人类绿色发展指数的理念与测算方法，可以为中国和"一带一路"国

家的可持续发展,提供有益借鉴①。

《中国省域生态文明建设评价报告(ECI 2014)》首次进行了 105 个国家生态文明指数排名,从生态活力、环境质量、社会发展和协调程度四个方面进行了测度。研究认为,目前全球范围内都存在局部环境质量状况改善,而整体生态保护形势严峻的现象,中国与西方发达国家最大的差距已经不是经济上的差距,而是生态环境等公共产品供给能力的差距,且正越变越大。同样,多数"一带一路"沿线国家也面临与中国类似的发展问题,推动生态文明建设和绿色发展也是促进世界各国人与自然和谐共生的重要策略。

2016 年,《绿色发展指标体系》和《生态文明建设考核目标体系》成为新时期生态文明建设评价考核的依据。其中,绿色发展指标体系采用综合指数法进行测算,测算全国及分地区绿色发展指数和资源利用指数、环境治理指数、环境质量指数、生态保护指数、增长质量指数、绿色生活指数 6 个分类指数。生态文明建设考核目标体系主要测算"资源利用"和"生态环境保护"两类目标。可以在两个体系的基础上,梳理各国环境保护、生态建设以及应对气候变化等相关政策,制订"一带一路"绿色发展评价指标体系,用于评价各国绿色发展与生态文明建设水平。

（二）发挥资源优势互补,优化生产力与产能布局

"一带一路"沿线主要为发展中国家,发展阶段与资源禀赋存在较大差异,多数国家面临巨大的经济与社会发展任务,其中部分国家同时面临着严峻的减贫脱贫任务,目前由于生产要素缺乏有效整合利用等因素,这些国家的发展潜力尚未充分发挥,但一旦人口、资源、资本等生产要素得到集约优化,基础设施建设得到发展完善,则后发优势显著。

从企业国际化发展视角,新国际分工理论认为跨国公司需要在全球范围

---

① 李晓西、刘一萌、宋涛:《人类绿色发展指数的测算》,《中国社会科学》2014 年第 6 期。

内合理配置资源，寻找满意的生产地，尤其是将一些常规的、技术含量低的生产过程转移到欠发达国家，改变了以往只在这些国家进行原料生产或初级加工，而在发达国家进行最终产品生产的国际劳动分工格局。从"一带一路"战略分析，科学合理的国际分工不仅可以实现产业输入输出地发展的双赢，减少不必要的中间环节与交易成本，而且从生态建设、能源有效利用方面，也实现了生产要素的有效配置，建立国际资源配置示范机制，同时也是促进绿色发展和开展生态文明建设的过程。

（三）推进绿色基础设施互联互通，强化生态环境质量保障

在基础设施建设方面，2015年12月成立的亚洲基础设施投资银行包括77个国家（截至2017年5月）[1]，"一带一路"沿线国家有45个为亚洲基础设施投资银行成员国，作为由中国提出创建的区域性金融机构，亚洲基础设施投资银行主要宗旨是通过在基础设施及其他生产性领域的投资，促进亚洲经济发展、增进人民福祉并推动基础设施互联互通的根本性变革；与其他多边和双边开发机构紧密合作，推进区域合作和伙伴关系，应对发展挑战。其主要业务是援助亚太地区国家的基础设施建设。在全面投入运营后，亚洲基础设施投资银行将运用一系列支持方式为亚洲各国的基础设施项目提供融资支持——包括贷款、股权投资以及提供担保等，以振兴包括交通、能源、电信、农业和城市发展在内的各个行业投资。

基础设施互联互通是当前制约"一带一路"沿线国家深化合作的薄弱环节，也是促进"一带一路"建设的重要引擎。无论是基础设施建设还是其他产业投资项目，必须严格遵守所在国家或地区的生态环境状况和相关环保法律法规要求，根据主体功能区划分原则，识别优化开发、重点开发、限制开发和禁止开发等区域层级，开展环境综合评价，科学组织产业布局；加强积极应对气候变化、常规环境污染事件应对机制的合作交流，提升生态环境建设综合质量，共享生态文明建设成果。

---

[1]　About AIIB Overview-AIIB，https：//www.aiib.org/en/about-aiib/index.html.

（四）推进绿色贸易发展，促进可持续生产和消费

在"一带一路"倡议内容中，贸易畅通是其中最核心的组成部分，提出积极推动水电、核电、风电、太阳能等清洁、可再生能源合作，推进能源资源就地就近加工转化合作，形成能源资源合作上下游一体化产业链。

在"一带一路"国家推进绿色贸易发展过程中，需要制订"一带一路"国家绿色贸易标准，通过举办年度高级别绿色贸易峰会，发布年度绿色贸易报告，与"一带一路"沿线国家开展绿色贸易发展战略研讨，探索发展中国家之间贸易协定中的环境发展与规制模式，制定绿色贸易重点任务与主要内容，研究共同应对气候变化、共建生态文明社会、环境基础设施等内容。

同时，推动"一带一路"绿色产业技术合作，建立"一带一路"绿色技术交流与转移中心，发起《履行企业环境责任，共建绿色"一带一路"》的倡议，支持企业"走出去"开展"一带一路"绿色技术合作。实施帮助发展中国家提高环保能力建设的中国—南南合作绿色使者计划，通过分享环境保护理念和经验，促进环保产业技术交流合作，提高环境管理能力水平。

（五）促进绿色金融体系发展，加强环境贸易管理

金融体系作为资金流动的基本框架，在经济发展中的作用至关重要。从顶层设计出发，绿色金融把生态文明建设作为基本依据与根本原则，已上升为中国国家战略。2016年10月发布的《关于构建绿色金融体系的指导意见》，不仅为绿色金融体系的建设提供了指导，也为各种金融要素的有机整合提供了决策依据。

以中国气候变化南南合作"十百千"项目为例，2015年设立的中国气候变化南南合作基金为200亿元人民币，启动在发展中国家开展10个低碳示范区、100个减缓和适应气候变化项目，深入推进清洁能源、防灾减灾、生态保护、气候适应型农业、低碳智慧型城市建设等领域的国际合作，并提

高相应的投融资能力①。

绿色金融体系作为一种制度安排，通过绿色信贷、绿色债券、绿色股票指数和相关产品、绿色发展基金、绿色保险、碳金融等金融工具和相关政策支持经济向绿色化转型。推动"一带一路"绿色金融体系构建主要目的是动员和激励更多"一带一路"国家或地区的社会资本投入到绿色产业，同时更有效地抑制污染性投资，最终实现经济建设的高度化与可持续发展，建成生态文明社会。

---

① 习近平主席宣布气候变化南南合作"十百千"项目活动，http://qhs.ndrc.gov.cn/qhbhnnhz/201601/t20160128_ 773392. html。

G.21
全球能源互联网
——应对气候变化的中国方案和全球行动

刘振亚[*]

摘 要： 气候变化是影响人类生存发展的关键性问题。本文从温室气体产生的根源入手，提出了建设全球能源互联网，推动世界能源转型、应对气候变化的发展思路，阐述了加快全球能源互联网发展的重要性、可行性及其对应对气候变化的重要作用与价值，介绍了中国和世界各国推动能源互联网建设的实践和成效，指出了建设全球能源互联网的重点任务。总之，建设全球能源互联网能够有效破解气候变化等全球性挑战，实现人类可持续发展。

关键词： 全球能源互联网 清洁能源 气候变化 "一带一路"建设

一 全球能源互联网是应对气候变化的根本解决方案

（一）气候变化问题的实质是能源问题

气候变化是当前人类面临的最紧迫、最严峻的挑战。自 18 世纪中期第

---

* 刘振亚，教授级高级工程师，全球能源互联网发展合作组织主席，中国电力企业联合会理事长，长期从事电力与能源工作，已出版有《全球能源互联网》《中国电力与能源》《特高压交直流电网》《特高压电网》《智能电网技术》等著作。

一次工业革命以来，全球地表平均温度上升了1℃。如不控制，将严重威胁人类生存和发展。美国宇航局研究表明，如果格陵兰岛冰雪全部融化，海平面将上升7米；如果南极洲全部融化，海平面将上升57米。近年来，中国和世界各地干旱、洪涝等自然灾害频发，就是全球气候变化影响的具体表现。全球地表温升趋势如图1所示。

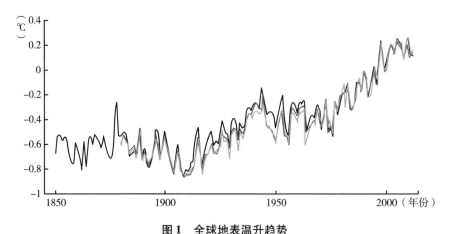

图1　全球地表温升趋势

资料来源：联合国政府间气候变化专门委员会第五次评估报告。

化石能源消费是气候变化的主要原因。全球气温上升与大气中二氧化碳浓度增加紧密相关。化石燃料燃烧产生的二氧化碳占人类活动温室气体排放的56.6%[①]。主要化石能源的碳排放强度如表1所示。人类活动温室气体排放构成如图2所示。自1850年以来的160多年里，大气中二氧化碳浓度由约280ppm上升到了400ppm，增长了40%以上。2013年，联合国政府间气候变化专门委员会（IPCC）发布第五次评估报告，认为人类活动即化石能源燃烧是全球地表平均气温升高的主要原因。按照目前的世界化石能源消费结构，燃烧1吨标准煤的化石能源约排放2吨二氧化碳。2016年，全球化石能源消费量达到160亿吨标准煤，由此排放的二氧化碳超过330亿吨。

[①]　联合国政府间气候变化专门委员会："Climate Change 2007：Synthesis Report"。

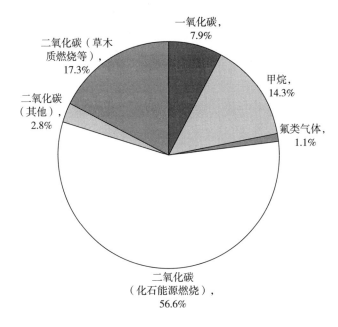

图2 人类活动温室气体排放构成

表1 1吨标准煤燃料燃烧的二氧化碳排放量

单位：吨

化石能源类型	煤炭	石油	天然气
二氧化碳排放量	2.77	2.15	1.65

资料来源：根据英国石油公司（BP）发布数据折算得出。

全球化石能源燃烧产生的二氧化碳排放量持续增长。1990年以来，全球化石能源燃烧产生的二氧化碳排放量以年均1.7%的速度持续增长[1]，如图3所示。加快推进能源领域碳减排是应对气候变化的核心任务。

（二）应对气候变化必须加快能源转型

世界能源需求将保持刚性增长。为了适应经济发展、人口增长、城镇化

---

① BP，"Statistical Review of World Energy 2017"．

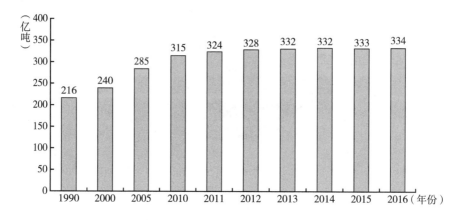

图3　全球化石能源燃烧产生的二氧化碳排放量增长趋势

的需要，世界能源需求总量不断攀升。2000～2016年，全球生产总值年均增长2.8%，人口年均增长1.2%，带动一次能源年消费总量从143亿吨标准煤增加到196亿吨标准煤①，年均增长2.0%；世界年电力消费量从15.5万亿千瓦时增长到24.8万亿千瓦时，年均增长3.0%。电力消费增长速度高于一次能源消费增长速度。目前，全球还有10.6亿人没有用上电，27亿人依靠薪柴烹饪和取暖。根据联合国预测，到2050年全球人口将达到95亿人。随着经济发展和人口增长，2050年世界一次能源消费量将达到近300亿吨标准煤，电力消费量达到73万亿千瓦时左右②，分别比2010年增长63%、2.4倍。2005～2050年全球一次能源和电力消费预测如图4所示。

应对气候变化为化石能源消费设置了"天花板"。联合国巴黎气候大会明确提出，确保全球平均气温较工业化前水平升高控制在2℃以内，并为控制在1.5℃以内而努力。要达成这一目标，到2050年化石消费燃烧产生的二氧化碳排放量必须控制在20世纪90年代初的一半左右，即年排放量不超过120亿吨，这就意味着化石能源年消费量不能超过60亿吨标准煤。建立在化石能源基础上的能源生产和消费方式难以为继、不可持续，解决问题的

---

① IEA，"World Energy Balances and Statistics 2016"．

② 刘振亚：《全球能源互联网》，中国电力出版社，2015，第120～134页。

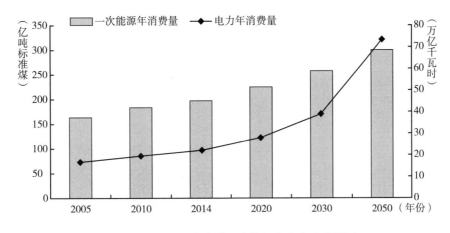

图 4　2005～2050 年全球一次能源和电力消费预测

根本出路是实施清洁替代和电能替代（简称"两个替代"），实现绿色低碳发展。

能源开发实施清洁替代，实现清洁能源为主导。从人类能源发展历程看，19 世纪末煤炭取代薪柴，20 世纪 60 年代油气取代煤炭，世界能源呈现从高碳走向低碳的"脱碳"趋势[①]，如图 5 所示。未来清洁能源替代化石能源将使人类彻底摆脱对碳基能源的依赖。化石能源则回归其基本属性，主要作为工业原材料使用，为经济社会发展创造更大价值。下一步，要加快太阳能、风能、水能等清洁能源开发利用，替代煤炭、石油和天然气等化石能源，力争到 2050 年清洁能源年消费总量达到 240 亿吨标准煤左右，占一次能源消费量比重提高至 80% 左右，成为主导能源。

能源消费实施电能替代，提高电气化水平。从低效向高效是人类能源利用的基本规律，如图 6 所示。电能是最高效的终端能源利用方式，电动机效率可以超过 90%。研究表明，电能占终端能源消费比重每提高 1 个百分点，单位产值能耗下降 3.7%[②]。提高电气化水平将显著提升全球能源利用效率。

---

① 〔美〕罗伯特·海夫纳三世：《能源大转型》，马圆春、李博抒译，中信出版社，2013，第 4 页。
② 中国国际经济交流中心课题组：《中国能源生产与消费革命》，社会科学文献出版社，2014，第 196 页。

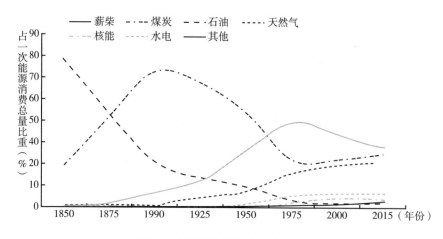

图5 全球能源发展的"脱碳"历程

通过实施电能替代，加大电能占终端能源消费量比重，提高电气化水平，能够在满足能源需求前提下降低能源消费量。下一步，要加快以电代煤、以电代油、以电代气，电从远方来，来的是清洁发电。

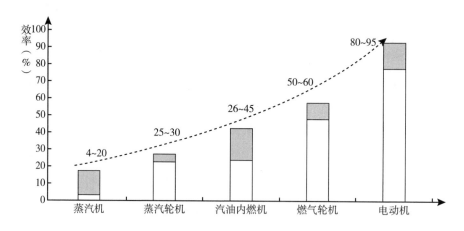

图6 能源利用方式从低效到高效示意图

（三）构建全球能源互联网是实现能源转型的根本解决方案

实施"两个替代"必须建立功能强大的能源配置平台。全球清洁能源资源十分丰富，但分布不均衡。例如，亚欧非大陆 85% 的清洁能源资源集中在从北非经西亚、中亚到俄罗斯远东、与赤道约成 45°角的能源带上。清洁能源资源与能源消费地区逆向分布特点决定了必须就地发电、远距离送电。构建全球能源互联网是推动清洁能源大规模开发和利用的必由之路。

全球能源互联网是清洁主导、电为中心、互联互通的现代电力系统。清洁主导，就是要大规模发展清洁能源，替代化石能源，形成清洁能源占主导的能源供应体系，推动世界能源绿色低碳转型和可持续发展。电为中心，是指各类化石能源和清洁能源都可以用于发电，未来全球能源供应主要是清洁发电；电能可以替代各种终端能源；电网将成为能源配置主要载体。互联互通，就是要发挥更高电压等级输电技术优势，建设跨国跨洲互联大电网，推动形成全球电网互联互通总体格局，实现能源生产、配置和贸易全球化。电力交易将成为最主要的能源贸易形式。

全球能源互联网实质就是"智能电网 + 特高压电网 + 清洁能源"。智能电网是基础。智能电网灵活性和适应性强，能够满足各类电源接入和互动服务等需求，实现源、网、荷、储协同发展，多能互补和高效利用。特高压电网是关键。特高压电网由 1000 千伏交流和 ±800 千伏及以上直流系统构成，能够实现数千千米、千万千瓦级电力输送和跨国跨洲电网互联[1]，是全球能源互联网的骨干网架。清洁能源是根本。北极地区风能、赤道附近太阳能，以及各类集中式和分布式清洁能源，是未来全球能源互联网输送的主导能源，是摆脱化石能源依赖，实现绿色低碳和可持续发展的根本保障。

构建全球能源互联网总体可分为国内互联、洲内互联、洲际互联三个阶段，到 2050 年基本建成。届时，全球清洁能源占一次能源消费比重将达到 80% 左右，能源相关二氧化碳排放量仅为 1990 年的一半左右，能够实现《巴黎协定》确定的温升控制目标。全球能源互联网将深刻改变全球能源发

---

[1]　刘振亚：《特高压电网》，中国经济出版社，2005，第 8 ~ 10 页。

展、经济增长、社会生活和生态环境，人们将享受到更充足的能源、更舒适的生活、更繁荣的经济、更宜居的环境、更和谐的社会，开启世界可持续发展的美好明天。

二 构建全球能源互联网成为全球共同行动

（一）中国大力推进能源互联网建设

中国政府高度重视能源互联网发展。2015 年 9 月 26 日，习近平主席在联合国发展峰会上发表重要讲话，倡议"探讨构建全球能源互联网，推动以清洁和绿色方式满足全球电力需求"。全球能源互联网成为促进世界能源转型、应对气候变化的"中国方案"。2017 年 5 月 14 日，习近平主席在"一带一路"国际合作高峰论坛上发表主旨演讲，指出"要抓住新一轮能源结构调整和能源技术变革趋势，建设全球能源互联网，实现绿色低碳发展"。全球能源互联网已经正式成为国家战略和国家行动。

中国建立全球能源互联网国际合作平台。为全面推进全球能源互联网中国倡议落地实施，经国务院批准，全球能源互联网发展合作组织（下称合作组织）于 2016 年 3 月正式成立，这是首个由中国发起成立的国际能源组织。截至 2017 年 9 月，合作组织拥有会员 300 多家，来自 40 多个国家和地区；与联合国经济和社会事务部、联合国亚太经社委、非盟、阿盟、海合会电网管理局等建立了合作关系，已经成为推动世界能源转型和可持续发展的重要力量。

中国能源互联网建设取得积极进展和成效。中国 80% 以上的清洁能源资源分布在西部、北部和西南部，70% 以上电力需求集中在东中部[①]。立足能源资源禀赋，中国大力发展特高压电网，促进清洁能源大规模开发、大范围配置和消纳，取得显著成效。截至 2017 年 9 月，中国已建成 8 个特高压

---

① 刘振亚：《中国电力与能源》，中国电力出版社，2012，第 36～37 页。

交流工程，9 个特高压直流工程，累计送电超过 1 万亿千瓦时，成为"西电东送、北电南供"的能源大通道。中国特高压电网工程情况如表 2 所示。中国成功投运世界上电压等级最高、容量最大的 ±320 千伏、100 万千瓦厦门柔性直流工程，电网智能化水平显著提升。依托特高压和智能电网建设，中国水电、风电、太阳能发电装机达 3.4 亿、1.6 亿、1.1 亿千瓦，均居世界第一位，年发电量相当于减少化石能源消费 5.4 亿吨标准煤，减少二氧化碳排放量 14 亿吨，为应对气候变化做出了积极贡献。2009 ~ 2016 年中国风电和太阳能发电装机增长趋势如图 7 所示。

表 2　中国在运特高压交直流工程（截至 2017 年 9 月底）

序号	工程名称	电压等级（千伏）	线路长度（公里）	输送功率（万千瓦）
1	晋东南 – 南阳 – 荆门	1000	640	500
2	淮南 – 浙北 – 上海	1000	2 × 648.7	1000
3	浙北 – 福州	1000	2 × 603	1000
4	锡盟 – 山东	1000	2 × 730	1000
5	淮南 – 南京 – 上海	1000	2 × 780	1000
6	蒙西 – 天津南	1000	2 × 608	1000
7	榆横 – 潍坊	1000	2 × 1049	1000
8	锡盟 – 胜利	1000	2 × 240	1000
9	向家坝 – 上海	±800	1907	640
10	锦屏 – 苏南	±800	2059	720
11	哈密南 – 郑州	±800	2210	800
12	溪洛渡 – 浙西	±800	1669	800
13	宁东 – 浙江	±800	1720	800
14	酒泉 – 湖南	±800	2383	800
15	晋北 – 江苏	±800	1119	800
16	云南 – 广东	±800	1438	500
17	糯扎渡 – 广东	±800	1541	500

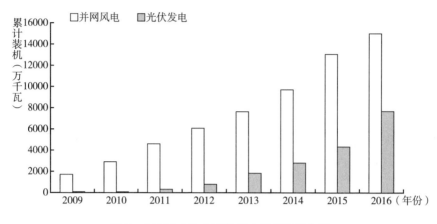

图7 中国风电和太阳能发电装机增长趋势

（二）世界各国积极推动能源互联网发展

各国加快开发利用清洁能源。欧盟规划2020年清洁能源占一次能源消费比重达到20%，2030年达到27%，并将国别指标分解到各成员国。丹麦提出到2050年能源供应完全来自清洁能源。德国计划到2050年可再生能源占一次能源消费比重达到60%，可再生能源发电量占用电量比重达到80%。许多欧洲国家制定了可再生能源激励政策①。欧盟有26个国家承诺2020年以后不再建设燃煤电站。英国决定到2025年实现"零煤电"。2017年6月7日，英国、德国的风电及太阳能发电分别满足了当天电力需求的40%和60%。美国于2015年通过《清洁电力计划》，要求电力部门2030年二氧化碳排放量较2005年下降32%，对应的可再生能源发电装机占比将达到28%。在生产税抵免、投资税抵免、现金补贴等政策推动下，美国2015年可再生能源新增装机容量占到新增总装机容量的65%。日本在2015年7月发布的能源中长期展望中提出，2030年可再生能源发电量比重要提高至22%~24%②。部分国家和地区清洁能源发展目标见表3。

---

① 国家可再生能源中心：《国际可再生能源发展报告》，中国环境出版社，2016，第8~11页。
② REN21，"Renewables 2017 Global Status Report"。

表3　部分国家和地区清洁能源发展目标

国家（地区）	清洁能源发展目标
欧盟	2020年可再生能源占能源消费总量的20%，2030年达到27%
英国	2020年可再生能源占能源消费总量的15%
德国	2050年可再生能源电力占电力消费比重达到80%
丹麦	2020年风电占电力消费量比重达到50%，2050年完全摆脱化石能源
美国	2030年电力部门二氧化碳排放量在2005年基础上削减32%

各国加快推进互联大电网建设。互联电网最早出现在北美、欧洲等工业化国家，从早期的城市小型孤立电网发展为区域电网、全国电网、跨国电网。北美互联电网由20世纪60年代的8个同步电网，发展为80年代的4个同步电网，覆盖美国、加拿大、墨西哥等国。欧洲大陆互联电网由20世纪60年代的6个同步电网，发展为90年代的统一同步电网，覆盖24个国家。俄罗斯电网由20世纪50年代的10个同步电网，发展为80年代的2个同步电网。俄罗斯—波罗的海同步电网覆盖面积2300万平方千米，横跨10个时区。此外，海湾6国、南美4国、南部非洲9国也分别形成区域性的跨国同步电网。21世纪以来，基于风能、太阳能大规模开发利用，有关国际组织和国家正在积极推动北非向欧洲送电、俄罗斯和蒙古向东北亚送电等联网计划。

各国加速实施电能替代。电能在世界终端能源消费中所占比重已从1971年的8.8%提高到2015年的18.5%，先后超过煤炭、热力和天然气，民用、工业、商业、建筑领域的以电代煤、以电代油、以电代气越来越广泛。交通用能占世界终端能源消费总量的28%，交通电气化发展前景广阔。目前看，电动汽车发展潜力巨大。2016年全球新能源汽车销量超过77万辆，同比增长42%，全球新能源汽车保有量超过200万辆，其中61%是纯电动汽车，39%是插电式混合动力汽车。2016年挪威新能源汽车市场份额为24%，荷兰为5%，瑞典为3.2%。根据国际能源署预测，到2020年、2025年，全球电动汽车保有量分别增长至900万～2000万、4000万～7000万辆，将带动交通领域用电量需求快速增长[①]。

---

① IEA，"Global EV Outlook 2017"．

构建全球能源互联网已成为国际共识和共同行动,在国际上有广泛影响力和带动力。联合国、欧盟、非盟、世界银行、国际能源署、国际电工委员会、国际大电网委员会、国际水电协会等组织和机构都积极支持,坚信全球能源互联网是解决世界能源、环境和气候变化问题的重大方案。联合国上任秘书长潘基文和现任秘书长古特雷斯均表示愿意发挥联合国重要作用,大力支持全球能源互联网建设。联合国气候变化框架公约前执行秘书长费格蕾丝表示,解决气候变化问题需要长远眼光和务实行动,构建全球能源互联网是一个很好的方案,愿意参与并共同推动全球能源互联网发展。

(三)构建全球能源互联网的条件日益成熟

资源充足。全球清洁能源资源丰富,水能、风能、太阳能资源分别超过100亿、1万亿、100万亿千瓦,仅开发其中万分之五就可以满足人类全部用能需求。全球水能、风能、太阳能资源储量及分布如表4所示。

表4 全球水能、风能、太阳能资源储量及分布

单位:万亿千瓦时/年

大洲	水能理论蕴藏量	风能资源理论储量	太阳能资源理论储量
亚洲	18.31	500	37500
欧洲	2.41	150	3000
北美洲	5.51	400	16500
南美洲	7.77	200	10500
非洲	3.92	650	60000
大洋洲	0.65	100	22500

资料来源:刘振亚:《全球能源互联网》,中国电力出版社,2015。

技术可行。大容量远距离输电和智能化等技术日趋成熟。特高压交流和直流电网可以将世界上任何清洁能源基地与任何负荷地区连接起来。准东-皖南±1100千伏特高压直流工程全长3324千米,输电功率1200万千瓦,将于2018年建成投运。超/特高压输电容量及经济输送距离如表5所示。

表5 超/特高压输电容量及经济输送距离

电压等级(千伏)	输电容量(万千瓦)	经济输送距离(千米)
500	100	500
1000	500	1500
±500	300	1000
±800	1000	2500
±1100	1500	6000

资料来源:刘振亚:《全球能源互联网》,中国电力出版社,2015。

经济性好。清洁能源发电经济性快速提升,风电、光伏发电成本过去5年分别下降了30%、75%,并将持续快速下降。目前,陆上风电、光伏发电成本约为5美分/千瓦时、8美分/千瓦时。阿联酋2019年投产、智利2021年投产的光伏项目中标价格已分别低至2.4美分/千瓦时、2.9美分/千瓦时,摩洛哥2020年投产的陆上风电项目中标价格降至3美分/千瓦时[1]。欧洲北海即将建设世界首个完全参与市场竞争,不需要任何补贴的海上风电项目。预计2025年前清洁能源发电竞争力将全面超过化石能源,清洁替代步伐将进一步加快。清洁能源发电成本下降趋势如图8所示。

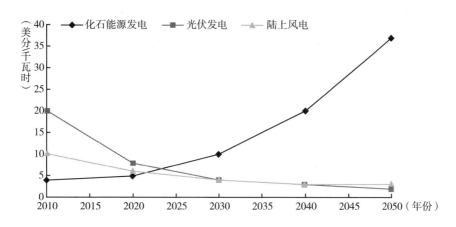

图8 清洁能源发电成本下降趋势示意图

---

[1] Solar Power Europe,"Global Market Outlook for Solar Power 2017 – 2021," 2016.

各方共识。构建全球能源互联网纳入联合国《2030 可持续发展议程》
行动计划，写入了 2016 年二十国集团杭州工商峰会（B20）政策建议报告。
全球 140 多个国家出台了鼓励清洁能源开发利用的政策措施，为建设全球能
源互联网创造了良好的政治环境。

三 推进全球能源互联网发展的重点任务

（一）推进能源领域技术创新

全球能源互联网是技术密集型产业，技术创新是不断提升全球能源互联
网安全性、经济性和环境友好性的根本保障。重点是加大研究和开发力度，
推动特高压、智能电网、清洁能源、储能、大电网运行控制等领域技术创
新，突破特高压海底电缆、柔性直流输电、虚拟同步机等关键装备，形成涵
盖电源、电网、运行控制等各领域的产业体系。加强技术标准顶层设计，形
成覆盖全产业链的技术标准体系和操作规程。

（二）推进能源国际合作与政策协同

国际合作是构建全球能源互联网的重要基础，需要凝聚各国各方力量，
建立互信互利的国际合作机制和统筹协调的政策体系。要将构建全球能源互
联网作为各国应对气候变化的重要抓手，纳入国际能源合作重点领域和国家
能源发展战略。鼓励各国出台促进清洁能源开发和电网互联的政策措施。建
立全球电力协调运行、市场交易等机制。发挥合作组织的重要作用，促进各
国政府、电力企业、研究机构等开展全方位务实合作，共同推动重点项目落
地实施。

（三）推进全球电网互联互通总体规划研究

要树立全球视野，统筹能源与经济、社会、环境的协调发展，加强世界
能源发展、环境治理、气候变化，以及政策法规、商业模式、合作机制等重

大战略问题研究。加强顶层设计，科学规划全球能源互联网发展，引导和推动各类清洁能源开发、跨国跨洲能源通道和各洲骨干网架建设，推动各国电力规划与全球能源互联网规划紧密衔接和对接。合作组织开展了全球风能和太阳能资源评估计算，统筹考虑清洁能源开发、跨国跨洲电网建设、工程投资和市场消纳等问题，开展了东北亚、东南亚、南亚、亚欧非及美洲电网互联研究，为推动全球能源互联网战略落地奠定了重要基础。

（四）推进"一带一路"国家电网互联互通

"一带一路"建设聚焦政策沟通、设施联通、贸易畅通、民心相通、资金融通，设施联通是最为重要的物质基础。构建全球能源互联网，推动全球电网互联、实现世界能源互联，是推进"一带一路"建设的重要举措和抓手。目前，"一带一路"沿线国家人口多，经济相对落后且发展粗放，环境脆弱、减排压力大，二氧化碳排放量占全球排放量的55%以上，尤其是能源基础设施落后，但能源市场规模和资源禀赋却优势明显，互补性强、潜力巨大。通过构建全球能源互联网，将使"一带一路"建设取得关键性突破，形成能源和电力贸易大市场，既能满足相关国家的电力需求，又能促进清洁发展，还能拉动投资，带动中国优势产能走出去，增强国际影响力，是一举多得的战略性举措。

四　结论

应对气候变化是世界各国的共同责任。要实现联合巴黎气候大会提出的2℃温升控制目标，关键是要采取实实在在的具体措施，加快推动能源转型，走清洁发展之路。依托构建全球能源互联网，加快各类集中式和分布式清洁能源在全球范围的大规模开发、输送、使用，能够实现世界能源清洁低碳和永续供应，是应对气候变化的最有力抓手。各国政府、行业组织、社会团体、能源企业等有关各方应积极行动起来，凝聚全人类智慧和力量，共同推动全球能源互联网发展蓝图早日成为现实，造福中国和世界人民。

G.22

中蒙俄经济走廊绿色低碳
发展合作：现状与愿景

初冬梅 姜大霖*

摘　要： 推进"一带一路"建设过程中突出绿色低碳发展理念，既是
国内"生态文明建设"的内在要求和延伸，又是我国承担国
际责任的体现。中蒙俄经济走廊在"一带一路"倡议中的地
位突出，三国具有良好的合作基础与迫切的合作需求。本文
从对比中蒙俄三国经济、社会、生态、环境绩效等指标入手，
分析三个国家在推进绿色低碳转型发展水平、诉求的差别；
进一步对比中蒙俄三国经济社会绿色发展的战略不同，分析
中蒙俄绿色低碳发展目标的契合点及合作潜力与前景；最后，
基于国家和沿边地方两个层面，提出推进中蒙俄经济走廊绿
色发展合作的政策建议和保障措施。

关键词： "一带一路" 中蒙俄经济走廊 绿色低碳 国际合作

引　言

"一带一路"沿线许多国家资源富集但经济社会发展水平较低，同时又

---

* 初冬梅，中国社会科学院中国边疆研究所，助理研究员，研究领域为俄罗斯外交、中俄关系、
"一带一路"与 2030 可持续发展议程；姜大霖，中国社会科学院城市发展与环境研究所，神
华研究院发展战略所，研究领域为气候变化、可持续发展经济学。

是生态环境相对脆弱的地区。这些客观条件决定了在发展经济合作的同时必须重视生态环境的保护与改善，需要在绿色低碳发展的时代背景下对"一带一路"的开发建设进行顶层设计。

自"一带一路"倡议提出以来，建设绿色"一带一路"始终备受关注。2017年5月，在首届"一带一路"国际合作高峰论坛即将召开之际，环境保护部、外交部、国家发展和改革委员会、商务部联合发布了《关于推进绿色"一带一路"建设的指导意见》，提出进一步推动"一带一路"绿色发展的倡议和目标，要将绿色"一带一路"建设融入"一带一路"建设的各方面和全过程[①]。这一倡议体现了中国政府顺应和引领绿色、低碳、循环发展国际潮流，积极与沿线国家互学互鉴、合力探索经济可持续发展的有效途径，着力打造利益共同体、责任共同体和命运共同体的迫切愿望。

中蒙俄经济走廊是"一带一路"的重要合作内容，也是"一带一路"规划的六大经济走廊中，既有较好合作基础又进展较快的一条廊道。如何把握好中蒙俄经济走廊现有经贸合作机遇、寻找和发挥沿线各国绿色发展合作潜力和优势，既是中蒙俄三国进一步加强合作交流的现实需求，同时对于更好地推进绿色"一带一路"建设也有着积极的示范意义。

一　中蒙俄经济走廊在"一带一路"中的地位

（一）中蒙俄经济走廊的空间走向

依据"一带一路"倡议、中蒙俄经济走廊规划等，中蒙俄经济走廊有两个通道，一是从华北京津冀到呼和浩特，再到蒙古国和俄罗斯；二是东北通道，沿着老中东铁路从大连—沈阳—长春—哈尔滨，到满洲里和俄罗斯的赤塔。

---

① 《关于推进绿色"一带一路"建设的指导意见》，http://www.zhb.gov.cn/gkml/hbb/bwj/201705/t20170505_413602.htm，登录日期2017年8月8日。

中蒙俄经济走廊是联通欧亚大陆的重要经济贸易通道，也是东北亚经济圈的重要组成部分。

（二）中蒙俄经济走廊在"一带一路"倡议中的地位

中蒙俄经济走廊是"一带一路"的六大廊道之一，三国经贸合作有着较好的合作框架基础，也成为"一带一路"沿线中最早启动实质性合作的经济带之一。2015年7月9日，中蒙俄元首在俄罗斯城市乌法会晤，批准了《中华人民共和国、俄罗斯联邦、蒙古国发展三方合作中期路线图》，路线图明确提出了在对接丝绸之路经济带、欧亚经济联盟建设、"草原之路"倡议基础上，编制《中蒙俄经济走廊合作规划纲要》。2016年9月，三国元首在塔什干上合组织峰会期间见证签署了《建设中蒙俄经济走廊规划纲要》，该纲要成为"一带一路"框架下第一个正式启动实施的多边合作规划纲要。

二 打造绿色经济走廊应成为中蒙俄合作重要方向

"一带一路"倡议不仅包括经济、政治、文化、社会层面的内容，还应该有绿色维度[1]，应当从各个层面了解和认识建设绿色"一带一路"的意义。

（一）绿色低碳是国际社会发展的大趋势

资源短缺、气候变化、生态环境破坏等全球性问题日益突出，使绿色发展逐渐成为当今世界的共同认识和时代潮流，符合人类社会发展进步的大趋势。[2] 顺应和引领绿色发展国际潮流，必然需要推进绿色"一带一路"建设。

---

[1] 陈迎：《从中蒙俄看沿线国家绿色发展战略的高契合度》，《节能与环保》2017年第6期。
[2] 周国梅：《"一带一路"建设的绿色化战略》，《中国环境报》2016年1月19日，第2版。

（二）绿色低碳符合沿线国家与地区转型发展需求

"一带一路"沿线多为新兴经济体和发展中国家，人均发展水平相对较低，在全球化大潮下面临着来自全球工业化转移带来的能源资源消耗、环境污染和生态退化等挑战。经济发展方式粗犷，生态系统脆弱，大规模开发容易引发生态环境和自然资源过度利用等旧工业化模式所产生的问题。"一带一路"建设过程中强化生态文明和绿色发展的理念与实践，在开发资源、发展经济、推进城镇化建设的同时注重生态环境保护，处理好经济发展和环境保护的关系，走集约、绿色、低碳的工业化发展之路，符合沿线国家绿色转型发展需求。

（三）绿色低碳体现中国的发展理念和国际责任

2015 年 3 月发布的《推动共建丝绸之路经济带和 21 世纪海上丝绸之路的愿景与行动》中强调，在国际投资贸易中突出生态文明理念，共建绿色丝绸之路，促进"一带一路"建设可持续发展。2016 年 8 月，习近平在推进"一带一路"建设工作座谈会上强调"聚焦携手打造绿色丝绸之路"。在共同建设"一带一路"的过程中，突出绿色低碳发展，加强对生态环境的治理，维护生物多样性，既是国内"生态文明建设"的内在要求和延伸，又是我国承担国际责任的体现[1]，符合共建利益共同体、命运共同体与责任共同体的指导理念和发展愿景。

（四）绿色低碳是中蒙俄经济走廊规划发展的重要指引

《中蒙俄经济走廊发展规划》中专门强调了加强生态环保合作的重要性，提出研究建立信息共享平台的可能性，开展生物多样性、自然保护区、湿地保护、森林防火及荒漠化领域的合作；积极开展生态环境保护领域的技

---

① 董战峰、葛察忠、王金南等：《"一带一路"绿色发展的战略实施框架》，《中国环境管理》2016 年第 2 期。

术交流合作。同时，绿色低碳发展应该成为中国企业在中蒙俄经济走廊开展合作的自我约束和内在要求，也应该大力推动我国绿色环保等产业走出去，打造绿色国际竞争力。

三　中蒙俄发展现状与合作基础

（一）中蒙俄经济社会发展绿色度对比

绿色增长知识平台（Green Growth Knowledge Platform）从六个方面评估一个国家的绿色发展状况，本文选取能够较为突出显示中蒙俄三国经济社会绿色发展水平和潜力的指标，分析三国现状和合作前景。从表1数据可以看出，在国民经济发展阶段和基础条件方面，中蒙俄三国的经济体量、人口规模都相差巨大。从人均GDP和经济结构来看，俄罗斯属于发达的工业化国家，工业基础雄厚，但基础设施较为老旧，需要进行大规模的基础设施更新投资。蒙古国人口和经济体量较小，工业发展水平落后，农牧业和矿产资源出口是其主要经济支柱。中国作为快速发展的新兴经济体，处于工业化发展后期的转型发展阶段。经济的不同发展阶段和资源、产业差异，决定了三个国家开展经贸合作的潜力和需求巨大。

从自然资源资产化基础方面看，三个国家由于自身资源禀赋条件的不同，在森林砍伐率、年人均生鲜水取水量、农业用地占比、陆地和海洋保护区占比等指标上具有较大差别。单纯从自然资源储量上看，俄罗斯无论从淡水资源、森林资源还是生态环境容量上看，都有着巨大的开发空间。

中蒙俄三国在环境和资源生产率方面也各有不同，中国碳排放总量和人均碳排放量都不断下降，同时碳生产力也在逐步上升。蒙古国由于工业经济不够发达，人均碳排量低于世界平均水平。俄罗斯工业基础雄厚、能源资源储量巨大，但发展方式较为粗犷、资源利用效率不高，单位GDP能源消耗和人均碳排量都远远高于世界平均水平。这种现状决定了三个国家在未来提升资源利用效率、提高能源产出率方面有着较大的合作前景。

在居民生活环境质量方面，俄罗斯在各个领域都达到较高水平，蒙古国在卫生、医疗、电力等社会公共服务方面都有较大提升空间；而中国虽然电力和卫生服务等方面有较好的普及率，但空气污染暴露度最高，这从另一个角度反映了中国发展阶段性问题和发展方式等可以为其他后发国家提供参考和启示。

在低碳社会政策方面，中蒙俄三国都需要进一步加大重视和投入，化石燃料消费补贴仍然较高，环境相关的税收还未落实，可再生电力占比与欧洲发达国家差距较大。

表 1 中蒙俄三国社会经济基础数据对比

	中国	蒙古国	俄罗斯
人均 GDP（美元，2016 年）（2010 年不变价）	6884.4	3894.3	11099.2
人口数量（百万人，2016 年）	1379.4	3.03	144.3
人口密度（人/平方千米，2016 年）	146.9	1.95	8.81
失业率（%，2016 年）	4.6	6.69	5.72
基尼系数（系数值 0–100，2014 年）	42.16	32.04	41.59
人类发展指数（系数值 0~1，2013 年）	0.72	0.7	0.78
森林砍伐率（%，2011）	−1.57	0.73	0
年人均生鲜水取水量（立方米，2013 年）	408.2	194.1	461.3
农业用地占土地面积比重（%，2012 年）	54.8	73	13.1
陆地和海洋保护区占领土总面积比重（%，2012 年）	16.1	13.8	11.3
人均 CO_2 排放量（吨，2014 年）	7.55	14.50	12.47
碳生产力（美元/千克 CO_2 排放，2010 年）	0.46	0.3	0.52
空气 PM2.5 浓度（微克/立方米，2015 年）	58.4	23.5	16.6
卫生服务普及率（%，2012 年）	65.3	56.2	70.5
净化水普及率（%，2012 年）	91.9	84.6	97
电力普及率（%，2011 年）	99.8	88.2	N. A.
可再生能源发电占比（%，2010 年）	17.5	0	16.1

数据来源：http://www.greengrowthknowledge.org/，世界银行数据库（2017 年 8 月 2 日）。

（二）中蒙俄合作基础：以"五通"为评价体系

以"政策沟通、设施联通、贸易畅通、资金融通、民心相通"（简称

"五通")为主要内容的互联互通建设是反映"一带一路"国家交流合作基础和水平的综合评价与体现。北京大学开发了"一带一路五通指数"评价方法体系。本文参考该研究成果,对中蒙、中俄五通现状进行深入分析,以探究中蒙俄三国深入开展绿色低碳发展合作的基础。

1. 中国与蒙古国

总体上,我国与蒙古国的"五通"处于良好水平,政策沟通方面达到了顺畅级别,贸易畅通、资金融通、民心相通等方面均达到良好级别,仅有设施联通处于潜力级别。

在政策沟通方面,中蒙之间的政治互信、伙伴关系、高层交流、双边往来及对话合作机制等方面都已有很好的条件;但蒙古国的政治稳定性、营商环境等方面仍有待加强,中国企业在蒙投资需要有所考虑。

在设施联通方面,中蒙之间建立起了铁路、公路、航空联系,但蒙古国整体交通运输基础设施相对落后,中蒙口岸通关效率仍有待进一步优化提高。蒙古国在电信、互联网方面发展缓慢,这些制约着蒙古国经济社会的发展速度。中蒙之间能源贸易较为频繁,建成1000公里长的中蒙石油输送管线,多条输电工程正在规划之中。①

从贸易畅通方面看,中蒙贸易畅通水平居于"一带一路"沿线国家中的较高位置,蒙古国关税水平较低,双边贸易协定、口岸经济都具备了较好的发展基础。但蒙古国非关税贸易壁垒较高,跨国贸易自由度、商业管制等整体贸易条件欠佳,制约着双边贸易规模扩大。

在资金融通方面,中蒙之间建立了货币互换合作机制和金融监管合作机制,在投资银行合作方面也取得积极进展,为两国开展金融合作构建了良好的平台和条件。但从蒙古国的国家储备、信贷市场规范性、国家货币稳定性等方面来看,总体金融环境还有待进一步改善。

从民心相通方面看,中国与蒙古国文化相近、历史相融,这为两国开展

---

① 内蒙古自治区发展研究中心:《中蒙俄经济走廊建设重点问题研究》,人民出版社,2016,第56~65页。

各领域合作提供了良好的基础。近年来蒙古国公民来华旅游、医疗、文化交流日益增加，更加拉近了两国人民的关系。

2. 中国与俄罗斯

总体而言，俄罗斯在"一带一路"沿线国家和地区的五通指数综合排名中位于首位，整体五通指数为"顺畅型"，尤其在政策沟通、设施联通、资金融通和民心相通四大方面中俄关系都居于前列，这表明中俄在共建、共享"一带一路"方面具有先天优势和巨大潜力空间。

从政策沟通方面看，中国同俄罗斯处于与所有"一带一路"沿线国家和地区最好的水平，这与多年来中俄两国高层往来密切，建立了新型全面战略合作伙伴关系以及相应的多领域、多层次对话合作机制紧密相关。

从设施联通方面看，中俄互为陆上最大邻国，建立起了非常密切的航空、铁路、海运、公路等方式的立体交通网络，两国货物、人员往来频繁；建成了跨境石油输送管道和电力输送通道，规划中有东线、中线和西线三条跨境天然气管线。俄罗斯基础设施方面也较为完善，是"一带一路"的重要通道和联通保障。

从贸易畅通方面看，尽管俄罗斯被认为在关税管制、贸易条件、营商环境等方面较为落后，但中俄两国双边贸易额、相互投资额等数据却居于前列。中俄地理上毗邻，两国的贸易往来一直比较频繁、畅通。

从资金融通方面看，中俄近年来在货币互换、金融监管、投资银行合作等方面取得了令人瞩目的成就，其中2014年中俄签署货币互换协议，旨在便利双边贸易及直接投资。

从民心相通方面看，两国历史关系悠久，人员交流往来密切，民众相互关注度和好感度都较高。俄罗斯在来华旅游人数、友好城市数量方面在"一带一路"沿线都居第一位。

四 中蒙俄三国绿色低碳发展战略对比分析

推动经济走廊建设需要通过促进各自发展战略对接，为基础设施互联互

通、贸易投资稳步发展、经济政策协作和人文交流奠定坚实基础。中国、蒙古和俄罗斯自然资源和基础条件差异较大，国家需求和发展阶段不同，对绿色发展的认知与需求和侧重也有所不同。更好地加强中蒙俄三国绿色发展战略对接，对于推进经贸务实合作具有重要意义。

（一）中国：绿色发展理念的国内实践与国际影响

中国对于绿色发展的认识和实践在不同时期经历了较大的变化。经过连续多年的经济高速增长，资源消耗、环境破坏等问题突显，在"十二五"规划中首次以绿色发展为主题，专题论述建设"资源节约型、环境友好型社会"，初步形成了中国绿色发展战略的六大支柱，即积极应对全球气候变化；加强资源节约和管理；大力发展循环经济；加大环境保护力量；促进生态保护和修复；加强水利和防灾减灾体系建设。

步入"十三五"，随着中国经济进入增速放缓、结构转型、动能转换的"新常态"，绿色发展成为经济社会发展的重要主题和目标，国家提出"生态文明"战略部署，把绿色发展列为国家五大核心发展理念之一。"十三五"规划中就绿色发展问题，中国政府提出明确的七大主要目标：生态环境质量总体改善；生产方式和生活方式绿色、低碳水平上升；能源资源开发利用效率大幅提高；能源和水资源消耗、建设用地、碳排放总量得到有效控制；主要污染物排放总量大幅减少；主体功能区布局和生态安全屏障基本形成；坚持最严格的节约用地制度、耕地保护制度、水资源管理制度、环境保护制度。

与此同时，中国也将绿色发展理念融入全面对外开发合作的总体布局当中，积极努力为全球生态安全、气候安全和能源安全做出新贡献。中国作为重要成员之一，在《巴黎协定》签署过程中发挥了关键作用。中国促成了G20杭州峰会将绿色金融纳入核心议题，也在区域发展战略中提前布局了绿色发展与绿色金融的国际合作机制，包括南南合作基金、丝路基金、亚投行等，并将构建国际能源供应体系新格局，增强经济、能源与气候领域南南合作作为重要目标。

（二）蒙古国：草原丝绸之路走向2030议程

体现蒙古国绿色发展理念和战略主要有两个文件，《蒙古国家综合发展战略 2008~2021》（2008）和《国家绿色发展战略》（2014）。

在《蒙古国家综合发展战略 2008~2021》中提出到 2015 年，实现千年发展目标的集约型经济发展，到 2021 年实现向以知识、技术为基础的经济转型。达成上述目标的主要举措与优先领域包括创建促进能力和适应气候变化的措施，可持续发展的环境，停止在该国的生态系统失衡和保护；确保国家的地区集约发展、基础设施、缩小城乡发展差距；开拓战略性矿产资源，形成和积累储蓄，确保经济集约高速增长，发展现代加工业。

蒙古《国家绿色发展战略》2014 年 7 月由国家大呼拉尔（议会）批准，是联合国绿色经济行动伙伴计划框架下的合作成果之一。蒙古国绿色发展战略，识别了其面临的高贫困率、收入不均、经济结构失衡、资源利用效率低下、气候变化问题加剧等风险和挑战，提出通过绿色发展实现环保、低排放和具有社会包容性的经济增长并提高人民生活水平，以及促进资源高效利用、降低碳排放和减少废弃物，维护生态平衡和减少环境退化，促进环境保护投资和清洁技术发展，利用税收和绿色金融政策推动绿色经济，发展绿色就业和促进绿色消费等具体战略目标。

（三）俄罗斯：提高能源效率是绿色经济核心目标

俄罗斯政府正逐步将发展绿色经济作为国家再工业化、恢复工业实力和国际竞争力的重要推力和着力点。在国家经济发展战略规划中均提到，俄罗斯现阶段经济发展的主要任务是摆脱原料经济模式，而这一任务是其"绿色经济"概念中的中心任务。俄罗斯政府高度重视绿色技术创新，推动能源结构优化。2008 年颁布了关于提高俄罗斯经济能源与生态效率若干措施的总统令，2009 年颁布了关于节能与提高能源效率的联邦法。在《俄联邦2030 年前科技发展前景预测》中将生物、节能、新材料和纳米技术等确定为技术攻关和产业发展的优先领域，还通过《俄罗斯联邦 2030 年前能源战

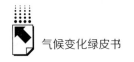
略》规定大力开发光伏太阳能、生物质能源，降低石油天然气消耗，增加核电、太阳能、生物能、水电及风能等可再生能源使用比率，大力推广与使用新能源汽车并改善电动车基础设施建设。

《俄罗斯2020年前社会经济长期发展构想》（2008）中，将发展绿色经济的社会和环境目标作为核心和基础概念。俄罗斯绿色经济的最主要目标是提高能源效率，这一目标在《俄罗斯联邦2030年前能源战略》（2010）、《关于提高能源和环境效率的总统令》（2008）、《能效法》（2009）中都得到了充分的阐述。

在应对气候变化问题上，俄罗斯的态度有过较大的转变，由质疑、消极看待到积极融入气候谈判议程，将发展高效能源和绿色技术以减少温室气体的排放，视为推动经济转型的重要途径。2015年上半年，俄罗斯提交了国家自主减排贡献方案（INDC），承诺到2030年相比1990年的排放量下降25%～30%，并考虑最大化地利用森林碳汇。

此外，据俄罗斯媒体报道，俄罗斯正在制定《2050年前国家低碳发展战略》，该战略将于2017年正式出台，为国家各个部门落实《巴黎协定》中提出的目标和承诺提出行动路线图。

五 推进中蒙俄绿色低碳合作的相关建议

第一，发展经贸合作是中蒙俄三国的共同意愿，绿色低碳发展也是三个国家经济社会发展的共同目标，而经济走廊可以作为凝聚这些愿景和行动的纽带。带动沿线国家共同追求生态文明，共商、共建、共享绿色丝绸之路，为实现2030可持续发展目标和巴黎协定的长远目标做出贡献。

第二，中蒙俄三国对于绿色低碳发展的关注点各有不同，目前应该以节能与提高能效、能源低碳化转型、生态环境治理与保护作为重点方向。传统化石能源开发和贸易目前仍是中国与蒙古、俄罗斯能源合作的主要方式，与此同时，中国在节能和能效、煤炭高效清洁转化利用、可再生能源、环保产业等先进技术和装备方面在蒙、俄也会有较大合作潜力。此外，在减缓气候变化合作方面，三个国家虽然对《巴黎协定》的立场较为接近，但蒙古和俄罗斯降低碳排放的压力和动力都不足，主要看重发挥应对气候变化对生态环境和能源系统升级变革等方面的协同作用。

第三，近期在基础设施联通方面应对作为中蒙俄经济走廊建设的先行领域，以满足能源互联互通和贸易合作的巨大需求。需要加快构建联通俄罗斯和蒙古国主要城市、重点矿区、产业园区以及主要出海口的交通运输网络，同时加快跨境能源管线和通道建设，包括天然气管道和电网线路。

第四，以国际绿色发展示范区建设带动中蒙俄经济走廊绿色低碳国际合作，促进三国在绿色发展理念、模式和产业、技术等多层面多领域的互学互鉴。① 借助俄罗斯东西伯利亚和远东开发战略落地的契机，在俄罗斯贝加尔湖地区，建立绿色农业、绿色旅游等示范区；在俄罗斯新西伯利亚地区，建立以绿色工业、绿色城市、教育与科技创新为特色的绿色科技城示范区；在蒙古建设绿色矿业、绿色跨境物流、绿色贸易等综合示范区。通过国际合作，达到交流绿色发展经验、对接绿色发展战略、实现绿色转型的效果。

第五，在中蒙俄经济走廊绿色低碳国际合作中，应充分发挥沿边地方各级政府的积极性和重要作用，打造中蒙俄绿色低碳合作示范先导区。内蒙古自治区横跨我国国内连接 8 个省区，外接俄罗斯和蒙古国，有铁路、空港口岸 19 余处，拥有对俄最大口岸满洲里和对蒙最大口岸二连浩特，区位优势明显，与蒙俄文化传统相通。黑龙江是中国最大的粮食生产基地和重要的能源原材料、石油化工和装备制造基地，毗邻俄罗斯远东多个城市。在共建中蒙俄经济走廊的过程中，应充分发挥地方及边境地区的现有合作基础与比较优势，建设一批地方开放合作平台，推动绿色低碳国际合作在地方合作中落地生根。

---

① 陈岩：《"一带一路"战略下中蒙俄经济走廊合作开发路径探析》，《社会科学辑刊》2015年第 6 期。

研究专论

Special Research Topics

G.23
北京冬奥会面临的气候风险及应对

宋连春　秦大河　马丽娟　朱蓉　周波涛　陈峪*

摘　要： 北京2022年冬奥会和冬残奥会（以下简称北京2022）期间
延庆和张家口赛区总体气候条件能够满足冬奥会雪上项目比
赛需求，但两地赛区地形复杂，局地小气候明显，赛场（赛
道）天气气候具有很强的局地性、多变性和突发性。历史分
析表明，两地比赛窗口期均曾出现过极端天气和高影响天气，
且同一赛场不同海拔及同一海拔不同位置出现的概率均有很
大差异。气候预估分析表明，21世纪20年代初冬末春初两地
气温将升高、降水将增多，既不利于赛前储雪，也不利于赛

---

* 宋连春，国家气候中心主任，研究员，研究领域为气候变化与风险管理。秦大河，中国气象
局、中国科学院西北生态环境研究院（筹）院士，研究领域为冰冻圈科学。马丽娟，国家气
候中心副研究员，研究领域为冰冻圈与气候变化。朱蓉，国家气候中心首席研究员，研究领
域为风能资源。周波涛，国家气候中心气候变化室主任，研究员，研究领域为气候变化、东
亚气候变异及机理。陈峪，国家气候中心首席研究员，研究领域为气候与气候服务。

时造雪和赛道积雪的保护和维持。气候变化使北京 2022 赛时短时－临近气象和雪质预报工作面临更大挑战，本文提出三点措施以应对多重挑战。

关键词： 冬奥会　气候变化　高影响天气　气候风险　措施

一　北京2022赛区气候背景与气候条件复杂性

北京 2022 赛区地理地形复杂，北京延庆县北、东、南三面环山，河北崇礼县境内山峦纵横、沟谷交错。由于赛场地形复杂、落差大，赛道顶、底状况不同，局地性差异明显，给赛时气象和雪冰预报带来相当大的挑战。加之气候变化背景下天气气候变率加大、可预报性变差，极端性天气气候和高影响天气存在风险较高，使得赛场（赛道）天气气候具有更强的局地性、多变性和突发性特征，为赛时气象和雪冰预报带来巨大挑战。

（一）赛区气候背景总体满足办奥需求

两地气候属于温带气候带，又同属大陆性季风气候，冬季长、降雪天气多且较寒冷。两地赛区气温条件适宜，自然积雪较深、结冰期长，风力适宜、主导风向较为稳定，雾霾天气少、空气质量总体较好，气候条件能够满足冬奥会雪上项目比赛需求。与已举办过冬奥会的俄罗斯索契和即将举办的韩国平昌相比，北京 2022 比赛窗口期（2 月 4 日至 3 月 13 日）延庆和崇礼气象条件与之相当。延庆县地处北京市西北部，北、东、南三面环山，西临盆地，属大陆季风气候，是温带与中温带、半干旱与半湿润的过渡地带，气候宜人，冬季长且较寒冷，平均气温 -6℃。崇礼县位于河北省张家口中部，境内山峦纵横、沟谷交错，亦属大陆性季风气候，是温带亚干旱区，冬季较为寒冷，平均气温为 -12℃，降雪出现早，降雪天气多，多 2 级左右的小

风，利于雪上运动①。两地2004～2013年气象资料分析显示。

（1）气温适宜。2月4日至3月13日每日赛事时段（9时至21时），延庆赛区平均气温 -9.0～-1.1℃、最高气温 -0.6～10.7℃、最低气温 -17.5～-11.0℃，崇礼赛区平均气温在 -10.0～-1.1℃、最高气温 0.9℃～11.9℃、最低气温 -21.0℃～-13.9℃之间。延庆气温最高为10.7℃、最低为 -17.5℃，崇礼气温最高为11.9℃、最低为 -21.0℃，适宜雪上项目开展。

（2）自然积雪深。2月4日至3月13日期间，延庆赛区积雪深度20.2cm，最大积雪深度可达65cm；崇礼赛区自11月7日开始有积雪，至4月9日积雪结束，积雪持续时间长达155天，积雪深度为21cm，最大积雪深度49cm。

（3）结冰期长。延庆赛区结冰开始日期为11月12日，至3月31日结束，结冰期达140天；从开始结冰到冬奥会开幕日（2月4日）天数有85天。崇礼赛区结冰开始日期为10月25日，结束日期为4月7日，结冰期长达165天；从开始结冰到冬奥会开幕日的天数达到103天。

（4）风力不大。2月4日至3月13日期间，延庆赛区每日赛事时段平均风速为1.9～3.6m/s，崇礼赛区平均风速在1.5～3.1m/s之间，多为2级左右的风力；两地主导风向基本一致，晚间及上午以东北风为主，中午至下午以西南风为主。

（5）相对湿度适中。2月4日至3月13日期间，延庆赛区平均相对湿度28%～48%、最高相对湿度76%～89%、最低相对湿度10%～19%；崇礼赛区平均相对湿度32%～55%、最高相对湿度73%～88%、最低相对湿度13%～26%；两地一般以早9点相对湿度最高，下午3点最低。

（6）雾霾天气少。2月4日至3月13日，延庆赛区大雾日数仅0.2天，崇礼赛区大雾天气近10年仅出现过1天，未出现过霾。

---

① 国家气候中心、北京市气象局、河北省气象局：《2022年冬奥会申办地北京延庆、河北崇礼气候条件分析》，2014。

（二）局地小气候为成功办奥带来挑战

雪上项目是冬奥会的"重头戏"，并将全部在延庆赛区和张家口赛区举行，但比赛场地地形起伏大、面积小，地理地形十分复杂。利用1960～2016年历史数据（下同）分析显示，赛场（赛道）天气气候具有很强的局地性、多变性和突发性特征，且两地比赛期间均曾出现过极端天气气候和高影响天气。

1. 极端寒冷和高温融雪风险因高度而不同

北京2022赛区出现低温寒冷天气风险较高。历史分析表明，崇礼（县城）日最低气温≤－15℃的寒冷天气出现概率达52.9%，日最低气温≤－20℃的寒冷天气出现概率24.5%，历史上曾出现过－32.4℃（1978年2月15日）的极端日最低气温[1]。同时，北京2022赛区也存在一定高温融雪风险。两地赛场平均气温一般都在0℃以下，但会出现日平均气温0℃以上或日最高气温≥5℃的情况。崇礼日最高气温≥5℃天气出现的概率为20.3%，还曾出现过17.0℃（2001年3月13日）的极端日最高气温[2]。

但由于赛场地形复杂、落差大，赛道顶、底状况不同，局地性差异明显。如在比赛时段，日最低气温≤－20℃的寒冷天气在云顶山顶出现的概率为7.3%，而在山底出现的概率仅为1.3%；云顶山顶未出现过日最高气温≥5℃的情况，但山腰和山底出现概率分别为6.6%和7.8%。

2. 大风及侧向风风险因位置而不同

北京2022比赛窗口期赛场风速较大、大风日数较多，山顶至山底风力和风向差异明显。如云顶山顶平均风速8.9m/s，大风概率55.3%，极大风速31.5m/s；云顶山腰平均风速4.1m/s，大风概率10.5%，极大风速24.7m/s；云顶山底平均风速3.4m/s，大风概率3.9%，极大风速20.8m/s。

---

① 河北省气候中心、张家口市气象局：《冬奥会崇礼赛区高影响天气气象风险评估报告》，2016。

② 河北省气候中心：《冬奥会期间崇礼县气象条件分析》，2014。

枯杨树赛场不仅山顶和山底风向和风速不同，而且山顶不同位置风向风速也不同。山底以北风频率最高（24.7%），平均风速最大为2.8m/s（风向南西南）；山顶左西风频率最高（43.7%），平均风速最大为6.7m/s（风向西），山顶中以西北风频率最高（16.8%），平均风速最大为1.6m/s（风向北西北），山顶右北风频率最高（11.2%），平均风速最大为2.8m/s（风向南西南）。与山底相比，山顶侧风风险较高，且山顶左风速较大。

3. 强降雪风险因高度而不同

北京2022比赛窗口期两地虽然强降雪风险总体较低，但也会发生极端降雪情况，如崇礼曾出现过19.9mm（1979年2月22日）的极端日最大降雪量。此外，赛场不同高度处强降雪发生的概率也有很大差别。如云顶雪场山顶平均降水量9.4mm、山腰14.5mm、山底13.9mm，最大日降水量山顶3.1mm、山腰11.7mm、山底4.8mm，可见山腰降水量大且更可能出现强降雨（雪）。赛道不同位置强降雪风险差异明显。

二 北京2022面临的气候风险

尽管北京延庆和河北张家口赛区气候条件总体上能够满足北京2022雪上项目比赛的需求，但考虑到各赛事比赛场地所在山区地形的复杂性和气候变暖背景下高影响天气发生概率加大等带来的挑战，成功举办北京2022仍面临巨大的气候风险。

（一）降水对比赛的可能影响

雪上项目比赛都有明确的时间计划，并对赛道用雪密度、硬度、厚度等也有明确的标准和要求。天然降雪密度（一般为150～200kg/m³）较低，与赛道用雪密度（一般为500～600kg/m³）相差甚远。若赛时因误报或漏报而发生降雪将影响赛道雪质，无法按时比赛，对赛事组织带来巨大挑战。降雨更是会对赛道雪质产生毁灭性影响。一方面液态降水下渗至赛道不同深度雪层中将直接影响雪层密度和稳定性，另一方面液态降水重新冻结在赛道表面将使赛道变滑,直接影响运动员的生命安全。多模式集成预估分析显示,21世纪20年代初期冬末春初,延庆和张家口地区的降水将以增加为主,增加值在10%~50%之间[①]。

延庆和张家口赛区降雪量、日期和分布本就具有很大不确定性,加上山区地形复杂,给高精度降雨(雪)预报带来更大挑战。

(二)温度和相对湿度对比赛的可能影响

因为天然降雪属性与比赛用雪相差较远,且需要花费大量人力物力进行收集,国际大型赛事举办地即使降雪充足,也采用人工造雪。人工造雪主要受温度、湿度、水源和雪质,以及相关设备等因素影响。在水源充足、水质达标、设备相同的情况下,温度越低、湿度越小,则出雪率越高。目前普遍采用的大范围人工造雪设备,一般要求造雪时空气温度低于0℃、相对湿度不超过60%。相同温度下,湿度越低造雪效率越高,也就是说,较高温度下,需要更低的相对湿度才能维持同样的出雪率。多模式集成预估20年代初期冬末春初,延庆和张家口地区气温将以上升为主,升高值在2℃左右,而相对湿度变化很小或略有降低。可见,冬奥会期间造雪窗口期的长短将主要取决于气温的变化情况。

温度除了影响造雪效率外,还对储雪堆的失雪率和赛道雪质产生较大影响。可想而知,若白天温度较高,赛道发生融雪,不仅直接影响运动员的比赛成绩,而且客观上会对同一场比赛先后出场的运动员产生不公平的比赛条件;若融雪至夜间再冻结,则会使赛道变滑、表面变得凸凹不平,必须在夜间进行紧急加工处理,这些工作都需要科学数据提前进行预判。对于冬奥会比赛这种大型国际赛事,用雪量很大,有关部门需根据气候变化预估和气候预测趋势提前规划造雪和储雪方案,从而最大程度节约成本,符合绿色办奥的理念。

---

① 相对于历史基准时段(1986~2005年)同期,下同。

（三）风速风向对比赛的可能影响

对于一般的雪上比赛项目，各参赛团队基本可以根据准确的风速风向预报，通过调整运动员的比赛用具参数和比赛策略加以应对，使风速风向对比赛成绩的影响降至最低。但对于跳台滑雪这种对风速风向极其敏感的比赛项目，赛时大风，尤其是侧风的发生，不仅影响比赛的公平性，而且对运动员的生命造成极大威胁。在所有雪上项目中，延庆小海坨的高山滑雪场面临的气候条件最为复杂、赛道设计标准最高，挑战最为空前，形势最为严峻。小海坨山海拔2199米，从山顶雪道起点到海拔落差800米处的直线距离为1990米，区域海拔变化幅度大，具有自身独特的小气候。

由于赛道整体朝南，滑道东侧和东南侧都有山梁耸立，在东部形成包围的地势（见图1左）。当西北方向来风时，小海坨赛场顶部山体走势与风向正交，滑道初始路段陡峭，气流过山顶后迅速下沉，在赛道开始的100～300m段形成明显回流，运动员会遭遇顶风，但风速不大，约1～1.5m/s。其余路段基本为静风。2015年和2016年比赛窗口期的2月4～20日观测表明，赛区的主导风向都是西北。东北东方向来风时，由于小海坨赛场的赛道

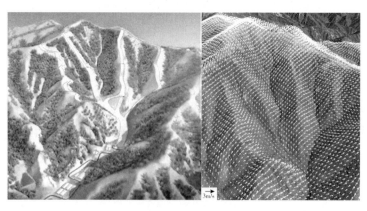

**图1　延庆小海坨高山滑雪场赛道示意图（左：来源于网络）和
西南方向来风时小海坨赛场的风速风向分布**

基本是沿山沟铺设的，因此赛道上的风向基本都是北北东和北风，运动员滑行时是顺风的。赛道顶部风速大约 3m/s，底部风速大约 0.5 ~1m/s。正东方向来风时，小海坨赛场赛道上的风向基本都是东北东，运动员滑行时左侧受风，但风速很小。赛道顶部风速约 2 ~3m/s，底部风速约 0.5 ~1m/s。值得注意的是，当出现西南风时，赛道上的运动员将会遇到明显的顶风。延庆气象站资料表明，西南风出现频率 6%，平均风速 2.4m/s。2015 年和 2016 年比赛窗口期的 2 月 4 ~20 日的气象观测表明，西南风出现频率为 10%。从图 1 右可以看出，赛道上是明显的南风，运动员会一路顶风，但风速除了在赛道顶部和开始的 200 ~300m 以内风速达 2 ~3m/s 外，其余大部分赛道风速都在 1 ~2m/s。

三 气候变化使得赛时气象保障面临更大挑战

总体来讲，2022 年冬残奥会期间延庆地区气温将升高，湿度将增大，降水将增多，一方面不利于赛时造雪，另一方面不利于赛道积雪的保护和维持；张家口地区由于气温升高、降水增多，也对赛道积雪的保护和维持带来不利影响。气候变化将使得北京 2022 赛时短时 - 临近气象和雪冰预报工作面临更大挑战。与此同时，考虑充分利用赛时降水过程进行人工增雪，以形成景观雪，则需要更为精细化的气象和雪冰预报能力，以及气象和雪务综合管理能力。

（一）偏暖背景下高温融雪风险挑战雪质预报

历史资料显示，延庆和张家口两地冬奥窗口期赛场平均气温一般都在 0℃ 以下，但会出现日平均气温 0℃ 以上或日最高气温 ≥5℃ 的情况。预估结果显示，2022 年冬奥期间两地平均气温和日最高气温均将进一步升高，且举办冬残奥会的 3 月增暖更强，这就使得 2022 年冬奥会，尤其是冬残奥会赛场的高温融雪风险进一步加大，给赛道雪质预测和保障工作带来挑战。

（二）大风及侧风风险挑战短临预报技术

大风及侧风的出现严重影响比赛质量和运动员的生命安全。北京2022冬奥窗口期间，赛场风速较大，大风日数较多，山顶至山底风力和风向差异明显，且山顶不同位置风向风速也不同。虽然预估2022年赛区风速有所减小，但山区复杂地形使得风向预报具有一定难度，冬奥赛时对风速风向预报准确率的要求仍是短临天气预报技术需要攻克的重点和难点。

（三）赛道差异化预报需求挑战当今气象预报水平

历史资料分析表明，虽然冬奥窗口期间两地强降水风险总体较低，但也曾发生极端降雪情况。而且，赛场不同高度处强降水发生概率差别很大，赛道不同位置强降水风险差异也十分明显。预估结果显示，冬奥会期间延庆和张家口赛区降水将以增加为主，且2月较3月增加的多。赛时降雨对赛道雪质具有毁灭性影响，赛时降雪也将严重影响赛道雪质，进而影响整个比赛进程。因此，在降水增多背景下，在复杂地形山区需要对赛道不同位置进行有针对性的天气预报，这对当前短临天气预报技术具有相当大挑战。

此外，其他高影响天气（雾、霾和沙尘天气）也存在一定风险，如冬奥窗口期间，崇礼历史上出现大雾天气3天，霾19天，出现浮尘50天、扬沙13天、沙尘暴4天。虽然赛时降水增多、风速减小、相对湿度增加会降低出现沙尘天气的概率，但同时也增加了雾、霾等不利于赛事的天气和环境现象出现的概率。

四 科技助力冬奥应对巨大气候挑战

气象与雪质服务保障将直接影响到冬奥会的成功举办，小尺度山地气象与雪质监测预报服务是一个国际难题，在我国也属空白。此次冬奥会雪上项目赛场地形起伏大、面积小，高精度气象预报难度很大。加上气候变暖，使赛场气象服务和保障问题更加突出，北京 2022 气象与雪质监测预报重大科技攻关刻不容缓[①]。

（一）加强系统建设、装备保障和业务运行

冬奥会气象与雪质保障系统需要布设气象观测网，建立精细化的模式系统和雪质监测系统，这些系统的建立至少需要 3~5 年的时间，现在距举办时间已经很近（仅 4 年），需要加快速度、尽快部署。

目前已建观测系统还远远不能满足赛事高标准的气象和雪质服务要求。气象部门要联合中国科学院等有关部门，面向各赛场实际需求，按照"一赛一策"标准，从国家层面科学规划赛区及其上游地区气象和雪质专业监测站网，布设立体化、多要素，兼顾大范围气象背景场和小尺度网格匹配的综合观测系统，满足冬奥气象与雪质服务需求。

（二）突破冬奥气象和雪质预报重大核心技术

小尺度山区气象与赛场雪质精细化预报服务保障技术，是北京冬奥会筹备工作中的最大短板，亟须协调各方力量，抓紧成立项目专家组，力争在精细化天气和雪质预报技术领域实现跨越式发展。

雪上比赛项目需要时间上精确到分钟级、空间上精确到百米级的气象监测预报预警产品，以及有针对性的赛事专项服务产品。项目组要通过构建协同观测系统，揭示复杂地形下各种气象要素和人造雪物理性质演变的基本规律，发展高分辨率气象与雪质数值预报技术、降尺度技术和局地解释应用技术，研发适用于北京 2022 赛时保障的高分辨率数值天气预报模型和赛道雪质预报模型。

（三）建立统一协调组织，统一部署和行动，联合攻关

冬奥气象与雪质保障服务是重大战略科技问题，是多学科交叉的复杂科

---

① 秦大河等：《北京 2022 冬奥气象与雪质监测预报重大科技攻关刻不容缓》，中科院院士咨询项目建议书，2017。

学问题，必须联合科技部门、冬奥赛事主办部门、气象部门，采取集中攻关的组织方式。与气象站网建设相关的电力、通讯、水利、人力等多部门，需要北京冬奥组委统一协调，特事特办。

针对国际奥林匹克委员会与国际单项体育联合会提出的相关需求，北京冬奥组委就气象服务提出了具体要求。完成这些具体要求不仅需要解决多学科交叉的复杂科学问题，还涉及多部门协调问题，需要北京冬奥组委作为总协调机构，全力支持和重点保障冬奥气象和雪务工作。

G.24
应对气候变化与土地沙漠化和
沙尘暴防治协同的新认知

张称意　高荣　吴军　杨忠霞*

摘　要：　土地沙漠化和沙尘暴是人类活动、自然驱动因素双重作用的结果，气候变化大背景下的风速、降水、温度、干燥度等的变化，会引起土地沙漠化与沙尘暴发生及其强度的变化。人类的开垦、过度放牧等植被覆盖破坏活动，导致土地沙漠化和沙尘暴的发生或加重；上游的灌溉、城市化对来水拦截，会引起下游的季节性河流、湖泊或尾闾湖的干涸而使其成为新的或增强的风沙源。到目前为止，自然的风沙活动仍然是沙尘输入大气的主要源。现代风沙活动的主要地区，在未来气候变化背景下可能变得更为干燥。对于人类活动下的土地利用及其变化，不仅要深入关注其长期的气候效应，也要关注其与气候要素的相互作用，以及它们共同作用所引发的环境效应。适宜的技术措施，能起到防风固沙，缓解土地沙漠化与沙尘暴的作用。

关键词：　气候变化　土地沙漠化　沙尘暴　土地利用变化　气候变化影响

---

* 张称意，国家气候中心研究员，主要研究领域为温室气体清单方法学、地气间温室气体交换通量、气候变化对生态系统的影响；高荣，国家气候中心高级工程师，主要研究领域为气候灾害风险；吴军，环保部南京环境科学研究所副研究员，主要研究领域为自然保护、生物多样性公约履约与谈判；杨忠霞，内蒙古阿尔山气象局高级工程师，主要研究领域为气象观测、气象灾害。

当前以气候暖化、大气温室气体浓度攀升、干旱洪涝加剧为突出特征的气候变化，成为影响人类社会实现可持续发展的严重挑战。与此同时，长期困扰人类社会发展的土地沙漠化与沙尘暴，也仍然威胁着人类社会的可持续发展，特别是流沙对土地、房屋、道路的掩埋破坏以及沙尘暴所经过地区出现的大气能见度下降与辐射变化、空气污染，进而诱发交通事故、易感人群呼吸系统疾病等生态环境与人类社会问题。这些问题不仅困扰着当今人类福祉，也制约着未来的可持续发展。然而气候变化与土地沙漠化及沙尘暴有着怎样的联系？特别是气候变化是否会加剧土地沙漠化与沙尘暴，以及气候变化和土地沙漠化与沙尘暴是否会进入正反馈状态，相互推升而使其状况进一步恶化？这些问题引起包括科学界在内的社会各界广泛关注。本文以这些问题为基本出发点，就科学界、国际社会对土地沙漠化、沙尘暴的最新评估，特别是以2016年由联合国环境署（UNEP）、世界气象组织（WMO）和联合国防治荒漠化公约（UNCCD）共同发起的《全球沙尘暴评估（*Global Assessment of Sand and Dust Storms*）》为依据，就如下问题进行分析阐述、讨论。其一，什么因素驱动着土地沙漠化与沙尘暴；其二，气候变化与土地沙漠化和沙尘暴趋势有着怎样的关系；其三，可直接运用于土地沙漠化防治和沙尘暴治理的技术措施主要有哪些。本文提供人类社会对这些问题的新认识，并就此进一步探讨，以抛砖引玉，激发学术界与公众对相关问题的更广泛关注与深入探索，以便形成共识，积极创新，推动土地沙漠化防治、沙尘暴治理和气候变化应对行动，实现土地利用的可持续。

一　土地沙漠化与沙尘暴驱动因素变化认知的进展

土地沙漠化（Sandy Desertification）即以风沙活动为主要特征，并形成或活化、风蚀、风积地貌景观与发展的土地荒漠化[1]、[2]。由此可见，土地沙

---

① 朱震达、陈广庭：《中国土地沙质荒漠化》，科学出版社，1994。
② 马世威：《荒漠化与沙漠化》，见马世威、马玉明、姚洪林等编《沙漠学》，内蒙古人民出版社，1998，第162~173页。

漠化是以土地的风沙活动发生或出现、发展或者再发生为主要标志，以及随之而来的风沙景观与地貌、生态状况。而沙尘暴（Sand and Dust Storm）则是一类大气过程与现象，以干燥、松散的地表经强风吹蚀后一定粒径的沙尘颗粒物卷入大气，并随气流传输或较短或较长距离，最后降落回地表或水面为主要特征①。由此可见，土地沙漠化必然导致沙尘暴，土地沙漠化的地区往往是沙尘暴的源头或源头之一。由于沙尘颗粒物随气流传输，沙尘暴发生地区不一定发生土地沙漠化，特别是下风向地区。这些地区主要遭受源头区或上风区传输来的沙尘暴的影响。科学研究已揭示，土地沙漠化与沙尘暴的发生，既受到自然因素的影响，也受到人类活动的影响，特别是不合理的土地利用与管理。总的来看，干燥、松散的颗粒物存在是土地沙漠化与沙尘暴形成的物质基础，而地表缺乏有效的覆盖、强风则是土地沙漠化与沙尘暴形成的直接驱动者。表1列出了这些因素的变化对土地的沙漠化与沙尘暴影响认知的变化。

表1　重要因素的变化对土壤或沉积物风蚀的影响

气候		土壤或沉积物		植被		地形	
变化的因素	对风蚀影响	变化的因素	对风蚀影响	变化的因素	对风蚀影响	变化的因素	对风蚀影响
风速	趋势一致	土壤或沉积物类型	不确定	类型	不确定	地表粗糙度	趋势一致或不同
风向	不确定	土壤或沉积物结构	不确定	覆盖度	趋势相反		
湍流	趋势一致	有机质含量	趋势相反	密度	不确定		
降水量	趋势相反	碳酸盐含量	趋势相反	分布	趋势一致或不同		
蒸发	趋势一致	容重	趋势不确定				

① UNEP, WMO, UNCCD, 2016, *Global Assessment of Sand and Dust Storms.* United Nations Environment Programme, Nairobi.

续表

气候		土壤或沉积物		植被	地形
气温	趋势一致或不同	团聚度	趋势相反		
气压	趋势一致	表层含水量	趋势相反		
冻融	趋势一致或不同				

注：引自 UNEP, WMO, UNCCD, 2016, 有删节。

从表 1 可以看出，强风、地表覆盖度、地表干燥变化的一切因素，都会或直接或间接影响土地沙漠化与沙尘暴的发生。

起沙风速或风蚀风速是指风速达到特定值时地表颗粒物被风卷起而被搬离或进入大气。显然该风速与当地的地表特性直接相关。达到或超过该特定值风速的日数与持续时间的减少、变短或增多、变长，土地沙漠化与沙尘暴的发生则会随之减轻或加重。

不可持续的采樵、开垦、过度放牧、烧荒等植被覆盖破坏的人类活动会导致风沙活动加剧或加重[①]，干旱、半干旱区尤其明显。

全球约有 3200 万平方千米的土地容易遭受风蚀，其中 1700 万平方千米的土地高度或即高度易遭受风蚀[②]。

上游的农业灌溉、城市发展对来水的拦截，直接导致季节性河流、湖泊或尾闾湖的干涸，而成为新的风沙活动源头，会引起土地沙漠化和沙尘暴的加剧[4]。

萨赫勒（Sahel）综合征已出现在拉丁美洲、非洲撒哈拉亚区（Sub-Sahara），以及北非、亚洲的干旱区；"尘碗（Dust Bowl）"综合征等黑风暴灾害出现在美国、苏联等工业化国家。这些现象昭示着人类社会：对自然资

① Middleton. 2011. "Living with dryland geomorphology: the human impact." In *Arid Zone Geomorphology: Process, Form and Change in Drylands* (ed. Thomas, D. S. G.), pp. 571–582.

② Eswaran, H., Lal, R. and Reich, P. F. *Land degradation: an overview*. In: Responses to Land Degradation. (ed. Bridges, E. M., Hannam, I. D., Oldeman, L. R., Pening de Vries, F. W. T., Scherr, S. J. and Sompatpanit, S.), pp. 20–35. Oxford Press, New Delhi, India, 2001.

源的过度利用、违反自然规律的不合理活动，不仅直接驱动了沙尘暴，也必将给人类自身带来沉重的打击。

二 气候变化与土地沙漠化和沙尘暴趋势关系的新认知

土地沙漠化与沙尘暴与区域气候状况、气候的波动、气候变化关系密切。气候变化通过引起干旱、半干旱、半湿润区域降水、蒸发等水热状况的变化和强风事件频率与强度的改变，直接对土地沙漠化和沙尘暴产生影响。当气候向少雨干旱转变时，则原有植被退化、覆盖下降，土壤有机质、粘粒等细颗粒物质含量逐年降低，土壤易遭受风力侵蚀，土地沙漠化与沙尘暴发生或加剧；反之，当气候向多雨湿润转变时，植物生长变得繁茂、植被覆盖加大，生态系统向生草化、成土化风向发展，土壤有机质与粘粒等细颗粒物质逐步积累，土壤侵蚀的频率与强度都呈下降趋势或消失，土地沙漠化与沙尘暴减轻或逆转。

现代发生风沙活动的主要地区，在未来气候变化背景下可能变得更为干燥，包括南欧和北非的地中海、撒哈拉（Sahara）北部、中亚和西亚、美国西南部、南澳等地区[①]。北半球中纬度地区自 19 世纪中叶以来的降水增加，有助于该区域的土地沙漠化和沙尘暴的减少。东非在未来气候变化下，可能降水增多而有所变湿。

萨赫勒（Sahel）地区、印度恒河盆地在未来干湿变化，模式的预测结果还有很大的不确定性[②]。

---

① IPCC, Summary for Policymakers. *In Climate Change* 2013: *The Physical Science Basis. Contribution of Working Group I to the Fifth Assessment Report of the Intergovernmental Panel on Climate Change* (ed. Stocker, T. F. , Qin, D. , Plattner, G. K. , Tignor, M. , Allen, S. K. , Boschung, J. , Nauels, A. , Xia, Y. , Bex, V. andMidgley, P. M.). Cambridge University Press, Cambridge, United Kingdom and New York, NY, USA, 2013.

② IPCC, *Climate Change* 2013: *The Physical Science Basis. Contribution of Working Group I to the Fifth Assessment Report of the IntergovernmentalPanel on Climate Change* [Stocker, T. F. , D. Qin, G. -K. Plattner, M. Tignor, S. K. Allen, J. Boschung, A. Nauels, Y. Xia, V. Bex and P. M. Midgley (eds.)]. Cambridge University Press, Cambridge, United Kingdom and New York, NY, USA, 2013.

利用 MODIS 资料与土地利用资料，对全球沙尘暴源区辨识与扬尘的估算发现，全年输入进大气沙尘约为 1223 百万吨~1536 百万吨，其中约 25% 源于人类活动（主要是农业活动），75% 源于自然风沙源①。由此可见，自然风沙源仍然是全球风沙源的主体，气候变化通过引起自然风沙源的变化，而对全球的土地沙漠化与沙尘暴产生影响。对于在气候变化影响下降水减少变干而植被退化的区域，则土地沙漠化与沙尘暴很可能会加重②；相反，在气候变化影响下降水增多变湿润植被向茂盛方向发展的区域，则土地沙漠化与沙尘暴有可能减轻与向逆转方向发展。需要指出的是，由于对风沙源区识别的方法、途径和标准可以有很大的不同，覆盖全球的土地利用与管理的详细资料十分不足。因而对包括人类源在内的风沙源的识别，仍然有很大的不确定性。

同时也应当注意到，人类活动通过与气候强迫要素相互作用，对土地沙漠化与沙尘暴起到推波助澜的作用。气候模式研究表明：美国发生在 20 世纪 30 年代的"黑风暴"则是由海温（SST）强迫与土地利用变化相互作用的结果③。将沙尘气溶胶、植被边界层条件等的反馈作用耦合进气候模式中，模拟显示：不合理的人类活动引起的土地退化不仅贡献了美国的"黑风暴"，也放大了同时期的干旱程度；它们的共同作用将海温强迫的中度干旱推升到了美国历史上的最严重的环境灾难④。因而，对于人类活动下的土地利用及其变化，不仅要深入关注其长期的气候效应，也要关注其与气候要

① Ginoux, P., Prospero, J. M., Gill, T. E., Hsu, N. C. and Zhao, M. "Global-scale attribution of anthropogenic and natural dust sources and their emission rates based on MODIS Deep Blue aerosol products." *Reviews of Geophysics*, 2012, 50, 1-36.

② 高晓红、温璐、刘华民、梁存柱、刘东伟、卓义、清华、李智勇、王立新：《基于 Logistic 回归模型的浑善达克沙地动态及其驱动力分析》，《内蒙古大学学报》（自然科学版）2016 年第 6 期，第 625~634 页。

③ Cook, A., Miller, R. L., and Seagera, R. "Amplification of the North American 'Dust Bowl' drought through human - induced land degradation." *Proceedings of the National Academy of Sciences*, 2009, 106.

④ Lee, J. A. and Gill, T. E. "Multiple causes of wind erosion in the Dust Bowl." *Aeolian Research*, 2016, 19A, 15-36.

素的相互作用，以及它们共同作用所引发的环境效应。同时，为了避免土地沙漠化与沙尘暴与气候变化相互作用以及由此引发的环境效应，对区域，乃至全球的旱涝灾害，区域，乃至全球社会经济产生严重的负面影响与冲击，全社会的预防性原则仍然是应当且必要的。

三 应用于土地沙漠化防治与沙尘暴缓解技术措施的新进展

土地沙漠化的防治和沙尘暴的缓解，技术措施是关键。没有土地沙漠化防治和沙尘暴缓解技术措施，人类就难以解决土地沙漠化和沙尘暴问题，可能会陷入无望解决的境地。针对土地可能发生沙漠化的风险管理、风沙活动源头区沙尘输送的控制、受风沙危害道路、建筑等重要基础设施的保护等不同的立地条件与防护目标，需要有不同的技术措施。

对于处于半干旱、半湿润区大量的农田、草地等风蚀沙化潜在风险较高且未发生明显的风蚀沙化的土地或地段，主要采用保护植被、土地可持续利用的防护性技术措施，如可用于草地的控制放牧、划区轮牧等保护利用技术措施，[1][2] 以及可用于农田的免耕或保护性耕作、封育补播、防护林带营造、混农林业等技术措施，以实现增加地面粗糙度，降低风速，保护地表免受强风吹蚀。

对于已发生了沙化成为风沙源的土地或地段，特别是干旱区、半干旱区、半湿润区的移动沙丘、半固定沙丘因风蚀沙化的发生，往往是沙尘暴的源区，在强风吹蚀下向大气输送沙尘颗粒物；并出现沙丘的移动，对邻近的道路、建筑等基础设施形成沙物质堆积或掩埋。此类土地主要采用机械沙障、植物活沙障，以及人工播种植物繁殖体进行固沙等技术措施，以防风固

---

① 任继周、侯扶江、胥刚：《放牧管理的现代化转型——我国亟待补上的一课》，《草业科学》2011 年第 10 期。

② 任继周：《放牧，草原生态系统存在的基本方式——兼论放牧的转型》，《自然资源学报》2012 年第 8 期。

沙，减轻大风气流对沙物质的吹蚀、搬运以及向大气输送颗粒物[1]。研究表明：机械沙障、植物活沙障等都有降低风速、阻挡或固定流沙，改变风沙运动规律、地表蚀积状况，实现保护对象免受风沙危害[2][3][4]。近年来，我国在治理库布齐沙漠、毛乌素沙地中摸索出水冲法扦插造林，使得沙柳造林的劳动生产率大大提升，沙柳成活率也明显提高[5]。为沙柳林的大面积营造，扩大风沙化土地的植物覆盖，减轻风沙危害，改善沙区生态环境探索出一条新路。

结　语

受气候干旱的影响，沙尘暴的发生受到了自然的影响，但人类对土地沙漠化与沙尘暴的贡献已清晰可辨。而且土地沙漠化与沙尘暴不仅向大气输送颗粒物，也可能通过与气候强迫因素的相互作用，在一定时空尺度上对人类经济社会产生严重影响。在干旱、半干旱和半湿润区，针对不同的土地覆盖与利用，采取不同的技术措施，可以起到降低土地沙漠化风险，扩大沙化土地的植物覆盖，缓解土地沙漠化与沙尘暴的作用。

为了保护人类生存的家园，实现在 2030 年全球土地退化零增长目标[6]，可持续的土地管理（SLM）必将是应对气候变化、治理与逆转沙化土地和缓

---

[1] 刘树林、王涛：《浑善达克沙地的土地沙漠化过程研究》，《中国沙漠》2007 年第 5 期。

[2] 韩致文、王涛、董治宝、张伟民、王雪芹：《风沙危害防治的主要工程措施及其机理》，《地理科学进展》2004 年第 1 期。

[3] 孙涛、王继和、满多清、吴春荣、刘虎俊、马全林、朱国庆：《仿真固沙灌木防风积沙效应的风洞模拟研究》，《水土保持学报》2011 年第 6 期。

[4] 梁爱民、马杰、张瑾、马义娟、苏志珠：《民勤荒漠—绿洲过渡带不同沙障的阻沙粒度分析》，《太原师范学院学报》（自然科学版）2016 年第 1 期。

[5] 王文彪、吕新丰、张吉树、乔荣、韩彦隆：《库布齐沙漠水冲法植柳造林适宜密度研究》，《北方园艺》2013 年第 23 期。

[6] UN. "Transforming our world：the 2030 Agenda forSustainable Development.", 2015, http://www.un.org/ga/search/view_doc.asp? symbol = A/RES/70/1&Lang = E 20170926.

解沙尘暴的主要途径①。正如习近平在给《联合国防治荒漠化公约》第十三次缔约方大会的贺信所指出，包含土地沙漠化在内的土地荒漠化，是影响人类生存和发展的全球重大生态问题②。尽管人类社会在防治土地荒漠化取得了明显成效，但形势依然严峻。敬畏自然、保护自然，合理利用土地，努力运用才智治理沙漠化土地与缓解沙尘暴，可能是协同解决气候变化与土地沙漠化和沙尘暴的有效途径。

---

① UNCCD. Sustainable land management for addressingdesertification/land degradation and drought, climate changemitigation and adaptation. GE, 2017.
② 《习近平致信祝贺〈联合国防治荒漠化公约〉第十三次缔约方大会高级别会议召开》，http：//china. chinadaily. com. cn/2017 - 09/11/content_ 31856381. htm 20170918。

G.25
海平面上升对上海的影响
及应对措施选择*

刘校辰　田　展　胡恒智　吴　蔚　孙兰东**

摘　要：　本文分析了全球及区域海平面的上升趋势，阐述了海平面上
　　　　　升对上海社会、经济发展的影响和风险，并在此基础上提出
　　　　　了相应的措施。分析结果显示近30年是全球海平面上升最快
　　　　　的阶段；近5年上海海平面上升明显加速；预计到2100年全
　　　　　球海平面上升最低幅度0.3米，最高上升幅度可能超过1米，
　　　　　极端上升幅度可能超过2米；上海20世纪末相对海平面上升
　　　　　有可能超过1米。

关键词：　气候变化　海平面上升　上海　影响

一　前言

20世纪90年代和2009年，上海开展过两次较大规模的海平面变化研究

---

* 本文受国家自然科学基金项目"韧性城市卫生健康领域适应气候变化评价方法研究
（41401661）"及"基于稳健控制理论的沿海城市主动应对气候变化条件下的洪涝灾害风险研
究（41671113）"的资助。

** 刘校辰，上海市气候中心高级工程师，研究领域为气候变化对城市主要领域的影响评估及适
应性对策研究；田展，上海市气候中心副研究员，研究领域为气候变化影响及适应对策研究；
胡恒智，上海市气候中心工程师，研究领域为气候变化对城市内涝的影响及对策研究；吴蔚，
上海市气候中心工程师，研究领域为气候变化预估及影响评估；孙兰东，上海市气候中心高
级工程师，研究领域为气候监测及气候变化影响评估。

与调研活动，在海平面上升的可能幅度、对上海可能的影响及适应对策三个方面取得了丰富的研究成果。上海市也据此修订了城市防潮的设计标准。但国外最新研究成果显示，若考虑格陵兰、南极冰盖以及陆地冰川加速融化，到2100年全球海平面上升将有可能超过1米，海平面上升极端值甚至可能超过2米，这远远超出上海以往预估的海平面上升的结果。在这种情况下，目前上海的城市基础设施设计标准，特别是防潮堤坝、沿海公路、港口和海岸工程的防御能力将明显降低。在上海建设全球城市的背景下，提升城市安全保障水平十分重要，应对海平面上升应具有长远性目标，需充分考虑未来的应对措施，做到万无一失，以保障人民生命财产的安全。因此，在两年调研和分析的基础上，完成了海平面上升对上海的影响分析报告，分析了全球及区域海平面的变化趋势，评估了海平面上升对上海的影响，并提出了一些应对措施。

二 全球及上海海平面变化趋势分析

（一）工业革命以来全球海平面出现加速上升趋势

研究显示，19世纪之前的两千多年间，全球平均海平面变化速率基本保持在大约 -0.1毫米/年～0.6毫米/年的相对稳定的范围[1]。但自1840年工业革命以来，验潮站的数据显示全球海平面上升速率增加到0.8毫米/年，1920～1990年升速达到2.0毫米/年，1990年以后，海平面上升速度进一步加快，上升速度增加到3.2毫米/年[2]。

（二）我国沿海海平面上升显著

研究显示，1950～1999年，中国海平面的平均变化速度约为1.3毫米/

---

[1] Kemp, A. C., Horton, B. P., Donnelly, J. P., Mann, M. E., Vermeer, M., Rahmstorf, S., "Climate relatedsea-level variations over the past two millennia", *Proceedings of the National Academy of Sciences* 108 (27) (2011): 11017 – 11018.

[2] Church, J. A., White, N. J., "Sea-level rise from the late 19th to the early 21st century", *Surveys in Geophysics* 32 (4 – 5) (2011): 585 – 602.

年，自 1983 年来，海平面变化速度则一直在增加①。根据国家海洋局最新发布的《2016 年中国海平面公报》显示，2016 年中国沿海海平面较 1993～2011 年的常年平均值高 0.082 米，比 2015 年高 0.038 米，为 1980 年以来的最高位。据《2016 年中国海平面公报》统计，1980 年至 2016 年，中国沿海海平面上升速率为 3.2 毫米/年。

（三）近五年来上海市沿海海平面上升明显加速

《2016 年中国海平面公报》表明，2003～2015 年上海市沿海绝对海平面呈现出明显的上升趋势，相对 1975～1993 年平均海平面升高了约 0.06 米（见图 1），上升速率达到 4.8 毫米/年，高于全球同期 3.2 毫米/年的平均上升速度；尤其是 2012 年开始，上海市沿海海平面变化呈现出快速上升的特征。2014 年、2012 年和 2015 年上海市沿海海平面分别为 1980 年以来的第一、第二和第三高位。

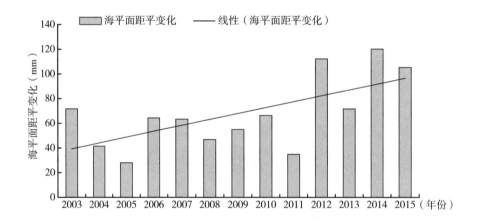

图 1　2003～2015 年上海沿海海平面距平（1975～1993）变化

数据来源：《2016 年中国海平面公报》。

_____

① 吴中鼎、李占桥、赵名才：《中国近海近 50 年海平面变化速度及预测》，《海洋测绘》2003 第 23 期，第 17～18 页。

三　未来全球及上海海平面变化趋势分析

（一）2100年全球海平面上升最低0.3米，有可能超过1米

国内外很多研究机构针对未来海平面变化开展了评估工作，不同的研究机构和学者得出的全球海平面变化范围相差很多，但是比较一致的结果是未来海平面升高将超过0.3米，而且可能超过1.0米（见表1）。

表1　海平面上升高度预估范围

单位：米

研究者	海平面升高范围	概率	升高的最大极值
IPCC AR5	0.28~0.82	>66%	0.82
NOAA TR 2017[①]	0.3~2.5	94%	2.5
Kopp et al. 2014[②]	0.3~1.2	90%	1.2
Pfeffer et al. 2008[③]	0.8~2.0		2.0

注：①NOAA. "Global and regional sea level rise scenarios for the United States", (NOAA Technical Report NOS CO – OPS083, 2017), p. 56.

②Kopp, R. E., R. M. Horton, C. M. Little, J. X. Mitrovica, M. Oppenheimer, D. J. Rasmussen, B. Strauss, C. Tebaldi, "Probabilistic 21st and 22nd century sea-level projections at a global network of tide-gauge sites", *Earth's Future* 2 (8) (2014): 383 – 406.

③Pfeffer, W. T., Harper, J. T. and O'Neel, S., "Kinematic constraints on glacier contributions to 21st-century sea-level rise", *Science* 321 (5894) (2008): 1340 – 1343.

2017年美国国家海洋大气局（NOAA最新发布的）海平面变化评估的报告中分析了在不同温室气体排放情景下（RCP2.6、4.5、8.5）全球海平面上升的概率。研究发现到2100年全球海平面上升0.3米的概率接近100%，超过1米的概率在2%~17%之间。

（二）未来海平面上升极端值将有可能超过2米

IPCC第五次评估报告中指出21世纪海平面最大上升高度为0.98米，但此研究结果并未考虑到南极冰盖和格陵兰岛陆地冰川加速融化等因素。美

国 NOAA 在 2017 年的海平面评估报告中，考虑了南极洲和格陵兰岛大陆冰架的融化问题，预测未来海平面升高范围为 0.3 米到 2.5 米之间（见表 1）。考虑到最近几年南极冰盖的加速融化，这一预估结果的可信度也进一步提升。

英国气象局预估到 2100 年全球海平面升高的极端值也将可能超过 2 米，并将 2.7~4.2 米作为风暴潮可能增加的极端情况。

（三）上海海平面到21世纪末也有可能上升超过1米

受全球海平面升高和局地地面沉降等因素的影响，上海地区未来的海平面还将持续升高。表 2 统计了 20 世纪 90 年代以来有关上海地区海平面变化的预测结果。由表中结果可以看出，2030 年上海地区海平面上升高度基本在 0.04~0.1 米之间，2050 年上升 0.09~0.2 米，2100 年上升不超过 1 米。

另外，地面沉降进一步加快了上海的相对海平面上升速度。由表 2 中可以看出，2030 年相对海平面上升高度为 0.30~0.35 米，2050 年上升高度为 0.4~0.5 米，2100 年上升高度极值达 1.27 米。

表 2　上海未来海平面上升量预测

单位：米

文献		2030	2050	2090	备注
史运良等 1992[①]	ESL	0.3~1			2090 年最可能上升值为 0.6 米
	RSL	0.57~1.27			考虑到地面沉降速率 2.7 毫米/年
郑大伟，等 1996[②]	ESL	0.06	0.09		
	RSL	0.30	0.40		考虑佘山和上海地区地面沉降
秦增灏，等 1995[③]	ESL	0.099	0.199		
	RSL	0.35	0.52		考虑地面沉降速率 10 毫米/年
魏子昕，等 1998[④]	RSL	0.35	0.41		考虑地面沉降和构造沉降
施雅风，等 2000[⑤]	RSL	0.32~0.34	0.48~0.51		考虑地面沉降速度为 5 毫米/年
Jun Wang et al. 2012[⑥]	ESL	0.09	0.19	0.44	相对于 1997 年的年平均海平面上升值

续表

文献		2030	2050	2090	备注
程和琴,等 2015[⑦]	ESL	0.04			相对于 2010 年
	RSL	0.10 ~ 0.16			考虑地面沉降约 0.06 ~ 0.10 米
2016 年中国海平面公报	ESL		0.065 ~ 0.15		相对于 2016 年

①史运良、沈晓东:《上海未来百年海平面上升预测及影响浅析》,《南京大学学报》1992 年第 28 期,第 614 ~ 622 页。

②郑大伟、虞南华:《上海地区海平面上升趋势的长期预测研究》,《中国科学院上海天文太年刊》1996 年第 17 期,第 37 ~ 45 页。

③秦增灏、李永平、端义宏等:《海平面变化趋势的研究和预测》,上海市气象局,1995,第 20 页。

④魏子昕、龚士良:《上海地区未来海平面上升及产生的可能影响》,《上海地质》1998 年第 1 期,第 14 ~ 20 页。

⑤施雅风、朱季文、谢志仁等:《长江三角洲及毗连地区海平面影响预测与防治对策》,《中国科学》(D 辑)2000 年第 3 期,第 225 ~ 232 页。

⑥Jun Wang, Wei Gao, ShiyuanXu, Lizhong Yu, "Evaluation of the combined risk of sea level rise, land subsidence, and storm surges on the coastal areas of Shanghai, China", *Climate Change* 115(2012): 537 – 558.

⑦程和琴、陈吉余等:《海平面上升对长江河口的影响研究》,科学出版社,2016,第 8 ~ 11 页。

注:ESL:平均海平面;RSL:叠加了地面沉降的海平面。

根据 2016 年的《中国海平面公报》预测,未来上海年均绝对海平面上升速率为 3 ~ 5 毫米/年,如果上海严格控制地面沉降在 5 毫米/年之内,按照这个上升速度推算,2100 年上海的绝对海平面将比现在上升约 0.25 ~ 0.42 米,相对海平面将上升 0.67 ~ 0.83 米的高度。可见,上海地区未来相对海平面上升高度将至少为 0.3 米,有可能上升 1 米。

四 海平面上升对上海的影响

上海是我国沿海地区经济最密集、人口最稠密的特大型城市,在全国的经济地位举足轻重。因此,上海对海平面的变化相当敏感,也是中国沿海城市面临海平面上升危害威胁最大的城市之一。海平面上升对上海社会、经济都有显著影响。

（二）海平面上升对城市安全的影响

1. 抗洪防汛标准呈趋势性下降，风暴潮灾害威胁加大

海平面上升一方面抬高水位，使得极值高水位的重现期缩短，同时加重河床淤积，降低河流泄洪能力，降低沿海各防御工程的防御等级；另一方面，海平面上升增强波浪与潮流等的作用，海岸堤坝受到侵蚀概率与强度增加，更容易造成溃堤而引起洪灾。目前上海市黄浦江市区防汛墙以1984年国家批准的千年一遇高潮位设防，吴淞口站设计潮位为6.27米。但根据上海市气象局最新的计算结果显示，该站200年一遇高潮位就已达6.2米。这说明受海平面上升和地面沉降等因素影响，黄浦江市区段防汛墙的实际设防标准已降至约200年一遇（见图2）。

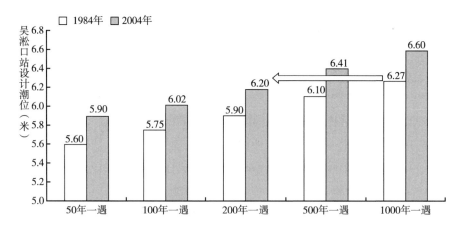

图2　1984年与2004年吴淞口站设计高潮位比较

2. 市区排涝能力下降

海平面上升，海水顶托作用加强，将导致城市排水能力下降，尤其是在夏秋雨季集中时段，城市内涝灾害风险将明显增大。上海市气象局利用最新降水资料编制了上海市新的暴雨强度计算公式，该公式计算结果表明，上海市一年一遇小时降雨量已经由35.5毫米增加到38.2毫米，三年一遇和五年一遇的暴雨标准也有明显提升（见图3）。目前本市城镇大部分排水设施仍按照一年一遇标准（35.5 毫米/小时）设计和运行，考虑到未来海平面的上升、风暴潮和暴雨等极端灾害的加剧，这将给城市排水管道、泵站等基础设施的正常运行带来较大的压力。

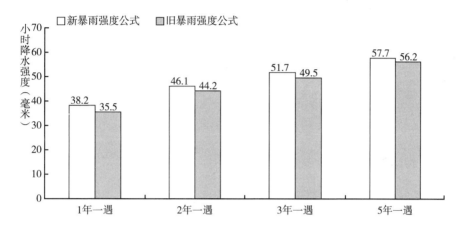

图3 新公式与旧公式的设计暴雨强度比较

注：旧暴雨强度公式所用资料年限为 1919~1959 年，新暴雨强度公式资料年限为 1949~2012 年。

3. 水资源受咸水上溯污染，城市用水源地受到威胁

盐水入侵是目前和未来影响上海市长江口水源地供水能力的主要制约因子。如 2014 年 2 月 4 日长江口开始发生咸潮入侵，持续入侵时间超过 23 天，影响供水人口约 200 万。随着海平面上升，盐水入侵增强。当海平面上升与枯季径流同步发生时，盐水入侵的可能性增大，长江口陈行、东风西沙和青草沙三个水源地可供水量相应减少。在海平面上升 10 厘米和 25 厘米且没有新增水源条件下，2020 年的缺水量分别为 39 万立方米/天和 74 万立方米/天，2030 年为 866 万立方米/天至 994 万立方米/天。在海平面上升 10 厘米情况下，青草沙取水口连续不宜取水时间会增加 2.1 天[1]。

---

① 程和琴、陈吉余等：《海平面上升对长江河口的影响研究》，科学出版社，2016，第 308 页。

4. 咸潮入侵使得地下水位抬升和土地盐质化

上海地区的盐水入侵主要表现为河口海水上溯。在正常情况下，地下淡水水位较高，淡水向海洋流动。但由于过量开采地下水和相对海平面升高，导致淡水水头低于海水水头，海水会沿地下含水层倒灌，形成地下咸淡界面向陆地移动。地下盐水入侵会破坏地下水资源，抬高含水层水位，使有些洼地变成沼泽，土地盐碱化加剧。地下水位升高还会引起地基承载力下降、地震时液化加剧等问题。

（二）海平面上升对社会经济的影响

1. 海岸侵蚀导致滩涂淤增减缓

在海平面上升及长江入海泥沙面临较大幅度降低的情况下，上海沿海原有淤涨岸线的增长速度都将显著减缓，侵蚀岸段的范围将扩大，侵蚀强度也将增加。根据研究结果显示，海平面每上升1厘米，南汇东滩0米岸线后退4.5~16米（静态估算）。近十年来长江河口岸线主要呈现侵蚀后退趋势，年侵蚀速率达3~5米/年，其中因为相对海平面上升引发的迁移后退率约为0.2米/年，占岸线后退速率的6%。未来100年该长江河口岸线侵蚀跨度将超过300米，而相对海平面上升引起的岸滩迁移后退约为20米[①]。海岸侵蚀大幅度降低上海市未来几十年可利用土地的增长潜力。

2. 对沿海岸线工程构成威胁

海平面上升、潮位升高以及潮流与波浪作用加强，不仅会导致风浪直接侵袭和淘蚀海堤的概率大大增加，使之防御能力下降甚至遭到破坏，同时由于海岸侵蚀，岸外滩涂宽度变小，岸外波浪、风暴潮能量向岸传递过程损耗降低，使能量集中消耗在大堤附近，从而增大了对大堤强度的要求，造成海岸防护工程的不稳定。海平面上升增强了波浪作用，将造成港口建筑物越浪概率增加，还将导致波浪对各种沿海建筑物的冲刷和上托力增强，直接威胁

---

① 程和琴、陈吉余等：《海平米面上升对长江河口的影响研究》，科学出版社，2016，第134页。

码头、防波堤等设施的安全与使用。

3. 滨海旅游业受到影响

上海现已开发了位于金山区的城市沙滩，奉贤区的碧海金沙水上乐园，浦东新区的滨海旅游度假区、三甲港滨海乐园，以及崇明以湿地、内陆湖等资源为支撑的生态休闲旅游区。未来海平面上升将给滨海旅游业带来很大危害，上海的海滨旅游区将因淹没和侵蚀加剧而后退。此外，沿海许多独特的海岸地貌景观旅游资源、滨海珍稀或特种动植物与各类海岸、湿地保护区以及著名的旅游海岛等都将受到不同程度的影响，已建的一些重要旅游设施也将可能受到危害。

4. 洪涝灾害的损失显著增加

世界银行相关研究成果表明，在未来气候变化（海平面升高）和社会发展（城市扩张、人口增加等）影响下，至 2050 年，在全球 136 个大城市中，洪涝经济损失增加最快的城市主要集中在我国东南沿海、地中海和加勒比海等地区，其中上海是年均洪涝损失增加较快的城市之一（排第 13 位）①。值得注意的是，该项研究中并未考虑到未来气候变化引起的长江流域降水增加和局地强降水事件极端性增强等效应，若考虑上述因素，未来洪涝带给本市的经济损失和影响将会更大。

表3　不同情景下世界主要沿海城市年均洪涝灾害损失对比

单位：亿元/年

城市	2005 年	2030 年 （海平面上升 20 厘米）		2050 年 （海平面上升 40 厘米）	
	现有防汛 设施	2005 年 防汛设施	加强风险 管理措施	2005 年 防汛设施	加强风险 管理措施
上海	4.5	347	5.8	1545	6.4
香港	8.7	81	9.3	718.5	9.9
东京	3.6	3852	4.8	4240	5.3

① Hallegatte S. , "Future flood losses in major coastal cities", *Nature Climate Change* 3 （2013）: 802 –806.

续表

城市	2005 年	2030 年 （海平面上升 20 厘米）		2050 年 （海平面上升 40 厘米）	
	现有防汛 设施	2005 年 防汛设施	加强风险 管理措施	2005 年 防汛设施	加强风险 管理措施
伦敦	0.8	4	0.9	19.5	1
纽约	122.3	493.5	128.3	1990	134.7

注：年均损失是基于各重现期洪涝灾害对城市各类别建筑物的可能损失综合计算得出。

五　上海市应对未来海平面上升的措施选择

（一）上海要具有应对海平面上升1米的规划和能力

根据以上分析结果，可以得出上海市未来的海平面上升将有可能超过 1 米，因此，从 21 世纪上海建设全球城市目标和要求出发，着眼于确保居民的生命财产安全及经济社会发展的持续和稳定，上海市应在未来发展规划中考虑海平面上升的问题，结合当前社会经济基础，进一步完善上海市应对海平面上升的防洪、防潮、防涝和供水安全技术方法，建立上海市应对海平面上升的防洪、防潮、防涝和供水安全治理及管理技术体系，以具备防范海平面升高 1 米的能力。

（二）上海要长远规划，具有防范海平面上升2米的长远目标

根据报告的分析结果，全球海平面极端值将有可能超过 2 米，而一些发达国家也已意识到海平面上升的风险，将应对海平面上升提上了议程。上海作为一个经济高速发展的沿海城市，在应对海平面上升方面应具有更长远的目标，因此在未来规划中应考虑到海平面上升 2 米的风险。可借鉴伦敦的经验，应将上海吴淞口建开敞式挡潮闸提上议程，以便从根本上变被动为主动，提高上海在外围上抵御风暴潮和洪水侵袭的能力，

提升城市的防汛安全保证率，根本解决黄浦江两岸市中心的防汛安全问题。

（三）上海要加强海平面上升基础科学研究，建立防范极端复合灾害系统

海平面上升是个持续缓慢的变化过程，应进一步健全完善监测网络，加强海平面与地面沉降监测工作，建立有效的潮情自动测报和预警系统。同时进一步完善未来海平面上升的预测预估研究，开展上海复合极端洪涝灾害风险评估，提出适应洪涝灾害风险策略的选择与路径，有效地管理极端事件和灾害风险，增强城市的弹性，有效保障城市安全。

G.26
欧洲绿色城市建设经验和启示

王芬娟　胡国权*

摘　要：　在全球城市化率不断推进的过程中，大多数城市面临空气质量差，噪音高，温室气体排放，水资源短缺，场地污染，资源效率的挑战等一系列共同的环境问题和风险。可持续发展和绿色宜居是城市发展和建设的核心举措。本文介绍了在欧洲城市绿色发展建设中最有影响力的"欧洲绿色首都奖"的产生背景和评选方法，总结了历届欧洲绿色首都及其他申请城市在气候变化减缓适应、提高空气质量、建设绿色宜居城市方面的先进经验，分析了"最绿城市"哥本哈根在能源供应、交通改进、新城规划方面的具体措施，以期为我国在新型城镇化战略背景下建设与发展生态、低碳宜居城市提供参考。

关键词：　欧洲绿色首都奖　绿色城市　宜居　新型城镇化

城市化是世界大趋势，目前超过2/3的欧洲人生活在城镇。城市作为经济引擎在连通性、创造力和创新方面起着至关重要的作用，是周边地区的服务中心。同时大多数城市面临着共同的环境问题和风险，包括空气质量差，噪音高，温室气体排放，水资源短缺，污染场地，资源效率的挑战。也正是

* 王芬娟，国家气候中心副研究员，研究领域为环境气象，大气污染和治理；胡国权，国家气候中心副研究员，研究领域为气候变化适应和减缓策略。

城市通过承诺和创新，不断努力解决这一系列的问题，在改善人们生活质量的同时减少对全球环境的影响。欧洲国家在城市发展与环境保护方面的探索一直走在世界的前列，其绿色城市发展计划自 2006 年实施以来，已经产生了哥本哈根、汉堡、马尔默等一批示范城市，为欧洲乃至全球绿色城市建设和发展提供了经验。

一 欧洲绿色城市的发展

欧洲主要通过评选"绿色首都奖"和建立绿色城市网络等方式推动绿色城市建设。欧洲绿色首都奖最早是在 2006 年提出的。2006 年 1 月欧盟委员会在"专题城市环境战略"中承诺支持和鼓励欧洲的城市采取更全面的城市管理方法[1]。2006 年 5 月爱沙尼亚城市协会和 15 个欧洲城市（塔林、赫尔辛基、里加、维尔纽斯、柏林、华沙、马德里、卢布尔雅那、布拉格、维也纳、基尔、科特卡、达特福德、塔尔图和格拉斯哥）在爱沙尼亚塔林最早提出建立一个公认的奖项奖励那些在城市生活环保领先的城市。2008 年欧盟委员会正式设立这一"诺奖级"的城市奖项，每年奖励欧洲最"绿"的城市。该奖项的口号是"绿色城市——适宜生活"，目标包括三个方面：第一，奖励一贯实现高环境标准的城市；第二，鼓励城市执行目前的和未来有雄心的环境改善和可持续发展目标；第三，树立榜样，并促进最佳实践经验在其他欧洲城市推广。

欧盟委员会 2013 年提出的第七环境行动计划（EAP）列出了 2020 年要实现的环境决策的战略议程，其中包括 9 个优先目标[2]。议程对欧洲面临的主要环境挑战和如何有效地处理这些问题达成了共识。该计划的主要特点是保护和提高自然资本，鼓励提高资源效率，加快过渡到低碳经济，旨在解决新的或者紧急的环境风险，安全地保障欧盟公民的健康和福祉。议程预期将

---

① European green capital, Urban Environment Good Practice Benchmarking Report, European Green Capital Award 2017.

② European green capital, Good PracticeReport, European Green Capital Award 2018.

有助于促进可持续增长和创造新的就业机会，促进欧盟走上一条更好更健康的生活之路。2016 年 6 月通过的欧盟城市议程，也称阿姆斯特丹协议，旨在促进成员国之间在城市经济增长，提高城市宜居性与创新方面的合作。第七环境行动计划和城市议程成为欧洲绿色首都奖政策方面的有力支持。

欧盟官方通过评选授予城市年度"欧洲绿色首都"称号，由该城市负责开展系列活动，通过媒体宣传、组织会议和活动等多种手段让本市市民及时了解并参与绿色城市的项目，普及绿色理念，推进绿色首都建设。所有参加竞选绿色首都的城市必须证明，他们可以向全世界传递绿色宜居的思想，同时能够与其他欧洲城市互相交流经验。这也是这个奖项最大的特点和初衷。评选的内容涉及 12 个指标领域：气候变化适应和减缓、本地交通、结合可持续土地利用的城市绿地、自然和生物多样性、空气质量、声环境质量、固体废弃物生产和管理、水管理、废水管理、生态创新和可持续就业、能源利用和综合环境管理。10 万人以上城市可自愿申请，由专家评审出候选城市，再由评审团最终评审出获奖城市。迄今获奖的城市包括，2010 年瑞典的斯德哥尔摩，2011 年德国的汉堡，2012 年西班牙的维多利亚，2013 年法国的那特，2014 年丹麦的哥本哈根，2015 年英国的布里斯托尔，2016 年斯洛文尼亚的卢布尔雅那，2017 年德国的埃森，2018 年荷兰的奈梅亨①。每年获奖的城市要举办一系列的宣传和活动，让本市居民积极参与，了解绿色城市建设的项目和目标，努力的策略等，推广先进的理念和技术，启发其他城市。比较突出的是 2011 年汉堡市开办了欧洲绿色首都"集思号"巡回展览，在汉堡、马尔默、哥德堡、奥斯陆、苏黎世、慕尼黑、华沙、里加、塔林、维也纳、巴塞罗那、马赛、南特、巴黎、布鲁塞尔、阿姆斯特丹、安特卫普，17 个城市持续 7 个月的展览最后回到汉堡。展览介绍了汉堡市和其他欧洲城市的 100 多个环境项目，收集每一个参观者对于未来城市的展望和建议②。2014 年有大约 57 万人参加和参观了节庆、展览、寻宝、时尚交

---

① 说明：因为获奖城市需要在获奖当年举办一系列的活动，欧洲绿色奖目前是前一年就评选出下一年的获奖城市。

② Ministry of urban development and environment, Hamburg. Hamburg-European Green Capital 2011.

流、绿色欧洲歌唱大赛、研讨会等共享哥本哈根主题的相关活动，为欧洲绿色首都共享活动掀起了高潮①。

二 绿色城市建设的主要领域

欧洲绿色首都奖励的评选指标从 2010 年到 2018 年几经修改，从最初的 10 个指标到目前的 12 个指标，与时俱进地融入最新科学研究的内容，从气候到环境的水、气、声、固体废弃物，能源，生态创新与可持续就业和综合的环境管理全领域涵盖。本文主要总结气候变化、大气环境和声环境方面的经验。

（一）气候变化减缓和适应

所有申请欧洲绿色首都奖的城市都承诺到 2020 年将二氧化碳排放量从其基准年（1990 年）减少至少 20%。很多城市都提出了碳中和的目标，哥本哈根承诺 2025 年实现碳中和，奈梅亨是 2045 年，海尔托亨博斯是 2050年。埃森也计划在 2050 年之前实现碳中和，这意味着要减少 95% 的二氧化碳排放量。近年来，城市层面的气候变化减缓和适应的措施更加贴近生活。奈梅亨市的新区约 12000 户将使用节能技术和可持续能源集成方式供暖，预计相比其他能源减少 35% 的二氧化碳排放。2012 年开始已在多个地区建设利用附近垃圾焚烧厂热量的供暖系统，这种供热系统比燃气锅炉排放的二氧化碳排放量减少 70%。根特市发起了"食品战略"的宣传运动和战略行动，倡议食品有一个较短的生产链条，更加可持续的生产和消费，减少食物废物，以食物废料为原料的最佳再利用。并且以"食物""废物"和"吃在城市"为主题发起了许多倡议和支持措施，城市正试图为建立可持续的粮食系统采取新的措施，包括支持学校的花园和附近的植物园建设公共菜园。塔

---

① City of Copenhagen, the technical and environmental administration. Copenhagen European green capital 2014—a review.

林市政府自 2001 年以来一直实行无纸化文件管理制度。在城市的机构和城市的法律行为中流通的文件只能通过电子文档管理系统处理。市政机构之间的通信，以及与国家机构、公司、地方当局和城市以外的其他组织的通信，也主要是数字通信。该项目将使城市更加信息化，减少对环境的影响，促进环保措施的实施。

（二）清洁空气

清洁空气对人民的福祉至关重要。城市的经济活动，特别是与道路运输、电力和热力生产、工业和农业有关的经济活动，排放了一系列空气污染物，直接影响城市的空气质量，对人类健康有直接和间接的影响，对生态系统和文化遗产也产生不利影响。2013 年 12 月，欧盟委员会通过了清洁空气政策一揽子计划，其中包括一项新的清洁空气计划，包含 2030 年期间的新空气质量目标，以及修订后的国家排放上限。欧洲绿色首都在提高城市空气质量方面的经验可以总结为以下四个方面。

1. 完善空气质量评估体系

所有申请城市都根据欧洲清洁空气标准建立了有代表性的自动观测网络进行常规污染物（NO_2，PM2.5，PM10，臭氧）的实时监测。个别城市比如英国的布里斯托尔和格拉斯哥用被动采样器在多点位补充观测，得到城市的污染物浓度分布地图。德国的埃森针对每一种污染物做了详细的源解析，使各种治理和减排措施有的放矢。一般空气质量方面做得好的城市都擅长制定长期和短期的目标，确定污染重点领域及其治理措施，并设立长期评估机制以定量评估措施的效果。目前大多数城市旨在达到欧盟污染限制目标值，萨拉戈萨设定了高于欧盟 2020 的标准（相当于世界卫生组织对 PM2.5、PM10 和臭氧的更严格标准）。奈梅亨有环境评估的传统，各部门不仅有 2020 年规划，还有 2045 年远景。大部分城市都对关键活动进行追踪，奈梅亨的评估活动更进一步，不仅评估项目按计划实施进展的情况，还评估项目的有效性，实时考察更有效的方案。如果项目未达到市民预期，甚至有专门预留的预算来完成其他的解决方案。比如新机场大桥启用后，与相关居民协商测量噪音和空气污染水平，以确定该项目的目标是否满足，是否提高了改善道路扩建后的生活环境。如果预期的积极影响都没有达到，还预留了 100 万欧元预算做其他的配套措施。我国对 74 个城市进行污染监测，并且实时公布污染数据，但是很多地区观测站点代表性有待商榷，缺乏多点位补充监测，数据不能真实反映人体健康暴露水平。源解析的工作也相对滞后，环境措施缺乏长期评价机制。

2. 注重信息公开

所有申请城市都将空气质量和相关数据在网上公布。瑞典的于默奥市通过多种媒体向公众提供提高认识和改变行为的互动信息，比如及时通知司机市区高污染浓度地区并建议合理的行车路线；城区中心有多媒体展示教育人们可持续交通如何提高空气质量。环境数据公开是世界各地都在努力的事项，柏林的空气质量数据完全免费向公众开放，以便对公众提供更好的服务。

3. 积极降低污染排放

与空气质量相关的排放源主要涉及交通运输、住宅采暖、工业和能源生产。降低交通排放的经验有积极倡导步行，既能减轻交通压力又有利于公众健康；积极推广自行车通勤，比如哥本哈根自行车出行率超过 35%，政府在道路规划和安全通行方面做了很大努力，骑自行车可以在降低二氧化碳排放和提高空气质量的同时降低交通堵塞，通过运动提高公众健康。设计合理的公共交通系统，发展绿色公共交通，推广地铁、电车、生物燃料和氢燃料公交出行。塔林市实施免费公共交通，以增加社会包容，促进当地经济和环境的改善。引入免费公共交通后 2013 年的乘客人数比 2012 年增加了 6%。德国国家法规允许城市设立机动车排放监管和建立低排放区，为城市灵活管理提供了便利。低排放区分三种类型，最严格的只有欧 4 标准以上的车辆可以通行，另一类是欧 3 标准以上车辆可以通行，最后一类是欧 2 标准以上车辆可以通行。德国在莱茵河流域建立了最大的低排放区，这些低排放区还在逐步收紧准入标准。奥斯陆计划 2020 年实现公交汽车和所有出租车都采用低排放甚至零排放技术。国家和城市为实现这一计划采取了强有力的激励措

施，比如建设 1000 个方便的电车充电桩，电车停车免费，电车可以行驶公交专用车道，通行费豁免等。从 2015 年起所有市政用车都是零排放的电动汽车，奥斯陆是人均电动汽车拥有量最高的城市。实践证明电动汽车可以在降低二氧化碳排放和提高空气质量的同时保证流动性。

住宅采暖主要产生颗粒物（PM10）空气污染问题。东欧城市（如卢布尔雅那和达布罗瓦戈尼）都在有针对性地降低住宅供暖排放。主要措施包括保温建筑，锅炉置换，用天然气替代固体燃料（煤、木材），连接更多的建筑物供热和燃气管网，在有供热和天然气管网的地方禁止使用固体燃料。工业方面最突出的成就是萨拉戈萨的工业区颗粒物排放量从 2002 年到 2007 年减少了 95%，气味污染从 1996 年到 2005 年减少了 90%。

4. 互赢的综合计划

气候变化和能源、城市流动性及空气质量息息相关，城市可以针对这些挑战分别制订计划，目前的实践证明统筹管理有更大机会获得共同利益。布鲁塞尔的空气—气候—能源综合计划是一个很好的例子，是布鲁塞尔目前一个单独的立法，是唯一版本的综合计划。融合了多种环境和交通新条例，包括建筑、运输、可再生能源、经济、城市规划、消费产品、适应气候变化、空气质量监测、国际气候机制和社会维度共 10 个章节，64 项措施，144 条行动。空气—气候—能源综合计划提倡减少能源需求和对能源的依赖性，使用可再生能源，促进能源的理性使用，提高建筑能源利用效率，减少交通带来的环境影响，评估和改善空气质量，减少大气污染物，积极发挥公共部门的示范作用。布鲁塞尔希望通过这一行动实现 2025 年温室气体比 1990 年降低 30%，公平分担国际气候融资的气候目标；实现每年能源效率提高 1.5%，到 2020 年提高 10.5%，再生能源消费翻倍的能源目标，空气质量优于欧盟标准的环境目标。

（三）声环境质量

声环境质量是城市环境的重要组成部分，是城市管理部门必须处理好的一个具有挑战性的问题，极大地影响了城市生活的质量。环境噪音水平超过平均的水平被称为环境噪声污染。噪声来源很多，如交通、施工、工业以及一些娱乐性的活动。噪声过多会对人们听力造成损害，增加压力和血压以及损害正常的睡眠。欧洲有专门的环境噪声法规（2002/49/EC）评估和管理环境噪声，其主要目的是建立一种优先避免、干预、减少由于暴露于环境噪声而产生的有害影响的通用方法，为发展降低噪声主要来源（特别是公路和铁路车辆和基础设施、飞机、户外、工业设备和移动设备）的措施提供依据，并要求对环境噪声污染进行监测，向居民提供主要道路、铁路、机场和聚居地的噪声地图。

欧洲绿色首都城市在消除城市噪音方面做了积极的努力。于默奥市参与开发了世界上第一个超快速充电电动客车，投资了电动公交车的全面计划。电动公交车可降低噪音达 10 分贝，并且对气候和空气质量的积极影响明显。市中心的铁路站安装了玻璃隔音墙，印有当地知名作家萨拉里曼的作品，是一个环境声学的整体解决方案，也是欧洲最大的玻璃艺术作品，灵感来自火车穿越桦树的风景，有鸟鸣声和诗乐声相伴。全市有 88% 的公民生活在离 35~40 分贝声级安静区 300 米以内的地方。市内有几个游乐区，具有较低的噪声水平（低于 45 分贝）。市中心的几个公园，有一半或者更多的地区噪音高达 50 分贝。城市综合计划中的保护的一个公园湖区噪音水平低于 40 分贝。城市森林的大部分区域噪音水平低于 45 分贝，是当地居民休闲娱乐的好去处。目前正在开发管理项目保障城市森林的安静，提高游憩价值。斯海尔托亨博斯市重点保持市区三大公园的安静，全市超过 80% 的人口生活在这三个安静区 300 米以内的地方。该市从 2007 年就建立了噪声监测系统。奈梅亨市目前有 25 公里的道路铺了噪音优化沥青，大多是国家"无声道路"项目补贴的。大量的房屋因此降低了约 3 分贝噪音。此外，根据《噪音滋扰法》新发展的道路必须铺设带有噪音优化的沥青。在噪音监测和通报上做的比较突出的城市不多，比如斯海尔托亨博斯市自 2007 年就建立了自动噪音监测站，该市所有重大活动（每年 12 至 15 次）都进行测量，超过限额或收到投诉时，立即联系主办单位。主办机构亦可在市政网站上监察实时的噪音情况。该市自 2014 年实施了针对噪音超标的罚款制度。塔林市

建立了自动噪声监测网络，在市中心最繁忙的道路显示实时噪声水平，市中心自由广场显示噪音地图，市政府的网站公布噪音地图。华沙市的《噪音行动计划》包括公众协商部分，还开展公众教育向居民提供关于减少环境噪音的特别手册，这本小册子的摘录是《"城市噪音骚扰你吗?"——关于减少环境噪音》。

三　哥本哈根绿色低碳发展经验

哥本哈根是一个非常成功的绿色都市榜样，在适应气候变化，绿色流动性和宜居性方面都非常成功，还开拓性地努力扩大公私合营的生态创新与可持续就业。分享哥本哈根项目确定了五个分享主题：未来更好的城市生活，资源效率和可持续消费，绿色和蓝色城市，绿色出行，气候和绿色交通。通过寻找整体解决方案提高每个人在城市的生活质量，到2015年80%的哥本哈根人对他们所参与的城市生活的机会感到满意，在城市花的时间比2010年增加20%以上[①]。

哥本哈根的气候目标是2015年比2005年减少20%的二氧化碳排放量，2025年实现碳中和。其中75%的二氧化碳减排量来自能源供应，可再生能源替代传统能源是减排最主要的办法。具体的能源供应计划包括用可再生能源（生物质）取代煤产电；以可再生能源（风能）为基础构建一个新的热电联产站给哥本哈根直接供电；扩大示范地热设施，地热采暖增加六倍；垃圾焚烧厂引入烟气冷凝装置提高供热效率；区域供热网现代化，以减少管道的热损失。

交通不是二氧化碳减排的最大领域，但与人们的健康最密切，通过努力2015年的行人交通量比2010年增加20%，2015年自行车通勤率是35%（自行车上班出行占总上班出行的比例），2025年将达到50%以上[②]。哥本

① City of Copenhagen, the technical and environmental administration. Copenhagen Climate Plan.

② City of Copenhagen, the technical and environmental administration. Good, Better, Best, the city of Copenhagen's bicycles strategy 2011 - 2025.

哈根的自行车道路网络四通八达，政府在行车时间、安全性和舒适性上做了大量细致的工作，在行车道路设计上甚至考虑了天气的影响，试图创造出世界上最好的自行车城市。首先从基础建设、信息提供和管理力量多方面努力缩短行车时间。建设了自行车高速公路（首都地区有航线网络），单向街道的合流分流小捷径总共200～400条，5～8座桥梁、隧道大捷径，信息智能化比如自行车道用绿色波浪标志，推广电动自行车，提供最佳路线信息（标识、GPS解决方案），在学校周围等区域降低汽车的限速，加强自行车和公共交通的衔接，包括自行车共享计划和在车站建设更好的停车设施，注重信号和超车的行为，必要时增加警力来改变车流。提高安全性方面，设立了绿色自行车路线，重新设计交叉口（汽车停车线后移，增加标识自行车），拓宽有瓶颈的道路，新增30～40公里自行车道路和车道，拓宽10～30公里一般自行车轨道，在较宽的繁忙道路画出车道，设立自行车和公共汽车专用街道，建设通往学校的更安全路线，举行与行车行为相关的活动，还在哥本哈根各学校开设交通政策课程。提高骑车的舒适性方面也做了很多努力，比如平整自行车道上的沥青，改进积雪清除和清扫，建设自行车停车场（基础设施建设，发展合作伙伴，收集废弃自行车），发展自行车设施和信息相关工作场所和教育机构的伙伴关系，为人们停车、更衣室、自行车修理等提供更好的条件，不断开发代客停车，鹅卵石表面处理等新产品。

哥本哈根把适应气候变化当成建设一个更具吸引力的大城市的机会，在所有城市发展项目中，气候安全是可持续性规划的必要组成部分。正如其他大城市，哥本哈根也在不断发展，不断有建筑物新建或翻新，开放的空间被转换为娱乐区，街区整体化修建等。每一次对某一特定地区的新道路、建筑物或运输可能性做出决定时，重点都必须放在气候和环境要求上。城市规划已经整合了气候挑战，致力于创造未来的碳中性地区。新城市规划方面注重宜居性，日常居民公共设施（如精品店、学校、绿地等）在步行范围就近设计，火车站附近设计便捷节能的公共交通，建造或翻新的建筑物必须是低能耗绿色的，屋顶上的草和外墙上的植物可以使房屋冬暖夏凉，同时也增添城市美感。所有新城市开发区都被指定为低能耗区，节能标准最为严格，市

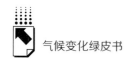

政府将强制执行低能耗要求。为了实现哥本哈根2015年碳中性的愿景，所有的市政计划必须确保创建社区是用最小的运输和能源需求，市政府将建立试点地区，满足额外的要求。

四　欧洲绿色城市建设的启示

我国以加快推进生态文明建设、绿色发展、积极应对气候变化为目标，已经分别于2010年和2012年组织开展了两批低碳省区和城市试点，2017年1月启动第三批试点引领和示范全国低碳发展。我国正处在新型城镇化建设过程中，欧洲绿色城市由欧盟官方推动，树立的绿色城市典范既有斯德哥尔摩、哥本哈根这样的国际性大都市又有布里斯托尔、奈梅亨这样的中小城市，全面考量，注重实施并关注城市长期发展，为我国新型城镇化过程中绿色城市建设提供了很好的经验。

1. 建设绿色城市网络

2014年哥本哈根最早承诺建立并主持已入围获奖城市的绿色城市网络，一起分享欧洲最先进的绿色城市知识，共同承担环境议程。该网络与欧盟环境委员会保持密切联系，每年举行两次或三次与其他绿色首都有关的活动，成员可以交流经验和讨论相关的题材和主题，使委员会拥有一个测试新愿景和想法的论坛。这个网络特别注重政治领导人之间的交流，有时只为政治家举行会议，增加相关经验的可推广和执行度。2014年已有21个成员城市一起讨论网络的发展规划，并召开了专题研讨会——宜居城市——整合不同的政策领域，以创造一个适宜居住的城市。分享是绿色首都奖的精髓，每个获奖城市都开展一系列有特色的活动，通过多种宣传和交流将先进经验和理念传播到更多的城市，对推动更多城市的可持续发展起到了积极的作用。我国近些年低碳城市、生态城、新型城镇建设呈现出数量多、规模大、发展速度快的特征，目前全国已出现一百多个大小不等的新建生态城项目，以城市可持续发展为核心，建设一个有影响力的生态城市网络，可分享经验，促进共同发展。

2. 持续的跟踪评估

欧洲绿色首都建设过程中的项目设计以满足民众需求为出发点，活动设计尊重群众的意愿、习惯和需求，方便社会公众的参与和共享。项目实施和运行的各个阶段有完善的评估，对项目效果还有后续的跟踪。建立城市发展短期、中期和长期的发展目标，并建立持续的评估体系保障实现不同阶段发展目标的项目按设计预期完成，不受政府和人员变动等因素的影响。很多项目积累的经验和知识有助于我国新型城镇化建设中执行气候和环境友好的计划。绿色首都获奖后五年、十年要评估参选时目标的执行和实现情况，政府形象和功绩以人民满意度为衡量标准，设立长期的考核指标，为城市长期的可持续发展提供保障。

3. 跨部门的协同合作

将绿色城市建设涉及的气候和环境的水、气、固体废弃物，能源，生态创新与可持续就业和环境管理等各个方面看成一个综合的整体，城市根据自己的发展目标建立综合的立法，实行一揽子发展规划，可以是建筑、交通、能源等多部门联合的，在执行过程中消除部门壁垒，信息和资源共享，目标集中，效率更高。比如布鲁塞尔针对空气—气候—能源综合计划建立唯一立法，保证了计划的顺利进行，充分体现了综合立法和各部门协同合作的优势。我国的相关规划多为各部门分头推进，缺乏统筹和部门协同推进可能产生的合力和可持续性。可借鉴欧洲经验，对相关建设方案重视顶层设计，加强部门协同，保障建设方案的持续和高质量实施。

4. 积极引导民众参与

欧洲绿色城市建设积极开展公众教育，市政工作致力于提高公众认识和传播信息，大力提倡绿色消费，低碳生活方式。每年都以具体的路线为重点，设计适合民众参与的活动和项目，提高民众积极性与参与度，真正让民众成为城市绿色建设的主体。我国在新型城镇化推进的过程中要积极争取民众参与，政府、企业和媒体从宣传、教育等方面影响民众绿色消费意识与认知能力，积极参与绿色消费实践，践行绿色健康的生活方式。

G.27
基于太阳辐射管理的中国
极端降水致灾风险分析[*]

辛源 吕丽莉 孔锋[**]

摘 要: 全球气候变化背景下，地球工程问题受到社会各界越来越多的关注。地球工程的潜在影响及相关风险是该领域研究的核心问题。本文针对太阳辐射管理这一主要的地球工程技术，以极端降水灾害为例，预估并分析了 2020～2100 年间在地球工程措施影响下中国极端降水事件的发生频次、强度及持续时间等变化特征，评估了其风险特征及风险动态变化的空间格局状况，提出了风险管理视角下中国地球工程风险治理的一些启示和思考。

关键词: 太阳辐射管理 地球工程 极端降水气象灾害

引 言

地球工程是减缓和适应气候变化不利情况的一种应急措施，目标是解决气候变化带来的全球温升问题。2006 年以来，关于地球工程的研究讨论

* 本文获得国家基础科学研究项目"地球工程的综合影响评价和国际治理研究"课题（编号 2015CB953603）的资助。

** 辛源，中国气象局发展研究中心高级工程师，主要研究领域为气候变化与可持续发展；吕丽莉，中国气象局发展研究中心工程师，主要研究领域为气象灾害风险评价；孔锋，中国气象局发展研究中心工程师，主要研究领域为自然灾害与环境演变、气候变化风险。

十分热烈，特别是其中的太阳辐射管理（Solar Radiation Management，SRM）地球工程，技术手段简单易行，比如通过飞机或飞艇在平流层播撒硫酸盐气溶胶（Stratospheric Aerosol Injection，SAI），其直接经济成本远低于传统减缓和适应措施。但是，实施太阳辐射管理地球工程也具有很大风险性，这是地球工程研究的核心话题之一，目前相关研究还很不够。反观当前中国，既面临着巨大的碳排放压力，又存在迫切的经济发展需求。《巴黎协定》2℃和1.5℃温控目标下中国的减排压力很可能进一步增大，地球工程国际讨论中将很难绕开"中国话题"[①]。这种背景下，探讨地球工程对中国气象灾害风险的影响具有重要意义。在众多气象灾害中，极端降水灾害是影响中国经济社会安全的重大灾害之一，而平流层气溶胶注入又是被讨论最多的太阳辐射管理地球工程技术手段，因此本文将聚焦分析平流层气溶胶注入情景下的中国极端降水气象致灾风险问题，通过模拟预估2020～2100年间地球工程和非地球工程两种情景下中国各区域的极端降水致灾风险，提出中国地球工程风险治理的有关启示和思考。

一　研究思路、方法及数据

（一）研究思路

首先，基于GeoMIP试验模拟出2020～2100年间实施太阳辐射管理地球工程背景下中国省级区域极端降水的变化情况。其次，通过对比分析太阳辐射管理地球工程与非地球工程（RCP4.5中等排放情景）两种情景下中国各区域降水变化情况，得到中国各区域气象灾害致灾因子的变化情况。再次，结合2006～2015年中国各省极端降水灾害历史灾情数据，根据"10年、20

---

① 陈迎、辛源：《1.5℃温控目标下地球工程问题剖析和应对政策建议》，《气候变化研究进展》2017年第4期，第342页。

年、50 年、100 年"（记作 10a、20a、50a、100a）四种年遇型重现期情况，拟合形成中国各省域层面的极端降水灾害脆弱性曲线，进而结合 2020～2100 年两种情景下中国各省极端降水致灾因子模拟数据和承灾体预测数据，得出相应的极端降水气象灾害风险对比分析结果。最后，基于两种情景下的灾害风险分布结果，结合中国应对气候变化的总体背景和气象灾害风险防范要求，提出中国地球工程治理的启示与建议。

（二）研究方法

1. 灾害风险基本理论模型

本文基于灾害风险评估理论，通过构建灾害风险评估模型，获得地球工程和非地球工程（RCP4.5）两种情景下中国各省际层面极端降水气象灾害风险格局的结论。根据灾害风险评估原理，假定在脆弱性变化不大的情况下，主要考察两种情景下致灾因子危险性和承灾体暴露度之间的作用关系。即

$R = f(H, E)$。其中，R 是风险（Risk），通过两种情景下的风险时空分布格局来表征；H 是两种情景下的极端降水致灾因子危险性（Hazard）；E 是承灾体暴露度，本文主要通过人口数量来表征。

2. 降水强度计算方法

本文将强降水量定义为超过 95% 分位数的降水事件，将极端强降水定义为超过 99% 分位数的降水事件。本文从统计降尺度后的 0.5°×0.5° 的日值降水数据中选取超过 95% 和 99% 分位数的数据序列，作为强降水和极端降水样本，再采用韦伯分布（Weibull Distribution）理论对各个网格样本集进行分布拟合和重现期计算。

3. 各省极端降水灾害脆弱性曲线拟合及检验

本文通过模拟中国各省气象灾害脆弱性曲线，对地球工程和非地球工程（RCP4.5）两种情景下的极端降水灾害风险进行评估。在构建脆弱性曲线时会涉及概率参数拟合模型以及相应拟合优度的检验，以确定每个省份的最佳概率分布。本文采用的概率参数拟合模型主要有正态分布（Gaussian）、

韦伯分布（Weibull）、广义极值分布（Generalized Extreme Value Distribution，GEVD）、广义帕累托分布（Generalized Pareto Distribution，GPD）等五种。最后，通过柯尔莫哥洛夫 – 斯米尔诺夫拟合优度检验（K-S 检验）判断脆弱性曲线的拟合程度，以确定对样本观测值拟合程度最好的概率分布。

（三）数据说明

1. 作为致灾因子危险度表征的极端降水数据

在本研究中涉及两方面数据。

其一，关于未来中国区域的地球工程模拟试验日值降水时空预估数据。该数据通过 GeoMIP 计划中 BNU-ESM（2.5°×2.5°）模式的 G4 试验获得。该试验预设在 2020 年 1 月 1 日至 2069 年 12 月 31 日（本文统一表述为 2070 年）进行平流层注射硫酸盐气溶胶地球工程试验。之后，G4 试验继续运行至 2099 年 12 月 31 日（本文统一表述为 2100 年），并查看地球工程结束之后的降水反应。简而言之，本文将 2020～2070 年作为地球工程的模拟实施期，2070～2100 作为实施地球工程的影响观察期。

其二，关于作为比较对象的 2020～2100 年中国各区域 RCP4.5 情景下的日值降水预估数据。该数据是将中国科学院大气物理研究公开提供的 RCP4.5 情景下 CMIP5 日值降水数据（空间分辨率为 WRF 30km），代入 BNU-ESM（2.5°×2.5°）模式下的 G4 试验，从而得到 2020～2100 年间 RCP4.5 中等排放情景下中国区域的日值降水预估数据。

2. 作为承灾体脆弱性表征的人口数据

在气象灾害风险研究中，表征承灾体暴露度的因素一般有人口、GDP、建筑物密集度等。对 2020～2100 年间中国人口、GDP、地表建筑物密度等数据的预测，本身就是涉及多方面、十分复杂的重大研究工程，其影响因素很多，本文难以完全实现。相对而言，中国人口增长率的稳定性较好，也比较容易预测。本文作为初步方法性探索，对承灾体要素作了进一步简化，主要用中国人口数据来表征气象灾害的承灾体状况。具体来说，是采

用国家气候中心人口－发展－环境分析（PDE）模型得到的中国分省人口预测数据①。

二 中国省级历史极端降水灾害状况及脆弱性曲线拟合

（一）中国历史极端降水灾害灾情分布

本文关于中国历史极端降水灾害的分布状况，选取了国家气候中心灾情数据库2008～2015年中国极端降水损失历史分省数据（含暴雨、大暴雨、特大暴雨），构建了各省极端降水受影响人口风险模型，即

$Popu = \dfrac{Affpop_{(i,j)}}{pop_{(i,j)}} * 100000$。该式中，$Popu$ 为每十万人中极端降水受影响人口数，$Affpop_{(i,j)}$ 为某 i 年 j 省的极端降水历史事件受影响人口数量；$pop_{(i,j)}$ 为某 i 年 j 省的人口数量；i 为 ｛2005，2006，…，2015｝，对应2005至2015年十年年份；j 为 ｛1，2，…，31｝，对应除香港、澳门及台湾外的中国大陆31个省级行政区划单位。本文共收集了2008～2015年中国各省17399条极端降水灾害损失数据，通过该式可以得到2008～2015年全国各省极端降水灾害受影响人口损失数据，从而获得各省受灾人口分布情况，主要结论如下。

首先，从2008～2015年全国极端降水灾害受影响人口总分布情况分析，中国东中部地区以及西部地区的广西、贵州、四川、重庆、陕西等省（区、市）是受极端降水影响人口最密集的区域，尤其是东南以及

---

① 国家气候中心的姜彤等人，利用于人口－发展－环境分析（PDE）模型，基于 IPCC 共享社会经济发展路径（Shared Socioeconomic Pathways1－5），结合中国第六次人口普查数据和2011～2014年人口生育最新情况，将未来中国人口数量结构的变化与气候变化政策制定和建议动态结合起来，预估了2100年前中国31个大陆省份的人口数量、年龄、性别、教育的分布和组成。本文关于中国整体和31个大陆省份2100年人口预估数据主要采用了其研究结果。具体参见姜彤、赵晶等《IPCC 共享社会经济路径下中国和分省人口变化预估》，《气候变化研究进展》2017年第2期，第128～137页。

华中地区的两广、湖南、江西、安徽、湖北以及西南的四川等省累计受灾害影响人口超过3500万人。之所以出现这一灾害时空分布特征，与中东部地区季风气候下极端降水事件多发频发和人口稠密具有直接关系。

其次，从2008～2015年全国极端降水灾害死亡人口总分布情况分析，东南、西南各省以及西北东部地区的陕西、甘肃成为死亡人口最多的省份。因灾死亡人口分布特征与受灾害影响人口分布特征存在比较明显的区别：除了两广、湖南、湖北、贵州五省外，东部沿海和华北地区多个省份是受灾最严重的省份，但是却不是因灾死亡人口最多的省份，而陕西、甘肃等省因灾死亡人口则出现了上升。产生这种情况的原因，既要考虑极端降水致灾因子强度的影响，也要考虑承灾体脆弱性的影响。尤其是陕西、甘肃等省在致灾因子强度相对较低的情况下，出现了因灾死亡人口灾情的升级，表明了承灾体脆弱性在成灾过程中可能产生的重要影响作用。

（二）基于中国历史极端降水灾情的脆弱性曲线拟合

基于上文的中国历史极端降水灾情数据，将公式4转换成自然对数表达式，并假设极端降水受影响人口符合正态分布、伽马分布、韦伯分布、广义极值分布、广义帕累托分布五种概率模型，再利用K-S检验，确定出每个省域最优拟合概率模型（见表1），即最佳拟合脆弱性曲线。

图1展示了部分省份的最佳拟合脆弱性曲线示意图。比如，福建省的最佳拟合概率分布为正态分布（Gaussian）；内蒙古自治区的最佳拟合概率分布为韦伯分布（Weibull）；安徽省的最佳拟合概率分布为广义极值分布（GEVD）；黑龙江的最佳拟合概率分布为广义帕累托分布（GPD）。图1中细线为各省的极端降水受影响人口自然对数数据，粗线为参数模型拟合数据。可以看到，四省（自治区）的极端降水灾害损失脆弱性曲线得到了较好的拟合，拟合效果比较贴近历史灾情事实。

表1 各省暴雨灾害受影响人口损失模型最佳拟合概率分布及参数

省份	最佳拟合概率分布	省份	最佳拟合概率分布
福建	Gaussian(3.19,1.71)	安徽	GEVD(-0.22,1.66,4.18)
广西	Gaussian(3.71,1.68)	京津冀*	GEVD(-0.32,1.56,2.93)
河南	Gaussian(3.17,1.42)	甘肃	GEVD(-0.23,1.53,2.53)
湖北	Gaussian(4.22,1.76)	广东	GEVD(-0.19,1.51,2.56)
湖南	Gaussian(4.21,1.59)	贵州	GEVD(-0.28,1.61,2.92)
江西	Gaussian(4.30,1.74)	苏沪*	GEVD(-0.34,1.69,3.30)
西藏	Gaussian(3.58,1.89)	山东	GEVD(-0.35,1.64,3.12)
浙江	Gaussian(3.88,1.58)	山西	GEVD(-0.37,1.57,2.92)
新疆	Weibull(2.78,1.56)	辽宁	GEVD(-0.41,1.91,3.57)
内蒙古	Weibull(3.05,1.77)	四川	GEVD(-0.19,1.61,2.68)
吉林	Weibull(4.11,2.14)	云南	GEVD(-0.19,1.35,2.12)
海南	Weibull(7.41,5.06)	重庆	GEVD(-0.39,1.68,3.79)
宁夏	Weibull(3.67,1.81)	黑龙江	GPD(-1.02,5.43)
陕西	Weibull(4.38,2.31)	青海	GPD(-0.74,4.74)

注：北京、天津、上海因样本量不够，与就近区域分别为合并为京津冀、苏沪两大区域。

上述工作确定了中国各省（区域）极端降水灾害损失情况最佳拟合脆弱性曲线，在此基础上就可以进一步评估地球工程和非地球工程（RCP4.5）两种情景下的极端降水灾害风险，进而获得关于中国模拟实施太阳辐射管理地球工程的气象灾害风险分布格局。

三 两种情景下2020~2100年中国省级极端降水致灾风险状况

本部分基于前文确定的全国各省（区域）极端降水灾害损失情况最佳拟合脆弱性曲线，将2020~2100年中国各区域极端降水致灾因子分布情况，以及姜彤等（2017）预测的2020~2100年全国各省（区、市）人口数据，

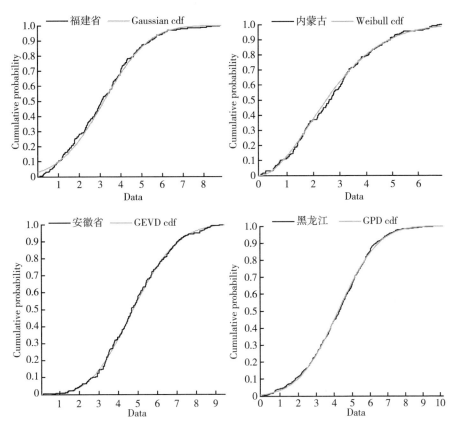

图 1　符合四种参数分布的中国部分省份极端降水灾害损失最佳拟合脆弱性曲线示意

叠加测算了 2100 年前中国实施平流层气溶胶注入（SAI）地球工程情景下的各省域极端降水致灾风险分布情况，并与 RCP4.5 非地球工程情景下的各省域极端降水致灾风险分布情况进行了对比分析，最后得出 21 世纪范围内在中国实施地球工程的风险格局状况。

为了更加清晰地定义和展示极端降水灾害的风险，本文从时间节点和灾害强度两个维度进行了分类：在时间节点上，本文选取了 2050 年和 2100 年两个节点；在极端降水灾害强度的度量上，按照 10a、20a、50a、100a 四个等级的重现期来定义不同的极端降水强度。相关分析与结果如下。

（一）2050年受影响人口风险分布

1.2050年非地球工程情景下不同年遇型极端降水受影响人口风险分布

表2展示了RCP4.5非地球工程情景下，2050年10a、20a、50a、100a四种年遇型极端降水强度下中国各省域受灾害影响人口的风险分布。在具体测算中，本文按照受极端降水灾害影响人口数量划分了五个风险等级，分别是小于20万人、20万~40万人、40万~60万人、60万~80万人、大于80万人。港澳台因为缺少数据，没有纳入本文的研究范围。

从全国区域层面看，东南、西南、华北、东北以及西北东部地区的陕西省，随着年遇型重现期的增加，受极端降水灾害影响的人口分布趋于增加；相对而言，西北西部地区、西藏地区、黑龙江、云南等区域的灾害风险较小。从各省级层面看，安徽、陕西、四川、湖北、湖南、广西、广东、海南、江西、浙江、江苏、山东、吉林、辽宁是极端降水灾害风险最大的省份，分别在50a和100a的年遇型重现期中承受了60万人以上的受灾人口风险。除上述这些省份外，河南、京津冀、贵州、重庆、福建也呈现出较高的风险压力。

表2　2050年非地球工程情景下中国不同年遇型极端降水受影响人口风险分布

风险等级	受影响省份(10a)	受影响省份(20a)	受影响省份(50a)	受影响省份(100a)
< 20万人	黑龙江、吉林、内蒙古、京津冀、山西、河南、宁夏、甘肃、青海、新疆、西藏、云南、重庆、贵州、广西、福建	黑龙江、内蒙古、山西、宁夏、甘肃、新疆、青海、西藏、云南、贵州、福建	黑龙江、内蒙古、山西、宁夏、甘肃、青海、新疆、西藏、云南	黑龙江、青海、西藏
20万~40万人	四川、陕西、湖北、辽宁、山东、苏沪、浙江、湖南、江西、广东	京津冀、吉林、河南、重庆、浙江、广西	重庆、贵州、福建	内蒙古、山西、宁夏、甘肃、新疆、云南
40万~60万人	海南	辽宁、山东、陕西、苏沪、四川、江西、广东	京津冀、河南	京津冀、重庆、贵州、福建

续表

风险等级	受影响省份(10a)	受影响省份(20a)	受影响省份(50a)	受影响省份(100a)
60万~80万人	安徽	湖北、湖南	吉林、辽宁、山东、福建、广西	河南
>80万人	无	海南、安徽	陕西、湖北、湖南、四川、江西、广东、海南、安徽、苏沪	辽宁、吉林、山东、苏沪、安徽、浙江、江西、湖北、湖南、陕西、四川、广东、广西、海南

2. 2050年地球工程情景下不同年遇型极端降水受影响人口风险分布

表3反映了在实施太阳辐射管理（SRM）地球工程的情景中，2050年中国不同年遇型极端降水强度下各省域受灾害影响人口的风险分布。与表2相比，表3反映出来的风险分布与RCP4.5情境下的各省域受灾人口风险格局基本一致，沿海地区、长江中下游地区、西北东部、华北、东北各省随着极端降水强度年遇型的增加，受灾害影响人口风险逐步增加。值得注意的是，与RCP4.5情景相比，江西在20a极端降水强度灾害风险水平上提升了一个风险等级；海南在20a灾害风险水平、广西在50a风险水平上的等级有所下降。

表3　2050年地球工程情景下中国不同年遇型极端降水受影响人口风险分布

风险等级	受影响省份(10a)	受影响省份(20a)	受影响省份(50a)	受影响省份(100a)
<20万人	黑龙江、吉林、内蒙古、京津冀、山西、河南、宁夏、甘肃、青海、新疆、西藏、云南、重庆、贵州、广西、福建	黑龙江、内蒙古、山西、宁夏、甘肃、新疆、青海、西藏、云南、贵州、福建	黑龙江、内蒙古、山西、宁夏、甘肃、青海、新疆、西藏、云南	黑龙江、青海、西藏
20万~40万人	四川、陕西、湖北、辽宁、山东、苏沪、浙江、湖南、江西、广东	京津冀、吉林、河南、重庆、浙江、广西	重庆、贵州、福建	内蒙古、山西、宁夏、甘肃、新疆、云南

气候变化绿皮书

续表

风险等级	受影响省份(10a)	受影响省份(20a)	受影响省份(50a)	受影响省份(100a)
40万~60万人	海南	辽宁、山东、陕西、苏沪、四川、广东	京津冀、河南、广西	京津冀、重庆、贵州、福建
60万~80万人	安徽	湖北、湖南、江西、海南	吉林、辽宁、山东、福建	河南
>80万人	无	安徽	陕西、湖北、湖南、四川、江西、广东、海南、安徽、苏沪	辽宁、吉林、山东、苏沪、安徽、浙江、江西、湖北、湖南、陕西、四川、广东、广西、海南

3. 2050年两种情景下极端降水受影响人口风险分布差异

为了更加直观地反映地球工程与非地球工程对未来中国各区域极端降水致灾风险的影响，本文对比了两种情景下2050年中国各省域不同年遇型降水强度受灾人口的风险差异分布。表4反映了这一风险差异分布结果。结果显示，伴随着降水强度年遇型重现期的增强，各省域的风险差异越来越明显。在100a年遇型下，广东、福建、江西、湖北、陕西、山西、宁夏、甘肃、山东、辽宁成为受灾人口风险正增长最大的省份，河南、重庆、贵州、京津冀、青海、黑龙江等地受灾人口风险也有所增长；与此相对应，新疆、四川、云南、广西、海南、浙江、安徽、吉林、内蒙古等地受灾人口风险出现了降低；西藏、湖南、江苏等地区两种情景下的受灾人口风险状况基本持平。

表4 2050年地球工程、非地球工程情景下中国不同年
遇型极端降水受影响人口风险分布差异

风险等级	受影响省份(10a)	受影响省份(20a)	受影响省份(50a)	受影响省份(100a)
<-3000人	吉林、广西、海南	吉林、湖南、广西、海南	吉林、安徽、广西、云南、海南	新疆、四川、云南、广西、安徽、浙江、海南、吉林
-3000~-1500人	湖南	云南、浙江	新疆、四川、湖南、浙江	内蒙古

风险等级	受影响省份(10a)	受影响省份(20a)	受影响省份(50a)	受影响省份(100a)
-1500~0人	内蒙古、新疆、西藏、云南、四川、重庆、贵州、广东、浙江、苏沪	内蒙古、新疆、西藏、四川、贵州、广东、苏沪、安徽	内蒙古、西藏、贵州	西藏、湖南、苏沪
0~2500人	黑龙江、辽宁、京津冀、陕西、宁夏、甘肃、青海、河南、安徽、福建	黑龙江、辽宁、京津冀、甘肃、青海、河南、重庆	黑龙江、京津冀、青海、重庆、苏沪、	黑龙江、京津冀、青海
2500~5000人	山西、湖北	山西、陕西、宁夏、福建	甘肃、河南	河南、重庆、贵州、青海
>5000人	山东、江西	山东、江西、湖北	辽宁、山西、广东、宁夏、陕西、湖北、江西、福建、广东	辽宁、山东、山西、陕西、宁夏、甘肃、湖北、江西、福建、广东

(二)2100年受影响人口风险分布

1. 2100年非地球工程情景下不同年遇型极端降水受影响人口风险分布

根据表5，2100年各种年遇型重现期下的全国极端降水致灾风险状况要比2050年有所降低。从全国区域分布来看，随着年遇型极端降水强度的增加，受灾人口风险区域逐渐从长江中下游地区向华南、东部沿海、四川盆地、西部地区东部延伸，总体上呈现出东南沿海风险等级较高，西北地区风险等级较低的格局。从各省域灾害风险分布情况来看，以100年一遇极端降水强度为例，风险最大的区域为海南、广东、湖南、江西、安徽、湖北、陕西、四川、吉林，各省受灾人口风险预计将超过80万人；广西、浙江、江苏、山东也预计有60万至80万人处于极端降水灾害风险之中，风险等级次之；京津冀、河南、辽宁、重庆、贵州、福建、宁夏、新疆、内蒙古等地极端降水灾害风险也呈明显增加态势；黑龙江、甘肃、山西、青海、西藏、云南则处于相对较低风险等级。

表5　2100年非地球工程情景下中国不同年遇型极端降水受影响人口风险分布

风险等级	受影响省份(10a)	受影响省份(20a)	受影响省份(50a)	受影响省份(100a)
< 20万人	黑龙江、吉林、内蒙古、京津冀、山西、陕西、河南、宁夏、甘肃、青海、新疆、西藏、云南、重庆、贵州、广西、广东、福建、浙江	黑龙江、吉林、内蒙古、山西、宁夏、甘肃、新疆、青海、西藏、云南、贵州、重庆、福建、京津冀、河南	黑龙江、内蒙古、山西、宁夏、甘肃、青海、新疆、西藏、云南	黑龙江、青海、西藏、山西、云南、甘肃
20万~40万人	山东、苏沪、湖北、湖南、江西、海南	辽宁、山东、江苏、浙江、广东、广西、陕西、四川	京津冀、河南、重庆、贵州、福建	内蒙古、新疆、宁夏、重庆、贵州、福建
40万~60万人	安徽	湖北、湖南、江西	吉林、辽宁、山东、苏沪、浙江、广西	辽宁、京津冀、河南
60万~80万人	无	海南	四川、陕西、广东	山东、苏沪、浙江、广西
> 80万人	无	安徽	安徽、湖北、湖南、江西、海南	吉林、陕西、四川、江西、湖北、湖南、安徽、广东、海南

2. 2100年地球工程情景下不同年遇型极端降水受影响人口风险分布

根据表6所示，2100年地球工程情景下四种年遇型的灾害受影响人口风险等级分布与RCP4.5非地球工程情景基本一致，总体上没有呈现出量级上的差异。这可能与模型假设2070年终止地球工程试验有关。这种情况下，到2100年时随着地球大气环境的自我恢复，先前实施地球工程的气候影响已经被基本消除，两种情境下的极端降水灾害风险模拟背景已经趋于一致，进而导致两者的灾害风险分布不再存在明显差异。

表6　2100年地球工程情景下中国不同年遇型极端降水受影响人口风险分布

风险等级	受影响省份(10a)	受影响省份(20a)	受影响省份(50a)	受影响省份(100a)
< 20万人	黑龙江、吉林、内蒙古、京津冀、山西、陕西、河南、宁夏、甘肃、青海、新疆、西藏、云南、重庆、贵州、广西、广东、福建、浙江	黑龙江、吉林、内蒙古、山西、宁夏、甘肃、新疆、青海、西藏、云南、贵州、重庆、福建、京津冀、河南	黑龙江、内蒙古、山西、宁夏、甘肃、青海、新疆、西藏、云南	黑龙江、青海、西藏、山西、云南、甘肃

风险等级	受影响省份(10a)	受影响省份(20a)	受影响省份(50a)	受影响省份(100a)
20 万~40 万人	山东、苏沪、湖北、湖南、江西、海南	辽宁、山东、江苏、浙江、广东、广西、陕西、四川	京津冀、河南、重庆、贵州、福建	内蒙古、新疆、宁夏、重庆、贵州、福建
40 万~60 万人	安徽	湖北、湖南、江西、海南	吉林、辽宁、山东、苏沪、浙江、广西	辽宁、京津冀、河南
60 万~80 万人	无	无	四川、陕西、广东	山东、苏沪、浙江、广西
> 80 万人	无	安徽	安徽、湖北、湖南、江西、海南	吉林、陕西、四川、江西、湖北、湖南、安徽、广东、海南

3.2100 年两种情景下极端降水受影响人口风险分布差异

表 7 展示了 2100 年时间节点上，地球工程与 RCP4.5 非地球工程两种情景下中国各省极端降水受影响人口风险分布的差异情况。虽然表 6 已经基本显示出 2100 年时间点上两种情景下中国整体的气象灾害风险等级分布不存在显著改变，但是考虑到地球工程对气候系统的潜在的长期影响以及各地局地气候的差异性，在省域层面各地的灾害风险强度还存在着一些明显差异。

对比地球工程与 RCP4.5 两种情景，在 100a 强度下，致灾风险水平出现增长的省域有广东、福建、江西、湖北、山西、山东、宁夏、辽宁、甘肃、陕西、河南、青海、黑龙江、京津冀等；风险水平出现降低的省份有新疆、四川、云南、广西、海南、安徽、浙江、吉林等；两种情景下风险水平基本持平的省份有西藏、湖南、贵州等。与 2050 年时间节点上地球工程与 RCP4.5 两种情景下各省域产生风险差异分布的原因不同，考虑到 2100 年时地球工程已经停止 30 年，两种情景下的致灾因子已经基本趋同，这种情况下各省域产生风险分布差异的原因应主要考虑承灾体因素——各省域人口数量预期变动因素的影响。

表7　2100年地球工程、非地球工程情景下中国不同年遇型
极端降水受影响人口风险分布差异

风险等级	受影响省份(10a)	受影响省份(20a)	受影响省份(50a)	受影响省份(100a)
< -3000 人	吉林、广西、海南	吉林、广西、海南	吉林、广西、海南、云南	安徽、海南、吉林、云南
-3000 ~ -1500 人	湖南	云南、湖南	四川、湖南、浙江	新疆、四川、浙江
-1500 ~ 0 人	内蒙古、新疆、西藏、四川、云南、贵州、重庆、广东、浙江、苏沪、	内蒙古、新疆、西藏、四川、贵州、苏沪、安徽	内蒙古、新疆、西藏、苏沪	内蒙古、西藏、湖南、苏沪
0 ~ 2500 人	黑龙江、辽宁、京津冀、陕西、山西、河南、宁夏、甘肃、青海、安徽、福建	黑龙江、辽宁、京津冀、甘肃、青海、陕西、河南、重庆、广东	黑龙江、京津冀、甘肃、青海、河南、重庆、贵州	黑龙江、京津冀、青海、重庆、贵州
2500 ~ 5000 人	山东、湖北、江西	山西、湖北、宁夏、福建	辽宁、山西、陕西	河南、陕西、甘肃
> 5000 人	无	山东、江西	山东、宁夏、湖北、江西、广东、福建	辽宁、山东、山西、宁夏、湖北、江西、福建、广东

（三）2020 ~2100年间两种情景下受影响人口平均风险差异

前文从2050年、2100年两个时间点角度，分析了地球工程与RCP4.5非地球工程两种情景下中国省级区域极端降水致灾风险格局。上述分析虽然有助于我们从剖面上了解地球工程对气象灾害风险的影响，但是无法使我们对地球工程引发的气象灾害整体风险状况形成总体认识。基于这一考虑，本文按照10a ~100a四种年遇型重现期的分类，对2020 ~2100年地球工程与非地球工程两种情景下的极端降水受影响人口风险状况进行了整体拟合，展示了两种情景下的整体致灾风险差异状况，结果如图2所示。

根据图2所示，2020 ~2100年地球工程与非地球工程两种情景下中国整体受极端降水影响人口的平均风险差异情况呈现出以下特征。

第一，从极端降水致灾风险整体水平上看，在整个试验期内（即2020 ~

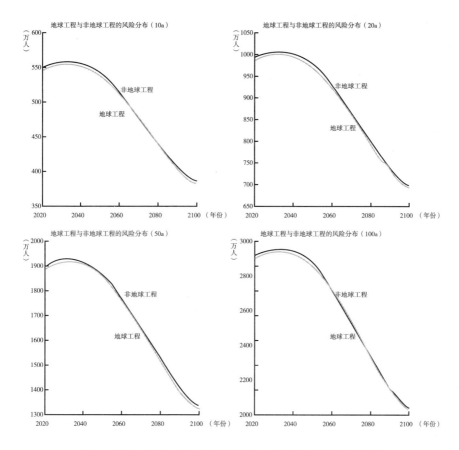

**图2　2020～2100年地球工程情景、非地球工程情景下中国
极端降水受影响人口平均风险差异**

2100年）实施地球工程有利于降低灾害风险，但降低风险的幅度总体上不
大，灾害风险格局本质上还是取决于地球大气物理环境的控制。

　　第二，地球工程与非地球工程两种情景下，中国10a～100a四种年遇型的
极端降水致灾风险分布整体趋势具有很高的一致性，随着时间的推移呈现出
风险水平先升高、后降低的趋势，最高风险水平发生在2030年前后。这一时
间点与当前关于全球变暖影响及温室气体减排峰值的预测时间基本重合[1]，说

---

① 《第三次气候变化国家评估报告》编写委员会，《第三次气候变化国家评估报告》，科学出
　　版社，2015，第13～22页。

明地球工程只能在有限范围内发挥有限作用,不能从根本上改变全球气候变化及相应影响的整体发展格局。

第三,在极端降水致灾风险的概率分布上,年遇型越高,地球工程与非地球工程两种情景下的拟合曲线越接近。比如,在100a风险拟合曲线后期,两种情景下的风险拟合曲线几乎重合。这一结果说明,在承灾体稳定的情况下,气象灾害风险的大小取决于致灾因子的危险性程度。

第四,在极端降水致灾风险的时间分布特征上,越到试验期后期,地球工程与非地球工程两种情景下的风险拟合曲线越接近,临近2100年时两者几乎重合。这表明终止实施地球工程后,气候环境在大气环流的作用下逐步趋于均一化,地球工程产生的人为扰动随着时间的推移逐渐被"抹平",从而使两种情景下后期的气象灾害风险水平趋于相同。这也意味着,至少在当前GeoMIP模式设定的地球工程实施当量下,大气物理环境的"自我恢复能力"依然能够占据主导地位,确保原气象灾害风险格局不被根本性改变。这一结果也一定程度上验证了1999年IPCC关于航空器尾气对气候变化影响的评估结论,即在平流层施加的人为活动对气候系统有风险性、不确定性、可逆性等特点[①]。

四 结论与启示

根据前文研究结论,可知地球工程情景下中国极端降水气象灾害风险具有两方面特征:第一,在2020~2100年间实施平流层气溶胶注入(SAI)地球工程,总体上没有改变气候变化背景下的中国极端降水灾害风险分布格局,甚至一定程度上有利于降低灾害风险;第二,各地灾害风险等级的大小,不但受到人为施加的地球工程的影响,更取决于致灾因子危险性、承灾体暴露度和脆弱性等综合影响。

---

① IPCC, *Special Report on Aviation*. Cambridge: Cambridge University Press, Cambridge, UK, 1999.

上述两项基本认知对中国关于地球工程风险治理具有重要启示意义。

其一，从全球气候治理角度上看，假如地球工程不能从根本上改变大气物理环境及相应的风险格局，甚至是具备一定改善气象灾害风险状况的潜力，那么在传统的减缓和适应措施不能有效缓解全球应对气候变化压力，特别是《巴黎协定》2℃和1.5℃温控目标难以实现的情景下，地球工程是否会成为一些国家的实际选项？地球工程一旦进入实际操作阶段，必将使全球气候治理进一步复杂化，中国需对此有必要的政策储备和应对措施。

其二，从国内气候治理和灾害应对上看，地球工程对中国各地气象灾害风险的影响既有共性特征，又有空间异质性特征。实施地球工程即便没有使全国总体极端降水风险格局发生进一步恶化倾向，但各省级区域层面的风险分布出现了一定变化，导致这一变化的主要原因在于各省承灾体因素的差异，即各省防灾抗灾能力上的差异。这启示我们无论地球工程最终实施与否，不断加强和完善各地的灾害防御能力建设，始终是我国进行气候治理的重点方向和内容。

总之，关于地球工程与中国气象灾害风险的关系是领域广泛、十分复杂的研究课题。本文只是选取了一个很小的方面进行了初步的方法性探索。文章对很多要素进行了简化，势必会影响到研究结果的准确性，尚有很多需要完善和深化的地方。比如，应开展地球工程对不同排放情景下、分灾种气象灾害风险影响的综合分析；还要加强地球工程风险的归因研究，这对完善灾害风险管理具有重要价值；此外，还应重点关注地球工程国际治理问题，目前在该领域还存在巨大空白区域，中国在这里面有很大空间，亟须加强研究，尽早介入，抢占地球工程治理规则制高点。

附 录

Appendix

G . 28

世界各国与中国社会经济、
能源及碳排放数据

朱守先*

表1　世界各国及地区生产总值（GDP）数据（2016 年）

位次	国家/地区	GDP（百万美元）	位次	国家/地区	GDP（百万美元,PPP）
1	美国	18569100	1	中国	21417150
2	中国	11199145	2	美国	18569100
3	日本	4939384	3	印度	8702900
4	德国	3466757	4	日本	5266444
5	英国	2618886	5	德国	4028362
6	法国	2465454	6	俄罗斯联邦	3397368
7	印度	2263523	7	巴西	3141333
8	意大利	1849970	8	印度尼西亚	3032090
9	巴西	1796187	9	英国	2796732

* 朱守先，中国社会科学院城市发展与环境研究所副研究员，研究领域为可持续发展。

续表

位次	国家/地区	GDP（百万美元）	位次	国家/地区	GDP（百万美元，PPP）
10	加拿大	1529760	10	法国	2773932
11	韩国	1411246	11	意大利	2312559
12	俄罗斯联邦	1283162	12	墨西哥	2278072
13	西班牙	1232088	13	土耳其	1927693
14	澳大利亚	1204616	14	韩国	1832073
15	墨西哥	1045998	15	沙特阿拉伯	1756793
16	印度尼西亚	932259	16	西班牙	1686373
17	土耳其	857749	17	加拿大	1597517
18	荷兰	770845	18	伊朗	*1352814*
19	瑞士	659827	19	泰国	1164928
20	沙特阿拉伯	646438	20	澳大利亚	1128908
21	阿根廷	545866	21	尼日利亚	1091228
22	瑞典	511000	22	埃及	1065179
23	波兰	469509	23	波兰	1055354
24	比利时	466366	24	巴基斯坦	1014181
25	泰国	406840	25	阿根廷	874071
26	尼日利亚	405083	26	荷兰	866204
27	伊朗	*393436*	27	马来西亚	863287
28	奥地利	386428	28	菲律宾	806539
29	挪威	370557	29	南非	739419
30	阿联酋	348743	30	哥伦比亚	688817
31	埃及	336297	31	阿联酋	671292
32	中国香港	320912	32	伊拉克	645594
33	以色列	318744	33	阿尔及利亚	612133
34	丹麦	306143	34	越南	595524
35	菲律宾	304905	35	孟加拉国	583480
36	新加坡	296966	36	瑞士	526450
37	马来西亚	296359	37	比利时	526364
38	南非	294841	38	新加坡	492631
39	爱尔兰	294054	39	瑞典	486985
40	巴基斯坦	283660	40	罗马尼亚	465565
41	哥伦比亚	282463	41	哈萨克斯坦	449621
42	智利	247028	42	奥地利	438049
43	芬兰	236785	43	中国香港	430169

续表

位次	国家/地区	GDP（百万美元）	位次	国家/地区	GDP（百万美元，PPP）
44	孟加拉国	221415	44	智利	429123
45	葡萄牙	204565	45	秘鲁	413759
46	越南	202616	46	捷克	366608
47	希腊	194559	47	乌克兰	352978
48	捷克	192925	48	爱尔兰	328785
49	秘鲁	192094	49	卡塔尔	327708
50	罗马尼亚	186691	50	以色列	323947
51	新西兰	185017	51	葡萄牙	316183
52	伊拉克	171489	52	挪威	310321
53	阿尔及利亚	156080	53	缅甸	305301
54	卡塔尔	152469	54	科威特	*290529*
55	哈萨克斯坦	133657	55	希腊	287830
56	匈牙利	124343	56	丹麦	284813
57	科威特	114041	57	摩洛哥	280719
58	摩洛哥	101445	58	匈牙利	261949
59	厄瓜多尔	97802	59	斯里兰卡	261140
60	苏丹	95584	60	芬兰	236579
61	乌克兰	93270	61	乌兹别克斯坦	207470
62	安哥拉	89633	62	安哥拉	187261
63	斯洛伐克	89552	63	苏丹	187219
64	古巴	*87133*	64	厄瓜多尔	184925
65	斯里兰卡	81322	65	新西兰	183291
66	埃塞俄比亚	72374	66	阿曼	*179488*
67	多米尼加	71584	67	埃塞俄比亚	177661
68	肯尼亚	70529	68	白俄罗斯	171703
69	危地马拉	68763	69	阿塞拜疆	168431
70	缅甸	67430	70	斯洛伐克	166292
71	乌兹别克斯坦	67220	71	多米尼加	161957
72	阿曼	66293	72	肯尼亚	152942
73	卢森堡	59948	73	坦桑尼亚	150336
74	哥斯达黎加	57436	74	保加利亚	136848
75	巴拿马	55188	75	突尼斯	132261
76	乌拉圭	52420	76	危地马拉	131777
77	保加利亚	52395	77	加纳	121108

续表

位次	国家/地区	GDP（百万美元）	位次	国家/地区	GDP（百万美元，PPP）
78	克罗地亚	50425	78	塞尔维亚	102416
79	黎巴嫩	47537	79	克罗地亚	98410
80	白俄罗斯	47433	80	土库曼斯坦	95586
81	坦桑尼亚	47431	81	巴拿马	92844
82	中国澳门	44803	82	科特迪瓦	88140
83	斯洛文尼亚	43991	83	立陶宛	86072
84	立陶宛	42739	84	约旦	85576
85	加纳	42690	85	黎巴嫩	84067
86	突尼斯	42063	86	哥斯达黎加	80699
87	约旦	38655	87	玻利维亚	78786
88	阿塞拜疆	37848	88	喀麦隆	77015
89	塞尔维亚	37745	89	乌干达	76702
90	土库曼斯坦	36180	90	乌拉圭	74478
91	科特迪瓦	36165	91	尼泊尔	71525
92	民主刚果	34999	92	也门	69185
93	玻利维亚	33806	93	斯洛文尼亚	67901
94	巴林	31859	94	赞比亚	65077
95	拉脱维亚	27677	95	阿富汗	65034
96	巴拉圭	27441	96	巴林	*64935*
97	也门	27318	97	巴拉圭	64405
98	萨尔瓦多	26797	98	中国澳门	63769
99	乌干达	25528	99	民主刚果	63048
100	喀麦隆	24204	100	卢森堡	61726
101	爱沙尼亚	23137	101	柬埔寨	58880
102	洪都拉斯	21517	102	萨尔瓦多	54686
103	尼泊尔	21144	103	拉脱维亚	51032
104	特立尼达和多巴哥	20989	104	特立尼达和多巴哥	43553
105	冰岛	20047	105	洪都拉斯	43177
106	柬埔寨	20017	106	波斯尼亚和黑塞哥维那	42465
107	塞浦路斯	19802	107	老挝	41808
108	赞比亚	19551	108	塞内加尔	39574
109	阿富汗	19469	109	爱沙尼亚	38658
110	巴布亚新几内亚	16929	110	马里	38099
111	波斯尼亚和黑塞哥维那	16560	111	博茨瓦纳	37658

续表

位次	国家/地区	GDP （百万美元）	位次	国家/地区	GDP（百万 美元，PPP）
112	津巴布韦	16289	112	马达加斯加	37491
113	老挝	15903	113	格鲁吉亚	37182
114	博茨瓦纳	15275	114	蒙古	36996
115	塞内加尔	14765	115	加蓬	35849
116	格鲁吉亚	14333	116	莫桑比克	35089
117	加蓬	14214	117	阿尔巴尼亚	34308
118	马里	14045	118	尼加拉瓜	34078
119	牙买加	14027	119	文莱	32773
120	西岸和加沙	13397	120	津巴布韦	32404
121	尼加拉瓜	13231	121	布基纳法索	32074
122	毛里求斯	12164	122	马其顿	31470
123	布基纳法索	12115	123	赤道几内亚	31191
124	阿尔巴尼亚	11927	124	刚果	29313
125	文莱	11400	125	乍得	28779
126	蒙古	11160	126	塞浦路斯	27660
127	莫桑比克	11015	127	毛里求斯	26644
128	马耳他	10949	128	纳米比亚	26248
129	马其顿	10900	129	塔吉克斯坦	26031
130	亚美尼亚	10547	130	亚美尼亚	25791
131	纳米比亚	10267	131	牙买加	25456
132	赤道几内亚	10179	132	贝宁	23573
133	马达加斯加	9991	133	南苏丹	*22876*
134	乍得	9601	134	卢旺达	22803
135	巴哈马	9047	135	吉尔吉斯	21601
136	南苏丹	*9015*	136	巴布亚新几内亚	*21412*
137	贝宁	8583	137	马拉维	21155
138	卢旺达	8376	138	尼日尔	20226
139	海地	8023	139	海地	19354
140	刚果	7834	140	摩尔多瓦	18945
141	尼日尔	7509	141	科索沃	18283
142	马恩岛	*7428*	142	冰岛	17180
143	塔吉克斯坦	6952	143	毛里塔尼亚	16574
144	摩尔多瓦	6750	144	马耳他	16560
145	列支敦士登	*6664*	145	几内亚	16247

位次	国家/地区	GDP（百万美元）	位次	国家/地区	GDP（百万美元，PPP）
146	科索沃	6650	146	西岸和加沙	13397
147	吉尔吉斯	6551	147	多哥	11341
148	几内亚	6299	148	斯威士兰	11205
149	索马里	6217	149	塞拉利昂	10898
150	关岛	*5734*	150	黑山	10496
151	马拉维	5442	151	巴哈马	9066
152	毛里塔尼亚	*4635*	152	斐济	8593
153	斐济	4632	153	布隆迪	8187
154	巴巴多斯	4588	154	苏里南	7899
155	多哥	4400	155	不丹	6976
156	黑山	4173	156	莱索托	6676
157	美属维尔京群岛	*3765*	157	圭亚那	6046
158	斯威士兰	3727	158	马尔代夫	5510
159	塞拉利昂	3669	159	巴巴多斯	4792
160	苏里南	3621	160	利比里亚	3751
161	马尔代夫	3591	161	佛得角	3536
162	圭亚那	3446	162	冈比亚	3443
163	布隆迪	3007	163	中非	3211
164	不丹	2237	164	伯利兹	3100
165	格陵兰	*2220*	165	吉布提	*3100*
166	莱索托	2200	166	几内亚比绍	2872
167	利比里亚	2101	167	东帝汶	*2842*
168	伯利兹	1765	168	塞舌尔	2688
169	中非	1756	169	安提瓜和巴布达	2263
170	吉布提	*1727*	170	圣卢西亚	2055
171	佛得角	1617	171	格林纳达	1495
172	安提瓜和巴布达	1449	172	圣基茨和尼维斯	1463
173	东帝汶	*1442*	173	所罗门群岛	1340
174	塞舌尔	1427	174	圣文森特和格林纳丁斯	1272
175	圣卢西亚	1379	175	萨摩亚	1238
176	所罗门群岛	1202	176	科摩罗	1211
177	几内亚比绍	1126	177	瓦努阿图	833
178	格林纳达	1016	178	多米尼克	807
179	冈比亚	965	179	圣多美和普林西比	646

续表

位次	国家/地区	GDP（百万美元）	位次	国家/地区	GDP（百万美元，PPP）
180	北马里亚纳群岛	922	180	汤加	616
181	圣基茨和尼维斯	917	181	密克罗尼西亚	377
182	萨摩亚	786	182	帕劳	331
183	瓦努阿图	774	183	基里巴斯	234
184	圣文森特和格林纳丁斯	771	184	马绍尔群岛	216
185	美属萨摩亚	*641*	185	瑙鲁	182
186	科摩罗	617	186	图瓦卢	41
187	多米尼克	525			
188	汤加	395			
189	圣多美和普林西比	351			
190	密克罗尼西亚	322			
191	帕劳	293			
192	马绍尔群岛	183			
193	基里巴斯	166			
194	瑙鲁	102			
195	图瓦卢	34			
	世界	75641577		世界	120086876
	东亚与太平洋地区	22477425		东亚与太平洋地区	39010583
	欧洲与中亚地区	20162858		欧洲与中亚地区	28292725
	拉美与加勒比地区	5294928		拉美与加勒比地区	9798044
	中东和北非	3111499		中东和北非	8322486
	北美	20104905		北美	20170385
	南亚	2896361		南亚	10710745
	撒哈拉以南非洲	1498001		撒哈拉以南非洲	3833593
	低收入	405501		低收入	1109845
	中低收入	6252244		中低收入	20479694
	中高收入	20570823		中高收入	43152000
	高收入	48407640		高收入	55579495

注：斜体数据为 2015 年或 2014 年数据。

资料来源：http：//datacatalog.worldbank.org/，表1～表4同此。

表 2 世界各国及地区人均收入（GNI）数据（2016 年）

位次	国家/地区	人均收入（Atlas，美元）	位次	国家/地区	人均收入（PPP，国际元）
1	摩纳哥	—	1	摩纳哥	—
2	列支敦士登	—	2	卡塔尔	*124740*
3	海峡群岛	—	3	列支敦士登	—
4	百慕大	—	4	海峡群岛	—
5	马恩岛	*89970*	5	中国澳门	*98450*
6	挪威	82330	6	马恩岛	—
7	瑞士	81240	7	新加坡	85050
8	直布罗陀	—	8	科威特	*83420*
9	卢森堡	76660	9	文莱	*83250*
11	卡塔尔	*75660*	10	卢森堡	75750
10	中国澳门	68030	11	直布罗陀	—
12	冰岛	56990	12	阿联酋	72850
13	丹麦	56730	14	瑞士	63660
14	美国	56180	15	挪威	62510
15	开曼群岛	—	16	中国香港	60530
16	瑞典	54630	18	美国	58030
17	澳大利亚	54420	19	爱尔兰	56870
18	爱尔兰	52560	20	沙特阿拉伯	55760
19	新加坡	51880	21	冰岛	52490
20	法罗群岛	—	23	丹麦	51040
21	荷兰	46310	24	荷兰	50320
22	奥地利	45230	25	瑞典	50000
23	芬兰	44730	26	奥地利	49990
24	加拿大	43660	27	德国	49530
25	德国	43660	28	比利时	46010
26	中国香港	43240	29	澳大利亚	45970
27	英国	42390	30	巴林	44910
28	比利时	41860	32	加拿大	43420
37	科威特	*41680*	33	芬兰	43400
29	阿联酋	40480	35	日本	42870
32	新西兰	39070	36	法国	42380
33	法国	38950	37	英国	42100
43	文莱	*38520*	40	阿曼	*41320*

续表

位次	国家/地区	人均收入 (Atlas, 美元)	位次	国家/地区	人均收入 (PPP, 国际元)
34	日本	38000	44	意大利	38230
36	以色列	36190	45	新西兰	37860
41	意大利	31590	46	以色列	37400
45	韩国	27600	47	西班牙	36340
46	西班牙	27520	48	韩国	35790
50	马耳他	24140	49	马耳他	35720
51	塞浦路斯	23680	50	捷克	32710
52	沙特阿拉伯	21750	52	斯洛文尼亚	32360
53	斯洛文尼亚	21660	55	塞浦路斯	31420
54	巴林	21480	56	特立尼达和多巴哥	30810
55	巴哈马	21020	58	葡萄牙	29990
57	葡萄牙	19850	59	斯洛伐克	29910
59	希腊	18960	60	爱沙尼亚	28920
65	阿曼	*18080*	61	立陶宛	28840
60	爱沙尼亚	17750	62	塞舌尔	28390
61	捷克	17570	63	希腊	26900
63	斯洛伐克	16810	64	马来西亚	26900
66	圣基茨和尼维斯	15850	65	波兰	26770
67	特立尼达和多巴哥	15680	66	拉脱维亚	26090
68	塞舌尔	15410	67	圣基茨和尼维斯	25940
69	乌拉圭	15230	69	匈牙利	25640
70	巴巴多斯	14830	71	土耳其	23990
71	立陶宛	14770	72	智利	23270
72	拉脱维亚	14630	74	罗马尼亚	22950
73	智利	13530	75	哈萨克斯坦	22910
74	安提瓜和巴布达	13400	76	克罗地亚	22880
75	波兰	12680	77	俄罗斯联邦	22540
76	匈牙利	12570	78	巴哈马,	22090
77	帕劳	12450	79	安提瓜和巴布达	21840
78	巴拿马	12140	81	乌拉圭	21090
79	克罗地亚	12110	82	巴拿马	20990
80	阿根廷	11960	83	毛里求斯	20980
82	土耳其	11180	85	阿根廷	19480
83	哥斯达黎加	10840	86	保加利亚	19020

续表

位次	国家/地区	人均收入 （Atlas，美元）	位次	国家/地区	人均收入 （PPP，国际元）
84	瑙鲁	10750	88	墨西哥	17740
85	马来西亚	9850	89	瑙鲁	17520
86	毛里求斯	9760	87	伊朗	*17370*
87	俄罗斯联邦	9720	90	伊拉克	17240
88	罗马尼亚	9470	91	白俄罗斯	17210
89	墨西哥	9040	92	黑山	17090
90	巴西	8840	93	赤道几内亚	17020
91	格林纳达	8830	94	加蓬	16720
92	哈萨克斯坦	8710	95	博茨瓦纳	16380
93	中国	8260	96	阿塞拜疆	16130
95	黎巴嫩	7680	97	巴巴多斯	16070
96	圣卢西亚	7670	98	泰国	16070
97	保加利亚	7470	99	土库曼斯坦	16060
98	马尔代夫	7430	101	哥斯达黎加	15750
99	加蓬	7210	102	中国	15500
100	苏里南	7070	103	巴西	14810
101	黑山	6970	104	帕劳	14740
102	圣文森特和格林纳丁斯	6790	105	阿尔及利亚	14720
103	多米尼加	6750	106	多米尼加	14480
104	土库曼斯坦	6670	107	马其顿	14480
105	博茨瓦纳	6610	108	哥伦比亚	13910
106	赤道几内亚	6550	109	黎巴嫩	13860
116	伊朗	*6530*	110	苏里南	13720
107	多米尼加	6390	111	塞尔维亚	13680
108	哥伦比亚	6320	112	格林纳达	13440
109	秘鲁	5950	113	南非	12860
110	厄瓜多尔	5820	114	秘鲁	12480
111	泰国	5640	115	波斯尼亚和黑塞哥维那	12140
112	白俄罗斯	5600	116	马尔代夫	11970
113	南非	5480	117	斯里兰卡	11970
114	伊拉克	5430	118	阿尔巴尼亚	11880
115	塞尔维亚	5280	119	圣文森特和格林纳丁斯	11530
117	图瓦卢	5090	120	圣卢西亚	11370
119	马其顿	4980	121	蒙古	11290

位次	国家/地区	人均收入（Atlas，美元）	位次	国家/地区	人均收入（PPP，国际元）
120	波斯尼亚和黑塞哥维那	4880	122	印度尼西亚	11220
121	斐济	4840	123	突尼斯	11150
123	阿塞拜疆	4760	124	埃及	11110
124	牙买加	4660	125	厄瓜多尔	11070
125	纳米比亚	4620	126	多米尼加	10610
126	马绍尔群岛	4450	127	纳米比亚	10550
127	伯利兹	4410	129	科索沃	10200
128	阿尔及利亚	4270	131	格鲁吉亚	9450
129	阿尔巴尼亚	4250	132	菲律宾	9400
130	圭亚那	4250	133	斐济	9140
131	萨摩亚	4100	134	巴拉圭	9060
132	巴拉圭	4070	135	亚美尼亚	9000
133	汤加	4020	136	约旦	8980
134	萨尔瓦多	3920	137	牙买加	8500
135	约旦	3920	138	萨尔瓦多	8220
136	科索沃	3850	139	乌克兰	8190
137	格鲁吉亚	3810	140	不丹	8070
138	危地马拉	3790	141	伯利兹	8000
139	斯里兰卡	3780	142	斯威士兰	7980
140	亚美尼亚	3760	143	圭亚那	7860
141	突尼斯	3690	144	危地马拉	7750
142	密克罗尼西亚	3680	145	摩洛哥	7700
143	菲律宾	3580	146	玻利维亚	7090
144	蒙古	3550	147	乌兹别克斯坦	6640
145	埃及	3460	148	印度	6490
146	安哥拉	3440	149	安哥拉	6220
147	印度尼西亚	3400	150	佛得角	6220
148	西岸和加沙	3230	151	萨摩亚	6200
151	瓦努阿图	*3170*	152	越南	6050
149	玻利维亚	3070	153	老挝人民民主共和国	5920
150	佛得角	2970	154	图瓦卢	5920
152	摩洛哥	2850	155	汤加	5760
153	斯威士兰	2830	156	尼日利亚	5740
155	不丹	2510	157	摩尔多瓦	5670

续表

位次	国家/地区	人均收入 （Atlas，美元）	位次	国家/地区	人均收入 （PPP，国际元）
156	尼日利亚	2450	158	巴基斯坦	5580
157	基里巴斯	2380	160	尼加拉瓜	5390
158	乌克兰	2310	161	刚果	5380
159	乌兹别克斯坦	2220	162	马绍尔群岛	5280
171	东帝汶	*2180*	159	缅甸	*5070*
160	洪都拉斯	2150	164	洪都拉斯	4410
161	老挝	2150	181	东帝汶	*4340*
162	苏丹	2140	165	密克罗尼西亚	4330
164	摩尔多瓦	2120	166	苏丹	4290
165	尼加拉瓜	2050	167	加纳	4150
166	越南	2050	168	孟加拉国	3790
167	所罗门群岛	1880	169	赞比亚	3790
168	圣多美和普林西比	1730	170	毛里塔尼亚	3760
169	刚果	1710	171	科特迪瓦	3610
170	印度	1680	172	柬埔寨	3510
172	科特迪瓦	1520	173	塔吉克斯坦	3500
173	巴基斯坦	1510	174	吉尔吉斯	3410
174	加纳	1380	175	莱索托	3390
175	肯尼亚	1380	177	西岸和加沙	3290
176	孟加拉国	1330	178	喀麦隆	3250
177	赞比亚	1300	179	基里巴斯	3240
179	莱索托	1210	180	圣多美和普林西比	3240
180	喀麦隆	1200	182	肯尼亚	3130
178	缅甸	*1190*	183	瓦努阿图	*3050*
181	柬埔寨	1140	184	坦桑尼亚	2740
182	毛里塔尼亚	1120	185	巴布亚新几内亚	*2700*
183	塔吉克斯坦	1110	187	尼泊尔	2520
184	吉尔吉斯	1100	188	也门	2490
185	也门	1040	189	塞内加尔	2480
188	塞内加尔	950	190	贝宁	2170
189	津巴布韦	940	191	所罗门群岛	2150
190	坦桑尼亚	900	192	马里	2040
191	贝宁	820	194	乍得	1950
210	南苏丹	*820*	195	津巴布韦	1920

续表

位次	国家/地区	人均收入（Atlas，美元）	位次	国家/地区	人均收入（PPP，国际元）
192	海地	780	196	阿富汗	1900
193	科摩罗	760	197	卢旺达	1870
194	马里	750	199	乌干达	1820
195	尼泊尔	730	200	海地	1790
196	乍得	720	201	埃塞俄比亚	1730
197	卢旺达	700	198	南苏丹	*1700*
198	埃塞俄比亚	660	202	布基纳法索	1680
199	乌干达	660	203	冈比亚	1640
200	布基纳法索	640	204	几内亚比绍	1580
202	几内亚比绍	620	205	科摩罗	1520
203	阿富汗	580	206	马达加斯加	1440
204	多哥	540	207	多哥	1370
205	几内亚	490	208	塞拉利昂	1320
206	塞拉利昂	490	209	几内亚	1200
207	莫桑比克	480	210	莫桑比克	1190
208	冈比亚	440	211	马拉维	1140
209	民主刚果	420	212	尼日尔	970
211	马达加斯加	400	213	布隆迪	770
212	中非	370	214	民主刚果	730
213	利比里亚	370	215	中非	700
214	尼日尔	370	216	利比里亚	700
215	马拉维	320			
216	布隆迪	280			
216	中非	320			
217	布隆迪	260			
	世界	10302		世界	16095
	东亚与太平洋地区	9868		东亚与太平洋地区	17010
	欧洲与中亚地区	23109		欧洲与中亚地区	30768
	拉美与加勒比地区	8307		拉美与加勒比地区	15001
	中东和北非	7800		中东和北非	*18780*
	北美	54927		北美	56554
	南亚	1616		南亚	6054

位次	国家/地区	人均收入 （Atlas，美元）	位次	国家/地区	人均收入 （PPP，国际元）
	撒哈拉以南非洲	1505		撒哈拉以南非洲	3592
	低收入	612		低收入	1646
	中低收入	2079		中低收入	6764
	中高收入	8210		中高收入	16537
	高收入	41046		高收入	46965

注：斜体数据为 2015 年或 2014 年数据；—表明 2016 数据不详，排名是估计出来的。

表3 世界各国及地区人口数据（2016 年）

位次	国家/地区	总人口 （千人）	位次	国家/地区	总人口 （千人）
1	中国	1378665	24	南非	55909
2	印度	1324171	25	坦桑尼亚	55572
3	美国	323128	26	缅甸	52885
4	印度尼西亚	261115	27	韩国	51246
5	巴西	207653	28	哥伦比亚	48653
6	巴基斯坦	193203	29	肯尼亚	48462
7	尼日利亚	185990	30	西班牙	46444
8	孟加拉国	162952	31	乌克兰	45005
9	俄罗斯联邦	144342	32	阿根廷	43847
10	墨西哥	127540	33	乌干达	41488
11	日本	126995	34	阿尔及利亚	40606
12	菲律宾	103320	35	苏丹	39579
13	埃塞俄比亚	102403	36	波兰	37948
14	埃及	95689	37	伊拉克	37203
15	越南	92701	38	加拿大	36286
16	德国	82668	39	摩洛哥	35277
17	伊朗	80277	40	阿富汗	34656
18	土耳其	79512	41	沙特阿拉伯	32276
19	民主刚果	78736	42	乌兹别克斯坦	31848
20	泰国	68864	43	秘鲁	31774
21	法国	66896	44	委内瑞拉	31568
22	英国	65637	45	马来西亚	31187
23	意大利	60601	46	尼泊尔	28983

位次	国家/地区	总人口（千人）	位次	国家/地区	总人口（千人）
47	莫桑比克	28829	81	贝宁	10872
48	安哥拉	28813	82	海地	10847
49	加纳	28207	83	希腊	10747
50	也门	27584	84	多米尼加	10649
51	朝鲜	25369	85	捷克	10562
52	马达加斯加	24895	86	布隆迪	10524
53	澳大利亚	24127	87	葡萄牙	10325
54	科特迪瓦	23696	88	瑞典	9903
55	喀麦隆	23439	89	匈牙利	9818
56	斯里兰卡	21203	90	阿塞拜疆	9762
57	尼日尔	20673	91	白俄罗斯	9507
58	罗马尼亚	19705	92	约旦	9456
59	布基纳法索	18646	93	阿联酋	9270
60	叙利亚	18430	94	洪都拉斯	9113
61	马拉维	18092	95	奥地利	8747
62	马里	17995	96	塔吉克斯坦	8735
63	智利	17910	97	以色列	8547
64	哈萨克斯坦	17797	98	瑞士	8372
65	荷兰	17018	99	巴布亚新几内亚	8085
66	赞比亚	16591	100	多哥	7606
67	危地马拉	16582	101	塞拉利昂	7396
68	厄瓜多尔	16385	102	中国香港	7347
69	津巴布韦	16150	103	保加利亚	7128
70	柬埔寨	15762	104	塞尔维亚	7057
71	塞内加尔	15412	105	老挝	6758
72	乍得	14453	106	巴拉圭	6725
73	索马里	14318	107	萨尔瓦多	6345
74	几内亚	12396	108	利比亚	6293
75	南苏丹	12231	109	尼加拉瓜	6150
76	卢旺达	11918	110	吉尔吉斯	6083
77	古巴	11476	111	黎巴嫩	6007
78	突尼斯	11403	112	丹麦	5731
79	比利时	11348	113	土库曼斯坦	5663
80	玻利维亚	10888	114	新加坡	5607

位次	国家/地区	总人口（千人）	位次	国家/地区	总人口（千人）
115	芬兰	5495	149	科索沃	1816
116	斯洛伐克	5429	150	几内亚比绍	1816
117	挪威	5233	151	巴林	1425
118	刚果	5126	152	特立尼达和多巴哥	1365
119	哥斯达黎加	4857	153	斯威士兰	1343
120	爱尔兰	4773	154	爱沙尼亚	1316
121	新西兰	4693	155	东帝汶	1269
122	利比里亚	4614	156	毛里求斯	1263
123	中非	4595	157	赤道几内亚	1221
124	西岸和加沙	4552	158	塞浦路斯	1170
125	阿曼	4425	159	吉布提	942
126	毛里塔尼亚	4301	160	斐济	899
127	克罗地亚	4171	161	不丹	798
128	科威特	4053	162	科摩罗	796
129	巴拿马	4034	163	圭亚那	773
130	格鲁吉亚	3719[1]	164	黑山	623
131	摩尔多瓦	3552[2]	165	中国澳门	612
132	波斯尼亚和黑塞哥维那	3517	166	所罗门群岛	599
133	乌拉圭	3444	167	卢森堡	583
134	波多黎各	3411	168	苏里南	558
135	蒙古	3027	169	佛得角	540
136	亚美尼亚	2925	170	马耳他	437
137	牙买加	2881	171	文莱	423
138	阿尔巴尼亚	2876	172	马尔代夫	417
139	立陶宛	2872	173	巴哈马	391
140	卡塔尔	2570	174	伯利兹	367
141	纳米比亚	2480	175	冰岛	334
142	博茨瓦纳	2250	176	巴巴多斯	285
143	莱索托	2204	177	法属波利尼西亚	280
144	马其顿	2081	178	新喀里多尼亚	278
145	斯洛文尼亚	2065	179	瓦努阿图	270
146	冈比亚	2039	180	圣多美和普林西比	200
147	加蓬	1980	181	萨摩亚	195
148	拉脱维亚	1960	182	圣卢西亚	178

续表

位次	国家/地区	总人口（千人）	位次	国家/地区	总人口（千人）
183	海峡群岛	165	207	摩纳哥	38
184	关岛	163	208	列支敦士登	38
185	库拉索	160	209	特克斯和凯科斯群岛	35
186	基里巴斯	114	210	直布罗陀	34
187	圣文森特和格林纳丁斯	110	211	圣马力诺	33
188	格林纳达	107	212	法属圣马丁	32
189	汤加	107	213	英属维尔京群岛	31
190	密克罗尼西亚	105	214	帕劳	22
191	阿鲁巴	105	215	瑙鲁	13
192	美属维尔京群岛	103	216	图瓦卢	11
193	安提瓜和巴布达	101			
194	塞舌尔	95		世界	7442136
195	马恩岛	84			
196	安道尔	77		东亚与太平洋地区	2296786
197	多米尼加	74		欧洲与中亚地区	911995
198	百慕大	65		拉美与加勒比地区	637664
199	开曼群岛	61		中东和北非	436721
200	格陵兰	56		北美	359479
201	美属萨摩亚	56		南亚	1766383
202	北马里亚纳群岛	55		撒哈拉以南非洲	1033106
203	圣基茨和尼维斯	55		低收入	659273
204	马绍尔群岛	53		中低收入	3012924
205	法罗群岛	49		中高收入	2579910
206	荷属圣马丁	40		高收入	1190029

注:[1] 不包括阿布哈兹和南奥塞梯;[2] 不包括德涅斯特河沿岸地区。

表4 世界各国及地区城市化率（2016 年）

位次	国家或地区	城市化率（%）	位次	国家或地区	城市化率（%）
1	百慕大	100.00	112	阿尔巴尼亚	58.38
1	开曼群岛	100.00	113	叙利亚	58.06
1	直布罗陀	100.00	114	马其顿	57.20
1	中国香港	100.00	115	中国	56.78

续表

位次	国家或地区	城市化率（%）	位次	国家或地区	城市化率（%）
1	中国澳门	100.00	116	法属波利尼西亚	55.80
1	摩纳哥	100.00	117	塞尔维亚	55.67
1	瑙鲁	100.00	118	洪都拉斯	55.32
1	新加坡	100.00	119	牙买加	55.03
1	荷属圣马丁	100.00	120	喀麦隆	54.94
10	卡塔尔	99.32	121	阿塞拜疆	54.90
11	科威特	98.36	122	科特迪瓦	54.87
12	比利时	97.90	123	罗马尼亚	54.75
13	马耳他	95.53	124	加纳	54.68
14	乌拉圭	95.46	125	印度尼西亚	54.47
15	美属维尔京群岛	95.46	126	塞舌尔	54.21
16	关岛	94.59	127	斐济	54.10
17	冰岛	94.23	128	格鲁吉亚	53.83
18	圣马力诺	94.22	129	斯洛伐克	53.47
19	日本	93.93	130	哈萨克斯坦	53.23
20	波多黎各	93.57	131	马恩岛	52.28
21	特克斯和凯科斯群岛	92.50	132	危地马拉	52.03
22	以色列	92.21	133	泰国	51.54
23	阿根廷	91.89	134	圣文森特和格林纳丁斯	50.90
24	荷兰	91.03	135	土库曼斯坦	50.40
25	卢森堡	90.43	136	利比里亚	50.10
26	智利	89.70	137	几内亚比绍	50.09
27	澳大利亚	89.55	138	斯洛文尼亚	49.63
28	库拉索	89.24	139	尼日利亚	48.60
29	北马里亚纳群岛	89.21	140	纳米比亚	47.63
30	委内瑞拉	89.04	141	马尔代夫	46.54
31	巴林	88.84	142	英属维尔京群岛	46.50
32	黎巴嫩	87.91	143	摩尔多瓦	45.09
33	丹麦	87.85	144	安哥拉	44.82
34	帕劳	87.64	145	基里巴斯	44.45
35	加蓬	87.37	146	贝宁	44.40
36	美属萨摩亚	87.15	147	菲律宾	44.29
37	格陵兰	86.81	148	塞内加尔	44.07
38	新西兰	86.32	149	伯利兹	43.85
39	瑞典	85.96	150	埃及	43.22
40	巴西	85.93	151	民主刚果	43.02
41	阿联酋	85.80	152	法罗群岛	42.19

续表

位次	国家或地区	城市化率（%）	位次	国家或地区	城市化率（%）
42	安道尔	84.61	153	赞比亚	41.38
43	芬兰	84.36	154	阿鲁巴	41.30
44	约旦	83.91	155	马里	40.68
45	沙特阿拉伯	83.33	156	多哥	40.46
46	巴哈马	82.95	157	中非	40.33
47	英国	82.84	158	塞拉利昂	40.32
48	韩国	82.59	159	赤道几内亚	40.10
49	加拿大	82.01	160	索马里	40.03
50	北美	81.81	161	波斯尼亚和黑塞哥维那	39.94
51	美国	81.79	162	老挝	39.65
52	挪威	80.73	163	毛里求斯	39.55
53	西班牙	79.80	164	不丹	39.38
54	法国	79.75	165	巴基斯坦	39.22
55	墨西哥	79.52	166	几内亚	37.65
56	秘鲁	78.92	167	乌兹别克斯坦	36.48
57	利比亚	78.75	168	吉尔吉斯	35.85
58	希腊	78.33	169	马达加斯加	35.74
59	阿曼	78.09	170	格林纳达	35.62
60	哥斯达黎加	77.68	171	也门	35.19
61	文莱	77.51	172	孟加拉国	35.04
62	吉布提	77.43	173	缅甸	34.65
63	古巴	77.18	174	越南	34.24
64	白俄罗斯	77.05	175	苏丹	34.01
65	哥伦比亚	76.71	176	南亚	33.46
66	德国	75.51	177	东帝汶	33.40
67	马来西亚	75.37	178	印度	33.14
68	保加利亚	74.27	179	莫桑比克	32.51
69	俄罗斯联邦	74.10	180	坦桑尼亚	32.32
70	瑞士	73.99	181	津巴布韦	32.28
71	土耳其	73.89	182	圣基茨和尼维斯	32.15
72	伊朗	73.88	183	海峡群岛	31.58
73	捷克	72.98	184	巴巴多斯	31.42
74	马绍尔群岛	72.94	185	布基纳法索	30.69
75	蒙古	72.82	186	卢旺达	29.78
76	匈牙利	71.67	187	圭亚那	28.66
77	阿尔及利亚	71.30	188	科摩罗	28.41
78	新喀里多尼亚	70.74	189	莱索托	27.84

续表

位次	国家或地区	城市化率（%）	位次	国家或地区	城市化率（%）
79	乌克兰	69.92	190	阿富汗	27.13
80	多米尼加	69.82	191	塔吉克斯坦	26.89
81	伊拉克	69.59	192	瓦努阿图	26.44
82	意大利	69.12	193	肯尼亚	26.06
83	玻利维亚	68.91	194	汤加	23.80
84	爱沙尼亚	67.47	195	安提瓜和巴布达	23.39
85	拉脱维亚	67.36	196	所罗门群岛	22.78
86	萨尔瓦多	67.19	197	乍得	22.62
87	突尼斯	67.05	198	密克罗尼西亚	22.48
88	巴拿马	66.90	199	斯威士兰	21.32
89	塞浦路斯	66.84	200	柬埔寨	20.95
90	立陶宛	66.51	201	埃塞俄比亚	19.92
91	佛得角	66.19	202	南苏丹	19.03
92	奥地利	66.03	203	尼日尔	19.01
93	苏里南	66.02	204	尼泊尔	19.00
94	刚果	65.80	205	萨摩亚	18.96
95	圣多美和普林西比	65.65	206	圣卢西亚	18.54
96	南非	65.30	207	斯里兰卡	18.41
97	黑山	64.22	208	马拉维	16.45
98	葡萄牙	64.02	209	乌干达	16.44
99	厄瓜多尔	63.98	210	列支敦士登	14.28
100	爱尔兰	63.54	211	巴布亚新几内亚	13.04
101	亚美尼亚	62.56	212	布隆迪	12.36
102	朝鲜	61.05	213	特立尼达和多巴哥	8.35
103	摩洛哥	60.69			
104	图瓦卢	60.62			
105	波兰	60.53		世界	54.30
106	毛里塔尼亚	60.45		高收入	81.41
107	冈比亚	60.22		中高收入	65.05
108	巴拉圭	59.92		中等收入	51.37
109	海地	59.79		低和中等收入	49.23
110	克罗地亚	59.28		中低收入	39.65
111	尼加拉瓜	59.11		低收入	31.18

表 5 世界各国及地区能源和碳排放数据（2016 年）

国家/地区	二氧化碳排放（百万吨 CO₂）	一次能源消费总量（百万吨标准油）	一次能源消费结构（%）					
			石油	天然气	煤炭	核能	水电	其他可再生能源
美国	5350.4	2272.7	37.98	31.52	15.77	8.44	2.61	3.69
加拿大	527.4	329.7	30.61	27.26	5.66	7.04	26.64	2.79
墨西哥	470.3	186.5	44.41	43.20	5.26	1.28	3.63	2.21
北美洲总计	6348.0	2788.9	37.54	31.80	13.87	7.80	5.52	3.48
阿根廷	194.3	88.9	35.91	50.25	1.19	2.14	9.77	0.74
巴西	458.0	297.8	46.61	11.06	5.55	1.21	29.19	6.38
智利	95.9	36.8	48.28	11.09	22.39	0.00	12.01	6.22
哥伦比亚	89.0	41.1	38.69	23.12	11.15	0.00	25.87	1.17
厄瓜多尔	35.0	15.3	72.21	3.81	0.00	0.00	23.07	0.91
秘鲁	53.1	25.3	45.24	28.02	3.21	0.00	21.32	2.21
特立尼达和多巴哥	25.8	19.4	11.13	88.86	0.00	0.00	0.00	0.01
委内瑞拉	161.0	74.6	38.46	42.88	0.09	0.00	18.57	0.00
拉丁美洲其他地区	236.1	106.2	64.52	6.29	3.19	0.00	21.24	4.77
拉丁美洲总计	1348.2	705.3	46.25	21.94	4.91	0.78	22.12	4.00
奥地利	63.2	35.1	36.03	22.40	9.04	0.00	25.56	6.97
阿塞拜疆	33.9	14.5	31.83	64.85	0.00	0.00	3.06	0.26
白俄罗斯	53.7	23.7	31.77	64.55	3.28	0.00	0.10	0.29
比利时	120.2	61.7	51.47	22.49	4.82	15.96	0.14	5.11
保加利亚	42.9	18.1	24.95	14.84	31.73	19.72	4.81	3.95
捷克	105.2	39.9	21.06	17.59	42.36	13.67	1.13	4.19

续表

国家/地区	二氧化碳排放（百万吨 CO₂）	一次能源消费总量（百万吨标准油）	一次能源消费结构（%）						
			石油	天然气	煤炭	核能	水电	其他可再生能源
丹麦	38.9	17.1	47.05	16.94	12.26	0.00	0.02	23.73
芬兰	44.6	27.1	33.17	6.60	15.11	19.56	13.16	12.41
法国	316.0	235.9	32.38	16.24	3.53	38.68	5.71	3.46
德国	760.8	322.5	35.04	22.46	23.35	5.94	1.47	11.74
希腊	70.5	25.9	59.35	9.88	18.07	0.00	4.68	8.02
匈牙利	45.8	21.9	32.44	36.69	10.43	16.59	0.27	3.57
爱尔兰	40.5	15.2	46.39	28.33	14.34	0.00	1.02	9.93
意大利	336.9	151.3	38.40	38.38	7.18	0.00	6.13	9.91
哈萨克斯坦	207.2	63.0	20.93	19.10	56.50	0.00	3.34	0.13
立陶宛	11.6	5.5	54.48	33.55	3.49	0.00	1.88	6.60
荷兰	212.5	84.5	47.27	35.76	12.16	1.10	0.03	3.68
挪威	37.5	48.6	21.43	9.02	1.69	0.00	66.77	1.09
波兰	299.0	96.7	28.12	16.11	50.46	0.00	0.50	4.80
葡萄牙	52.9	26.0	42.98	17.87	11.08	0.00	13.75	14.32
罗马尼亚	69.2	33.1	28.70	28.82	16.34	7.72	12.25	6.17
俄罗斯	1490.1	673.9	21.96	52.20	12.96	6.60	6.27	0.02
斯洛伐克	30.7	15.9	25.11	24.81	19.59	20.98	6.36	3.15
西班牙	282.4	135.0	46.30	18.64	7.74	9.84	5.97	11.52
瑞典	49.1	52.2	28.14	1.62	4.31	27.21	27.03	11.69
瑞士	37.5	26.4	38.56	10.22	0.49	18.26	29.49	2.98
土耳其	361.8	137.9	29.86	27.49	27.88	0.00	11.02	3.75

续表

国家/地区	二氧化碳排放（百万吨 CO$_2$）	一次能源消费总量（百万吨标准油）	一次能源消费结构（%）					
			石油	天然气	煤炭	核能	水电	其他可再生能源
土库曼斯坦	83.2	33.2	20.12	79.87	0.00	0.00	0.00	0.00
乌克兰	206.9	87.0	10.49	29.97	36.23	21.06	1.86	0.39
英国	406.4	188.1	38.89	36.70	5.83	8.63	0.65	9.31
乌兹别克斯坦	117.0	52.7	5.23	87.77	1.90	0.00	5.10	0.00
欧洲及欧亚大陆其他地区	230.6	97.6	35.36	14.30	23.60	1.88	22.28	2.59
欧洲及欧亚大陆总计	6258.5	2867.1	30.85	32.33	15.75	9.01	7.04	5.02
伊朗	630.9	270.7	30.97	66.77	0.63	0.52	1.07	0.04
以色列	72.9	26.4	43.97	32.90	21.64	0.00	0.02	1.47
科威特	108.6	41.7	52.70	47.28	0.00	0.00	0.00	0.02
卡塔尔	106.7	49.2	23.79	76.21	0.00	0.00	0.00	0.00
沙特阿拉伯	621.8	266.5	63.02	36.94	0.04	0.00	0.00	0.01
阿拉伯联合酋长国	288.0	113.8	38.20	60.62	1.11	0.00	0.00	0.06
中东其他地区	338.8	126.8	60.96	37.12	0.38	0.00	1.43	0.12
中东总计	2167.8	895.1	46.68	51.51	1.04	0.16	0.53	0.08
阿尔及利亚	136.0	55.1	34.29	65.33	0.26	0.00	0.03	0.09
埃及	220.6	91.0	44.67	50.72	0.47	0.00	3.49	0.65
南非	425.7	122.3	22.03	3.79	69.61	2.94	0.19	1.43
非洲其他地区	426.6	171.8	57.59	21.87	5.98	0.00	13.04	1.53
非洲总计	1209.0	440.1	42.12	28.25	21.80	0.82	5.87	1.14
澳大利亚	408.9	138.0	34.65	26.81	31.73	0.00	2.93	3.88
孟加拉国	78.5	32.4	20.31	76.42	2.51	0.00	0.62	0.15

续表

国家/地区	二氧化碳排放（百万吨CO$_2$）	一次能源消费总量（百万吨标准油）	一次能源消费结构（%）					
			石油	天然气	煤炭	核能	水电	其他可再生能源
中国	9123.0	3053.0	18.95	6.20	61.83	1.58	8.62	2.82
中国香港	93.1	28.6	66.03	10.48	23.41	0.00	0.00	0.08
印度	2271.1	723.9	29.38	6.23	56.91	1.18	4.03	2.27
印尼	531.4	175.0	41.47	19.38	35.82	0.00	1.87	1.46
日本	1191.2	445.3	41.39	22.48	26.94	0.90	4.06	4.23
马来西亚	263.8	99.5	36.49	38.95	20.01	0.00	4.21	0.34
新西兰	35.2	21.4	35.71	19.74	5.69	0.00	27.44	11.43
巴基斯坦	192.7	83.2	33.02	49.20	6.48	1.51	9.26	0.53
菲律宾	119.9	42.1	47.36	8.19	32.11	0.00	4.99	7.35
新加坡	220.9	84.1	85.86	13.41	0.45	0.00	0.00	0.27
韩国	662.1	286.2	42.68	14.30	28.50	12.82	0.19	1.50
中国台湾	276.2	112.1	41.63	15.33	34.40	6.39	1.32	0.93
泰国	292.0	123.8	47.63	35.12	14.33	0.00	0.65	2.28
越南	167.0	64.8	30.97	14.87	32.91	0.00	21.14	0.11
亚太其他地区	173.3	66.3	36.75	10.87	31.03	0.00	20.88	0.47
亚太地区总计	16100.5	5579.7	27.91	11.65	49.35	1.90	6.60	2.59
世界总计	33432.0	13276.3	33.28	24.13	28.11	4.46	6.86	3.16
经合组织:其中	12574.4	5529.1	37.74	27.04	16.52	8.08	5.73	4.88
非经合组织	20857.7	7747.2	30.09	22.06	36.38	1.87	7.66	1.93
欧洲联盟	3485.1	1642.0	37.35	23.50	14.52	11.57	4.79	8.26
苏联	2220.4	965.6	20.25	50.95	16.35	6.56	5.82	0.07

资料来源：http：//www.bp.com/en/global/corporate/energy-economics/statistical-review-of-world-energy.html。

表6 中国各省份节能目标完成情况（2016年）

地区	地区生产总值（亿元）	能耗（万吨标准煤）	万元地区生产总值能耗（吨标准煤/万元）	万元地区生产总值能耗上升或降低（±%）	能源消费总量增速（%）	万元地区生产总值电耗上升或降低（±%）
全国	731434.69	436000.00	0.596	-5.00	1.40	—
北京	24556.57	7522.98	0.371	-6.17	-8.16	-4.87
天津	18026.63	9298.25	0.562	-7.21	-13.25	-7.77
河北	31832.93	30988.64	1.012	-6.14	-6.02	-10.28
山西	13340.98	19962.84	1.480	-5.31	-7.48	-7.52
内蒙古	19115.38	22076.48	1.173	-4.00	-8.80	-2.29
辽宁	27952.29	24434.58	0.909	-3.52	-1.97	-5.44
吉林	15033.49	9048.67	0.667	-10.69	-14.44	-8.33
黑龙江	16003.77	13561.19	0.878	-4.01	-6.52	-4.31
上海	26831.84	12000.12	0.488	-3.92	0.15	-4.00
江苏	75585.46	31527.99	0.482	-6.73	-7.79	-5.98
浙江	46102.98	19910.53	0.485	-3.53	-4.37	-6.12
安徽	23920.12	12764.50	0.619	-5.58	-9.04	-4.87
福建	28162.12	13065.93	0.533	-7.70	-16.43	-8.42
江西	18228.92	8563.44	0.551	-3.92	-6.70	-2.12
山东	67790.51	43904.59	0.716	-3.72	-7.88	-6.49

续表

地区	地区生产总值（亿元）	能耗（万吨标准煤）	万元地区生产总值能耗（吨标准煤/万元）	万元地区生产总值能耗上升或降低（±%）	能源消费总量增速（%）	万元地区生产总值电耗上升或降低（±%）
河南	39999.33	26228.65	0.717	-6.57	-11.54	-8.94
湖北	31943.75	19525.63	0.734	-7.66	-10.05	-7.65
湖南	31185.49	18255.88	0.693	-6.98	-12.69	-6.82
广东	78273.49	32096.23	0.464	-5.71	-10.47	-6.08
广西	18029.75	10505.35	0.680	-5.11	-12.30	-5.62
海南	3980.47	2003.02	0.618	-1.27	-0.56	0.31
重庆	17399.02	10983.30	0.758	-6.31	-8.36	-9.06
四川	32367.19	22304.70	0.779	-7.25	-12.05	-8.35
贵州	11605.33	11457.46	1.381	-7.46	-10.84	-9.66
云南	14804.04	11680.61	0.956	-8.83	-16.84	-13.43
陕西	19391.52	12616.17	0.737	-3.21	-2.70	-7.70
甘肃	7306.38	7673.78	1.127	-7.46	-10.66	-7.20
青海	2610.41	4176.43	1.854	-4.26	-5.49	-15.89
宁夏	3147.62	5496.23	2.032	1.20	-2.96	-4.16
新疆	10033.48	15948.48	1.761	-3.63	-2.95	2.75

资料来源：http://www.stats.gov.cn/tjsj/zxfb/201707/t20170720_1514783.html，其中2016年地区生产总值、能耗和万元地区生产总值能耗数据为笔者根据《中国统计年鉴2016》《中国能源统计年鉴2016》，各省份2016年国民经济与社会发展统计公报测算的结果，地区生产总值为2015年价格。

G.29
全球气候灾害历史统计

李修仓　陈雪[*]

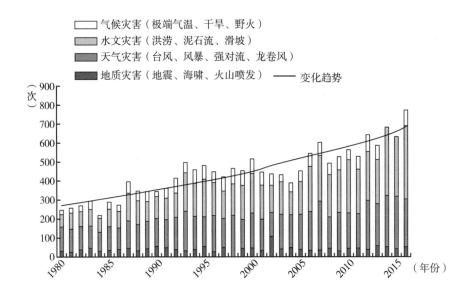

图1　1980～2016年全球重大自然灾害事件发生次数

注：自然灾害事件入选本项统计的标志为至少造成一人死亡或至少造成10万美元（低收入经济体）、30万美元（下中等收入经济体）、100万美元（上中等收入经济体）或300万美元（高收入经济体）的损失；经济体划分参考世界银行相关标准图2～图4同。

资料来源：慕尼黑再保险公司和国家气候中心。

---

* 李修仓，国家气候中心高级工程师，南京信息工程大学气象灾害预报预警与评估协同创新中心骨干专家，研究领域为气候变化影响与灾害风险管理；陈雪，南京信息工程大学研究生，研究领域为气候变化影响与灾害风险管理。

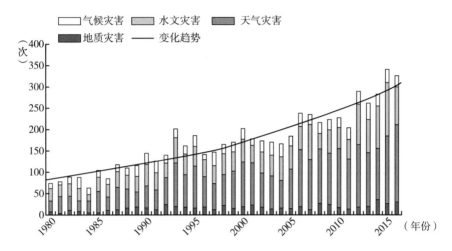

图 2　1980～2016 年亚洲重大自然灾害事件发生次数

资料来源：慕尼黑再保险公司和国家气候中心。

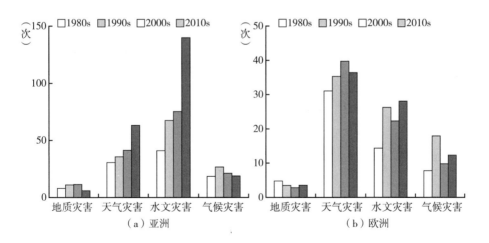

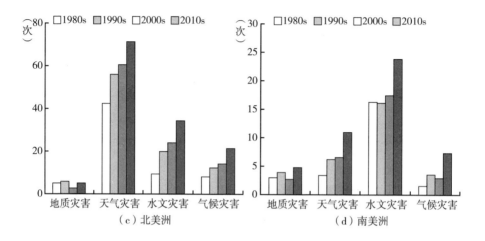

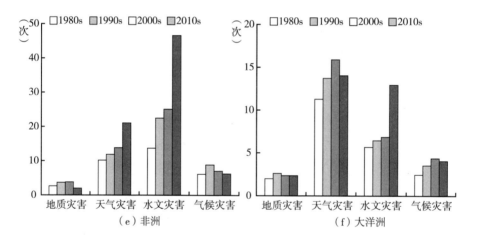

图3　各大洲分年代重大自然灾害事件发生次数

资料来源：慕尼黑再保险公司和国家气候中心。

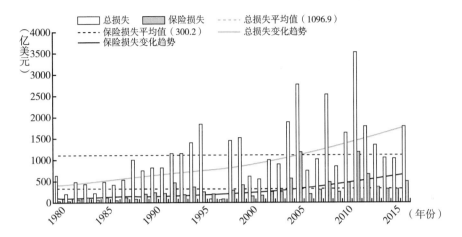

图4　1980~2016年全球重大自然灾害总损失和保险损失

注：损失值为2016年计算值，已根据各国CPI指数扣除物价上涨因素并考虑了本币与美元汇率的波动，图5~图10同。

资料来源：慕尼黑再保险公司和国家气候中心。

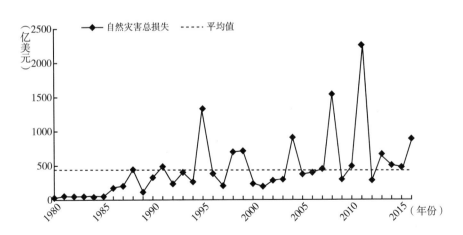

图5　1980~2016年亚洲重大自然灾害总损失

资料来源：慕尼黑再保险公司和国家气候中心。

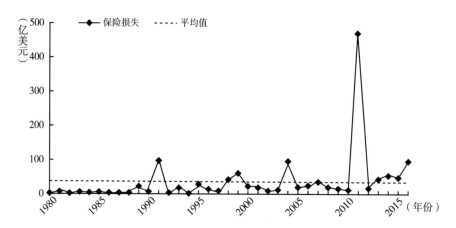

图 6　1980～2016 年亚洲重大自然灾害保险损失

资料来源：慕尼黑再保险公司和国家气候中心。

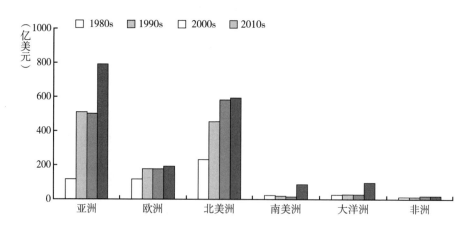

图 7　各大洲分年代重大自然灾害总损失

资料来源：慕尼黑再保险公司和国家气候中心。

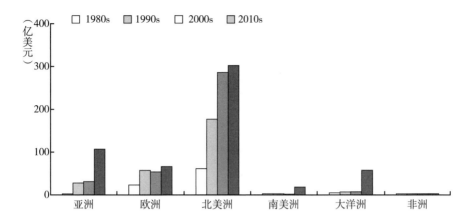

图8 各大洲分年代重大自然灾害保险损失

资料来源：慕尼黑再保险公司和国家气候中心。

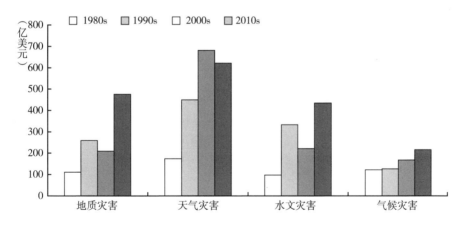

图9 各类重大自然灾害分年代总损失

资料来源：慕尼黑再保险公司和国家气候中心。

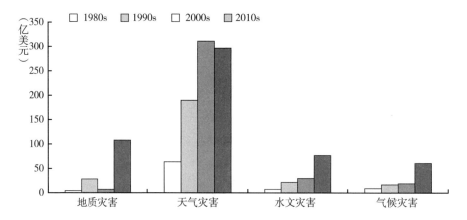

图10 各类重大自然灾害分年代保险损失

资料来源：慕尼黑再保险公司和国家气候中心。

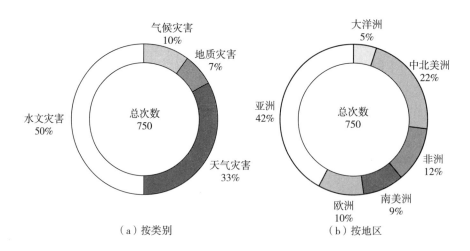

（a）按类别　　　　　　　　　　　（b）按地区

图11 2016年全球各类重大自然灾害发生次数分布

资料来源：慕尼黑再保险公司和国家气候中心。

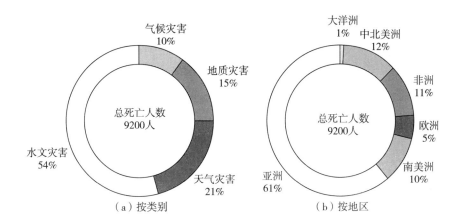

图12　2016年全球重大自然灾害死亡人数分布

资料来源：慕尼黑再保险公司和国家气候中心。

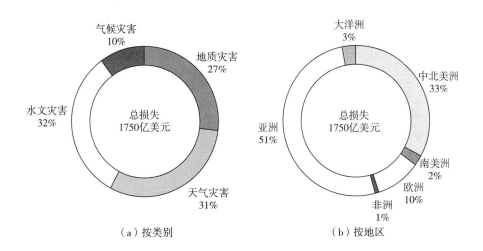

图13　2016年全球重大自然灾害总损失分布

资料来源：慕尼黑再保险公司和国家气候中心。

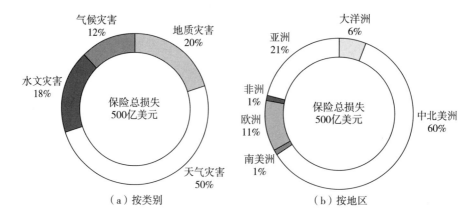

图 14　2016 年全球重大自然灾害保险损失分布

资料来源：慕尼黑再保险公司和国家气候中心。

表 1　1980 年以来美国重大气象灾害（直接经济损失≥10 亿美元）损失统计

灾害类型	次数	次数比重（%）	损失（亿美元）	损失比重（%）	平均损失（亿美元）	死亡人数
干旱	24	11.3	2324	18.8	97	2993
洪水	28	13.2	1187	9.6	42	540
低温冰冻	8	3.8	273	2.2	34	162
强风暴	89	42.0	1998	16.2	22	1578
台风/飓风	35	16.5	5790	46.9	165	3210
火灾	14	6.6	356	2.9	25	184
暴风雪	14	6.6	427	3.5	31	1013
总计	212	100.0	12355	100.0	58	9680

资料来源：https：//www.ncdc.noaa.gov/billions/summary - stats；灾害损失值已采用 CPI 指数进行调整，计算时期截至 2017 年 7 月。

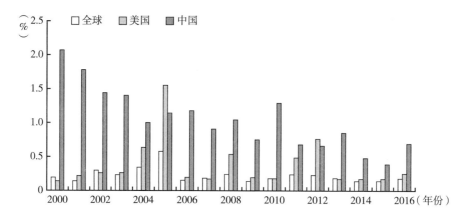

图 15　全球、美国及中国气象灾害直接经济损失占 GDP 比重

资料来源：慕尼黑再保险公司、世界银行和国家气候中心。

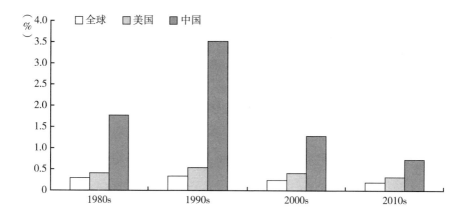

图 16　全球、美国及中国气象灾害直接经济损失占 GDP 比重的年代变化

资料来源：慕尼黑再保险公司、世界银行和国家气候中心。

G.30
中国气候灾害历史统计

李修仓　陈雪*

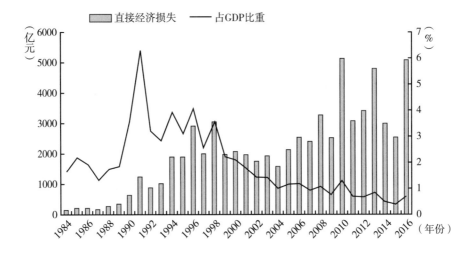

图1　1984~2016年中国气象灾害直接经济损失及其占GDP比重

资料来源:《中国气象灾害年鉴》《中国气候公报》。

---

* 李修仓,国家气候中心高级工程师,南京信息工程大学气象灾害预报预警与评估协同创新中
心骨干专家,研究领域为气候变化影响与灾害风险管理;陈雪,南京信息工程大学研究生,
研究领域为气候变化影响与灾害风险管理。

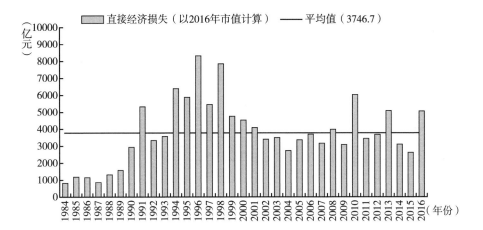

图 2　1984～2016 年中国气象灾害直接经济损失（以 2016 年市值计算）

资料来源：《中国气象灾害年鉴》《中国气候公报》。

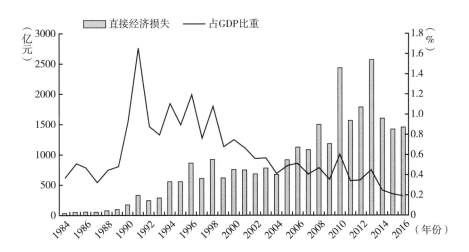

图 3　1984～2016 年中国城市气象灾害直接经济损失及其占 GDP 比重

资料来源：《中国气象灾害年鉴》《中国气候公报》、国家统计局。

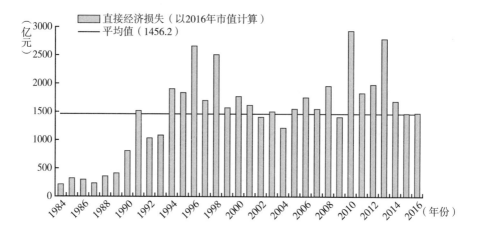

图4　1984～2016年中国城市气象灾害直接经济损失（以2016年市值计算）

资料来源：《中国气象灾害年鉴》《中国气候公报》、国家统计局。

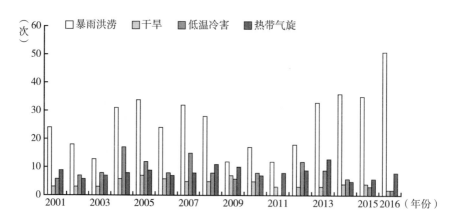

图5　2001～2016年中国气象灾害发生次数

资料来源：《中国气象灾害年鉴》《中国气候公报》。

表1 2004～2016年中国气象灾害灾情统计

年份	农作物灾情		人口灾情		直接经济损失（亿元）	城市气象灾害直接经济损失（亿元）
	受灾面积（万公顷）	绝收面积（万公顷）	受灾人口（万人）	死亡人口（人）		
2004	3765.0	433.3	34049.2	2457	1565.9	653.9
2005	3875.5	418.8	39503.2	2710	2101.3	903.3
2006	4111.0	494.2	43332.3	3485	2516.9	1104.9
2007	4961.4	579.8	39656.3	2713	2378.5	1068.9
2008	4000.4	403.3	43189.0	2018	3244.5	1482.1
2009	4721.4	491.8	47760.8	1367	2490.5	1160.3
2010	3742.6	487.0	42494.2	4005	5097.5	2421.3
2011	3252.5	290.7	43150.9	1087	3034.6	1555.8
2012	2496.0	182.6	27389.4	1390	3358.0	1766.3
2013	3123.4	383.8	38288.0	1925	4766.0	2560.8
2014	1980.5	292.6	23983.0	849	2953.2	1586.8
2015	2176.9	223.3	18521.5	1216	2704.1	1403.8
2016	2622.1	290.2	19000.0	1432	5032.9	1435.6

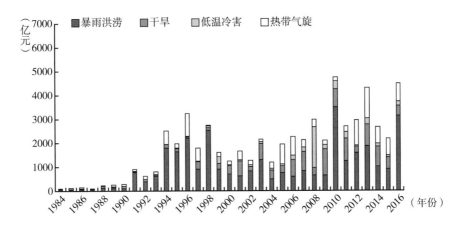

图6 1984～2016年中国各类气象灾害直接经济损失

资料来源：《中国气象灾害年鉴》《中国气候公报》、民政部。

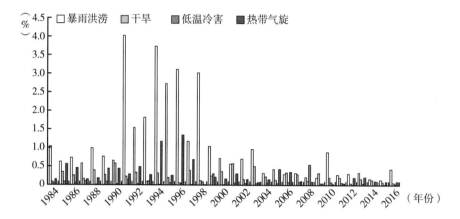

图7 1984～2016年中国各类气象灾害直接经济损失占GDP比重

资料来源：《中国气象灾害年鉴》《中国气候公报》、民政部。

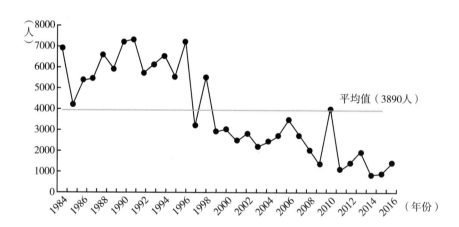

图8 1984～2016年中国气象灾害造成的死亡人数变化

资料来源：《中国气象灾害年鉴》《中国气候公报》、民政部。

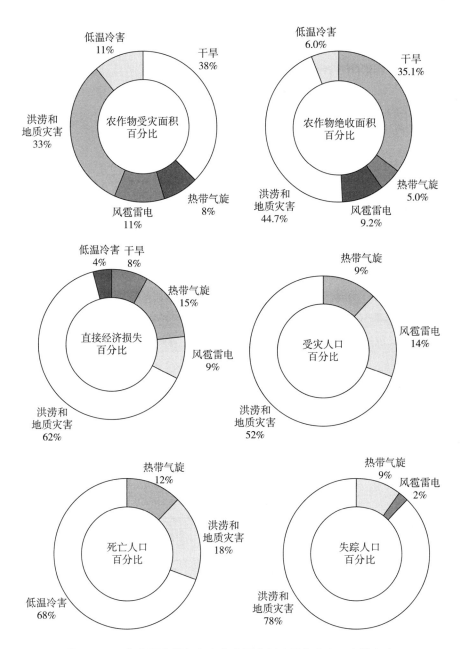

图9　2016年中国各类气象灾害在因灾损失及伤亡人口中的占比

资料来源：《中国气象灾害年鉴》《中国气候公报》、民政部。

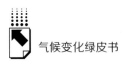
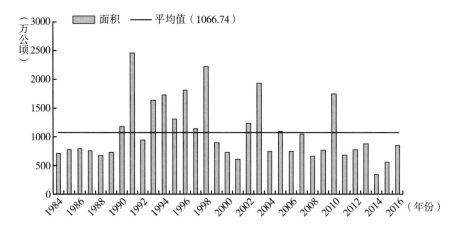

图10 1984～2016年中国暴雨洪涝灾害面积

资料来源:《中国气象灾害年鉴》《中国气候公报》、民政部。

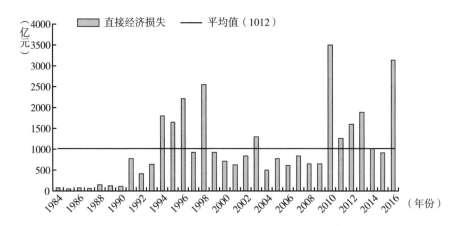

图11 1984～2016年中国暴雨洪涝灾害直接经济损失

资料来源:《中国气象灾害年鉴》《中国气候公报》、民政部。

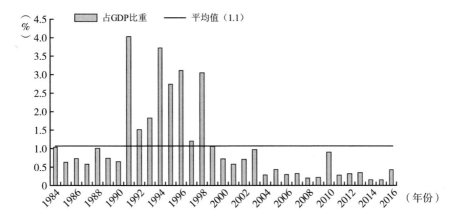

图 12 1984～2016 年中国暴雨洪涝灾害直接经济损失占 GDP 比重

资料来源：《中国气象灾害年鉴》《中国气候公报》、民政部。

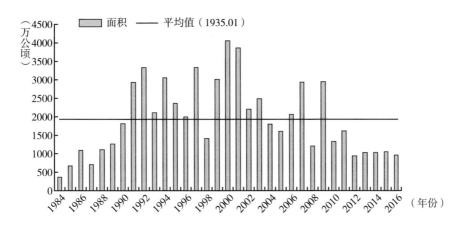

图 13 1984～2016 年中国干旱受灾面积变化

资料来源：《中国气象灾害年鉴》《中国气候公报》、民政部。

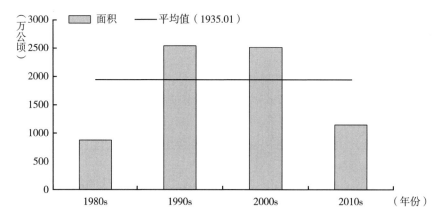

图14 中国各年代干旱受灾面积情况

资料来源:《中国气象灾害年鉴》《中国气候公报》、民政部。

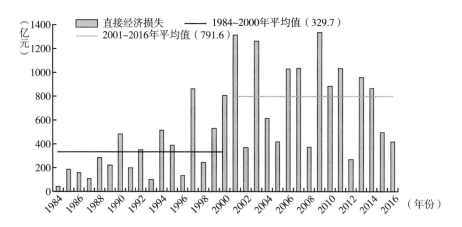

图15 1984～2016年中国干旱灾害直接经济损失情况（2016年市值）

资料来源:《中国气象灾害年鉴》《中国气候公报》、民政部。

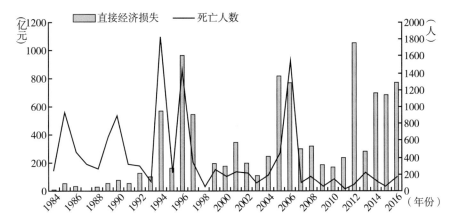

图16　1984～2016年中国台风灾害直接经济损失和死亡人数情况

资料来源:《中国气象灾害年鉴》《中国气候公报》、民政部。

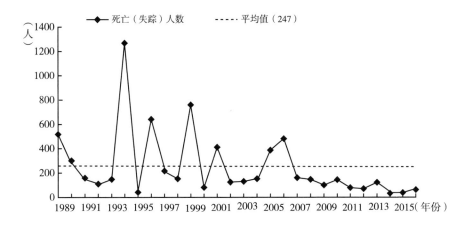

图17　1989～2015年中国海洋灾害造成的死亡（失踪）人数

注:海洋灾害包括风暴潮、海浪、海冰、海啸、赤潮、绿潮、海平面变化、海岸侵蚀、海水入侵与土壤盐渍化以及咸潮入侵灾害。

资料来源:国家海洋局,http://www.soa.gov.cn/zwgk/hygb/zghyzhgb/。

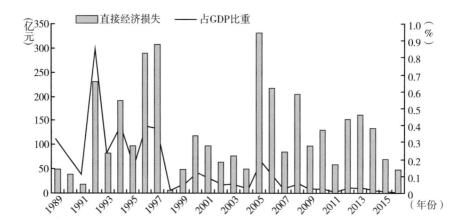

图18 1989～2016年中国海洋灾害造成直接经济损失及其占GDP比重

资料来源：国家海洋局，http：//www. soa. gov. cn/zwgk/hygb/zghyzhgb/。

G.31
缩略词

胡国权　白　帆

AFD——French Development Agency，法国开发署

AOD——Aerosol Optical Depth，气溶胶光学厚度

AR5——the Fifth Assessment Report，（IPCC）第五次评估报告

AR6——the Sixth Assessment Report，（IPCC）第六次评估报告

AusAID——Australian Agency for International Development，澳大利亚国际开发署

BASIC——a bloc of four large newly industrialized countries – Brazil，South Africa，India and China，基础四国，中国、南非、印度和巴西

B&R——the Belt and Road，一带一路

BSA——（European）Burden Sharing Agreement，（欧盟）责任分担协议

C5——Climate 5，气候变化五国（方）俱乐部

CDM——Clean Development Mechanism，清洁发展机制

CEM——Clean Energy Ministerial，清洁能源部长级会议

CGE——Computable General Equilibrium，可计算一般均衡

CHP——Combined Heat and Power，热电联产

CMIP5——Coupled Model Intercomparison Project Phase 5，国际耦合模式比较计划第五阶段

CO_2——Carbon Dioxide，二氧化碳

COP——Conference the Parties，缔约方大会

CPI——Consumer Price Index，消费物价指数

CRI—— CLIMATE RISK INDEX，气候风险指数

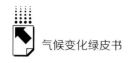

CWEA—— Chinese Wind Energy Association，中国可再生能源学会风能专业委员会

DFID——Department For International Development（of the United Kingdom），英国国际发展部

ECI——Eco - Civilization Index，生态文明指数

EPA——Environmental Protection Agency，美国环保署

ESWG——Energy Sustainability Working Group，能源可持续性工作组

EU ETS——European UnionEmissions Trading System，欧盟碳排放交易体系

FINSENY—— future internet for smartenergy，未来智能能源互联网

G7——Group of Seven，七国集团

G8——Group of Eight，八国集团

G20——Group 20，二十国集团

GEV——Generalized Extreme Value Distribution，广义极值分布

GIZ——the Deutsche Gesellschaft für Internationale Zusammenarbeit，德国国际合作机构

GPD——Generalized Pareto Distribution，广义帕累托分布

ICT——Information and Communication Technology，信息和通信技术

IEA——International Energy Agency，国际能源署

IMF——International Monetary Fund，国际货币基金组织

IMO——International Maritime Organization，国际海事组织

INDCs——Intended Nationally Determined Contributions，国家自主决定贡献

IPCC——Intergovernmental Panel on Climate Change，联合国政府间气候变化专门委员会

IRENA——International Renewable Energy Agency，国际可再生能源署

JICA——Japan International Cooperation Agency，日本国际协力机构

LCOE——Levelized Cost Energy，度电成本

LID——LowImpactDevelopment，低影响开发

LNG——Liquefied Natural Gas，液化天然气

M&E——Monitor and Evaluation，监测和评价

MRV——Monitoring, Reporting, andVerification，测量、报告与核查

NDCs——Nationally Determined Contributions，国家自主贡献

NDVI——Normalized Difference Vegetation Index，归一化的植被指数

NEPA——National Environmental Policy Act，国家环境政策法案

OPEC——Organization of Petroleum Exporting Countries，石油输出国组织

PlaNYC——Plan of the New York City，纽约2030规划

RCPs—— Representative Concentration Pathways，典型浓度路径情景

RGGI——Regional Greenhouse Gas Initiative，区域温室气体减排行动

SLM——Sustainable Land Management，可持续的土地管理

SRM——Solar Radiation Management，太阳辐射管理

SST——Sea Surface Temperature，海表温度

UNCCD——United Nations Convention to Combat Desertification，联合国防治荒漠化公约

UNEP——United Nations Environment Programme，联合国环境规划署

USAID——United States Agency for International Development，美国国际开发署

WMO——World Meteorological Organization，世界气象组织

WTO——World Trade Organization，世界贸易组织

英文摘要及关键词（G. 1～G. 27）

I General Report

G. 1 Implementation of the Paris Agreement: Going Ahead to
Meet the Challenges *Chen Ying, Chao Qingchen* / 001

Abstract: In this paper, the new progress and some big events were reviewed. Based on a brief analysis on the challenges and opportunities for implementation of the *Paris Agreement*, it is emphasized that the *Paris Agreement* is one of the most important outcomes of international cooperation. Although the future road of international climate governance is rough and bumpy, we will go ahead.

Keywords: Climate Change; Paris Agreement; International Climate Governance; 2030 Sustainable Development Agenda; Belt & Road Initiative

II Quantitative Analysis of Related Indexes of Climate Change

G. 2 Assessment for Climate Leadership for G20
Chen Ying, Jiang Jinxing / 007

Abstract: Based on the core concept of low-carbon leadership, this paper established a low-carbon leadership assessment index system and its assessment method, and calculated the data of G20. The assessment results show that, EU is still a significant force leading global low-carbon development, and China, as an important contributor in international climate governance, can play a greater leading role. A series of policies adopted by US Trump administration in climate change issue, greatly weaken its leading position in international climate governance. In the end of this paper, shortages and improvement direction of this assessment index system were discussed.

Keywords: G20; Low Carbon Leadership; International Climate Governance

G. 3 Ranking Urban Resilience to Heavyrain: Cases from the Mega Cities in China

Zhai Jianqing, Zheng Yan and Li Ying / 019

Abstract: Recently, many mega cities in China suffered heavyrain and flooding, which draw much attention from researchers and the public. This paper built an index on urban resilience to heavyrain, based on heavyrain hazard degree and urban adaptive capacity indicators under the IPCC climate risk analytical framework. Take China's provincial capital cities as one example, pilot cities of Sponge City and Climate Resilient City as another example, this paper ranked these two types of cities with three catagories, high urban resilience, middle level resilience and low level resilience to heavyrain disaster. Its analysis and results to the urban resilience to heavyrain will give a reference study to researchers and urban policy makers, and help to attract attention from the public on mega cities' disaster risk under the background of fast urbanizing.

Keywords: Climate Change; Heavyrain Disaster; Resilient Cities

III International Process to Address Climate Change

G. 4 Scientific Assessments of Climate Change in the Post-Paris Era

Huang Lei, Chao Qingchen, Zhang Yongxiang and Hu Ting / 029

Abstract: The *Paris Agreement* established a new institutional arrangement for

the global governance of climate change beyond 2020. As details of the implementation of *Paris Agreement* need further negotiations, the international community aroused general concern of the scientific assessments of climate change in the post-Paris era. In September 2017, the Intergovernmental Panel on Climate Change (IPCC) determined the outline of the sixth assessment report (AR6), which will profoundly affect the process of future climate negotiations and the actions of countries to address climate change. This paper summarized the background, progress and future development of the scientific assessment process of IPCC AR6, and analyzed the relationship between scientific assessments of climate change and international response in the post-Paris era. This paper also put forward some relevant suggestions on participation in the scientific assessments of climate change in the post-Paris era for scientific communities of China.

Keywords: Paris Agreement; IPCC; Climate Change Assessment

G. 5　President Trump's Climate Change Policies and China's Response
Zhang Haibin / 039

Abstract: U. S. President Trump's domestic and international climate change policies have been basically clear. He is increasingly weakening and even overthrowing the Obama administration's domestic and international climate change policies in a systematical way by using his comprehensive administrative power as a U. S. president. Trump's announcement of withdrawal from the *Paris Agreement* can best demonstrate his negative response to climate change. Trump's passive climate change policies were mainly driven by the U. S. domestic politics and his personal preferences rather than any burdens on the U. S. imposed by the *Paris Agreement*. Trump's passive climate change policies posed quite a few challenges on China and Sino – U. S. relations. One of them is that China faces mounting pressure from the international community to assume global climate leadership after the U. S. withdraws. This paper proposed that China should reach the high ends of its domestic climate targets under the current Nationally Determined

Contributions; internationally, facilitate the rebuilding of global shared climate leadership, replacing the G2 with C5. Meanwhile, China needs to keep the U. S. engaged in climate cooperation.

Keywords: Donald Trump; Climate Change Policy; Global Leadership

G. 6 The Context and Prospect of G20's Climate Governance

Zhao Xingshu / 053

Abstract: This paper explored the evolution of global climate governance and its development model, analyzed the main contents and stages of G20's climate governance, examined the characteristics and institutional advantages of G20's climate governance, and discussed the integration prospects of G20 climate mechanisms and the *United Nations Framework Convention on Climate Change Convention* (UNFCCC) mechanisms. It found that although the G20 itself is not a mandatory institution, the parallel development of the UNFCCC mechanisms and other international mechanisms has become the basic model of global climate governance. At the same time, the *Paris Agreement* is inherently deficient and cannot respond effectively to climate change. The non-UNFCCC mechanisms are expected to continue to play a role in addressing global climate cooperation. G20 has the solid strength and institutional advantages to lead global climate governance, and it is expected that G20 will converge to the UNFCCC system to a certain extent.

Keywords: G20; Climate Governance; Paris Agreement; Climate Change

G. 7 The Comparison of the 2050 Long-term Low Emission Development Strategies and Its Implications

Chen Xiaoting / 065

Abstract: All Parities formulating the long-term low emission development

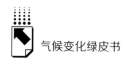

strategy is one of the consensuses in accordance with the *Paris Agreement*. The inclusion of Strategies aims to, from a long-term perspective, facilitate the incremental Nationally Determined Contribution and Global Stocktake Mechanism, help the Parties realize the emission reduction plans in a more persistent and systematic way, in light of their respective capacities and national circumstance. So far, some Parties have submitted their own mid-century strategiessuccessively, and China's strategy is also in formulation. This paper aims to summarize and analyze the Strategies which have submitted already, to provide some international experiences and references for the formulation of China's 2050 low-carbon development strategy.

Keywords: Paris Agreement; Low Emission; Long-Term Development Strategy

G. 8　The Roles of China in Global Climate Regime and
　　　the Influencing Factors　　　　　　　　　*Bo Yan* / 079

Abstract: China is a key player in the global climate regime in terms that China is one of the major emitters and crucial for the building and transformation of global climate regime. Since 2011, China has played more central and important role in global climate governance, which is inseparable from China's growing willingness to cooperate and remarkable enhancement of its cooperation capability.

Keywords: Global Climate Regime; China's Role; Willingness to Cooperate; Cooperation Capability

G. 9　Challenges and Measures for Promoting South-South
　　　Cooperation on Addressing Climate Change　　*Wang Mou* / 090

Abstract: South-South Cooperation (SSC) on addressing climate change is an important part of global climate governance. China as a major advocate and promoter of SCC has been taking a leading role in the process, not only on finance contribution but also on actions. SCC on addressing climate change is a new thing with new challenges to developing countries, since they have used to receive support but not provide from outside for a long time. SCC may need some of the developing countries shift their traditional position to support providers. As to China, the challenges of this shifting including: Lack of top-level design of SCC on national level; Actions for SCC being in relatively primitive stage; The mechanism for SCC needing to be further refined, etc. Based on the analysis of the experience of industrialized countries in the field of international cooperation, this paper put forward recommendations and suggestions for the implementation of SSC in the future.

Keywords: Climate Change; South-South Cooperation; Foreign Aid

Ⅳ Domestic Actions on Climate Change

G. 10 Evolution Features of Flood Risk in China and the Direction of the Coping Strategy Adjustment *Cheng Xiaotao / 098*

Abstract: In the past 20 years, the process of urbanization in China has been unprecedentedly swift and violent. With the influence of global warming, the characteristics of flood disaster risk and the demand for security have been changed remarkably. Due to rapid expansion of the city area, the lag of flood control and drainage infrastructure construction, "city to see the sea" into a few normal; a large number of young rural villages, perennial dike maintenance and flood rescue forces weakened, medium and small rivers and lakes flood levee breach has occurred; the rural land circulation after intensive management of a large family, once the disaster, not only is the victims, and may become the huge public debt, the existing civil relief and social relief system to help restore production and rebuild their homes. Based on the analysis of the data of this report, combined with the

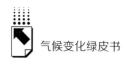

research of typical cases, discusses the evolution characteristics of flood risk in China, from the stage of development, grasp the demand for harmony between human and nature, strengthen flood risk management and emergency response basic research and capacity building aspects of the direction of adjustment of integrated water management strategy.

Keywords: Flood Disaster; Risk Management; Emergency Response; Coping Strategy

G. 11　Strategy on Building the Water Safety Security System for
　　　　Urban Adaptation to Climate Change　　*Tian Yongying* / 114

Abstract: The construction of urban water safety security system is an important part of urban construction based on problem-oriented. This paper proposes the climate adapt to the urban water safety security system construction strategy: the most stringent water-saving action, promote the construction of sponge city, planning and construction standards adjustment according to the problem recognition, by the path of system planning, the implementation of the strategy, and co-operation.

Keywords: Climate Change; Urban Adaptation to Climate Change; Urban Water Safety Security System

G. 12　Building Ecological-Sponge Communities in Non-pilot
　　　　Cities: Approaches and Suggestions
　　　　—*in Case of Changsha*　　　　*Liu Bo, Li Dingshu* / 125

Abstract: The National Sponge City Demonstration Project has been launched and taken into implementation, which experiences can be learnt by non-site cities. Take Changsha, Hunan province as an example, this article intoduces policy and measures of Changsha's efforts in building sponge city and ecological sponge community. This article indicates some obstacles for Changsha implenmenting the Sponge Community, and proposes to build a whole spong city by piloting the ecological-sponge community projects throught strengthening cross-sector coordination, best practice of demonstration, financing mechanism, and so on. This article would be a reference for other non-site city to build their Sponge City.

Keywords: Sponge City; Ecological Sponge Community; Flooding; Heat Island Effect

G. 13 Energy Internet Promoting Energy Transition

He Jijiang, Wang Yu and Chen Wenying / 139

Abstract: Greenhouse gas net emissions should be achieved by energy system getting rid of fossil energy in the first place. The entire energy system, including electric system, heating system and transportation system, ought to continue to increase the share of renewable energy. Wind power and photovoltaic energy will become the main energy in the future, while to balance the volatility between wind power and photovoltaic energy requires a high proportion of renewable energy system having to be able to provide sufficient flexibility. Energy Internet, as a brand new solution, will greatly increase the flexibility of the energy system and improve the proportion of renewable energy, so as to effectively promote clean electric power and renewable energy to replace fossil energy in the whole society from the construction, industry, transportation and other terminal energy sectors, building a future energy system to achieve an energy revolution.

Energy Internet field in China has initially established a policy system to encourage energy Internet, and various types of launched Energy Internet pilot demonstration project sign that the construction of Energy Internet in China has been on the way.

Keywords: Energy Internet; Energy Transition; Flexibility

气候变化绿皮书

G. 14　Key Issues in the Design of China's National Emissions Trading System

Duan Maosheng, Deng Zhe, Li Mengyu and Li Dongya / 154

Abstract: As a market-based instrument, the Emissions Trading System (ETS) has been used by multiple countries or regions. China plans to initiate its national unified ETS in 2017 on the basis of seven ETS pilots. This paper analyzes the main design features of the national ETS and its formation reasons, identifying key issues and challenges that still need to be addressed. The national ETS adopts the two-stage management system between the central and provincial government, which not only emphasizes the uniformity of the rules, but also gives the provincial authorities a certain degree of autonomy. The national ETS mainly uses the carbon intensity target, using the benchmarking method based on real production to allocate free allowances. The national ETS calculates the indirect emissions and chooses corporate legal persons as the accounting boundary. At present, the main problems and challenges in the construction and operation of national ETS include the low legal status of the rules, the inconsistency between the MRV requirements and the benchmarking allocation method, and the effective coordination mechanism of national ETS with other energy and climate policies has not yet been developed. Chinese government should promote advanced legislation for national ETS as soon as possible, promulgate operational rules to guide the allowance allocation, MRV, quality supervision on verification agencies, compliance, trading and other important elements, coordinate national ETS with the regulation of financial industry and government finance budget, and develop the coordination mechanism for ETS and other energy and climate policies.

Keywords: Emissions Trading System; Benchmarking; Carbon Intensity Target

G. 15 Low-carbon Development Trend and Prospect of

Transportation　　　　　　　　　　*Huang Quansheng* / 167

Abstract: Low-carbon development of transportation is a significant connotation and strategy to promote transportation industry practicing ecological civilization and accelerating green development. This paper intends to assess trends of main measures of transportation low-carbon development including promoting the adjustment of transportation structure, optimizing energy consumption structure of transportation, improving the low-carbon transportation system, launching low-carbon transportation demonstration, promoting intelligent transportation, participating in international cooperation of low-carbon transportation, etc. , by combining the analysis of situation faced by low-carbon development of transportation, and provide an outlook of the development of low-carbon transportation.

Keywords: Transportation; Low-carbon; Practice

G. 16 China Wind Power Development Status and Prospects

Qin Haiyan, Li Ying / 176

Abstract: In recent years, China wind power industry has made remarkable achievements. China has ranked first globally in terms of both newly added and cumulative installed wind power capacity for consecutive years, and has become the largest wind power market. In 2016, the new and cumulative installed capacity of China wind power continues to maintain the world's leading position, and the policy environment has also been further optimized and improved. However, problems such as the wind power curtailment and renewable energy subsidy arrears hasn't been solved, the Levelized Cost of Energy (LCOE) is still high and the rate of wind turbines exportation is still low. As the wind feed-in tariff falls, the wind development encounters unprecedented challenges. Under the guidance of "the

13th Five-Year Plan", the wind industry of China will change from extensive development to fine development. The governments should actively innovate and improve the wind policy system focusing specifically on the green power certificate trading mechanism, the wind power parity, the reformation of electric power system, finance and insurance and the international development of wind industry, to assure the healthy and sustainable development of windpower in China.

Keywords: Wind Power; Green Power Cerzificate; Renewable Energy

G. 17　Present Situation and Prospect of Distributed Renewable
Energy Resources Development in China　*Zhang Ying* / 193

Abstract: The development of distributed renewable energy resources plays an important role in adjusting and cleaning energy structure for China. The distributed energy resources could provide the energy supply to the terminal user nearby. The energy forms offered by distributed energy resources are quite flexible and could be heat, cold, electricity or the mixture of them. Thus, it can effectively improve the efficiency of energy utilization and has significant environmental and social benefits. Currently, the application of solar, wind power, hydropower, biomass and other renewable energy has maintained rapid development, but the construction of smart grid and the backward grid system place increasing pressure on the utilization and consumption of renewable energy. In order to better promote the development of distributed renewable energy resources, China need to strengthen the specific policies for distributed renewable energy, to encourage innovation in the development of distributed renewable energy market mechanism, explore the successful experience of promoting local consumption and integration of distributed renewable energy resources, improve the policies benefit for the development distributed renewable energy business model and investment and financing mechanism innovation.

Keywords: Distributed Renewable Energy; Near Consumption; Energy Efficiency

Ⅴ The Belt and Road Column

G. 18 Climate Risks Assessment of the Belt and Road Region and Response Solutions

Wang Pengling, Zhou Botao, Xu Ying and Xu Hongmei / 211

Abstract: Heat waves, storms, coastal floods, typhoons, drought and other weather and climate-related disasters occurred frequently along the Belt and Road region, under the background of global warming, with complex and diverse climate types. The climate risks in major countries along the Belt and Road region are generally high, countries in South Asia and Southeast Asia most affected. Projection results from the Coupled Model Intercomparsion Project show that the frequency and intensity of future extreme climate events along the Belt and Road region will further increase. In order to actively respond to the possible impact of changes in climate and extreme weather and climate events on the human and natural systems along the Belt and Road region, scientifically manage the climate disaster risks faced by most countries, enhance the comprehensive capacity to adapt to climate change and disaster prevention and mitigation, several response solutions are given at the end, to provide scientific and technical support information for the international cooperative actions along the Belt and Road region and the achievement of regional sustainable development.

Keywords: Climate Change; Extreme Weather and Climate Event; Climate Risk; Belt and Road Initiative

G. 19 Meteorological Disaster Risk Governance in "the Belt and Road" Based on Chinese Perspective

Kong Feng, Wang Zhiqiang, Lv Lili and Wang Yifei / 221

Abstract: The Belt and Road Initiative is a significant decision with

气候变化绿皮书

Comrade Xi Jinping as the core of the Party Central Committee to co-ordinate domestic and international two overall situation proposed, concerning the peaceful rise of China's modernization, the strategic opportunity period extension. To ensure the smooth progress of The Belt and Road Initiative needs to be guaranteed in many ways. Meteorological disaster risk identification and effective prevention and control is an indispensable link. Comprehensive geological and atmospheric environmental factors, The Belt and Road area belongs to major natural disaster areas. This not only restricts the national economic and social development, but also restricted The Belt and Road Initiative implementation effect. To some extent, it also concerns the success or failure of China's enterprises going out. Through the identification and prevention of meteorological disasters, meteorological disaster prevention and mitigation work and strengthen international cooperation, to ensure that The Belt and Road interconnection related major infrastructure construction safety is not only the key to facilitating strategy to promote the implementation of the major demand, but also to protect the livelihood of the people along the country. Meteorological disaster prevention and mitigation is relatively weak in The Belt and Road area. It is urgent to carry out comprehensive thorough investigation of natural disasters in The Belt and Road regions, carrying out the system of natural disaster risk assessment. It is important to plan and build the large scale disaster monitoring and early warning system in The Belt and Road region, and then unify and integrate with existing national disaster control technology, standards and norms, in order to improve the comprehensive ability of disaster prevention and mitigation in The Belt and Road region. At the same time, we should strengthen communication and carry out proper disaster prevention and reduction assistance under the conditions of mutual respect.

Keywords: The Belt and Road; Disaster Reduction; Catastrophe; International Co-operation

G. 20 Deepen Green "Belt and Road" Construction
in China: Achievements, Problems and Prospects

Zhu Shouxian / 232

Abstract: To build green "Belt and Road" is one of the important contents and core breakthroughs in "Belt and Road" top-level design.

During green "Belt and Road" construction, it is important to set up the Silk Road Spirit "peace and cooperation, openness and inclusiveness, mutual learning and mutual benefit" as a guide, highlights the ideas of innovation, coordination, green, opening up and sharing. It is necessary to jointly built through consultation to meet the interests of all, promote green process of policy coordination, facilities connectivity, unimpeded trade, financial integration and people-to-people bonds as five major goals.

This paper will explore the achievements, bottlenecks and future trends to deepen green "Belt and Road" construction in China. And it will play a leading and exemplary role to build "Belt and Road".

Keywords: Belt and Road; Green Trade; Green Finance

G. 21 Global Energy Interconnection
—*China's Proposal and Global Action on*
Combatting Climate Change

Liu Zhenya / 243

Abstract: Climate change is a key challenge to the existence and development of humankind. Starting from searching for the roots of greenhouse gas emissions, this paper puts forward the development idea of promoting world energy transition and combatting climate change by establishing Global Energy Interconnection (GEI). It analyzes the significance and feasibility of speeding up the construction of GEI, as well as the vital function of GEI in tackling climate change, introduces concrete practices and results of GEI development in China and the rest of the world, and identifies key tasks of pushing forward the construction of GEI. All in all, to establish GEI will help tackle global challenges including

climate change and achieve sustainable development of humankind.

Keywords: Global Energy Interconnection; Clean Energy; Climate Change; Belt and Road Initiative

G. 22   On Green and Low-Carbon Development Cooperation

in China-Mongolia-Russia Corridor: Current

Situation and Perspect   *Chu Dongmei, Jiang Dalin* / 258

Abstract: There are the domestic requiements of China for "Ecological civilazation" and also commitment of China to assume the international responsibility to highlights the concept of green and low-carbon development in the process to promote the "B&R initiative", in which China-Mongolia-Russia Economic Corridor plays an important role. The three countries have a good basis for cooperation in those areas. This paper examines the economic, social, ecological and environmental indexes in those three countries, analyzes the level of green and low-carbon development in these countries, and the differences of development needs between three counties, to find out the comon needs and cooperation potential in this area. finally, this paper will give recommendations for cooperation in this area.

Keywords: BRI; China-Mongolia-Russia Economic Corridor; Green and Low-carbon Development; International Cooperation

VI   Special Research Topics

G. 23   The Climatic Risks the Beijing Winter Olympic Games

will Be Faced with and the Strategies

Song Lianchun, Qin Dahe, Ma Lijuan, Zhu Rong,

Zhou Botao and Chen Yu / 270

Abstract: Generally, the climate conditions in the competition areas in

Yanqing and Zhangjiakou meet the needs of skiing events of Winter Olympic Games. However, the competition mountain areas are of complex geographic terrain and special local microclimate, which make the weather and climate to be more local, fickle, and unexpected. According to the historical climate, the competition areas were exposed to high risks of extreme weather climate and high-impact weather. It is projected that, during the late winter and early spring in early 2020s, the temperature and precipitation in Beijing and Hebei will increase, which will not favor of snowmaking and the protection and maintain of snow quality in racing tracks during the match. The Beijing 2022 Winter Olympic Games will be confronting great climate challenges, and 3 pieces of advice are raised to responding to the multiple challenges.

Keywords: Winter Olympic Games; Climate Change; High-impact Weather; Climatic Risks; Strategy

G. 24 New Insights into Synergies for Climate Change Tackling and Land Sandy-desertification and Sand and Dust Storm Provention

Zhang Chengyi, Gao Rong, Wu Jun and Yang Zhongxia / 281

Abstract: Land Sandy-desertification, Sand and Dust Storm (SSD) are events resulted from the human activities and natural drivers. Under the climate change, changes of wind speed, precipitation, temperature, aridity might drive the changes of land sandy-desertification, sand and dust storm. Removal of vegetation cover by crop cultivation, over-grazing and other human's unsustainable activities might induce occurrence or intensification of the land sandy-desertification and sand and dust storm events. The hydrological diversion of upstream for irrigation, city development, might cause of the desiccation of ephemeral rivers, lakes or playas as a new or intensified source of sand and dust storms. Until present, the natural SSD source is still a major dust emission into atmosphere. For the land use and land use change by human activities, much attentions need to be paid on its long-term

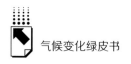
effects on the climate, does the impacts on our environment through its interaction with the climatic forces as well. By the suitable technical measures, the risk of sandy desertification of land might be reduced; the impacts of SSD might be mitigated.

Keywords: Climate Change; Land Sandy-desertification; Sand and Dust Storm; Land Use Change; Impact of Climate Change

G. 25   Sea-level Rise and Its Impact on Shanghai

Liu Xiaochen, Tian Zhan, Hu Hengzhi,

Wu Wei and Sun Landong / 290

Abstract: Global and regional sea level rise has been analyzed to assess the impacts of sea level rise on the socioeconomic development of Shanghai. This study also provides sea-level rise adaptation suggestions and recommendations for policy makers. Results show that global sea level has been rising since the period of Industrial Revolution, especially in the last three decades; In the last five years, Shanghai experienced significantly sea-level rise; By 2100, global sea level is very likely to rise over 0. 3 meters, likely to rise over 1. 0 meter. The extreme sea level rise might be over 2. 0 meters. By the end of this century, sea level is likely to rise over 1. 0 meters in Shanghai.

Keywords: Climate Change; Sea Level Rise; Shanghai; Impact

G. 26   Experience of European Green Capital

Wang Fenjuan, Hu Guoquan / 302

Abstract: With the process of the global urbanization, most cities face a common set of core environmental problems such as poorair quality, high noise levels, greenhouse gas emissions, water scarcity, contaminated sites, brown fields and challenges in resource efficiency. Sustainable development and fit-for-life are the core measures for urban development and construction. This paper introduces the most influential "European green capital award", summarizes the good practices of previous European green capital and other application city in terms of climate change mitigation, air quality improvement, green livable city development. It also demonstrates specific measures of the greenest capital Copenhagen in energy supply, traffic improvement, town planning, in order to provide reference for ecological, low-carbon and livable city development of China's new urbanization.

Keywords: European Green Capital Award; Green City; Fit for Life; New Urbanization

G. 27　Risk Analysis of Extreme Precipitation in China Based on Solar Radiation Management Scenario

Xin Yuan, Lv Lili and Kong Feng / 314

Abstract: On the back ground of global climate change, the themes of risk and governance of geoengineering are more and more focused in research. The potential impact of geoengineering and related risks are important issues. According to solar radiation management geoengineering scenario, this article estimates and analyzes the characteristics of frequency, intensity and duration of extreme precipitation events in China under the influence of geoengineering measures in 2020 − 2100. Furthermore, the article evaluates the spatial pattern of the risk characteristics on China and puts forward some enlightenment on China's geoengineering governance.

Keywords: Solar Radiation Management; Geoengineering; Extreme Precipitation; Metrological Diaster

权威报告・热点资讯・特色资源

皮书数据库
ANNUAL REPORT(YEARBOOK)
DATABASE

当代中国与世界发展高端智库平台

所获荣誉

- 2016年，入选"国家'十三五'电子出版物出版规划骨干工程"
- 2015年，荣获"搜索中国正能量 点赞2015""创新中国科技创新奖"
- 2013年，荣获"中国出版政府奖・网络出版物奖"提名奖
- 连续多年荣获中国数字出版博览会"数字出版・优秀品牌"奖

成为会员

　　通过网址www.pishu.com.cn或使用手机扫描二维码进入皮书数据库网站，进行手机号码验证或邮箱验证即可成为皮书数据库会员（建议通过手机号码快速验证注册）。

会员福利

- 使用手机号码首次注册会员可直接获得100元体验金，不需充值即可购买和查看数据库内容（仅限使用手机号码快速注册）。
- 已注册用户购书后可免费获赠100元皮书数据库充值卡。刮开充值卡涂层获取充值密码，登录并进入"会员中心"—"在线充值"—"充值卡充值"，充值成功后即可购买和查看数据库内容。

社会科学文献出版社 皮书系列
SOCIAL SCIENCES ACADEMIC PRESS (CHINA)

卡号：958872563935
密码：

数据库服务热线：400-008-6695
数据库服务QQ：2475522410
数据库服务邮箱：database@ssap.cn
图书销售热线：010-59367070/7028
图书服务QQ：1265056568
图书服务邮箱：duzhe@ssap.cn

S 子库介绍
ub-Database Introduction

中国经济发展数据库

涵盖宏观经济、农业经济、工业经济、产业经济、财政金融、交通旅游、商业贸易、劳动经济、企业经济、房地产经济、城市经济、区域经济等领域，为用户实时了解经济运行态势、把握经济发展规律、洞察经济形势、做出经济决策提供参考和依据。

中国社会发展数据库

全面整合国内外有关中国社会发展的统计数据、深度分析报告、专家解读和热点资讯构建而成的专业学术数据库。涉及宗教、社会、人口、政治、外交、法律、文化、教育、体育、文学艺术、医药卫生、资源环境等多个领域。

中国行业发展数据库

以中国国民经济行业分类为依据，跟踪分析国民经济各行业市场运行状况和政策导向，提供行业发展最前沿的资讯，为用户投资、从业及各种经济决策提供理论基础和实践指导。内容涵盖农业，能源与矿产业，交通运输业，制造业，金融业，房地产业，租赁和商务服务业，科学研究，环境和公共设施管理，居民服务业，教育，卫生和社会保障，文化、体育和娱乐业等100余个行业。

中国区域发展数据库

对特定区域内的经济、社会、文化、法治、资源环境等领域的现状与发展情况进行分析和预测。涵盖中部、西部、东北、西北等地区，长三角、珠三角、黄三角、京津冀、环渤海、合肥经济圈、长株潭城市群、关中—天水经济区、海峡经济区等区域经济体和城市圈，北京、上海、浙江、河南、陕西等34个省份及中国台湾地区。

中国文化传媒数据库

包括文化事业、文化产业、宗教、群众文化、图书馆事业、博物馆事业、档案事业、语言文字、文学、历史地理、新闻传播、广播电视、出版事业、艺术、电影、娱乐等多个子库。

世界经济与国际关系数据库

以皮书系列中涉及世界经济与国际关系的研究成果为基础，全面整合国内外有关世界经济与国际关系的统计数据、深度分析报告、专家解读和热点资讯构建而成的专业学术数据库。包括世界经济、国际政治、世界文化与科技、全球性问题、国际组织与国际法、区域研究等多个子库。

法律声明